U0221520

丰水地区精准节水关键技术研究与实践

王士武 官宝红 李其峰 等著

ZHEJIANG UNIVERSITY PRESS
浙江大学出版社
·杭州·

图书在版编目（CIP）数据

丰水地区精准节水关键技术研究与实践/王士武等
著. —杭州：浙江大学出版社，2024.6
ISBN 978-7-308-24839-6

Ⅰ.①丰… Ⅱ.①王… Ⅲ.①节约用水–研究 Ⅳ.①TU991.64

中国国家版本馆 CIP 数据核字（2024）第 076480 号

丰水地区精准节水关键技术研究与实践

王士武　官宝红　李其峰　等著

责任编辑　金　蕾
责任校对　沈炜玲
封面设计　十木米
出版发行　浙江大学出版社
　　　　　（杭州市天目山路 148 号　邮政编码 310007）
　　　　　（网址：http://www.zjupress.com）
排　　版　杭州星云光电图文制作有限公司
印　　刷　浙江省邮电印刷股份有限公司
开　　本　787mm×1092mm　1/16
印　　张　24.25
字　　数　540 千
版 印 次　2024 年 6 月第 1 版　2024 年 6 月第 1 次印刷
书　　号　ISBN 978-7-308-24839-6
定　　价　199.00 元

前 言 PREFACE

　　浙江省尽管地处南方的丰水地区,但存在季节性、区域性水资源短缺以及水生态环境问题。2005 年 2 月,时任浙江省委书记习近平指出:"建设资源节约型社会是一场关系人与自然和谐相处的社会革命,这对于既是资源小省、又是经济大省的浙江来说,建设资源节约型社会显得更为迫切,这也是我们建设生态省的本义所在。"①2006 年 2 月,习近平同志又做出重要论述:"科技创新是建设节约型社会的关键,结构调整是建设节约型社会的根本,深化改革是建设节约型社会的动力,加强监管是建设节约型社会的保障,机关表率是建设节约型社会的重点。"②2014 年 3 月,在中央财经领导小组第五次会议上,习近平总书记提出了"节水优先、空间均衡、系统治理、两手发力"的新时期治水思路③。此后,国家和浙江省先后做出了节水型社会建设,实行最严格水资源管理制度、"五水共治"、国家节水行动等一系列重大部署,以解决我国复杂的水问题。节水和水资源管理工作陆续在全国全面展开并向纵深推进。

　　在浙江省水利厅科技计划项目、浙江省科技厅科技计划项目以及国家重点研发计划"南方城乡生活节水和污水再生利用关键技术研发与集成示范"(编号 2019YFC0408800)的大力支持下,我们紧密结合南方丰水地区生态文明建设和经济社会高质量发展的需求,聚焦节水和再生水工作任务具体落实的问题,将节水、再生水利用与水资源管理相融合,研究制定了节水型社会与节水型载体建设标准,完善了用水定额体系和制定方法,形成了服务不同类型用水对象的节水管控标准;研制了高性能的生活污水处理设备,研究提出了再生水用于农业、生态补水的安全调控技术,编制了再生水利用评估技术的规程,形成了生活污水多用途再生利用技术的支撑体系;研究提出了再生水水价核定技术和多水源统一核定水价技术,解决了再生水利用外部性的合理分摊问题。这些成果在浙江省进行了试点、示范乃至推广应用,部分技术在全国得到推广应用,取得了显著的

---

①《之江新语》(浙江人民出版社,2007 年)。
②《之江新语》(浙江人民出版社,2007 年)。
③人民网,《习近平:真抓实干主动作为形成合力　确保中央重大经济决策落地见效》,2015 年。

社会、经济和生态效益。

本专著是以浙江省水利厅和科技厅的各类科技计划项目成果为基础,进一步融合国家重点研发计划项目成果编写完成的。专著的总体设计与编写大纲由王士武正高级工程师负责,王士武、姚水萍负责统稿。专著分为5篇。

第1篇为现状分析、研究目标与内容(第1章、第2章、第3章)。本篇采用对比法分析了"十二五"时期、"十三五"时期,全国及不同分区的主要用水指标和再生水利用指标的变化情况,阐述了南方丰水地区节水和污水再生利用的必要性;从节水和污水再生利用两个方面,分析了国内外的研究现状及发展趋势;进而提出本专著的研究目标、研究内容与技术路线。

第2篇为用户端节水管控标准(第4章、第5章、第6章、第7章)。本篇以节水"最后一公里"为研究对象,一是针对节水管控指标和工作任务的具体落实问题,研究制定了符合丰水地区特点的节水型社会建设标准、节水型载体建设标准,建立形成了各类对象全覆盖的节水型社会建设标准、节水型载体建设标准以及配套政策,为节水工作的推动和落实提供了标准依据。二是针对各行政区域节水管控缺少有效的抓手、工业用水定额不满足生产实际的需要、生活用水定额制定方法上的局限性等问题,研究提出了基于水资源双控指标的工业综合用水定额制定方法、基于节水诊断的生活用水定额制定方法,建立形成了由宏观(区域)—中观(取用水户)—微观(产品)等多层次构成的工业用水定额体系,以及更精准的生活用水定额标准,以满足取用水管理改革和发展要求。

第3篇为生活污水多用途安全利用技术体系研究(第8章、第9章、第10章、第11章、第12章)。本篇以再生水利用的安全性、合理性与精准管控等问题为研究重点,一是对于生活污水再生用于工业用水的,针对双膜法处理技术产生的膜浓水的处理问题,研究提出了非负载型陶瓷催化剂催化臭氧氧化技术,以减轻膜浓水产生的不良影响;二是对于生活污水再生用于农业灌溉的,研究提出了再生水灌溉高效利用与安全调控技术,以指导其科学灌溉、精准管控;三是对于生活污水再生用于生态补水的,研究提出了基于藻类风险控制和影像识别的水量水质联合调控技术,以提高生态补水的科学性和精准性;四是对于再生水纳入多水源统一配置后的评价问题,研究提出了再生水纳入多水源统一配置的技术方法,促进再生水利用从统一配置到具体的实践,进而形成了生活污水多用途安全再生利用的技术解决方案。

第4篇为再生水水价核定方法研究(第13章)。针对再生水利用的节水、减排、生态环境保护属性,基于全成本水价理论研究提出了单一再生水水价分摊方法与分摊机制,为再生水协商定价提供基本依据;基于再生水纳入多水源统一配置、统一调度的情况,研究提出了多水源水价统一核定方法与分摊技术,以推动优质优价、节约用水,促进多水源合理配置与高效利用。

第5篇为应用实践(第14章、第15章、第16章、第17章)。归纳总结了开展项目研究以来(尤其是"十三五"以来)精准节水关键技术的应用实践,包括节水型社会、节水型载体、区域水资源论证制度、用水定额制定与修订、水资源总体规划、非常规水利和再生水利用试点等,并开展应用效益分析。

各章的编写参与情况如下。

第1章:姚水萍,苏龙强;第2章:姚水萍,王士武;第3章:王士武,姚水萍;第4章:苏龙强,苏飞,陈彩明;第5章:王月华,徐海波;第6章:李其峰,李进兴;第7章:姚水萍,李进兴;第8章:官宝红,潘建,徐红新,邹有良,沈卓贤;第9章:肖梦华;第10章:滑磊,王自明,仇少鹏;第11章:王贺龙;第12章:傅雷;第13章:王士武,苏飞;第14章:李其峰,姚水萍,苏龙强,姬雨雨,戚核帅,徐海波,陈彩明,王贺龙;第15章:傅雷,官宝红,潘建,徐红新,邹有良,沈卓贤,肖万川,桂子涵;第16章:苏龙强;第17章:王士武,姚水萍。

这是一部具有较强实践性的专著,可为南方丰水地区节水和污水再生利用工作提供很好的借鉴与参考。本专著的主要内容是在浙江省各类科技计划项目和国家重点研发计划项目的研究基础上提炼完成的,上述作者也是这些项目的主要承担者和主要完成人。作为主要编写人,我们希望借此机会对项目的所有参加人员和本专著的所有作者表示由衷的感谢!各类科技计划项目的执行过程得到了浙江省水利厅水资源处与科技处、浙江省科技厅社发处、金华市水利局、义乌市水务局、永康市水务局历任领导与相关人员的大力支持和配合,在此表示衷心的感谢!本专著的出版得到了国家重点研发计划项目的经费支持。最后,对浙江大学出版社金蕾编辑为本专著的顺利出版所付出的辛勤劳动表示衷心的感谢!

限于时间和水平,本书难免存在疏漏之处,敬请读者批评指正。

目 录 Contents

第 1 篇 现状分析、研究目标与内容

第 2 篇 用户端节水管控标准

第3篇　生活污水多用途安全利用技术

第1篇

现状分析、研究目标与内容

第1章 用水现状分析

1.1 用水现状

"十二五"时期以来,我国积极践行新时期治水思路,全面落实最严格水资源管理制度,以节水型社会建设为抓手,大力推进实施计划(定额)用水管理、阶梯水价制度、供水管网改造、节水器具推广等措施,在保障社会经济持续稳定增长的情况下,实现了用水总量基本稳定、用水效率持续提升的总体目标。根据全国国民经济和社会发展统计公报[1-2]、中国统计年鉴[3-4]和全国水资源公报[5-6],统计分析了2010—2020年全国、南方①、北方用水总量、用水结构和用水效率的变化情况,成果见表1.1、表1.2、图1.1、图1.2、图1.3。

1.1.1 用水量变化分析

全国及南北方用水总量均呈下降趋势,且南方的下降幅度比北方的大。2010—2020年,全国用水总量从6022.0亿立方米下降到5812.9亿立方米,降幅为3.5%,其中,北方下降0.9%,南方下降5.6%。

从生活、生产、生态分类看,全国及南北方生活用水、生态用水均呈增加趋势。2010—2020年,全国生活用水增幅达12.7%,其中,南方的增幅较大,是北方的2.3倍。生活用水增加主要是人口增长及人民生活水平提高对用水提出更高的要求导致的。全国生态用水增幅达156.3%,其中,北方的增幅较大,是南方的近3倍。生态用水增加主要是因为近年来国家对水生态环境保护、生态流量保障、河湖复苏等提出了更高的要求。全国及南北方生产用水均呈下降趋势,降幅在8.4%~10.6%,南方的降幅略大于北方。生产用水下降主要是随着最严格水资源管理、国家节水行动和节水型社会建设等工作深入推进,各领域的用水效率得到显著提升。生产用水的下降对总用水量下降做出了主要贡献。

从农业用水和非农业用水分类看,全国和北方的农业用水总体呈下降趋势,降幅不大,为2%~4%,南方的农业用水相对稳定。对于非农业用水,全国和南方分别下降5.7%和11.6%,北方增长了8.1%。北方的非农业用水增长主要是因为人口增长和经济发展对用水需求的增加大于用水效率提升带来的节水效应。

---

①本书所指的南北方以长江流域为界,长江流域及以南为南方,其余为北方,以下同此。

表 1.1　不同分区近 10 年用水量变化情况

用水类型	地区	2010 年	2020 年	变幅
用水总量 （亿立方米）	全国	6022	5812.9	−3.5%
	北方	2704.9	2681.3	−0.9%
	南方	3317.1	3131.7	−5.6%
生活用水 （亿立方米）	全国	765.8	863.1	12.7%
	北方	274.5	293.4	6.9%
	南方	491.3	569.7	16.0%
生产用水 （亿立方米）	全国	5136.4	4642.8	−9.6%
	北方	2354.9	2156.2	−8.4%
	南方	2781.5	2486.6	−10.6%
生态用水 （亿立方米）	全国	119.8	307	156.3%
	北方	75.5	231.7	206.9%
	南方	44.3	75.3	70.0%
农业用水 （亿立方米）	全国	3689.1	3612.4	−2.1%
	北方	2008.2	1928	−4.0%
	南方	1680.9	1684.4	0.2%
非农业用水 （亿立方米）	全国	2332.9	2200.5	−5.7%
	北方	696.7	753.3	8.1%
	南方	1636.2	1447.2	−11.6%

1.1.2　用水结构变化分析

从生活、生产和生态分类看,生产用水的占比最大,其次是生活用水,占比最小的是生态用水。北方生产和生态用水的占比较南方大,生活用水的占比比南方小。2010—2020 年,全国和南北方的生产用水的比重均下降,生活和生态用水的比重均上升。从生活、生产、生态用水的比重分析,全国从 12.7∶85.3∶2.0 调整为 14.8∶79.9∶5.3,北方从 10.1∶87.1∶2.8 调整为 10.9∶80.4∶8.6,南方从 14.8∶83.9∶1.3 调整为 18.2∶79.4∶2.4。

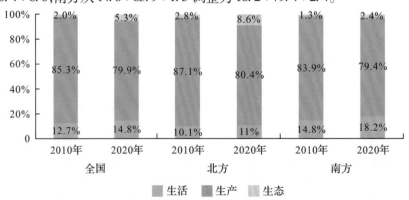

图 1.1　不同分区近 10 年生活、生产、生态用水结构的变化情况

从农业和非农业用水分类看,农业用水的占比更大。北方地区农业用水的占比达70%以上,南方地区农业用水的占比略大于50%。2010—2020年,农业和非农业用水的占比的总体变幅不大,全国和南方地区的农业用水的比重略有增加,分别从61.3%、50.7%增加到62.1%、53.8%;北方地区的农业用水的占比略有下降,从74.2%下降到71.9%。

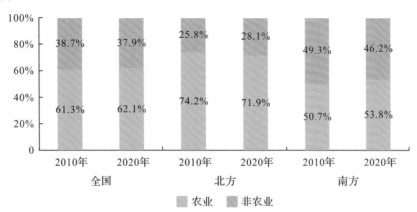

图1.2 不同分区近10年农业、非农业用水结构的变化情况

1.1.3 用水效率变化分析

从用水效率分析,南方地区万元 GDP 用水量和人均综合用水量的数值均低于北方地区,其中,在万元 GDP 用水量方面,南方地区仅为北方地区的 3/4 左右,说明南方地区的用水效率较北方高。

从用水效率变化趋势分析,2010—2020 年,万元 GDP 用水量和人均综合用水量均呈下降趋势。万元 GDP 用水量的降幅较大,全国及南方地区的降幅分别为 61.9% 和65%。人均综合用水量的降幅较小,全国及南北方的降幅在 6% ~ 8.5%。

表1.2 不同分区近10年用水效率的变化情况

用水效率指标	地区	2010 年	2020 年	变幅
万元 GDP 用水量(m^3)	全国	150.0	57.2	−61.9%
	北方	157.0	67.9	−56.7%
	南方	144.7	50.7	−65.0%
人均综合用水量(m^3)	全国	450.0	412.0	−8.4%
	北方	480.4	440.6	−8.3%
	南方	427.9	402.3	−6.0%
城镇人均用水量(m^3)	全国		134.0	
	北方		119.0	
	南方		151.0	

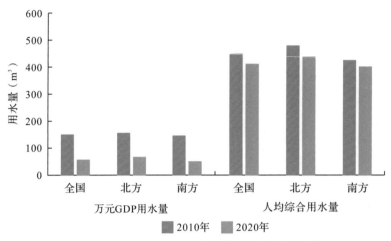

图 1.3 不同分区近 10 年用水效率的变化情况

1.2 再生水利用现状

1.2.1 城镇再生水利用

根据全国城乡建设统计年鉴[7-8],2020 年全国城市和城镇污水再生利用量达到 147.7 亿立方米,为 2015 年的 3.05 倍,污水再生利用量年均增加 19 亿立方米;污水再生利用率从 2015 年的 11.3% 提高到 2020 年的 22.5%。污水再生利用已成为很多缺水地区"开源"的一项重要举措。

从污水再生利用空间差异上分析,全国发展不平衡,区域间的差异较大。全国再生水利用率较大的北京、山东、河北、内蒙古、新疆、天津、河南等都位于北方的缺水地区;而南方的丰水地区的污水再生利用率较低。"十三五"时期,全国及南北方的再生水利用量和利用率成果见表 1.3,不同省级行政区的污水再生利用率见图 1.4。

表 1.3 全国再生水利用量和利用率的基本情况

年份		2015	2016	2017	2018	2019	2020
再生水利用量（亿立方米）	全国	48.36	50.446	78.156	94.02	126.17	147.70
	南方	17.47	15.26	35.11	41.92	65.10	76.76
	北方	30.89	35.18	43.04	52.09	61.07	70.94
再生水利用率(%)	全国	9.52	9.52	14.18	15.98	19.94	22.52
	南方	6.11	4.85	11.65	12.32	18.39	18.85
	北方	13.91	16.34	17.23	21.01	21.91	28.53
	南北方差值	7.80	11.49	5.58	8.69	3.52	9.68

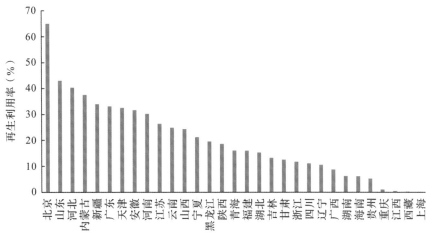

图 1.4   2020 年不同地区的污水再生利用率

从表 1.3 可以看出:尽管全国、南方、北方地区的再生水利用量和利用率持续增长,但是在利用率上,南方地区明显低于北方地区,"十三五"时期的平均差值为 7.8%。

以浙江省为例,2015 年污水再生利用率仅为 3.05%,2020 年其为 11.81%,相当于全国平均水平的一半。国家"十四五"规划和 2035 年远景目标纲要明确要求:到 2025年,我国地级及以下缺水城市污水资源化利用要超过 25%;浙江省循环经济发展"十四五"规划提出再生水利用目标为全省 2025 年达到 20%,其中,缺水城市达到 25%,因此,再生水利用尚有较大的提升空间。

1.2.2   农村再生水利用

从农村生活污水的定义来看,可以说自从有了人类,就有了"生活污水",在很长的一个历史阶段里"生活污水"都被当作重要的资源来加以利用的,"肥水不流外人田"是对这一观念最好的诠释。基于现代环境学的理念,对于以安全为目标的农村生活污水处理达标后的再生利用问题,尽管全国有部分研究成果,但总体上处于探索阶段。

1.3   南方节水和污水再生利用的必要性

1.3.1   水安全保障方面

根据"十四五"水安全保障规划,随着经济社会用水保障水平的不断提升,正常年景的情况下可基本保障城乡供水安全。对于京津冀等人口经济与水资源承载力严重失衡的区域,在大力推进节约用水、提高水资源利用效率的基础上推动更大范围的水资源调配,南水北调东中线一期工程建成通水,缓解了重点地区水资源的供需矛盾。全国水资源配置和城乡供水体系逐步完善,重要城市群和经济区多水源供水格局加快形成,城镇供水得到有力保障。农村自来水的普及率提高到 83%,农田的有效灌溉面积达到 10.37亿亩。

南方地区的水资源总量相对丰沛,单位平方公里面积的产水量约为 90 万立方米,约为全国平均值的 4 倍,人均水资源占有量约为 2800m³,约为全国平均值的 1.5 倍。随着经济社会发展和全球气候变化的影响,水安全中的老问题仍有待解决,新问题越来越突出。尽管地处南方丰水地区,但水资源时空分布不均以及水资源保障能力的空间布局与社会经济要素的空间布局不协调,造成区域性和季节性缺水问题,甚至突破缺水警戒线。如广东深圳、云南昆明、浙江的义乌和永康等,人均水资源量均少于 1000m³,季节性缺水时有发生;浙江省约 1/5 的县(市、区)存在区域性和季节性水资源供需矛盾。

解决这些矛盾,需要从节流和开源两个方面着手,通过提升水资源集约节约利用的能力、健全节水制度政策等举措提升水安全保障的能力。

1.3.2 节水潜力方面

受传统观念的影响,南方地区的人们认为南方作为丰水地区不缺水,所以,用水方式相对粗放。从表 1.2 可以看出,南方地区的生活用水效率明显低于北方地区。根据全国城乡建设统计年鉴[7],截至 2020 年底,全国城市水厂日综合供水能力为每天 2.76 亿立方米,供水管道长度为 98.08 万千米,年漏损水量为 78.5 亿立方米。其中:南方地区日综合供水能力为每天 1.87 亿立方米,供水管道长度为 70.08 万千米,年漏损水量为 52.94 亿立方米,占全国的 67.4%。据有关的统计资料,全国日常生活用水设备有 25% 存在不同程度的漏水现象,每年的漏失水量约为 4 亿立方米。另外,农村"厕所革命"产生的大量的生活污水对河湖生态环境来说是"垃圾",会恶化生态环境,而对农林牧业生产来说又是"资源",其需求量是生活污水产生量的 15~20 倍,再生利用的潜力巨大。

按照国家节水行动方案决策部署,要加强缺水地区再生水、雨水等非常规水多元、梯级和安全利用,将污水资源化利用作为节水开源的重要内容,加快推动城镇生活污水、工业废水、农业农村污水资源化利用。将非常规水纳入水资源统一配置,逐年提高非常规水利用比例,统筹利用再生水等用于农业灌溉和生态景观,在生态用水上优先使用非常规水。

1.3.3 水生态环境方面

城镇化与工业化,导致城镇及周边地区人口和经济要素高度聚集。尽管这些地区通过多种办法实现了水资源供需平衡,但是因人口和经济要素高度密集导致的污水产生量大,排放集中,超出了河湖水体的承载能力,给城镇周边地区河湖生态环境带来了空前的压力。近几年,随着最严格水资源管理制度和水污染防治计划的实施,水环境的改善效果明显,但很多城市的内河水质仍旧在Ⅳ类、Ⅴ类,甚至在劣Ⅴ类,严重影响着居民生活和生产活动。根据生态环境部通报的 2020 年水环境状况,1940 个国家地表水考核断面中,水质优良(Ⅰ~Ⅲ类)断面的比例为 83.4%;劣Ⅴ类为 0.6%。推动城镇生活污水再生回用是解决城镇周边地区面临生态环境问题的一条有效的途径。

按照乡村振兴战略"产业兴旺、生态宜居、乡风文明、治理有效、生活富裕"的 20 字方针的目标,乡村生态环境还有相当大的差距。一方面,农村生活污水处理设施难以稳定达标,污水中的氮磷等营养物质排入河湖等水体而影响生态环境;另一方面,面广量大的农田和林地等缺少稳定可靠的灌溉水源,同时为保障其高产、稳产,需要使用大量的化学肥料,并投入大量的资金。推动农村生活污水再生回用既是解决农村面临的生态环境问题的一条有效的途径,也是提升农田和林地水资源保证能力、服务乡村振兴的重要抓手。

1.3.4　幸福(美丽)河湖建设与复苏方面

幸福(美丽)河湖的重要组成要素是河湖中的流动水体。尽管南方属于丰水地区,但其多年的平均降水天数不足150天,大约80%(按数量统计)以上季节性河流、全年约4/7时间处于基本断流的状态,这与幸福(美丽)河湖建设需求存在较大的差距。而城镇生活污水因其水量、水质较为稳定,经适当处理(部分地区甚至不需要处理)可以达到景观用水的水质标准,可利用性高。推动城镇生活污水再生回用是补充幸福(美丽)河湖用水量不足的一条有效的途径。

参考文献

[1]中华人民共和国2010年国民经济和社会发展统计公报.中国统计,2011(3):4-12.

[2]中华人民共和国2020年国民经济和社会发展统计公报.中国统计,2021(3):8-22.

[3]中国统计年鉴-2010.[2023-12-06].http://www.stats.gov.cn/sj/ndsj/2010/indexch.htm.

[4]中国统计年鉴-2020.[2023-12-06].http://www.stats.gov.cn/sj/ndsj/2020/indexch.htm.

[5]中华人民共和国水利部.中国水资源公报2010.北京:中国水利水电出版社,2011.

[6]中华人民共和国水利部.中国水资源公报2020.北京:中国水利水电出版社,2021.

[7]中华人民共和国住房与城乡建设部.2020年城乡建设统计年鉴.[2023-12-06].https://www.mohurd.gov.cn/gongkai/fdzdgknr/sjfb/tjxx/jstjnj/index.html.

[8]中华人民共和国住房与城乡建设部.2015年城乡建设统计年鉴.[2023-12-06].https://www.mohurd.gov.cn/gongkai/fdzdgknr/sjfb/tjxx/jstjnj/index.html.

[9]中华人民共和国发展与改革委员会、水利部."十四五"水安全保障规划.[2023-12-06].https://www.gov.cn/xinwen/2022-01/12/5667779/files/0b9a83c065854138b782e0318e2634f2.pdf.

第2章　研究现状与发展趋势

2.1　节水方面

2.1.1　国内研究现状

中国最早在 20 世纪 50 年代开始研究农业节水灌溉技术[1]。到 20 世纪 90 年代,各类综合节水技术就已很普遍,而工业节水和城市生活节水是在 20 世纪 70 年代末、80 年代初开始的。国内节水从 1.0 阶段的行业工程技术节水发展到 2.0 阶段的总量控制与定额管理,再到 3.0 阶段的生产、消费、贸易统一节水,目前已进入 4.0 阶段的"数字节水"[2-3]。总体来看,国内关于节水的研究主要集中在用水效率、节水影响因素、节水潜力、区域节水评价和用水定额几个方面,下面分别展开介绍。

（1）用水效率研究

2011 年,赵恩龙等[4]通过介绍国内用水现状、与发达国家用水效率的对比、用水效率制度建设、水资源管理责任和考核制度、用水效率与总量控制及水功能区纳污控制等,探索用水效率制度建设的问题,并提出建立红、黄、蓝三线控制的建议。2019 年,李珊等[5]通过选取 Super – SBM 模型,引入非期望产出指标来测算中国 31 个省级行政区2007—2016 年的工业用水效率,并从多方面综合分析工业用水效率影响因素的空间动态的演变状况。张玲玲等[6]运用超效率数据包络分析方法计算我国各地区农业用水效率值,并采用地理加权回归方法分析年降水量、农业用水占比、农产品多样性、节水灌溉面积、亩均灌溉费用等的空间异质性及对用水效率的贡献程度。2020 年,刘波等[7]通过分析城市用水效率关键指标的时程演变和空间格局,探究了用水效率与节水水平的联动关系、与用水压力和经济发展水平的匹配状态。2022 年,耿思敏等[8]跟踪了 60 个国家水资源开发利用情况,基于万元 GDP 用水量、万元工业增加值用水量等通用用水效率指标,对比分析了我国用水效率水平。同年,姬志恒等[9]利用考虑非期望产出的网络超效率 EBM – Malmquist 模型测度工业用水效率,利用 Dagum 基尼系数和 Kernel 密度估计分析中国工业用水效率空间差异及分布动态演进,探究中国全域及各地区工业用水效率的驱动机制。

（2）节水影响因素研究

2004 年,韩青等[10]依据山西省的农户调查资料,运用 Multinomial Logit 模型,对农户灌溉技术选择的影响因素做了实证研究。2008 年,刘红梅等[11]从影响农户采用节水灌溉技术的因素分析入手,运用二项 Logit 模型探讨激励农户采用节水灌溉技术的因素。2014 年,穆泉等[12]采用行为离散选择模型,利用 2010 年北京市 5000 户居民的节水调查数据,从节水行为激励视角,分析影响 3 种典型的北京市居民节水行为选择的重要因素。同年,姜蓓蕾等[13]以全国 31 个省级行政区 1997—2010 年的工业发展规模、资源环境、工业结构、技术投入、环境以及经济杠杆等方面的指标数据为分析样本,采用主成分分析方法对工业用水效率驱动因素进行筛选分析,并将全国划分成 5 个区域,分析不同区域的主要影响因素。2020 年,康德奎等[14]基于石羊河流域 3 个县(区)496 户农户的问卷调查,采用二元 Logistic 回归模型,从农户个体因素、家庭因素、资源禀赋因素、政策制度因素、认识因素五个方面研究农户选择高效节水技术的影响因素。2023 年,刁子乘等[15-16]在河北省城镇居民层次化需水研究的基础上,基于刚性、弹性、奢侈用水层次理论,构建居民层次化生活需水评判模型,并运用 Kayal 恒等式和 LMDI 分解法定量识别河北省 11 个城市的人口规模、经济发展水平、节水技术水平对城镇居民刚性、弹性和奢侈三个层次用水变化的影响程度。

(3)节水潜力研究

2004 年,郑在洲等[17]提出了计算工业节水潜力的两个新方法,即定额需求计算法和给、用、排分别计算法。2009 年,刘昌明等[18]分析了南水北调中线主要城市的用水情况、用水性质和特点,建立了节水潜力计算模型,包括工业节水潜力、城镇生活节水潜力、再生水利用潜力、雨水利用潜力和减少管网漏损的潜力。2011 年,雷波等[19]提出了基于灌区尺度的农业节水潜力估算理论和方法,将不同节水措施实现的灌溉节水量分为"毛节水量"和"净节水量",用于区分目前关于"工程节水量"和"真实节水量"的争论。2015 年,刘秀丽等[20]基于 1999 年、2002 年、2007 年全国和海河流域水利投入占用产出表,建立了分部门节水潜力的计算模型,并应用该模型计算了全国相对海河流域生产部门中分三次产业和分部门及消费部门中居民部门的节水潜力。2017 年,宋国君等[21]根据正态分布规律,以偏离均值一个标准差作为标杆临界点确定城市用水先进水平,并基于此构建了城市节水潜力系数模型。2021 年,秦长海等[22]基于自然—社会二元水循环基本规律,分析了京津冀地区各行业用水过程及影响因素,从取用节水和资源节水两方面计算了存量用水的极限节水潜力。

(4)区域节水评价研究

2004 年,陈莹等[23]借鉴国际上先进节水水平标准和国内用水部门节水水平,遵循科学、实用及简明的原则,构建节水型社会评价指标体系。2006 年,陈红梅[24]利用区域用水水平的多层次灰色关联综合评价模型,对广东省广州、佛山、深圳、珠海、韶关、河源 6 个地区 2000 年的用水水平进行了评价。2011 年,张雅君等[25]采用理论分析法、频度统计法和专家咨询法设定节水型城市评价指标集。2013 年,宋岩等[26]构建了包含生态用水、用水管理等 6 个准则层,绿色 GDP 用水量等 28 项指标在内的区域用水效率评价指标体系。2015 年,张熠等[27]将频度统计法和理论分析法相结合构建了由水资源子系统、生态建设子系统和经济社会子系统构成的节水型社会建设评价指标体系。2021 年,赵春红等[28]建立了一套宏观指标和微观指标相结合、典型调查和统计数据相结合的节水评价方法。2022 年,唐明等[29]基于"生产用水结构"构建了新的区域用水效率综合评价测度,运用指标相关性、"K－均值"聚类、系统聚类以及集合相似度分析等方法,对该测度有效性与合理性进行了分析及验证。

(5)用水定额研究

2002 年,李平等[30]就农业用水定额的技术要点、参数确定、调查分析等问题进行了研讨。2003 年,王宏义[31]在分析、考虑影响工业及城市生活用水定额主要因素的基础上,开发了工业及城市生活用水定额数据分析系统,将用水定额编制简单化,并可以用统一标准来衡量。2004 年,金明红等[32]研究提出工业企业产品取水定额编制原则。2007 年,刘强等[33]分析总结了我国用水定额制度中存在的主要问题,提出我国用水定额制定过程中需要体现的指导思想,并提出用水定额制度建设需要体现流域与区域相结合的管理机制。2009 年,裴源生等[34]从分析影响用水总量控制与定额管理相协调关系的主要因素入手,构建了包括总量控制和定额管理相互协调的调控原则、调控模式、调控方法和促进两者协调的措施方法在内的总量控制与定额管理协调保障技术体系。2018 年,胡梦婷等[35]针对取水定额标准,分别从技术指标、实施情况和实施效益三方面构建了实施效果评价指标体系,提出了评价程序和方法,为建立取水定额标准实施效果评价机制提供了理论基础。2022 年,蔡榕等[36]以用水定额文件为主要研究对象,在分析其与标准定位和效力的差异的基础上,构建了用水定额评估指标体系,提出了各项指标的评估内容和方法,为开展用水定额评估、提高用水效率、落实节水政策提供了重要的技术支撑。

2.1.2 国外研究现状

(1)用水效率与用水定额

近年来,如何提高用水效率和管理水平已成为世界各国学者研究的主要内容。提升农业用水效率是国外研究较多且较集中的方面,工业和城镇用水领域内的研究相对较少。灌溉水利用系数是反映农业用水效率的一个重要参数,学术界对其研究较多,国外学者针对不同的灌溉方式,对灌溉水利用系数的取值做了大量的深入研究。如 Battikhi 等认为滴灌系统利用系数应该在 0.80～0.91 之间取值;Zalidis 等认为喷灌系统利用系数应该在 0.54～0.80 之间取值;Oster 等认为地表灌溉的利用系数应该在 0.50～0.73 之间取值[37]。在工业用水效率方面的研究主要集中在加强水循环利用技术、开展中水回用、节水技术与设备的研发、加强污水回用等方面。Thompson 研究表明:通过提高工业用水重复利用率和推广污水回用技术,工业取水量可减少 32%[38]。这与我国在工业方面的节约用水研究有较多的相似之处。在城镇用水研究方面,主要采取 DEA 方法对城市用水效率进行研究。Anwandter 和 Sanders 利用该方法研究了墨西哥城和美国主要城市的水资源利用效率[38]。

20 世纪 80 年代初,美国因水资源高度紧缺,实行了居民、商业和工业三种差异水价,规定了用水量与价格递增的关系,制定了定额管理案例,这是水资源定额管理的雏形。以色列为了鼓励节水,将水资源作为公共财产,实行水资源开发许可证制度和用水配额制度,主要举措是上调水价和超额用水加倍收费。该管理方式也近似于我国的定额管理。

（2）节水潜力与效应

2007 年,Blanke 等研究指出:采用节水工程方法可以在相对较小的范围内带来效益,但成本极高,且由于绝大多数"损失"被回收和再利用,无法恢复区域水平衡;而水资源综合管理作为一种高效、低成本的节水方式,更符合灌区规模可持续发展的需求。2011 年,Khaldoon A. Moura 等评估了叙利亚的一个典型城市的灰水冲厕的节水潜力,指出灰水冲厕可节约 35% 饮用水。2012 年,Törnqvist 等构建了基于分布式水文模型的流域尺度地下水—地表水耦合系统,结果表明:高效灌溉系统可以带来更好的节水成效。2020 年,Apurva Sabnis 等以印度为例研究了空调冷凝水回收利用的可行性,指出,空调冷凝水的纯度高,数量大,节水潜力较大。1998 年,Seung 等采用一般均衡模型（CGE）研究了美国华达和加利福尼亚农业灌溉水权配置对景观娱乐用水的影响,结果表明:水权补偿和景观娱乐的综合效应并不能抵消农业生产的损失。2014 年,Cheema 等采用 1 平方公里网格研究了灌溉用水空间尺度效应,结果发现:该网格精度远远超过了研究对象巴基斯坦印度河流域典型小农户的地块规模,网格灌溉用水效应的空间分辨率往往比研究区域实际粗得多,在研究时间尺度上也有类似的特征。

2.1.3　发展趋势

根据国内、国外节水领域的研究现状,节水研究从发展趋势上呈现以下几个方面的特点。

（1）从技术节水向技术—管理"双轮"驱动转变

自 20 世纪五六十年代起,我国开展了农业节水灌溉技术研究;20 世纪 70 年代末启动了工业节水和生活节水。目前,工业、农业和城镇生活等领域节水技术的研究已相对完善,国家有关部委也定期编制印发节水技术、工艺、设备推广目录,鼓励引导用水户采用成熟适用的先进技术。进入 21 世纪后,节水管理技术得到关注,水资源配置、用水计量与监控、用水设备检测等技术的推广,使节水方式实现了从微观开展到宏观、微观并行推进的转变,从技术节水向技术—管理"双轮"驱动转变。

（2）从末端节水增效向开源节流并重转变

随着农业节水增效、工业节水减排、城镇节水降损等工作的持续推进,各领域的用水效率得到显著提升。但是,现状节水水平与国际先进地区还有差距,与经济社会高质量发展的需求尚不匹配。近年来,在持续推进末端节水增效工程的同时,国家积极挖掘淡化海水、再生水等非常规水源的利用,优化水源配置,提升水安全保障的能力。《水利部　国家发展改革委关于印发"十四五"用水总量和强度双控目标的通知》首次将非常规水源的最低利用量作为控制目标分解下达到各省（自治区、直辖市）。国家发展改革委等 10 部门联合印发《关于推进污水资源化利用的指导意见》,组织开展典型地区再生水利用等试点工作,推进重点领域污水资源化利用,实施污水资源化利用重点工程,推动我国污水资源化利用实现高质量发展。

(3)从条线分割管理向统筹协调管理转变

节水工作涉及农业、工业、服务业等各行业,生产、生活、生态等各领域和经济、社会、文化等各方面,是一项需要长期坚持、全社会共建的复杂系统工程。针对节水管理体制不顺、部门之间协调配合不够、基础数据交叉统计等问题,水利部牵头,会同有关部门建立节约用水工作部际协调机制,各省、市、县也建立节约用水协调机制,协同解决节水工作中的重大问题,研究制定相关的配套措施,推动节水各项工作有力、有序、有效实施,形成齐心协力共抓节水工作的强大合力。

(4)大力推进节水标准化体系建设

节水标准体系是节水工作开展的准则和依据,我国节水标准化工作有近 20 年的发展。截至目前,现行有效的节水国家标准有 200 余项,这些标准的制定和实施对于支撑我国取水许可和计划用水管理、水效标识制度、水效领跑者引领行动等政策发挥了巨大的作用,但还存在节水标准化协调推进机制不健全、节水标准规范体系尚不完善、节水标准制定与修订的先进性不足和节水标准硬约束力不强等问题。近年来,国家大力推动农业、工业、城镇以及非常规水利用等各方面节水标准制定与修订工作,建立健全覆盖取水定额、节水型公共机构、节水型企业、产品水效、水利用与处理设备、非常规水利用、水回用等方面的标准体系。

2.2 污水再生利用方面

2.2.1 国内研究现状

我国污水再生回用起步于 20 世纪 80 年代末,以城市污水灌溉的方式进行污水再生利用。国家在早期科技发展计划中,重点支持了城市污水再生利用领域的课题开展技术探索分析,取得了大量的研究成果,拓展其利用途径。但污水再生利用的快速发展是在近 10 年,是在污水深度处理技术逐渐成熟、国家将生态文明建设纳入国家发展战略背景下逐步实现的,尤其是在《水污染防治行动计划》发布后。该计划明确提出了 2020 年污水处理回用比例达到 20% 以上、京津冀区域达 30% 以上的要求,对我国污水再生利用技术的发展、配套政策的制定起到了重要作用。

总体来看,无论是在国内还是国外,污水再生利用技术研究主要以城镇污水再生利用为研究对象,而在农村污水再生利用方面的研究很少。下面从规划与配置方案、效益评价、风险评价、经验总结和技术标准等五个方面,介绍国内的相关。

(1)规划与配置方案方面

2004 年,褚俊英等[39]为比较我国不同地区再生水利用量的差异和考察水价变化对再生水利用量的影响,建立了在技术、经济和资源约束下的区域污水再生利用潜力线性规划模型,对我国的再生水利用量进行了优化分析,提出合理水价改革能够有效刺激再生水利用量和利用结构的变化。2006年,刘洪禄等[40]开展了北京市再生水利用潜力与配置方案研究,提出北京市再生水利用潜力为14.04亿立方米,利用对象应当优先是农业,其次是工业和城市河湖。2013年,刘洪彪等[41]提出了城市污水资源化的策略理念、实现污水资源化的具体的政策路径与方法。2015年,胡洪营[42]等提出了区域水资源介循环利用模式的概念,并明确区域水资源介循环利用模式以再生水的生态媒介循环利用为核心,具有闭环趋零、多阶多元、强化调控和复合高效等特点,并系统阐述了区域水资源介循环利用模式的结构特征、基本特点和目标定位。

2019年,张田媛等[43]以北京市为例基于多水源转换关系以及再生水生产能力和利用潜力,构建了面向多区域多部门的城市清水与再生水协同利用优化模型;王柯阳等[44]以常州市新龙国际商务区为例提出了一水多用、水能一体的综合利用策略。2022年,侯金甫等[45]运用 BP-DEMATEL 模型识别出影响再生水利用的关键驱动因素以及关键特征因素,构建了再生水利用的 GM(1,N)模型;曹甜甜等[46]以我国西南地区47个城市(州)为研究对象,研究其水生态环境问题的成因,给出了综合整治对策和路线图。

（2）效益评价方面

2009—2010年,张琼华和吉倩倩等[47-48]运用生命周期评价(LCA)方法构建了污水处理环境效益估算模型,结果表明,采用深度处理比常规二级处理产生更大的环境正效益;仇付国等[49]基于建立的污水深度处理流程中污染物去除效果的评价分析方法,评价了混凝沉淀过滤与生物活性炭和超滤联用处理流程对总大肠菌群的去除效果。2011年,赵文玉等[50]对污水再生处理臭氧氧化系统的运行费用进行了系统分析,结果表明：其运行费用主要由臭氧发生系统运行费用和臭氧尾气破坏系统运行费用构成,其中,前者占比高达95%以上,后者约为1%~5%。2012年,荣四海等[51]建立了再生水灌溉优化模型,并以郑州市为例对再生水农业回用进行了技术经济分析。

2014年,刘晓君等[52]基于环境会计视角开展了分散式污水再生利用工程综合评价研究;范育鹏等[53]采用机会成本法构建了再生水利用生态环境效益的评价体系,并以北京市为例进行了估算,结果表明,北京市再生水利用具有可观的生态环境效益。2017年,侯兴等[54]对3种典型城市污水再生处理工艺进行生命周期环境影响定量评价,探讨了不同工艺在不同回用用途下的环境表现。2022年,杨莉等[55]基于 SBM-DEA 模型对19座污水处理厂环境绩效的测评结果表明：考虑非期望产出的 SBM-DEA 模型是实现污水处理厂环境绩效评价的有效手段;王丰等[56]系统地阐述了再生水激励机制的理论基础和建立过程,提出了促进再生水利用经济外部性内部化的主要途径和激励手段;2022年,冯颖等[57]结合动态 SBM 法和 Meta-frontier 模型,构建了中国27个省(自治区、直辖市)再生水利用效率评价模型,动态测算并分析各省份的共同边界技术效率、组群技术效率和组群之间的技术落差。

（3）风险评价方面

2009年,李鑫等[58]研究了再生水用于景观水体的氮磷水质标准,提出再生水景观利用的氮磷控制标准。2010年,赵欣等[59]基于再生水回用的微生物健康风险定量评价方法,确定了再生水生物学标准制定方法,给出了再生水用于绿地灌溉的典型病原微生物隐孢子虫和贾第鞭毛虫浓度限值的确定方法。2011年,宫飞蓬等[60]根据再生水厂运行数据对其再生水中病原菌指示微生物及其限值进行了研究,指出以粪大肠菌群作为再生水病原菌指示微生物更能够反映出水体中病原菌的存在状况,目前再生水处理和消毒技术要达到《城市污水再生利用城市杂用水水质》(GB/T 18920—2002)对总大肠菌群≤3个/L的要求,需要投加大量的消毒剂,增加了再生水的处理成本以及再生水中的消毒副产物;刘家飞等[61]利用发光菌和大型蚤作为受试生物测定了5个再生水原水(城市污水厂二级出水)和2个再生水处理系统的各工艺出水的急性毒性。

2012年,陈卫平等[62,66]对再生水灌溉回用的生态风险进行了系统分析,包括再生水典型污染物(包括盐、氮、重金属和新型污染物、病原菌等)对土壤质量、植物生长、地下水质量和公众健康等方面的影响;靳孟贵[63]通过理论分析、系列实验和技术集成,形成了再生水地表回灌补给地下水的水质安全保障体系及关键技术。2013年,刘言正等[64]建立了污水再生回用健康风险评价的方法,得到西安市再生水中各种污染因子导致的疾病负担;李金娜等[65]构建了再生水利用风险评价指标体系,并对天津市纪庄子再生水厂的出水与景观用水和地表水分别进行了风险评价,得出再生水用在不同用途时存在的不同的环境风险。2015年,才惠莲[67]从自然安全、经济安全和社会安全的视角,提出了再生水利用需要完善的法律制度。

2017年,崔二苹等[68]基于再生水利用对抗生素抗性基因的迁移转化规律及机制研究,就再生水利用对环境中抗生素抗性基因影响的研究进行了较为系统的总结与分析。2021年,陈卓等[69]系统探讨了我国现行污水再生利用标准中的病原微生物的控制要求,分析了基于病原微生物指标浓度控制的必要性与不足,提出了引入微生物去除能力保障控制的必要性,并详细介绍了其制定方法与保障措施。

(4)经验总结

2007年,丁言强等[70]介绍了哈马碧生态循环模式及其启示,该模式确立了双倍生态友好的环境总要求,成为可持续城市社区发展的典范。2010年,孙博等[71]根据供水企业和用水者在再生水利用市场交易上的行为特征,建立了双方以效益最大化为目标的动态博弈模型,分析了在纳什均衡条件下,污水处理厂与用水户对再生水交易的行动策略方法,得出污水处理厂供水企业和用水户双方各自满意的最优收益。2010年,何江涛等[72]介绍了中国再生水利用发展的现状,总结了国际上再生水入渗回灌研究的主要方向和进展。2011年,张昱等[73]对日本在再生水政策标准、生产模式、处理技术和技术经济性、安全输配和水质安全性等方面的概况进行了汇总分析,并介绍了福冈、东京都和横滨等缺水地区的再生水生产利用实例;李殿海等[74]分析了天津市污水再生利用的发展现状,总结了以双膜工艺为核心的天津污水再生利用工艺的运行管理经验;冯运玲等[75]通过对北京市目前运行的4种典型再生水处理工艺中的主要处理单元出水水质监测,得到各种再生水处理工艺对主要水质指标的去除情况。吴丹[76]基于水权理论,提出再生水利用的水权管理理念,对再生水水权的概念进行界定,从分散式利用、集中式利用以及集蓄利用 3 种形式进行再生水水权分析,探讨了其水权管理模式;陈卫平[77]总结分析了美国加州再生水利用相关的法律法规与灌溉终端用户管理的一些经验;唐标文[78]针对污水再生利用的微生物安全性问题,考察比较了氯化、臭氧型的不同消毒剂的消毒效果及其经济性;邵瑞华等[79]研究了基于农田灌溉的城市污水再生水贮存技术。

2012 年,池勇志等[80]针对不同源水水质和不同回用途径对再生水处理工艺的要求,分析比较了不同类型回用水水质与城镇污水处理厂出水水质的差异。2013 年,张昱等[81]针对天津市城市污水高盐的潜在安全风险,通过生态风险评价和监测技术研究,初步建立再生水水质安全保障与风险控制技术体系;张庆康等[82]为分析典型再生水处理工艺出水的回用途径的适应性,采用标准指数法评价了 4 座不同处理工艺的再生水厂出水质量,为再生水处理工艺选择和安全回用提供参考。2014 年,王晓昌等[83]基于城市水代谢理念,从污水再生利用系统构建、生态毒性评价与生态安全保障、病原体风险评价与健康安全保障等方面介绍了研究进展和发展趋势;李昆等[84]系统总结了我国与美国、欧盟、日本和澳大利亚的再生水标准体系与处理工艺,重点比较和分析了我国再生水标准体系中存在的问题与不足。2017 年,苑宏英等[85]以美国和日本为例,对比分析了再生水集中和分散处理模式的发展进程与特点。

2021 年,王雷等[86]借鉴国外经验,提出了推进中国城市再生水利用及完善再生水价格形成机制等有关的政策建议;符家瑞等[87]系统分析了国内城镇污水再生利用的发展过程和主要的水处理技术的特点,对比分析了不同技术的效果和成本;刘彦华等[88]对城市污水再生利用的原位处理与集中处理进行了技术经济比较;王洪臣[89]分析了以色列和美国污水再生利用的进展,认为污水资源化是突破经济社会发展水资源瓶颈的根本途径,认为我国污水资源化利用的重点方向应是农业灌溉和工业冷却。

2022 年,罗雨莉等[90]以再生水、能源、微生物蛋白和鸟粪石等污水资源化产品为研究对象,分析总结了不同污水资源化技术与工艺的生命周期碳排放研究现状,指出污水再生与增值利用具有可观的减碳效益,但应结合利用场景在系统水平开展量化评估;陆慧闽等[91]提出日本在污水处理与再生利用信息统计、收集、分类等方面的经验和方法可为我国提供重要参考;惠辞章等[92]提出了基于“五级处理—五级回用”的高新区污水近零排放的新模式。刘俊含等[93]详细分析了澳大利亚水资源的赋存现状、污水处理和再生水利用的历史与现状,梳理了澳大利亚污水处理与再生水利用的发展历程、相关标准、政策和法律法规以及再生水利用的典型案例;倪欣业等[94]总结了我国在再生水、雨水和淡化海水三大领域的标准规范。

（5）技术标准方面

早在 2000 年原铁道部就制定了《铁路回用水水质标准》(TB/T 3007—2000)。从 2002 年我国围绕城市污水再生利用,陆续制定了有关城市污水再生利用的系列标准。该系列标准分别为《城市污水再生利用分类》(GB/T 18919—2002)、《城市污水再生利用城市　杂用水水质》(GB/T 18920—2020)、《城市污水再生利用景观环境用水水质》

（GB/T 18921—2019）、《城市污水再生利用农田灌溉用水水质》（GB 20922—2007）、《城市污水再生利用工业用水水质》（GB/T 19923—2005）、《城市污水再生利用地下水回灌水质》（GB/T 19772—2005）、《城市污水再生利用绿地灌溉水质》（GB/T 25499—2010），为城市污水再生利用的推动和落实提供了可遵循的准则。

"十一五"以来，国家标准化委员会、行业主管部门制定颁布的国家和行业标准有《再生水水质标准》（SL 368—2006）、《纺织染整工业回用水水质》（FZ/T 01107—2011）、《城镇污水再生利用工程设计规范》（GB50335—2016）、《城镇再生水利用规划编制指南》（SL 760—2018）、《酸性矿井水处理与回用技术导则》（GB/T 37764—2019）、《高矿化度矿井水处理与回用技术导则》（GB/T 37758—2019）、《再生水利用效益评价指南》（T/CSES 01—2019）、《水回用指南再生水分级与标识》（T/CSES 07—2020）、《水回用导则再生水分级》（GB/T 41018—2021）、《水回用导则污水再生处理技术与工艺评价方法》（GB/T 41017—2021）、《水回用导则再生水厂水质管理》（GB/T 41016—2021）、《水回用导则再生水分级》（GB/T 41018—2021）等。

在农村生活污水再生利用方面，浙江省积累了很多经验，初步形成了管理、技术、运维、监督和考核等方面的工作体系，先后出台《浙江省农村生活污水治理设施运行维护技术导则》等近20项运维管理标准和导则，初步形成了农村生活污水处理设施运维管理标准导则体系。山东省颁布了《山东省农村生活污水处理设施运行维护管理办法》，福建省发布了《福建省乡镇生活污水处理设施管护指南》，广东省制定了《广东省农村生活污水处理设施运营维护与评价标准》，等等。这些管护措施与政策，仅针对达标的处理排放设施，对于资源化利用系统的运维管理则基本上处于空白阶段。

2.2.2 国外研究现状

（1）效益评价方面

1983 年，Schwartz 等[95]为确定污水处理与再生利用处理方案，开发了动态规划模型，成功应用于美国得克萨斯州圣安东尼奥市。2016 年，Prieto 等[96]研究了 PVC 工厂废水处理再生回用的驱动因素和经济性；Brahmi 等[97]研究了铝电极电凝（EC）技术对突尼斯化学集团排放的采矿废水中镉的去除效率和成本效益。2018 年，Mazari 等[98]开展以水处理厂明矾污泥作为主要混凝剂的潜力研究，结果表明：明矾污泥混凝对膜的污染有抑制作用，使渗透通量降低 34%；明矾污泥能有效去除水中有机物。2020 年，Ka 等[99]基于全生命周期评价（LCA）方法评估废水养分（特别是氮和磷回收）的环境影响潜力，提出了基于废水养分回收决策的"产品视角""过程视角"和其他技术相结合的 LCA 方法。Fulvio 等[100]分析了综合技术（如绿色屋顶和绿色墙壁）处理再利用灰水案例的环境、经济和能源效益，提出了设计参数的阈值。Ali 等[101]采用生命周期评价（LCA）方法对某污水处理厂（WWTP）的 20 个三级处理方案进行了环境影响评价，包括农业灌溉回用、地下水人工回灌和工业用水。结果表明：设备能耗占污水处理厂环境影响的66.59%，三级处理技术的能耗是造成环境影响的主要因素。2021 年，Mahdieh 等[102]将取水、用水和排水概化为线性模式,提出了一个在政策框架内对技术、经济成本与效益进行评估的框架;Fatima 等[103-104]介绍了基于可持续性的社会、环境和经济层面的调查结果,提出废水施肥对水—土壤和水—能源关系的总体环境效益值得关注,因为其碳足迹节约被低估。

（2）技术标准方面

美国环保署发布的《污水回用指南 2012》(2012 *Guidelines for Water Reuse*)定义再生水是指经过处理后达到某些特定的水质标准而可用于满足一系列生产、使用用途的城市污水,指出再生水的主要用途为农业、景观和工业用水等。新加坡的再生水和饮用水执行同一标准,在世界卫生组织的《饮用水水质指引》的基础上,考虑了新加坡自身的供水安全,共有 292 项监测指标,高于美国环保署制定的 97 项指标和世界卫生组织制定的 116 项指标。日本再生水利用行政主管部门、地方政府和行业协会等组织制定了一系列的政策标准:《污水处理水循环利用技术方针》《冲厕用水、绿化用水:污水处理水循环利用指南》《污水处理水中景观、戏水用水水质指南》《再生水利用事业实施纲要》《再生水利用下水道事业条例》《污水处理水的再利用水质标准等相关指南》《污水处理水循环利用技术指南》《污水处理水中景观、亲水用水水质指南》等。

（3）风险评价

2020 年,Robin 等[105]提出人类排泄物是一种资源,并将其定义为粮食和农业系统的一部分。2020 年,Greta 基于过去 20 年美国佛罗里达州 292 个废水回收设施收集了再生水原生动物的数据,开展饮用水再利用中原生动物的健康风险。2021 年,Kang 等[106]介绍了生物传感器在废水中进行生物标志物分析和公共健康监测方面的有效性,以便对传染病暴发进行早期预警。Fatima 等[107]综述了在天然水、废水和医院废水(包括尿液基质)中针对抗生素耐药性的主要消毒技术的最新进展,重点介绍高级氧化工艺、电化学高级氧化工艺(EAOPs)的最新进展,强调了 EAOPs 在解决抗生素耐药性问题方面的潜在影响;Syun-Suke 等[108]以水质和操作参数作为自变量,建立了利用臭氧预测病毒 log 还原值模型,采用机器学习算法发现,利用相互作用项的自相关性来确定对诸如病毒和轮状病毒的 log 还原值具有更好的预测性能。2022 年,John 等[109]开展了全球变化背景下欧洲农业中化学品的环境影响预测研究,并提出需要加强对农业环境中全球变化和化学排放之间的关系、未来条件化学降解背景下环境—微生物相互作用的研究;Christina 等[110]回顾了臭氧对水中病原体及其代谢物的消毒作用,Enric[111]系统总结了利用均相和非均相 fenton 技术处理废水中抗生素的研究进展,Fernando 等[112]分析提出了用太阳能—芬顿系统处理城市废水在处理效率、消毒和毒性方面面临的问题与挑战。

（4）经验总结

2004 年,Gaspare 等[113]采用恒水头渗透仪,研究了废水总悬浮固体浓度对黏土和土壤饱和水力传导系数的影响,提出了相对导水系数的经验关系式。2005 年,Edgar 等[114]研究了一种新型废水微灌技术,该技术适用于处理微咸地下水和废水回用。2016 年,AruL 等[115]开展了用废荔枝皮去除合成废水中 Cr 的吸附剂表征与再生利用研究。

2017年,Long等[116]对废水中55种常见微量有机化合物的物理、化学和生物特性进行了研究,测定了紫外光解(直接和间接)、活性炭吸附、膜分离(反渗透或纳滤)和日光光解对其的去除效率。Garcia等[117]将弹性理论纳入城市污水系统管理中,综述了压力、系统属性、指标等关键因素的干预措施。2019年,Pirjo等[119]对离子液体处理有机污染物技术进行了现状分析与展望,指出成本因素是主要的挑战。2020年,Nawal等[118]在阿尔及利亚东部对3种废水(城市废水、处理过的废水和农业废水)灌溉草地的影响进行了长期的观测研究,评估参数包括土壤孔隙度、土壤水力传导率和蚯蚓丰度;Yuansheng H等[120]总结了影响硫化铁的有效性、低脱硝率、硫酸盐排放和重金属浸出等性能的关键因素,提出硫化铁的溶解和将直接底物作为反硝化剂是硫化铁缺氧氧化机理中的两个关键问题;Motasem[121]开展了约旦工业用水需求量和再生量估计。Julie采用全生命周期方法研究食品生产中水和废水管理的生态效率,结果表明:与常规废水处理相比,分散废水处理和回用将改善80%(淡水)和51%(海水)的水环境。

2021年,Seyedeh等[122]分析了影响微藻废水处理的各种非生物和生物因素,并对生物反应器的配置和设计进行了综合说明。Parvin等[123]提出了一种基于灰色系统理论的污水回用方案优选方法,采用层次分析法对指标体系进行加权,以选择最佳的废水回用方案。Emily等[124]开展了饮用水回用方案能耗建模研究,为最低能源选择提供了一个框架。Mamta等[125]利用从印度Kovalam海滩分离出的新型原生微藻—细菌联合体对不同的污染物浓度废水中的柴油进行生物修复,并采用logistic模型对模拟废水处理过程中菌群的生长动力学进行了预测。Joanna等[126]综述了陶瓷膜和纳米颗粒固定化酶的研究现状,分析了载体和固化酶的特性,提出了陶瓷材料的化学和物理改性方法。Catherine等[127]针对温室胡萝卜种植,开展了生物固体改良剂和废水灌溉对肠道耐抗生素细菌的影响。

2022年,Bautista等[128]系统回顾了生物炭柱过滤系统用于灰水处理技术的发展现状,确定了3种过滤柱配置的实施步骤。João Lincho等[129]综述了二氧化钛纳米管和半导体纳米结构的不同工作和观点,介绍了二氧化钛纳米管的独特性能和高度有序的结构。Guangtao F等[130]综述了深度学习技术在城市水管理中的作用,提出了深度学习在城市水管理中的5个关键领域,即数据隐私、算法开发、可解释性和可信度、多智能体系统、数字孪生。Max等[131]综述了磁性生物炭对农业土壤中铵的吸附、分离和循环利用的研究现状,认为利用磁性生物炭可以吸附、回收、再利用土壤中过量的氮。Agnieszka等[132]综述了SS系统中微塑料的命运,提出了与清洁循环经济实践相一致的可持续SS处理的替代方案。Congcong等[133]综述了主流磷回收与强化生物除磷的整合策略。Razieh等[134]综述了在光辅助下降解难降解污染物的研究进展,讨论了生物降解和光催化的协同作用。Sungeun等[135]提供了臭氧与溶解有机质、各种官能团和抗生素耐药性基因反应的最新动力学与机制发现。Jeffrey等[136]对直接和间接饮用水回用(DPR/IPR)的实施现状进行了综合分析,包括主要污染物的种类、所需清除的污染物及监测污染物浓度的方法,处理后水质的监管方法和规定,现有的工程设施。

2.2.3　发展趋势

在现阶段,水处理技术已经相当成熟,除了絮凝沉淀、砂滤、滤布滤池、生物过滤等传统技术以外,电渗析技术、反渗透技术、离子交换技术、组合式软化水技术、超滤技术等深度处理技术,可以将污水处理到人们所需的水质标准。根据国内、国外污水再生利用领域的研究现状,污水再生利用从发展趋势上呈现以下三个方面的特点。

(1)从微观关键技术研究向集约化技术集成转变。污水再生回用,从工程环节上,涉及水处理、供水管网、再生回用等供、用、耗、排构成的各环节;从相关的主体上,涉及污水处理厂、具体的用水户、行业主管部门等;从具体的目标上,污水处理厂、具体的用水户、行业主管部门等在总体目标一致的前提下,各自的具体目标的差异明显。在现有水处理技术相对成熟的情况下,污水再生技术领域的工作重点应该向集约化技术集成优化转变,即根据污水中污染物的成分特征、再生回用对象的特点,优选出技术可靠、运行稳定、经济合理、工程系统可以持续的集成技术是未来发展的重点。

(2)从政府推动向政府和市场"两手发力"转变。我国地区之间水资源禀赋差异明显,南方与北方面临的水问题存在显著的差异,再生水利用区域间发展不均衡(不同省份、城市的再生水利用率相差高达 10 倍)且用户类型单一(50% 以上的再生水用于景观环境和工业用水)。我国污水再生利用更多的是依靠行政手段推动,市场在多水源配置中的决定性作用未能得到发挥,对再生水利用的外部性认识不足,激励措施有限。

(3)从关注传统污染物、重金属等逐渐向兼顾抗生素、微塑料等新型污染物转变。经过长期的科学研究和生产实践,对于污水再生利用中传统污染物、重金属等指标,已经形成经验,并形成了相关的技术标准。而对兼顾抗生素、微塑料等新型污染物,由于产生的时间较短、研究不足,其对人类的危害、产生的影响需要深入研究。

〰〰〜〜〜 **参考文献** 〜〜〜〰〰

[1]高占义.我国农田水利发展及技术研究与推广应用.水利水电技术,2010,12:8.

[2]高占义.我国灌区建设及管理技术发展成就与展望.水利学报,2019,1:88.

[3]许文海.大力推进新时期节约用水工作.水利发展研究,2021,3:16.

[4]赵恩龙,黄薇,霍军军.基于分级控制的用水效率制度建设初探.长江科学院院报,2011,28(12):23－26.

[5]李珊,张玲玲,丁雪丽,等.中国各省区工业用水效率影响因素的空间分异.长江流域资源与环境,2019,28(11):2539－2552.

[6]张玲玲,丁雪丽,沈莹,等.中国农业用水效率空间异质性及其影响因素分析.长江流域资源与环境,2019,28(4):817－828.

[7]刘波,汪紫薇,王文鹏,等.我国城市用水效率关键指标时空格局分析.河海大学学报(自然科学版),2020,48(6):534－541.

[8]耿思敏,刘定湘,夏朋.从国内外对比分析看我国用水效率水平.水利发展研究,

2022,22(8):77-82.

[9]姬志恒,于伟.中国工业用水效率的空间差异及驱动机制.工业技术经济,2022,41(12):86-93.

[10]韩青,谭向勇.农户灌溉技术选择的影响因素分析.中国农村经济,2004(1):63-69.

[11]刘红梅,王克强,黄智俊.影响中国农户采用节水灌溉技术行为的因素分析.中国农村经济,2008(4):44-54.

[12]穆泉,张世秋,马训舟.北京市居民节水行为影响因素实证分析.北京大学学报(自然科学版),2014,50(3):587-594.

[13]姜蓓蕾,耿雷华,卞锦宇,等.中国工业用水效率水平驱动因素分析及区划研究.资源科学,2014,36(11):2231-2239.

[14]康德奎,王昱,方良斌,等.石羊河流域农户选择高效节水技术的影响因素研究.节水灌溉,2020(3):71-76,84.

[15]刁子乘,赵晶,韩宇平,等.河北省城镇居民生活层次化用水的影响因素分析.中国农村水利水电,2023(6):215-221.

[16]刁子乘,赵晶,韩宇平,等.河北省城镇居民层次化需水研究.中国农村水利水电,2023(1):74-81.

[17]郑在洲,耿雷华,常本春,等.工业节水潜力计算方法探讨.水利水电技术,2004(1):71-74.

[18]刘昌明,左建兵.南水北调中线主要城市节水潜力分析与对策.南水北调与水利科技,2009,7(1):1-7.

[19]雷波,刘钰,许迪.灌区农业灌溉节水潜力估算理论与方法.农业工程学报,2011,27(1):10-14.

[20]刘秀丽,张标.我国水资源利用效率和节水潜力.水利水电科技进展,2015,35(3):5-10.

[21]宋国君,高文程.中国城市节水潜力评估研究.干旱区资源与环境,2017,31(12):1-7.

[22]秦长海,赵勇,李海红,等.区域节水潜力评估.南水北调与水利科技(中英文),2021,19(1):36-42.

[23]陈莹,赵勇,刘昌明.节水型社会的内涵及评价指标体系研究初探.干旱区研究,2004(2):125-129.

[24]陈红梅.关于区域综合节水水平评价方法的研究.广东水利水电,2006(2):62-65.

[25]张雅君,汤燕燕.节水型城市评价指标的设置探讨.给水排水,2011,47(3):24-27.

[26]宋岩,刘群昌,江培福.区域用水效率评价体系研究.节水灌溉,2013(10):56-58,62.

[27]张熠,王先甲.节水型社会建设评价指标体系构建研究.中国农村水利水电,2015(8):118-120,125.

[28]赵春红,张程,张继群等.区域节水评价方法研究和实践.水利发展研究,2021,21
　　(5):66-70.

[29]唐明,周涵杰,许文涛等.区域用水效率综合评价:新方法研究及其应用.节水灌
　　溉,2022(5):89-96.

[30]李平,周和平.农业用水定额分析方法研讨.吉林水利,2002(8):25-27.

[31]王宏义.工业及城市生活用水定额编制的探讨.科技情报开发与经济,2003(8):
　　68-70.

[32]金明红,汤万金,祁鲁梁.工业企业产品取水定额编制原则.中国标准化,2004
　　(2):45-47.

[33]刘强,桑连海.我国用水定额管理存在的问题及对策.长江科学院院报,2007(1):
　　16-19.

[34]裴源生,刘建刚,赵勇,等.水资源用水总量控制与定额管理协调保障技术研究.
　　水利水电技术,2009,40(3):8-11,15.

[35]胡梦婷,白雪,朱春雁.取水定额标准实施效果评价方法研究.中国标准化,2018
　　(17):52-56.

[36]蔡榕,白岩,胡梦婷,等.用水定额评估方法及案例研究.标准科学,2022(12):12-17.

[37]孙天合,赵凯.农业灌溉用水效率评价国内外研究综述.节水灌溉,2012(6):
　　67-71.

[38]陈晓燕,陆桂华,秦福兴,等.国外节水研究进展.水科学进展,2002(4):
　　526-532.

[39]褚俊英,陈吉宁,王灿,等.我国污水再生利用潜力的优化分析.中国给水排水,
　　2004(8):1-4.

[40]刘洪禄,吴文勇,师彦武,等.北京市再生水利用潜力与配置方案研究.农业工程
　　学报,2006(S2):289-291.

[41]刘洪彪,武伟亚.城市污水资源化与水资源循环利用研究.现代城市研究,2013,28
　　(1):117-120.

[42]胡洪营,石磊,许春华,等.区域水资源介循环利用模式:概念·结构·特征.环境
　　科学研究,2015,28(6):839-847.

[43]张田媛,谭倩,王淑萍.北京市清水与再生水协同利用优化模型.环境科学,2019,
　　40(7):3223-3232.

[44]王柯阳,李正兆,董明京.基于水能利用的常州再生水综合利用策略研究.中国给
　　水排水,2019,35(6):28-32.

[45]侯金甫,方红远,李艳明,等.苏州市再生水利用影响因素识别及潜力评估.南水
　　北调与水利科技(中英文),2022,20(4):682-690.

[46]曹甜甜,朱洪涛,王振北,等.我国西南地区城市水环境综合整治对策与路线图.
　　环境工程技术学报,2022,12(2):500-512.

[47] 张琼华,王晓昌. 宝鸡水资源系统分析及城市用水保障对策研究. 安全与环境学报,2009,9(1):77-81.

[48] 吉倩倩,张琼华,熊家晴,等. 运用 LCA 方法分析污水再生处理的成本效益. 环境工程学报,2010,4(3):517-520.

[49] 仇付国,王晓昌. 污水深度处理流程对污染物去除效果评价方法. 环境工程学报,2010,4(9):1937-1940.

[50] 赵文玉,张逢,胡洪营,等. 污水再生处理臭氧氧化系统运行费用分析. 环境科学与技术,2011,34(9):126-129.

[51] 荣四海,王学超. 城市再生水农业利用技术经济分析. 中国农村水利水电,2012(2):135-136,141.

[52] 刘晓君,魏莹军. 分散式污水再生水回用工程的经济性分析. 环境工程学报,2014,8(12):5226-5230.

[53] 范育鹏,陈卫平. 北京市再生水利用生态环境效益评估. 环境科学,2014,35(10):4003-4008.

[54] 侯兴,张文龙,罗小勇,等. 不同回用用途下典型城市污水再生处理工艺的生命周期评价分析. 环境工程,2017,35(2):153-157,189.

[55] 杨莉,李洁,张珊,等. SBM-DEA 模型对污水处理厂环境绩效评价的有效性分析. 安全与环境学报,2023,23(7):2487-2496.

[56] 王丰,王红瑞,来文立,等. 再生水利用激励机制研究. 水资源保护,2022,38(2):112-118,146.

[57] 冯颖,刘凡. 绿色发展理念下的中国再生水利用效率评价——基于动态 SBM 法和 Meta-frontier 模型. 经济问题,2022(7):71-79.

[58] 李鑫,胡洪营,杨佳,等. 再生水用于景观水体的氮磷水质标准确定. 生态环境学报,2009,18(6):2404-2408.

[59] 赵欣,胡洪营,谢兴,等. 基于健康风险评价的再生水生物学标准制定方法. 给水排水,2010,46(5):43-48.

[60] 宫飞蓬,张静慧,李魁晓,等. 城市污水再生利用中病原菌指示微生物及其限值研究. 给水排水,2011,47(4):45-47.

[61] 刘家飞,张昱,闫志明,等. 利用发光菌和大型蚤对北方某城市再生水急性毒性的调查. 环境工程学报,2011,5(5):977-981.

[62] 陈卫平,张炜铃,潘能,等. 再生水灌溉利用的生态风险研究进展. 环境科学,2012,33(12):4070-4080.

[63] 靳孟贵,罗泽娇,梁杏,等. 再生水地表回灌补给地下水的水质安全保障体系. 地球科学(中国地质大学学报),2012,37(2):238-246.

[64] 刘言正,王晓昌,陈荣. DALY 在城市污水再生回用健康风险评价中的应用. 中国给水排水,2013,29(1):97-100.

[65] 李金娜,陆丽芳,左岩岩. 城市再生水利用风险评价指标体系初探. 南水北调与水利科技,2013,11(3):52-56.

[66] 陈卫平,吕斯丹,张炜铃,等. 再生(污)水灌溉生态风险与可持续利用. 生态学报,2014,34(1):163-172.

[67] 才惠莲. 我国再生水利用法律制度的完善——基于生态安全的视角. 湖北社会科学,2015(3):142-147.

[68] 崔二苹,高峰,陈红,等. 再生水利用对环境中抗生素抗性基因影响的研究进展. 灌溉排水学报,2017,36(2):32-38.

[69] 陈卓,崔琦,曹可凡,等. 污水再生利用微生物控制标准及其制定方法探讨. 环境科学,2021,42(5):2558-2564.

[70] 丁言强,牛犇,吴翔东. 哈马碧生态循环模式及其启示. 生态经济,2009(6):179-182.

[71] 孙博,汪妮,解建仓,等. 再生水利用交易收益的博弈分析. 沈阳农业大学学报,2010,41(2):195-198.

[72] 何江涛,沈照理. 再生水入渗回灌利用的发展趋势. 自然杂志,2010,32(6):348-352.

[73] 张昱,刘超,杨敏. 日本城市污水再生利用方面的经验分析. 环境工程学报,2011,5(6):1221-1226.

[74] 李殿海,李育宏,姜威,等. 天津市污水再生利用经验与现状分析. 环境工程学报,2011,5(6):1227-1231.

[75] 冯运玲,戴前进,李艺,等. 几种典型再生水处理工艺出水水质对比分析. 给水排水,2011,47(2):47-49.

[76] 吴丹. 再生水利用的水权管理研究. 中国人口·资源与环境,2011,21(12):92-97.

[77] 陈卫平. 美国加州再生水利用经验剖析及对我国的启示. 环境工程学报,2011,5(5):961-966.

[78] 唐标文. 城市污水再生利用消毒技术比较. 水电能源科学,2011,29(1):104-105,178.

[79] 邵瑞华,魏东洋,房平,等. 基于农田灌溉的城市污水再生利用贮存技术研究. 水处理技术,2011,37(1):87-90.

[80] 池勇志,崔维花,苑宏英,等. 不同源水和回用途径的再生水处理工艺的选择. 中国给水排水,2012,28(18):22-26.

[81] 张昱,郑兴灿,李殿海,等. 城市污水再生利用及水质安全保障的关键技术集成与示范应用. 给水排水,2013,49(4):9-12.

[82] 张庆康,郝瑞霞,刘峰,等. 不同再生水处理工艺出水水质回用途径适应性分析. 环境工程学报,2013,7(1):91-96.

[83] 王晓昌,张崇淼,马晓妍. 城市污水再生利用和水环境质量保障. 中国科学基金,

2014,28(5):323 - 329.

[84]李昆,魏源送,王健行,等. 再生水回用的标准比较与技术经济分析. 环境科学学报,2014,34(7):1635 - 1653.

[85]苑宏英,谷永,张昱,等. 再生水集中和分散处理与供水模式的历史进程. 给水排水,2017,53(8):131 - 136.

[86]王雷,江小平. 中国城市再生水利用及价格政策研究. 给水排水,2021,57(7):48 - 53,59.

[87]符家瑞,周艾珈,刘勇,等. 我国城镇污水再生利用技术研究进展. 工业水处理,2021,41(1):18 - 24,37.

[88]刘彦华,周家中,吴迪,等. 城市污水再生利用的原位处理与集中处理分析与实践. 给水排水,2021,57(2):67 - 70,75.

[89]王洪臣. 污水资源化是突破经济社会发展水资源瓶颈的根本途径. 给水排水,2021,57(4):1 - 5,52.

[90]罗雨莉,潘艺蓉,马嘉欣,等. 污水再生与增值利用的碳排放研究进展. 环境工程,2022,40(6):83 - 91,187.

[91]陆慧闽,陈卓,倪欣业,等. 日本污水处理与再生利用现状分析. 环境工程,2023,41(3):237 - 242.

[92]惠辞章,张文龙,王玉明,等. 基于"五级处理 - 五级回用"的高新区污水近零排放新模式. 环境工程,2022,40(7):193 - 199.

[93]刘俊含,陈卓,徐傲,等. 澳大利亚污水处理与再生水利用现状分析及经验. 环境工程,2022,40(2):1 - 7,26.

[94]倪欣业,郝天,王真臻,等. 我国非常规水资源利用标准规范体系研究. 中国给水排水,2022,38(14):52 - 59.

[95]SCHWARTZ M, MAYS L. Models for water reuse and wastewater planning. Journal of Environmental Engineering,1983,109(5):1128 - 1147.

[96]PRIETO D, SWINEN N, BLANCO L,et al. Drivers and economic aspects for the implementation of advanced wastewater treatment and water reuse in a PVC plant. Water Resources and Industry,2016,14 :26 - 30.

[97]BRAHMI K, BOUGUERRA W, MISSAOUI K,et al. Highly cost-effective and reuse-oriented treatment of cadmium-polluted mining wastewater by electrocoagulation process. Tournal of Environimental Engineering, 2016,142(11):04016061.

[98]MAZARI L,ABDESSEMEDD,SZYMCZYKA. Evaluating reuse of alum sludge as coagulant for tertiary wastewater treatment. American Society of Civil Engineers,2018, 144(12):04018119.

[99]KA L,LJILJANA Z,JAN P. Life cycle assessment of nutrient recycling from wastewater：a critical review. Water Research,2020,173:115519.

［100］FULVIO B，ALICE C，ELISA C，et al. A review of nature-based solutions for greywater treatment：applications，hydraulic design，and environmental benefits. Science of the Total Environment，2020，711：134731.

［101］ALI A，SARA N. Life-cycle assessment of tertiary treatment technologies to treat secondary municipal wastewater for reuse in agricultural irrigation，artificial recharge of groundwater，and industrial usages. American Society of Civil Engineers，2020.

［102］MAHDIEH G，PEYO S，ALIREZA M，et al. Economic assessment of nature-based solutions as enablers of circularity in water systems. Science of the Total Environment，2021，792：148267.

［103］FATIMA-ZAHRA L，HAMISH R M，TAREQ A，et al. Assessment of carwash wastewater reclamation potential based on household water treatment technologies. Water Resources and Industry，2021，26：100164.

［104］FATIMA-ZAHRA L，HAMISH R M，TAREQ A. Wastewater reuse for livestock feed irrigation as a sustainable practice：a socio-environmental-economic review. Journal of Cleaner Production，2021，294：126331.

［105］ROBIN H，ROSANNE W，SVERKER M，et al. Reframing human excreta management as part of food and farming Systems. Water Research，2020，175：115601.

［106］KANG M，HUA Z，YUWEI P，et al. Biosensors for wastewater-based epidemiology for monitoring public health. Water Research，2021，191：116787.

［107］FATIMA-ZAHRA L，HAMISH R M，TAREQ A，et al. A review on disinfection technologies for controlling the antibiotic resistance spread. Science of the Total Environment，2021，797：149150.

［108］SYUN-SUKE K，OSAMU N，HIROYUKI K. Predictive water virology using regularized regression analyses for projecting virus inactivation efficiency in ozone disinfection. Water Research，2021，11：100093.

［109］JOHN D H，TAYLOR L，ALISTAIR B，et al. Enabling forecasts of environmental exposure to chemicals in European agriculture under global change. Science of the Total Environment，2022，840：156478.

［110］CHRISTINA M M，SAMANTHA H，ROBERT P，et al. Ozone disinfection of waterborne pathogens and their surrogates：a critical review. Water Research，2022，214：118206.

［111］ENRIC B. Progress of homogeneous and heterogeneous electro-Fenton treatments of antibiotics in synthetic and real wastewaters：a critical review on the period 2017−2021. Science of the Total Environment，2022，819：153102.

［112］FERNANDO R，MARIA C，CAMILA C. Challenges on solar oxidation as post-treatment of municipal wastewater from UASB systems：treatment efficiency，disinfection and toxicity. Science of the Total Environment，2022，850：157940.

[113]GASPARE V,MASSIMO I. Wastewater reuse effects on soil hydraulic conductivity. J Irrig Drain Eng,2004,130(6):476－484.

[114]EDGAR Q,HONGDE Z,GARY P. Membrane pervaporation for wastewater reuse in microirrigation. J Environ Eng,2005,131(12):1633－1643.

[115]ARUL M, ADDIS K,LALIT G,et al. Waste litchi peels for Cr(VI)removal from synthetic wastewater in batch and continuous systems:sorbent characterization, regeneration and reuse study. American Society of Civil Engineers,2016.

[116]LONG C,TIANQI Z,HAO V,et al. Effectiveness of engineered and natural wastewater treatment processes for the removal of trace organics in water reuse. American Society of Civil Engineers,2017.

[117]GARCíA P,BUTLER D, COMAS J,et al. Resilience theory incorporated into urban wastewater systems management. Water Research,2017,115:149e161.

[118]NAWAL A,MOHAMED K, LAHBIB T,et al. Long-term effects of wastewater reuse on hydro physicals characteristics of grassland grown soil in semi-arid Algeria. Journal of King Saud University-Science,2020,32:1004－1013.

[119]PIRJO I,VARSHA S,MIKA S. Ionic liquid-based water treatment technologies for organic pollutants:current status and future prospects of ionic liquid mediated technologies. Science of the Total Environment,2019,690:604－619.

[120]YUANSHENG H,GUANGXUE W, RUIHUA L,et al. Iron sulphides mediated autotrophic denitrification:an emerging bioprocess for nitrate pollution mitigation and sustainable wastewater treatment. Water Research,2020,179:115914.

[121]MOTASEM N S. Estimation of industrial water demand and reclamation in Jordan:a cross-sectional analysis. Water Resources and Industry,2020,23:100129.

[122]SEYEDEH F M, SEBASTIAN H, NICHOLAS W, et al. Integrating micro-algae into wastewater treatment:a review. Science of the Total Environment,2021,752:142168.

[123]PARVIN G,PARISA-SADAT A,HUGO A L. Integration of gray system theory with AHP decision-making for wastewater reuse decision-making. American Society of Civil Engineers,2021.

[124]EMILY W T,ANNA L H,ALEKSANDER J. Modeling the energy consumption of potable water reuse schemes. Water Research,2021,13:100126.

[125]MAMTA G,ABHILASHA R,RAJIB G C. Treatment of hydrocarbon-rich wastewater to enhance reusability of water using a novel indigenous microalgal-bacterial consortium isolated from kovalambeach. J EnvironEng, 2021, 147(12): 04021063.

[126]JOANNA K,MARTA G,GUOQIANG L,et al. Highly effective enzymes immobilization on ceramics:requirements for supports and enzymes. Science of the Total Environment, 2021,801:149647.

［127］CATHERINE M,GABRIELA L G,JOY W,et al. Impact of biosolids amendment and wastewater effluent irrigation on enteric antibiotic-resistant bacteria-a greenhouse study. Water Research ,2021,13:100119.

［128］BAUTISTA Q,CAMPOS L C,MAˇSEK O,et al. Use of biochar-based column filtration systems for greywater treatment:a systematic literature review. Journal of Water Process Engineering,2022,48:102908.

［129］JOÃO L,ADRIANA Z,RUI C M, et al. Nanostructured photocatalysts for the abatement of contaminants by photocatalysis and photocatalytic ozonation:an overview. Science of the Total Environment,2022,837:155776.

［130］GUANGTAO F,YIWEN J,SIAO S,et al. The role of deep learning in urban water management:a critical review. Water Research,2022,223 :118973.

［131］MAX D G, RACHEL L G, REBECCA F,et al. Sorption,separation and recycling of ammonium in agricultural soils:a viable application for magnetic biochar? Science of the Total Environment,2022,812:151440.

［132］AGNIESZKA C,NATALIA,PIOTR J. The fate of microplastic in sludge management systems. Science of the Total Environment,2022,848:157466.

［133］CONGCONG Z,ALBERT G,JUAN A B. A review on the integration of mainstream p-recovery strategies with enhanced biological phosphorus removal. Water Research,2022,212:118102.

［134］RAZIEH R,MIRA S,MOHAMED M,et al. Integration of microbial electrochemical systems and photocatalysis for sustainable treatment of organic recalcitrant wastewaters:main mechanisms,recent advances,and present prospects. Science of the Total Environment,2022,824:153923.

［135］SUNGEUN L,JIAMING L,URS G,et al. Ozonation of organic compounds in water and wastewater:a critical review. Water Research,2022,213 :118053.

［136］JEFFREY P,YANG Z,JUDD S J. The status of potable water reuse implementation. Water Research,2022,214:118198.

第3章 研究内容与技术路线

3.1 研究目标

围绕丰水地区资源节约型、环境友好型社会和生态文明建设需求,紧密结合地方经济社会的实际,突出目标导向和问题导向,将节水(含污水再生利用)与水资源管理(含水资源双控行动、刚性约束制度)相融合,针对节水管控指标和各项工作具体落实(以下简称:"节水最后一公里")存在的主要问题,开展关键性技术与政策研究,完善节水标准与政策,丰富节水举措,形成精细化、准确化的技术解决方案,推进节水工作走深走实,促进区域经济社会高质量发展。

3.2 研究内容

按照国家节水行动方案、最严格水资源管理制度(水资源双控行动方案、水资源刚性约束制度)相关决策部署[1-2],我国已经建立覆盖省、设区市、县(市、区)三级节水管控指标和工作方案。为推动这些管控指标和工作方案的具体落实,解决其实施中面临的主要问题,本项目的研究内容包括以下四个方面。

3.2.1 用户端节水管控标准的研究

节水工作涉及全社会各领域各行业各部门,本项目以"节水最后一公里"为研究重点,一是针对节水管控指标和工作任务的具体落实问题,研究制定符合丰水地区特点的节水型社会建设标准、节水型载体建设标准,着力形成各类对象全覆盖的节水型社会和载体建设标准与配套政策,推动节水工作在各类对象范围内的全面落实;二是针对各行政区域节水管控缺少有效抓手、工业用水定额不满足生产实际的需要、生活用水定额制定方法上的局限性等问题,开展基于水资源双控指标的工业综合用水定额制定方法,开展基于节水诊断的生活用水定额制定方法研究,着力形成由宏观(区域)—中观(取用水户)—微观(产品)等多层次构成的工业用水定额体系以及更精准的生活用水定额标准,以满足取用水管理"放管服"改革、超定额累进加价、水资源集约节约利用等政策要求。

3.2.2 生活污水多用途安全再生利用技术体系的研究

围绕再生水利用的安全性、合理性与精准管控等问题,一是对于再生水用于工业用水,针对双膜法处理产生的膜浓水处理问题,开展非负载型陶瓷催化剂催化臭氧氧化技术研究,以减轻其不良影响;二是对于再生水用于农业灌溉,开展再生水灌溉的高效利用与安全调控的技术,以指导其科学灌溉、精准管控;三是对于再生水用于景观环境补水,开展基于藻类风险控制和影像识别的水量水质联合调控技术的研究,以提高补水的科学性和精准性;四是针对将再生水纳入多水源统一配置后的评价问题,开展将再生水纳入多水源统一配置的评价技术方法研究,促进再生水利用从统一配置到具体实践。在这些研究的基础上,形成生活污水多用途安全再生利用的技术解决方案。

3.2.3　再生水水价核定与分摊技术的研究

针对再生水利用的节水、减排、生态环境保护属性,在全成本水价核算的基础上,研究单一再生水水价分摊方法与分摊机制,为再生水协商定价提供基本依据;在再生水纳入多水源统一配置、统一调度的情况下,研究多水源水价统一核定方法与分摊技术,推动优质优价、节约用水,促进多水源的合理配置与高效利用。

3.2.4　应用实践

归纳总结项目研究内容实施以来(尤其是“十三五”以来)精准节水关键技术的应用实践,并开展应用效益分析。应用内容包括:节水型社会、节水型载体、国家节水行动、区域水资源论证制度、用水定额制订与修订(包括复核)、水资源总体规划、非常规水利和再生水利用试点等。

3.3　技术路线

针对丰水地区节水工作面临的形势和存在的问题,项目研究以“基础资料分析、关键技术研究、标准政策制定、实际应用推广”全过程、全链条的研发思路,以浙江省为丰水地区的典型代表,针对其资源禀赋、人口与经济规模、供用耗排水等方面的特征,以“资料收集、现场调研、原型观测、分析测试、现场试验、产品开发、工艺优化、设备研发、理论分析、统计分析、数值模拟、公众调查、实证研究”为主线开展研究。项目研究的总体技术路线图,见图 3.1。

按照项目的研究目标与研究内容,根据该技术路线图,提出节水精准管控标准与配套政策研究技术路线图、生活污水多用途安全再生利用技术体系研究技术路线图、再生水水价核定与分摊技术研究路线图,分别见图 3.2、图 3.3、图 3.4。

丰水地区精准节水关键技术研究与实践

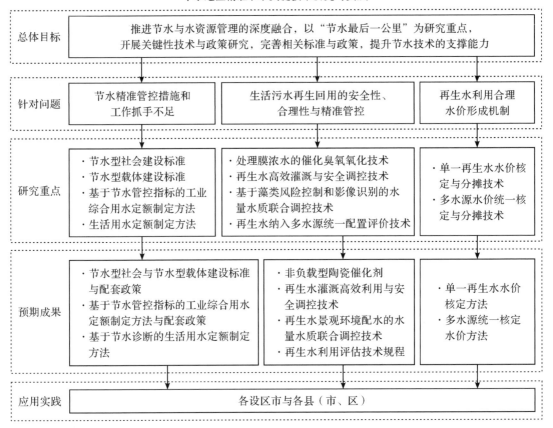

图 3.1 项目研究技术路线图

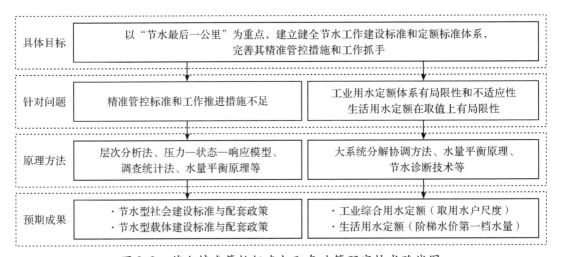

图 3.2 节水精准管控标准与配套政策研究技术路线图

图 3.2 中的相关内容说明如下：

（1）在具体目标上，以"节水最后一公里"为重点，通过建立健全节水工作相关建设标准、配套政策和定额标准体系来完善节水工作的精准管控措施和工作抓手，推动各项节水工作做深做实。

（2）在解决问题、原理方法上，针对节水精准管控标准和推进措施的不足，采用层次分析法、调查统计法、水量平衡原理、压力—状态—响应模型等开展节水型社会、节水型载体建设标准和配套政策研究。针对现状工业和生活用水定额体系的局限性与不适应性，采用大系统分解协调原理、水量平衡原理、节水诊断技术等开展基于水资源双控指标的工业综合用水定额制定方法的研究以及基于节水诊断的生活用水定额制定方法的研究。

（3）在预期成果上，形成覆盖全社会各类用水对象的节水型社会、节水型载体建设标准与配套政策，形成取用水户尺度的工业综合用水定额、更精准的生活用水定额（阶梯水价第一档水量）。

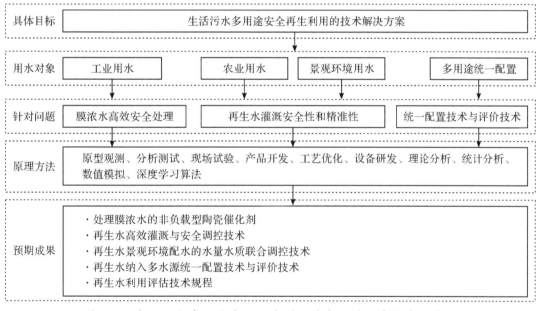

图 3.3　生活污水多用途安全再生利用技术体系研究技术路线图

图 3.3 中的相关内容说明如下：

（1）在具体目标上，建立健全生活污水多用途安全再生利用的技术解决方案。

（2）在解决问题、原理方法上，针对安全性、合理性和精准性问题，采用原型观测、分析测试、现场试验、产品开发、工艺优化、设备研发、理论分析、统计分析、数值模拟、深度学习算法等，研制处理膜浓水的非负载型陶瓷催化剂，研究再生水灌溉高效利用与安全调控技术、再生水景观环境配水的水量水质联合调控技术、再生水纳入多水源统一配置技术与评价技术，制定再生水利用评估技术规程。

（3）在成果上，形成覆盖生活污水再生回用多用途的技术体系和解决方案。

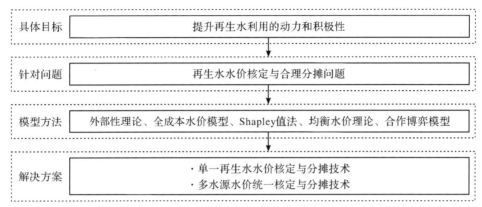

图 3.4　再生水水价核定与分摊技术研究路线图

图 3.4 中的相关内容说明如下：

（1）在具体目标上，通过水价机制提升再生水利用的动力和积极性。

（2）在解决问题、模型方法上，采用外部性理论、全成本水价模型、Shapley 值法、均衡水价理论、合作博弈模型等开展单一再生水水价核定与分摊技术、多水源水价统一核定与分摊技术研究。

（3）在成果上，形成单一再生水水价核定方法、多水源统一核定水价方法，并示范应用。

～◇～◇～　参考文献　～◇～◇～

［1］国家发展改革委、水利部．国家节水行动方案．［2023－12－06］．https：//www. gov. cn/gongbao/content/2019/content_5419221. htm.

［2］水利部、国家发展改革委．关于印发"十四五"用水总量和强度双控目标的通知．［2023－12－06］．https：//www. gov. cn/zhengce/zhengceku/2022－03/18/content_567 9631. htm.

第 2 篇

用户端节水管控标准

第4章 节水型社会建设标准研究

4.1 现状概述

4.1.1 节水型社会

节水型社会指在社会生产、流通和消费的各环节中,通过健全机制、调整结构、技术进步、加强管理和宣传教育等措施,动员和激励全社会节约与高效利用水资源,以尽可能少的水资源消耗保障经济社会可持续发展的社会[1]。节水型社会建设是深入贯彻落实习近平生态文明思想、习近平总书记关于节水工作的重要讲话和指示批示精神的具体行动,是缓解我国水资源供需矛盾、保障水安全的必然选择,对实现高质量发展、建设美丽中国具有重要意义。2002年2月,《水利部印发关于开展节水型社会建设试点工作指导意见的通知》启动节水型社会试点的建设。2002年10月,建设节水型社会被写入新修订实施的《中华人民共和国水法》(简称《水法》),其为节水型社会建设提供了法律依据。

浙江省高度重视节水型社会的建设工作。2004年,岱山县作为严重缺水地区的代表,被列入全省首个省级试点。2012年,《浙江省人民政府关于实行最严格水资源管理制度全面推进节水型社会建设的意见》,以节水型社会建设为平台,贯彻落实最严格水资源管理制度。

4.1.2 相关标准研究的必要性

节水是需要长期坚持的战略方针和基本国策,持续开展节水型社会建设标准的研究修订具有重要意义,具体体现在以下方面。

一是落实国家节水工作部署的必然要求。新中国成立以来,我国节水工作经历了农业节水萌芽期(1949—1978年)、城市节水推进期(1978—1998年)、全面节水建设期(1998—2012年)和深度节水发展期(2012年以来)四个阶段,每个阶段面临的问题和重点任务均不同[2]。准确把握中央节水工作的重要决策部署,科学分析节水面临的新形势、新任务、新要求,研究制定相应的评价标准体系是有效落实国家节水工作部署的必然要求。

二是引导全省节水工作方向的必然要求。浙江省是"两山理论"的发源地,是新时代全面展示中国特色社会主义制度优越性的"重要窗口",是共同富裕示范区建设的先行先试区,对水资源安全保障提出了极高的要求。全省节水工作也一直走在全国前列,《浙江省节水行动实施方案》明确了建设南方丰水地区节水标杆省份的目标,并在国家节水工作部署的基础上,结合浙江省自然禀赋条件、社会发展需求和现状节水管理问题,提出了当前的主要目标和重点任务。针对全省节水工作重点,在国家标准体系的基础上,研究制定适合浙江省的评价标准体系是引导全省节水工作的必然要求。

三是解决基层节水工作问题的必然要求。对日常水资源及节水管理监督检查,节水调研、审计、督查,节水工作考核中发现的基层节水管理工作中存在的用水定额使用不规范、计划用水管理和节水"三同时"管理不到位、节水载体创建与评选不规范、再生水利用率偏低等问题在评价指标体系中的权重给予一定的倾斜,对解决基层节水工作问题具有重要的推动作用。

4.2 研究思路和技术方法

坚持目标引领和问题导向,分析丰水地区(以浙江省为例)经济社会的发展定位、节水管理的现状及存在的主要问题,结合国家节水型社会建设评价标准和相关的研究成果[3-10],制定符合浙江省的节水型社会评价指标体系和评价标准,引导各地区大力推进全社会各领域的节水工作,深化节水改革创新,持续提升水资源集约安全利用的水平。具体的技术路线如图4.1所示。

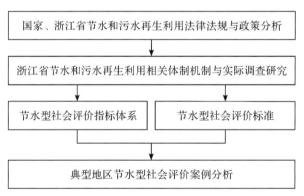

图4.1 节水型社会建设标准研究技术路线图

4.3 指标体系建立与分值确定

按照上述思路,研究提出适用于浙江省的县域节水型社会评价标准,明确适用范围、必备条件、评价方法、指标分值与指标说明。

4.3.1 适用范围

浙江省县域节水型社会评价标准适用于浙江省范围内县级行政区节水型社会评价工作。

4.3.2　必备条件

（1）最严格水资源管理制度、水资源消耗总量和强度双控行动确定的控制指标全部达到年度目标要求。

（2）近两年实行最严格水资源管理制度的考核结果为良好及以上。

（3）节水管理机构健全，职责明确，人员齐备。

（4）建立节水型社会建设领导小组，县（市、区）主要领导或分管领导任组长，且节水工作组织协调机制健全，运行正常。

4.3.3　评价方法

（1）除标准特别指出之外，应当采用上一年的资料和数据进行评价计算得分。

（2）认定总分 85 分以上者为达到节水型社会标准要求。

（3）如遇缺项，则该项不计分，评价总分按照公式进行折算，折算公式为：评价总分 =（实际总得分 − 加分项得分）× 100/（100 − 缺项对应分值）+ 加分项得分。加分项不计入缺项。

4.3.4　指标体系及分值

浙江省县域节水型社会评价指标体系包括 15 项一级指标、31 项二级指标，相对于国家标准，增加了取水许可管理、重点用水户水平衡测试、重点用水户清洁生产审核、节水型灌区创建、节水宣传教育基地建设、水效标识管理和合同节水等指标，同时将计划用水管理细分，对用水计量、节水"三同时"管理和再生水利用等指标的分值与赋分细则进行了调整，具体指标和分值见表 4.1。

表 4.1　浙江省县域节水型社会评价指标体系

序号	评价类别	评价内容	分值
1	取水许可管理	严格执行取水许可制度	6
		严格执行规划水资源论证制度	3
2	用水定额管理	严格各行业用水定额管理，强化定额使用	4
3	计划用水管理	自备取水户年度取水计划管理	4
		管网内城镇非居民用水单位纳入计划用水管理的数量占应纳入数量的比例	4
4	用水计量监控	农业灌溉用水计量率：农业灌溉用水计量水量占农业灌溉用水总量的比例	4
		工业用水计量率：工业用水计量水量与工业用水总量的比值	4
		年取水 5 万方以上用水户取水实时监控安装率和运行正常率	4

续表

序号	评价类别	评价内容	分值
5	水价机制	推进农业水价综合改革,建立健全农业水价形成机制,推进农业水权制度建设,建立农业用水精准补贴和节水奖励机制	4
		实行居民用水阶梯水价制度	4
		实行非居民用水超计划超定额累进加价制度	4
		水资源费征缴	4
6	节水"三同时"管理	新(改、扩)建项目执行节水设施与主体工程同时设计、同时施工、同时投产制度	3
7	重点用水户水平衡测试	年取用水5万方以上企业水平衡测试覆盖率	4
8	重点用水户清洁生产审核	开展重点用水户清洁生产审核,完成年度计划任务	4
9	节水载体建设	节水型灌区或农业园区建设	4
		节水型企业建成率:重点用水行业节水型企业数量与重点用水行业企业总数的比值	4
		公共机构节水型单位建成率:公共机构节水型单位数量与公共机构总数的比值	4
		节水型居民小区建成率:节水型居民小区数量与居民小区总数的比值	4
10	供水管网漏损控制	公共供水管网漏损率:城镇公共供水总量和有效供水量之差与供水总量的比值	4
11	生活节水器具推广	全面推动公共场所、居民家庭使用生活节水器具	4
12	水效标识管理	实施水效标识制度	3
13	再生水利用	再生水利用率:经过处理并再次利用的污水量与污水总量的比值(指市政处理部分,不含企业内部循环利用部分)	4
14	社会节水意识	开展节水宣传教育活动	3
		节水宣传教育基地建设	3
		公众具有明显的节水意识	3
15	加分项	节水标杆示范	2
		实行节水激励政策	2
		推广喷灌、微灌、管道输水等高效节水灌溉技术	2
		合同节水管理	2
		将水资源消耗总量和效率双控指标纳入生态补偿机制	2

4.3.5 指标说明

(1)管网内城镇非居民用水单位包括从公共供水管网取水的工业、服务业用水单位。

（2）农业灌溉用水计量率是指有计量设施的农业取水口灌溉取水量占灌溉总取水量的比例。

（3）规模以上工业企业是指年主营业务收入在 2000 万元以上的工业企业。

（4）农业水价综合改革实际的实施面积是指县级行政区（含直辖市所辖区、县）自部署实施农业水价综合改革以来已实施的总面积，计划实施面积是指计划实施的总面积。

（5）重点用水行业包括火电、钢铁、纺织染整、造纸、石油炼制、化工、食品等行业。

（6）公共机构是指县（区）级机关和县（区）直事业单位。

（7）居民小区是指由物业公司统一管理、实行集中供水的城镇居民小区。

（8）公共场所是指公用建筑物、活动场所及其设施等。

（9）再生水是指污水经过适当处理后，达到一定的水质指标，满足某种使用要求，可以再次利用的水。

（10）公众节水意识调查由县级行政区（含直辖市所辖区、县）自主开展，在评价时重点对调查工作进行核查。

（11）高效节水灌溉率是指高效节水灌溉面积占灌溉面积的比例。

4.4　指标评价标准

4.4.1　取水许可管理

取水许可管理指标包括严格执行取水许可制度和严格执行规划水资源论证制度 2 项二级指标，分值 9 分。各指标分值及评价标准见表 4.2。

表 4.2　取水许可管理指标评价标准

序号	评价内容	评价标准	分值
1	严格执行取水许可制度	按规定办理取水许可，在近两年上级部门水资源管理监督检查中，发现 1 例无证取水的，扣 1 分；发现 1 例超许可取水的，扣 0.5 分；发现 1 例无论证审批取水许可的，扣 0.5 分，扣完为止	6
2	严格执行规划水资源论证制度	新审批的相关规划（包括国民经济和社会发展规划、产业集聚区、工业园区规划等三类）未按规定开展水资源论证的，每发现 1 例，扣 1 分，扣完为止	3

4.4.2　用水定额管理

用水定额管理指标主要评价水资源论证、取水许可、节水载体认定等工作中定额的执行情况，分值 4 分，具体的评价标准见表 4.3。

表4.3　用水定额管理指标评价标准

评价内容	评价标准	分值
严格各行业用水定额管理,强化定额使用	在水资源论证、取水许可、节水载体认定等工作中严格执行用水定额,得4分。在近两年上级部门水资源管理监督检查中,发现1例未按规定使用用水定额的,扣1分,扣完为止	4

4.4.3　计划用水管理

计划用水管理指标包括自备取水户和管网内城镇非居民用水单位计划管理2项二级指标,分值8分。各指标分值及评价标准见表4.4。

表4.4　计划用水管理指标评价标准

序号	评价内容	评价标准	分值
1	自备取水户年度取水计划管理	取水计划覆盖率达到100%,且计划下达合理,得4分;覆盖率每降低3%,扣1分,计划下达不合理,扣1分,扣完为止	4
2	管网内城镇非居民用水单位纳入计划用水管理的数量占应纳入数量的比例	所占比例达到100%,得4分;每降低3%,扣1分,扣完为止	4

4.4.4　用水计量监控

用水计量监控指标包括农业灌溉用水计量、工业用水计量和重点用水户监控3项二级指标,分值12分。各指标分值及评价标准见表4.5。

表4.5　用水计量监控指标评价标准

序号	评价内容	评价标准	分值
1	农业灌溉用水计量率:农业灌溉用水计量水量占农业灌溉用水总量的比例	农业灌溉用水计量率≥60%,得4分;每降低5%,扣0.5分,扣完为止	4
2	工业用水计量率:工业用水计量水量与工业用水总量的比值	工业用水计量率为100%,得4分;每降低3%,扣0.5分,扣完为止。规模以上工业企业用水计量率必须达到100%,否则本项0分	4
3	年取水5万方以上用水户取水实时监控安装率和运行正常率	安装率为100%,得2分;每降低3%,扣0.5分,扣完为止。运行正常率≥90%,得2分;每降低3%,扣0.5分,扣完为止	4

4.4.5　水价机制

水价机制指标包括农业水价综合改革、居民用水阶梯水价制度、非居民用水超计划超定额累进加价制度和水资源费征缴 4 项二级指标，分值 16 分。各指标分值及评价标准见表 4.6。

表 4.6　水价机制指标评价标准

序号	评价内容	评价标准	分值
1	推进农业水价综合改革，建立健全农业水价形成机制，推进农业水权制度建设，建立农业用水精准补贴和节水奖励机制	农业水价综合改革实际的实施面积占计划实施面积[4]比达到 100%，得 2 分；每降低 2%，扣 0.1 分，扣完为止。实际执行水价加精准补贴（补贴工程运行维护费部分）占运行维护成本比达到 100%，得 2 分；每降低 2%，扣 0.1 分，扣完为止	4
2	实行居民用水阶梯水价制度	城镇居民生活用水实行阶梯水价制度，得 4 分；未实行，得 0 分	4
3	实行非居民用水超计划超定额累进加价制度	管网内非居民用水户实行超计划超定额累进加价制度，得 2 分，未实行，得 0 分；自备取水户（公共供水企业、水电、农灌除外）落实超计划累进加价制度，得 2 分，未落实，得 0 分	4
4	水资源费征缴	按标准足额征缴水资源费，得 4 分；在近两年上级部门水资源管理监督检查中，发现 1 例未足额征缴的，扣 1 分，扣完为止	4

4.4.6　节水"三同时"管理

节水"三同时"管理指标主要评价新（改、扩）建项目节水"三同时"管理制度的执行情况，分值 3 分。具体的评价标准见表 4.7。

表 4.7　节水"三同时"管理指标评价标准

评价内容	评价标准	分值
新（改、扩）建项目执行节水设施与主体工程同时设计、同时施工、同时投产制度	新（改、扩）建项目全部执行节水"三同时"管理制度，得 3 分；在近两年上级部门水资源管理监督检查中，发现 1 例未落实节水"三同时"制度的，扣 1 分，扣完为止	3

4.4.7　重点用水户水平衡测试

重点用水户水平衡测试指标主要评价重点用水工业企业水平衡测试工作的开展情况，分值 4 分。具体的评价标准见表 4.8。

表 4.8　重点用水户水平衡测试指标评价标准

评价内容	评价标准	分值
年取用水 5 万方以上企业水平衡测试覆盖率	覆盖率 20% 以上,得 4 分;每降低 3%,扣 0.5 分,扣完为止	4

4.4.8　重点用水户清洁生产审核

重点用水户清洁生产审核指标主要评价重点用水工业企业清洁生产审核工作的开展情况,分值 4 分。具体的评价标准见表 4.9。

表 4.9　重点用水户清洁生产审核指标评价标准

评价内容	评价标准	分值
开展重点用水户清洁生产审核,完成年度计划任务	完成年度计划任务,得 4 分;未完成 1 个,扣 0.5 分,扣完为止	4

4.4.9　节水载体建设

节水载体建设指标包括节水型灌区、节水型企业、公共机构节水型单位和节水型居民小区建设 4 项二级指标,分值 16 分。各指标分值及评价标准见表 4.10。

表 4.10　节水载体建设指标评价标准

序号	评价内容	评价标准	分值
1	节水型灌区或农业园区建设	创建 2 个,得 4 分;少创建 1 个,扣 2 分;不创建,不得分	4
2	节水型企业建成率:重点用水行业节水型企业数量与重点用水行业企业总数的比值	节水型企业建成率≥40%,得 4 分;每降低 3%,扣 1 分,扣完为止	4
3	公共机构节水型单位建成率:公共机构节水型单位数量与公共机构总数的比值	公共机构节水型单位建成率≥50%,得 4 分;每降低 3%,扣 1 分,扣完为止	4
4	节水型居民小区建成率:节水型居民小区数量与居民小区总数的比值	节水型居民小区建成率≥15%,得 4 分;每降低 1%,扣 1 分,扣完为止	4

4.4.10　供水管网漏损控制

供水管理漏损控制指标主要评价城镇公共供水管网漏损的管控情况,分值 4 分。具体的评价标准见表 4.11。

表 4.11 供水管理漏损控制指标评价标准

评价内容	评价标准	分值
公共供水管网漏损率:城镇公共供水总量和有效供水量之差与供水总量的比值	公共供水管网漏损率≤10%［各地区可根据《城镇供水管网漏损控制及评定标准》(CJJ 92—2016)对 10% 的评价值进行修订,按照修订值进行评分］,得 4 分;每增高 1%,扣 1 分,扣完为止	4

4.4.11 生活节水器具推广

生活节水器具推广指标主要评价公共场所和新建小区居民家庭节水器具推广使用的情况,分值 4 分。具体的评价标准见表 4.12。

表 4.12 生活节水器具推广指标评价标准

评价内容	评价标准	分值
全面推动公共场所、居民家庭使用生活节水器具	公共场所和新建小区居民家庭全部采用节水器具,得 4 分;发现 1 例未使用的,扣 1 分,扣完为止(初评抽查的公共场所和居民家庭不少于 10 个)	4

4.4.12 水效标识管理

水效标识管理指标主要评价水效标识制度的落实情况,分值 3 分。具体的评价标准见表 4.13。

表 4.13 水效标识管理指标评价标准

评价内容	评价标准	分值
实施水效标识制度	对列入《中华人民共和国实施水效标识的产品目录》的产品进行水效标识,得 3 分;发现 1 例未标识的,扣 0.5 分,扣完为止	3

4.4.13 再生水利用

再生水利用指标主要评价市政污水处理再利用的情况,分值 4 分。具体的评价标准见表 4.14。

表 4.14 再生水利用指标评价标准

评价内容	评价标准	分值
再生水利用率:经过处理并再次利用的污水量与污水总量的比值(指市政处理部分,不含企业内部循环利用部分)	再生水利用率≥15%,得 4 分;每降低 1%,扣 0.5 分,扣完为止	4

4.4.14　社会节水意识

社会节水意识指标包括节水宣传教育活动开展、节水宣传教育基地建设和公众节水意识3项二级指标,分值9分。各指标分值及评价标准见表4.15。

表4.15　社会节水意识指标评价标准

序号	评价内容	评价标准	分值
1	开展节水宣传教育活动	经常性开展节水公益宣传活动,普及水情知识和节水知识,得3分;未开展,得0分	3
2	节水宣传教育基地建设	建设1个,得3分;不建设,不得分	3
3	公众具有明显的节水意识	通过电话、网络等方式进行公众节水意识调查[10],70%以上的调查对象具有明显的节水意识,得3分;每降低5%,扣1分,扣完为止	3

4.4.15　加分项

加分项包括节水标杆示范、节水激励政策、高效节水灌溉、合同节水管理和水生态补偿机制5项二级指标,分值10分。各指标分值及评价标准见表4.16。

表4.16　加分项指标评价标准

序号	评价内容	评价标准	分值
1	节水标杆示范	区域内有企业、公共机构、产品、灌区被评为国家级或省级水效领跑者或节水标杆单位(企业),加2分	2
2	实行节水激励政策	本级财政对节水项目建设、节水技术推广等实行补贴或其他优惠等激励政策,加2分	2
3	推广喷灌、微灌、管道输水等高效节水灌溉技术	高效节水灌溉率≥30%,加2分	2
4	合同节水管理	区域内探索合同节水管理形成典型示范的,加2分	2
5	将水资源消耗总量和效率双控指标纳入生态补偿机制	将用水总量和用水效率指标纳入流域内横向生态补偿机制的,加2分	2

4.5　典型案例:平湖市县域节水型社会评价

平湖,枕水而生,因水而兴。但随着经济社会的快速发展,平湖却一度面临资源性缺水与水质型缺水的双重压力,亟须以节水型城市和节水型社会建设为载体,建立健全节水管理机制,完善节水管理制度体系,推进各领域的节水重点工程。因此,以平湖为例,开展节水型社会评价标准应用研究。

平湖市政府高度重视节水工作,精心组织,周密部署,从组织实施、制度建设、工程建设、载体建设等方面贯彻落实最严格水资源管理制度,推进节水型社会建设,不断提高水资源利用效率和效益,努力改善水生态环境,取得了较好的建设成效。

根据研究建立的《浙江省县域节水型社会评价标准》,对平湖市的相关节水指标进行评价,结果表明平湖市节水型社会创建的必备条件得到满足,节水指标评估分数为103.9分,达到省级县域节水型社会的标准要求。具体的节水指标评估结果如下。

4.5.1　必备条件

4.5.1.1　控制指标

嘉兴市下达平湖市的控制指标包括:用水总量、生活和工业用水量、万元 GDP 用水量、万元工业增加值用水量、农田灌溉水有效利用系数、重要江河湖泊水功能区水质达标率等 6 项指标。2018 年,平湖市用水总量的控制目标为 2.6026 亿立方米,实际为2.1992 亿立方米;生活和工业用水量的控制目标为 0.9537 亿立方米,实际为 0.8190 亿立方米;万元 GDP 用水量的控制目标为 57.3m³,实际为 48.7m³;万元工业增加值用水量的控制目标为 23.7m³,实际为 22.0m³;农田灌溉水有效利用系数的控制目标为 0.668,实际为 0.672;重要江河湖泊水功能区水质达标率的目标为 31.0%,实际为 87.5%。2018 年度平湖市实行的最严格水资源管理制度控制指标全部达标。

4.5.1.2　最严格水资源管理制度考核结果

根据《嘉兴市水利局等 9 部门关于 2017 年度实行最严格水资源管理制度考核情况的通报》(嘉水〔2018〕72 号)和《嘉兴市水利局等 9 部门关于印发 2018 年度实行最严格水资源管理制度考核结果的通知》(嘉水〔2019〕70 号),2017 年和 2018 年平湖市连续获得嘉兴市实行最严格水资源管理制度考核优秀。

4.5.1.3　节水管理机构

根据市委办和市府办关于印发《平湖市水利局职能配置、内设机构和人员编制规定》的通知,市水利局负责节约用水工作。水利局下设水政水资源科(挂市节约用水办公室牌子),负责拟定节约用水政策,组织指导计划用水、节约用水工作,指导和推动节水型社会的建设工作。水利局所属事业单位平湖市水土保持管理站(平湖市水资源管理站)负责推进节水型社会的建设工作,设有人员编制 7 名。

4.5.1.4　节水工作组织协调机制

2016 年,市政府成立了由市长任组长的,由市府办、机关事务局、宣传部等 20 个成员单位组成的节水型社会建设工作领导小组,领导小组办公室设在区水利局,实行常态化运行机制,为推动节水管理工作提供了有力的组织保障。

4.5.2　分项指标

4.5.2.1　取水许可管理(分值 9 分,评估分 8.9 分)

一是严格执行取水许可制度(分值 6 分,评估分 6 分)。市水利局牵头制定《平湖市取水管理办法》,规范自备取水户取水许可审批管理、取水许可证发放等监管工作,2017年以来累计完成15家企业的取水许可审批及换证工作,并及时完成将取水户信息录入省水资源管理系统的工作。在近两年上级部门水资源管理监督检查中,平湖市未发现无证取水和超许可取水等情况,满足指标考核要求。

二是严格执行规划水资源论证制度(分值3分,按空项折算得2.9分)。根据文件要求,2018年发改和规划部门提供的批复规划名录不属于规划水资源论证的范围,无须开展水资源论证工作,按空项处理。

4.5.2.2 用水定额管理(分值4分,评估分4分)

2017—2018年,平湖市新增的9个建设项目水资源论证报告和24家节水型企业、35家公共机构节水型单位、9个节水型小区的创建均采用最新修订的《浙江省用(取)水定额(2015年)》。在近两年上级部门水资源管理监督检查中,未发现未按规定使用用水定额的情况,满足指标考核要求。

4.5.2.3 计划用水管理(分值8分,评估分8分)

一是自备取水户计划用水管理(分值4分,评估分4分)。按照《浙江省取水户年度取水计划管理规定》的要求,对全市保有的44家自备取水户下达2018年度取水计划,计划水量为2746万立方米,实现全市自备取水户计划用水覆盖率100%,满足指标考核要求。

二是管网供水的城镇非居民用水单位计划用水管理(分值4分,评估分4分)。按照市府办《关于工业企业用水实行差别化水价和超计划加价的实施意见(试行)》(平政办发〔2014〕91号),B、C、D等三类企业用水户应实行计划用水管理。2018年,全市B、C、D类企业共1763家,均下达了用水计划,计划用水量1780万立方米,满足指标考核要求。

4.5.2.4 用水计量监控(分值12分,评估分12分)

一是农业灌溉用水计量(分值4分,评估分4分)。选取典型的泵站进行率定,统计调查全市1435个灌溉泵站的基本信息及2018年度用电量,通过"以电折水"的方式换算出农业灌溉计量水量为11512万立方米。2018年度平湖市农业灌溉用水计量率=农业灌溉用水计量水量/农业灌溉用水总量=11512万立方米/13779万立方米×100%=83.5%,满足指标考核要求。

二是工业用水计量(分值4分,评估分4分)。根据2018年平湖市水资源公报,平湖市2018年工业用水为4902万立方米。在考虑管网漏损及制水损失消耗水量的基础上,2018年平湖市自来水有限公司和钱江独山水务有限公司管网工业用水计量水量为2504万立方米,自备取水企业取水量为2398万立方米,合计工业用水计量水量为4902万立方米。2018年度平湖市工业用水计量率=工业用水计量水量/工业用水总量=4902万立方米/4902万立方米×100%=100%,满足指标考核要求。

三是自备取水户计量监控(分值4分,评估分4分)。在平湖市,许可量超过

5 万立方米的取水户均安装取水监测设施,并将监测数据实时接入浙江省水资源监控信息平台,在线监测设施运行的正常率保持在 90% 以上,满足指标考核要求。

4.5.2.5　水价机制(分值 16 分,评估 16 分)

一是农业水价综合改革(分值 4 分,评估分 4 分)。《平湖市农业水价综合改革实施方案》于 2018 年 7 月经市政府批复实施,2018 年度计划改革有效灌溉面积 34.69 万亩①,实际完成 34.69 万亩,任务完成率 100%。根据实施方案测算,平湖市农业水价运行维护成本为每年 61 元/亩,实际执行水价加精准补贴为 62 元/亩,占运行维护成本的比例为 102%,满足指标考核要求。

二是实行居民用水阶梯水价制度(分值 4 分,评估分 4 分)。根据市发改局、物价局印发的《关于调整自来水价格的批复》,平湖市于 2013 年 10 月 1 日起实行居民阶梯水价制度。2018 年度,全区一、二、三级阶梯征收水费分别为 5006.0 万元、401.9 万元和 3680.4 万元,满足指标考核要求。

三是实行非居民用水超计划超定额累进加价制度(分值 4 分,评估分 4 分)。严格按照《浙江省取水户年度取水计划管理规定》与《关于工业企业用水实行差别化水价和超计划加价实施意见(试行)》,对非居民用水实行超计划超定额累进加价制度。2018 年,4 家企业自备水超计划用水,征收超计划累进加价水资源费为 15.64 万元;445 家管网内非居民计划用水户超计划用水,征收超计划累进加价水费为 564.90 万元,满足指标考核要求。

四是水资源费征收(分值 4 分,评估分 4 分)。按照《浙江省取水许可和水资源费征收管理办法》(省政府令 352 号)足额征收水资源费,2017—2018 年度共计征收 1523 万元。在近两年上级部门水资源管理监督检查中,未发现未足额征缴的行为,满足指标考核要求。

4.5.2.6　节水"三同时"管理(分值 3 分,评估分 3 分)

2015 年,平湖市城市节约用水办公室和规划建设局印发《平湖市市区建设项目节水设施建设管理办法》),明确市区范围内新建、改建、扩建的建设项目需落实节水"三同时"制度。2017—2018 年度平湖市共完成 27 个公建项目验收,提供的 3 个项目案例在初设、施工和验收阶段均有节水措施内容,满足指标考核要求。

4.5.2.7　重点用水户水平衡测试(分值 4 分,评估分 4 分)

平湖市积极引导高用水工业企业开展水平衡测试工作,通过水平衡测试促进企业加强用水科学管理,加快转变工业用水方式,提高企业用水效率。2018 年,平湖市共有年用水 5 万方以上企业 84 家,完成 33 家企业水平衡测试工作,其中,属重点用水户的有 26 家,水平衡测试实施率为 31.0%,满足指标考核要求。

---

①1 亩 ≈666.7 平方米。

4.5.2.8 重点用水户清洁生产审核(分值4分,评估分4分)

平湖市针对医药化工、纺织印染等主要高用水、高污染行业,大力推行清洁生产,实施节水改造。2018年,清洁生产审核任务6家,实际完成13家,满足指标考核要求。

4.5.2.9 节水载体建设(分值16分,评估分16分)

一是节水型企业建设(分值4分,评估分4分)。截至2018年底,平湖市七大重点用水行业企业共42家,成功创建节水型企业21家,节水型企业建成率为50.0%,超额完成40%的指标要求。

二是公共机构节水型单位建设(分值4分,评估分4分)。截至2018年底,平湖市机关和市直事业单位共139家,成功创建节水型单位93家,节水型单位建成率为66.9%,超额完成50%的指标要求。

三是节水型居民小区建设(分值4分,评估分4分)。截至2018年底,平湖市有物业公司统一管理、实行集中供水的城镇居民小区共95个,成功创建省级节水型居民小区15个,节水型居民小区建成率为15.8%,超额完成15%的指标要求。

四是节水型灌区建设(分值4分,评估分4分)。按照《浙江省水利厅办公室关于开展节水型灌区创建活动的通知》的要求,大寨河灌区、活罗浜灌区已完成节水型灌区创建,满足指标考核要求。

4.5.2.10 供水管网漏损(分值4分,评估分4分)

根据《2019年浙江城市建设统计年鉴》,平湖市2018年城镇供水管网漏损率为3.4%,低于10%的指标考核要求。

4.5.2.11 生活节水器具推广(分值4分,评估分4分)

市节约用水办公室组织开展节水器具检查活动,对5个公共场所(含学校、医院)和2个居民小区1275户居民家庭的生活节水器具的安装与使用情况进行调查。经调查,全部为节水器具,满足指标考核要求。

4.5.2.12 水效标识管理(分值3分,评估分3分)

市质监局组织开展了水效标识专项检查,共检查销售单位4家,涉及10余个坐便器品牌。检查中发现,对所有2018年8月1日出厂的坐便器,均已张贴了水效标识,满足指标考核要求。

4.5.2.13 再生水利用(分值4分,评估分0分)

独山污水处理厂中水回用工程正在建设中,中水回用规模为4万立方米/d,预计2019年12月投入使用。2018年,全区完成污水处理总量4104万吨,未进行回收利用,按照评价标准,不得分。

4.5.2.14 社会节水意识(分值9分,评估分9分)

一是开展节水宣传教育活动(分值3分,评估分3分)。平湖市以"世界水日""中国水周"和"全国城市节约用水宣传周"为重点,以"五水共治""河长制""海绵城市建设"

和"农业水价综合改革"为平台,多部门联合,利用电视、广播、报刊、广告牌等多途径并进,深入持久地开展节水宣传工作,营造全社会共同节水的良好氛围。

二是公众具有明显的节水意识(分值3分,评估分3分)。平湖市依托微信平台开展了公众节水意识问卷调查工作,参与人数1106人,其中,具有明显节水意识的有973人,占88.0%,满足75%的指标考核要求。

三是节水宣传教育基地建设(分值3分,评估分3分)。平湖市依托市灌溉试验站建设了一处节水宣传教育基地,重点展示农业高效节水灌溉技术。

4.5.2.15 加分项(分值10分,评估分8分)

一是节水标杆示范(奖励分2分,评估分2分)。2018年围绕节水标杆企业创建工作,平湖市浙江景兴纸业股份有限公司入围国家节水标杆企业、重点用水企业水效领跑者,满足考核奖励要求。

二是实行节水激励政策(奖励分2分,评估分2分)。市政府的《关于印发平湖市加快推进工业经济转型升级若干政策意见的通知》(平政发〔2018〕175号)提出对列入市年度计划并通过验收的节能降耗项目给予补助;对按计划开展水平衡测试并验收合格的工业企业,根据年取水量给予补助,2018年补助资金68万元;根据《平湖市城市节约用水奖惩办法》,市建设局对获省级节水型居民小区称号的小区进行补助,2018年补助资金为18万元;根据平湖市《关于印发加快推进水利建设管理和发展的政策意见的通知》的文件要求,对喷微灌等高效节水灌溉设施进行补助,2018年补助资金17.3万元,满足考核奖励要求。

三是高效节水灌溉(奖励分2分,评估分2分)。平湖市围绕农业"两区"建设,以"两个百万亩"为抓手,大力推进低压管道灌溉、喷微灌等高效节水灌溉工程。截至2018年底,全市高效节水灌溉率达到90%以上,满足考核奖励要求。

四是合同节水管理(奖励分2分,评估分2分)。平湖石化有限责任公司与栗田工业(大连)有限公司就平湖石化有限责任公司冷却水回用项目以合同节水管理的方式进行合作,2017—2019年累计实现回收水量65万吨,满足考核奖励要求。

五是生态补偿机制(奖励分2分,评估分0分)。平湖市尚未开展流域上下游横向生态补偿工作,未达到考核奖励要求。

~~~~~ **参考文献** ~~~~~

[1]节约用水术语(GB/T 21534—2021).[2023 – 12 – 06].https://openstd. samr. gov. cn/bzgk/gb/newGbInfo? hcno =05A24E480271C826AE12CDA13E1F18FF.

[2]刘彦平,魏加华,张远东,等. 我国节水发展历程及特征的文献计量探析. 南水北调与水利科技(中英文),2023,21(3):608 – 616.

[3]节水型社会评价指标体系和评价方法(GB/T 28284—2012).[2023 – 12 – 06].https://openstd. samr. gov. cn/bzgk/gb/newGbInfo? hcno =EC9BFA86202D1C7EB666D5FB3661B

C71.

[4]陈莹,赵勇,刘昌明．节水型社会的内涵及评价指标体系研究初探．干旱区研究, 2004(2):125 - 129.

[5]陈莹,赵勇,刘昌明．节水型社会评价研究．资源科学,2004(6):83 - 89.

[6]张熠,王先甲．节水型社会建设评价指标体系构建研究．中国农村水利水电,2015 (8):118 - 120,125.

[7]周娜,王建华,李海红,等．节水型社会概念与内涵分析．人民黄河,2008,30(12): 16 - 17,20.

[8]杨丽美,马晓霞,万治清．节水型社会评价的研究与发展综述．中国市场,2015 (30):248 - 249.

[9]邢西刚,汪党献,李原园,等．新时期节水概念与内涵辨析．水利规划与设计,2021 (3):1 - 3,52.

[10]朱厚华,艾现伟,朱丽会,等．节水型社会建设模式、经验和困难分析．水利发展研 究,2017,17(4):33 - 35.

第5章 节水型载体建设标准研究

5.1 现状概述

国内外节水型社会试点建设的经验表明[1-4]：节水型载体建设是节水型社会建设的重要抓手,节水型载体建设与节水型社会建设之间的关系密切。从节水型社会建设的角度出发,搞好了节水型载体建设也就把握住了节水型社会建设的主体和关键。通过把节水型社会这一宏观的社会系统工程,分解细化到多个具体的节水型载体中,在节水型社会建设规划的总体目标的指导下,制定各节水型载体建设的实施方案,将节水措施建设融入每一个节水型载体的建设中,使得节水型社会建设更具有可操作性;通过多样化节水型载体的建设,从不同方位建设节水型社会,变宏观为具体,可不断推动全社会水资源利用效率的提高,逐步建成资源节约型、环境友好型的节水型社会。因此,研究制定浙江省节水型载体建设标准是十分必要的。

同时,加强节水型载体建设是浙江省落实最严格水资源管理制度的重要组成部分,也是最严格水资源管理制度"三条红线"中"用水效率控制红线"的重要内容。2011年,中共中央、国务院发布的《中共中央　国务院关于加快水利改革发展的决定》强调,"对取用水达到一定规模的用户实行重点监控"、"加快节水技术改造,全面加强企业节水管理,建设节水示范工程,普及农业高效节水技术";2011年,中共浙江省委、浙江省人民政府的《中共浙江省委　浙江省人民政府关于加快水利改革发展的实施意见》指出,"加大对高耗水行业、重点企业节水技术改造和城镇供水管网改造,开展节水型载体和示范工程建设"。所以,为落实"用水效率控制红线",开展节水型载体建设是其一项重要内容。

5.2 研究思路及方法

5.2.1 研究思路

根据项目任务,提出本次节水型载体建设标准及考核办法的研究思路如下。

（1）资料查阅及总结

通过查阅国内外节水型载体[5-14]、载体建设标准[15-22]、考核办法以及相关的法规政策[23-30]等文献及相关的研究成果,了解节水型载体研究前沿以及未来的研究趋势等。收集了南方（广东、浙江、江苏、上海、安徽、江西等）和北方（河北、河南、宁夏、山西、天津等）地区的节水型载体建设标准、考核办法。梳理小区、学校、机关事业单位、医院、企业、灌区的建设标准的差异性,进而对比分析节水型载体的指标体系、取值、分值、考评方式等。

对浙江省的相关标准及政策、金华市典型地区的节水载体的相关资料进行查阅,分析总结节水型载体的建设标准以及相关规定的制定、实施情况及效果。

(2)现场调研

选取金华市典型地区进行现场调研,结合典型的节水型载体水平衡测试报告的资料分析,重点掌握小区、学校、机关与事业单位、医院、企业、灌区六类节水载体的数量、人口、用水量等载体的基本情况;了解六类节水载体的制度建设、监管考核和节水管理水平等情况。获取载体创建申请报告、水平衡测试报告约200份。

(3)标准制定研究

针对小区、学校、机关与事业单位、医院、企业、灌区开展的水平衡测试成果,总结用水特点和节水工作侧重点,掌握每类节水载体建设的技术、管理特点、用水影响因素等,进而对各类载体的建设指标组成、指标值、分值权重、考评方式等开展研究。

定量指标体系主要从易于量化的角度,结合节水型社会建设的相关要求来提出,包括人均用水量、用水计量、管网漏失、节水器具等。

管理指标体系包括制度和执行两个层面。制度层面主要是制定和完善节水管理制度;执行层面主要是相关制度以及节水管理的执行情况,包括用水计量(落实水平衡测试)、落实工程和用水过程监管、节水宣传等。

(4)考核办法研究

针对节水型载体创建。制定创建与验收要求,包括申报工作流程、申报材料审核、现场抽查、复核评估、台账建设等。

针对现有节水型载体创建考核中存在的困难,如部门协同、数据获取、指标计算,提出合理化建议。细化复核评估内容及方式,体现简约性、客观性和可操作性等。图5.1为节水型载体建设标准研究技术思路图。

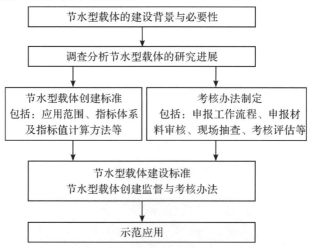

图5.1 节水型载体建设标准研究技术思路图

5.2.2　研究方法

（1）文献查阅和现场调研

通过查阅国内外节水、节水型载体等相关概念与方法等文献及相关的研究成果,了解节水型载体建设的国内研究前沿以及未来的研究趋势等。

对浙江省以及国内相关节水型社会、节水型载体建设的管理机制、相关政策、技术标准的相关资料进行查阅,分析总结相关资料的节水型载体的创建过程及实施效果。

对金华市不同类型的节水型载体进行现场调研,选择不同的载体类型、不同的节水水平、不同的区域典型节水型载体进行调研。深入与节水型载体建设的一线干部职工和广大群众交流访谈,客观认识当前的建设现状和存在的问题。

（2）压力—状态—响应模型

根据指标体系构建原则和系统分析法,结合经济合作与发展组织和联合国环境规划署提出的压力—状态—响应模型（PSR）,在现行指标体系的基础上,通过层次结构逐级构建来反映南方丰水地区节水型载体建设的不同侧面和要求[31-34]。压力指标描述人类活动对水资源施加的驱动压力,反映水资源的利用强度;状态指标描述由压力导致的水资源利用效率等可测特征;响应指标主要包括对水资源状态问题采取的管理措施等,指标体系 PSR 结构框架分析如图 5.2 所示。

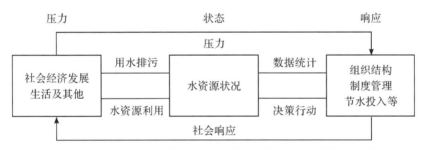

图 5.2　节水型载体建设标准指标体系 PSR 结构框架分析

1）压力指标（press,P）

社会经济发展对水资源产生了一定的压力,如保证生活用水,对水资源提出了承载能力要求。压力指标主要用来分析产生现状水资源的驱动因素,包括自然地理和水资源条件制约、人类活动的各种用水需求、生活生产中污染物的排放等。从地区整体角度来说,人口增加产生的压力可由人均综合用水量指标描述。

2）状态指标（state,S）

压力指标反映了为什么会产生现状水资源问题,而状态指标则是表征发生了什么问题。再生水利用、用水器具漏失、供水管网漏失、节水器具普及等描述了不同行业的用水效率和效益状态。

3）响应指标（response,R）

当明确了问题产生的原因,了解了现状问题的严重程度,需要做什么来加以改善就是响应指标的内容。从用水总量、制度法规、各种投入等方面,保障水资源的可持续利用,管理部门针对压力和状态所采取的措施,如建立专门的节约用水管理机构,制定有关的法规、规划、合理水价及办法来保障节水工作进行等,与压力指标和状态指标有机结合起来。

从节水型载体建设标准指标体系 PSR 的分析过程中得知,各种要素的指标之间有一定的驱动响应关系或者因果关系,指标体系会自然形成一个反馈结构,进而会互相影响,增加了指标体系分析的复杂性。为了建立简单明晰的层状结构,衡量水资源的利用效率和效益,综合反映水资源利用、经济发展的协调程度,可以进行子目标的划分,按照类型进行分类,如技术指标人均用水、管理措施等,这些子目标总体反映指标体系的各方面。而衡量各类子目标又可有不同的准则,从而进一步体现节水型载体建设所关注的主要目标、阶段性、长期引导性等。在各自的准则下,又可用一定数量的指标来进一步描述,包括 PSR 模型框架分析过程中的多种具体的指标。

为与当前水利部及各省市的指标体系相衔接,对 PSR 指标体系进一步分析,在整体框架或子目标上采用的定量指标(技术指标)和管理指标体系类别,体现与国家节水型载体建设的总体要求和目标的一致性,包括 2 个方面,即定量指标,以及管理指标类。在准则方面,体现浙江省在节水型载体建设中对水资源利用与节约、管理、保护等原则。在逐步分析的基础上,构建具有 4 层结构的节水型载体建设评价指标框架体系,如图 5.3 所示。

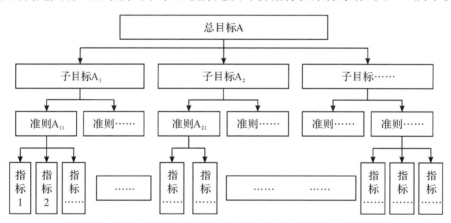

图 5.3　节水型载体建设标准指标体系层次框架结构图

①总目标层:节水型载体建设评价指标体系。

②子目标层:描述经济发展、用水水平和管理决策,包括 PSR 框架的各方面,由定量指标和管理子目标组成,反映地区社会经济发展对水资源的要求,以及对水资源问题的管理措施情况。该层设置作为节水型载体评价的目标分解,总体反映合理用水、高效用水等格局。

③准则层:既是子目标的进一步分解,也是具体衡量指标选取的参照,是联系各级子目标和控制性指标的中间环节,反映节水型载体建设中用水的基本准则,可以根据节水型载体建设的阶段发展需要进行增减,体现指标体系的动态性和导向性,反映对水资

源的各种承载和保护要求。

④指标层:是反映各类准则中必要的具有代表性的各种指标,包括定量及定性指标,在众多可供选择的指标中,结合现行的指标体系和南方丰水地区节水型载体建设的实际状况,按照 PSR 框架模型进行梳理分析,在准则的指导下进行分析后加以确定。

(3)层次分析法(AHP)

1)层次模型的建立

AHP 把研究对象作为一个系统进行处理,按照分解、比较、判断、综合的方式进行决策,其优点就是将主观判断用标度数量形式表达,得到系统中各因素相应的权重[35-38]。

①目标层:待评价问题的预定目标,即节水型载体建设评价问题。

②中间层:包含为实现目标所涉及的中间环节,对应 2 个子目标层,包括所需考虑的准则、子准则,也称为准则层。

③指标层:为实现目标可供选择的各种节水指标、决策方案等,因此也称为措施层或方案层。该层的具体内容根据节水控制指标而确定。

应用 AHP 进行评价时,其主要步骤有:①建立描述系统功能或特征的内部独立的递阶层次结构;②对同属一级的要素,以上一级准则进行两两比较,建立判断矩阵,并进行一致性检验;③层次单排序,计算单一准则下指标元素的相对权重;④计算各要素对目标层的逐级合成权重;⑤层次综合排序,计算总排序权向量和进行一致性检验。该方法利用特征向量法(EM),即将比较矩阵(A)的右特征向量作为权重向量。

2)判断矩阵一致性

设与某一个决策因素相关联的下一层决策因素共有 n 个,由于对于该层上所有决策因素的两两比较以及针对任意一个因素的所有指标判断矩阵,对于该层上所有决策因素的两两比较以及针对任意一个因素的所有指标两两比较都得到 T 个打分矩阵,综合专家的意见,使 T 个打分矩阵转化成为一个综合判断矩阵。基于上述的层次模型结构,根据 Satty 提出的 $1/9 \sim 9$ 的标度法,建立相应的判断矩阵 $A = (a_{ij})_{n \times n}$。

设 $\bar{a}_{ij} = (\sum_{k=1}^{n} a_{ik}a_{kj})/n$,若 $A = (a_{ij})_{n \times n}$ 为完全一致性矩阵,则有特征矩阵 $\bar{A} = A$,否则,$b_{ij} = \dfrac{a_{ij}}{\bar{a}_{ij}} \neq 1$,其偏离 1 的元素距离为 $d_{ij} = \left| 1 - \dfrac{a_{ij}}{\bar{a}_{ij}} \right|$。两种情况下不必进行元素调整和距离计算:①$b_{ij} < 1$ 且 $a_{ij} = 9$;②$b_{ij} > 1$ 且 $a_{ij} = 1/9$。求出 $d_{kl} = \max(d_{ij})$,以最接近 $\bar{a}_{ij}$ 的 $1 \sim 9$ 标度替代元素 a_{ij};求出最大特征值 $\lambda_{\max}$,如满足一致性要求即可,否则,持续上述步骤。调整的目的是消除各种方式所给出的判断信息的不一致性,在有效保持原有信息基础上进行微调,一方面使矩阵达到满意的一致性,同时,保证调整后的矩阵的可信度,并能代表专家的意见。通过调查浙江省各地区指标的重要性,咨询有关领域专家进行重要性比较,经分析人员统计评分后建立相应的判断矩阵。

一致性判别指标 CI 表示矩阵 A 偏离其特征矩阵的程度:$CI = \dfrac{\lambda_{\max} - n}{n - 1}$,平均随机一致性指标 RI 是对发生不同判断情况下的平均衡量标准,不同阶数的指标修正值如表5.1所示。

表 5.1　平均随机一致性指标 RI

n	1	2	3	4	5	6	7	8	9
RI	0	0	0.58	0.9	1.12	1.24	1.32	1.41	1.45

当随机一致性比率 CR = CI/RI < 0.1 时,认为判断矩阵具有一致性,否则就需要调整判断矩阵使其满足 CR < 0.1,其中

$$CR = \sum_{j=1}^{n} w_j CI_j / \sum_{j=1}^{n} w_j RI_j \qquad （公式5.1）$$

各级层次矩阵的特征值和对应的特征向量以及一致性检验,是从高到低逐层进行,检验结果表明,各级判断矩阵的随机一致性比率均满足一致性的要求。

3) 指标权重计算

基于上述的层次模型结构,通过对各地区节水指标重要性的调查,结合专家评判意见,计算目标层、准则层及指标层的权重,采用特征根法,权重向量为 $W = (w_1, w_2, \cdots, w_n)^T$。对处于同一层次且具有相关性的指标,在权重计算时需要按照超矩阵的方式加以确定,而根据前述指标的相关性分析知,这种影响是间接的且相对较小的,根据层次网络分析(ANP)知,可以进行简化分析。由于任意矩阵 A 都可以转化为一个相似约当矩阵,且由 A 可以唯一确定。根据相似矩阵轨迹的相同原理,可以求得最大特征值。相应的特征向量的方法,采用迭代法。上述计算后形成权重矩阵,结合系统层次分析法的法则向上逐层进行计算,最后求得加权向量,即末级指标对总目标的综合权重。

(4)用水、节水行为研究

1)用水行为影响因素

目前,已有大量的文献为研究用水量的预测对生活用水影响因素进行研究[39-41],包括直接因素和间接因素。

①直接因素

直接因素有气候与季节差异,消极/积极因素(价格体系、奖励机制等),条例和法规(水限制策略、地方行业法规等),居住条件,家庭特点,用水器具特点,自身特点(节水意识)等。

②间接因素

间接因素有个人主观因素(主观规范、态度等),对供水机构的信任度,与他人的信任度,公平性,环境保护的观念与意识,经济社会统计特征等。

2)节水行为影响因素

节水行为在鼓励消费者保护自然资源和支持环境的可持续发展中扮演着积极的、重要的作用。价格机制、水限制措施、宣传教育以及激励机制等对于减少生活用水量与改变不合理用水行为中起到了一定的作用,如通过价格与政策的调控,居民会减少不必

要的水浪费行为;甚至部分居民会使用一些节水器具。通过节水器具的使用,可以减少坐便器(10%~90%)、淋浴器(7%~80%)、洗衣机(20%~25%)以及洗漱(30%~50%)的用水量;通过节水宣传教育利用可以减少5%~20%以上的用水量。另一些影响家庭节水行为的因素有气候因素,如降雨量、温度;家庭社会经济因素,如收入、人口以及年龄结构等家庭人口信息等。

大量的研究表明[42-45],最为有效的措施则是使用节水器具以及依赖用水行为的改变,例如减少洗浴时间,改变庭院、花园的浇灌行为等。在英国,当地政府采用了多种措施来节约用水,例如禁止用水管冲地、使用水表和提高水价等。用水量的减少是可以通过节水意识与改变用水习惯(如洗衣机负载、淋浴习惯等)来实现;具有高的收入水平、教育水平及社会地位人群的节水表现,并不是由于自身的用水习惯发生了改变,而是与节水器具使用的普及度密切相关。

3)居民生活用水行为的主要模型

目前,国内外有关居民生活用水模型主要有以下几类。

①基于价格、价格结构、用水限制及奖励机制等要素的经济学模型

该模型认为居民生活用水量受价格与限制措施,气候,物价,家庭特点(房屋面积、结构、位置、收入)以及用水器具的种类等客观外界条件所影响。

②基于综合家庭特点、生活方式、节水器具、政策等的社会学模型

该模型认为居民生活用水量受家庭用水习惯的影响,包括淋浴、洗衣机负荷等,而家庭规模、节水政策、节水投入、家庭总收入等影响着家庭用水习惯。

③基于意识、理性因素和非理性因素的环境行为学模型

该模型认为居民生活用水量受气候与季节因素、价格与用水制度、个人主观节水态度、意识家庭特征等因素影响,包括内在因素与外在因素、理性因素与非理性因素。

④基于态度、主观规范、直觉行为控制从而影响行为意图及计划行为模型

计划行为模型是对环境行为学模型的拓展,Ajzen 和 Fishbein 在 1980 年提出计划行为理论(图5.4)。该理论为信念、态度、感知、社会规范与行为之间的联系提供概念,可用于指导行为改变、理解相关领域中的行为。目前,计划行为模型已被广泛应用于心理学等社会科学领域。

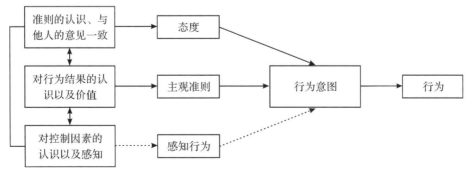

注:虚线部分表示由理性行为扩展到计划行为

图5.4　计划行为模型框架

5.3 节水型载体创建标准的研究

通过查阅资料、走访、会议座谈等多种方式开展调研,以南北方调查基础资料为依据,首先摸清节水载体的用水特点及与生活节水有关的用水指标。其次,结合水利部、各省市地区现行的节水载体建设评价指标体系框架,从不同的方面梳理、增减有关指标,建立节水载体建设指标体系。再次,对各项指标进行分析,明确其内涵及计算和预测方法,确定主要用水指标的目标值。最后,细化考核标准,形成一套节水载体建设标准体系。主要流程见图5.5。

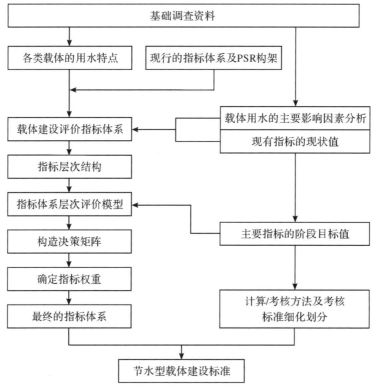

图5.5 节水型载体建设标准工作流程图

5.3.1 构建指标体系的原则

节水型载体建设的评价指标是衡量一个载体建设程度好坏的工具,要确保构建的评价体系层次分明、结构完整,且测量的结果真实可信,测评指标的选择要坚持以下的三项原则。

(1)系统性原则。指标体系应该是由多个指标构成的一个有机整体,这个有机整体是由社会经济、组织机构、制度管理、节水投入等这些子系统构成,这些子系统能够从不同方面反映出载体建设的状况,指标体系要有足够的涵盖面来体现系统性的特征,要客观、全面地反映子系统就必须制定一些相应的指标,选取要注意各个要素之间的协调,避免信息过于冗长、重复、交叉等现象,选取指标还应该注意不能简单地堆积,而是做到简明清晰、方便评价。

(2)全面性原则。节水型载体建设有利于充分提高水资源的利用效率,2个子系统(技术与管理)的指标都应从社会经济发展、用水效率、组织机构与管理、节水投入等不同的侧重点进行全面选择,能够从不同的角度反映出节水型载体建设的特征和状况,反映出载体发展的各个方面。

(3)可操作性原则。所建立的评价指标体系的主要作用是在节水型载体的建设过程中能够实际发挥作用,即在选取指标前要充分考虑到数据选取的难易程度和可靠性,数据容易被采集,评价过程简单,有利于对评价整体的掌握。在不同的载体上的具体体现有所不同,指标选取要尽量反映行业的差异性,不能千篇一律。同时,所选的指标还应真实、可量化,指标尽可能少而精。

5.3.2　指标设计和选取

指标体系确定和指标值计算按照以下的优先顺序进行。

(1)对于已有国家、地方标准的指标,采用规定的标准值。

(2)参考典型用水户用水监测分析,确定标准值。

(3)参考具有良好的地方特色载体的现状值,将其作为标准值。

(4)对那些目前统计数据不十分完整,但在指标体系中又十分重要的指标,暂用定性指标代替。

在指标体系设计研究中,重点关注以下两个方面。

(1)加强对人均用水量、单位用水定额、水量漏失率、节水器具普及率等绝对指标可行性的研究论证,研究提出一些可直接监测的便于量化计算的指标,避免因单纯采用相对指标及计算过程复杂的指标而造成失真问题。

(2)统筹考虑丰水地区不同生活节水型载体对水资源的管控要求,以及地方经济社会发展对水资源的需求,研究设置差异化节水考核指标,使考核更加体现"节水优先"及"水资源最大刚性约束"的要求。

国内对节水型载体建设的研究主要体现在可持续发展体系方面。近几年,国内对节水型载体指标体系方面的研究也越来越多,也相继建立很多指标,比如:人(床)均用水量、用水计量率、节水器具普及率、用水设施漏水率、用水管理、设施管理、公众参与、非常规水利用等。南北方地区对节水型载体建设指标的设计和选取的角度略有不同,见表5.2、表5.3所示。

表 5.2 节水型小区指标体系对照表

指标类型	指标	南方			北方		
		浙江	江苏	上海	天津	宁夏	河南
技术指标	人均用水量	居民人均月用水量	人均月用水量	居民生活用水量	人均日用水量	人均生活用水量	人均用水量
	用水计量率	居民生活用水户表率	居民生活用水户表率	居民生活用水户表率	户表配置率	公共用水计量率、户表配置率	用水户水表安装、检测率
	节水器具普及率	节水器具普及率	节水器具普及率	节水器具普及率	节水器具普及率	公共场所节水器具普及率、家庭节水器具普及率	节水器具普及率
	用水设施漏水率	用水器具漏水率	用水器具漏水率	公共用水设施和用水器具漏水率	用水设施完好率	公共用水器具漏失率	
管理指标	用水管理	节水管理	组织建设、制度建设、公共用水管理	日常用水管理、节水洗车	组织机构健全等	节水管理机构、节水管理制度、用水管理、	组织机构健全等
	设施管理	设施建设	报修检漏	报修检漏制度及记录	公共用水设施情况		公共用水设施
	公众参与	节水宣传	节水宣传	开展节水宣传教育	开展节水宣传教育等日常活动	节水宣传	开展节水宣传教育等互动
鼓励指标	非常规水利用	鼓励指标	鼓励指标	河道水或非常规水源利用	小区内再生水利用	鼓励性指标	小区内再生水、雨水利用
特色指标	特色类		特色指标			绿化节水灌溉率等	

表 5.3 节水型单位指标体系对照表

指标类型	指标	南方			北方		
		浙江	江苏	上海	河北	宁夏	河南
技术指标	人均用水量	人均用水量	定额用水量	人均生活日用水量	人均用水量	人均用水量	人均用水量
	用水计量率	水计量率	水计量率	水计量率	水计量率	水表计量率	水计量率
	节水器具普及率	节水器具普及率	节水器具普及率	节水器具普及率	节水器具普及率	节水器具普及率	节水器具普及率
	用水设施漏水率	用水器具漏失率	用水设施综合漏失率、用水器具漏水率	用水器具漏失率	用水器具漏失率	用水器具漏失率	用水器具漏失率
	中央空调冷却补水率	中央空调冷却补水率	中央空调冷却补水率	中央空调冷却补水率	中央空调冷却补水率	中央空调冷却补水率	中央空调冷却补水率
	锅炉冷凝水回收率	锅炉冷凝水回收率		锅炉蒸汽冷凝水回收率		锅炉蒸汽冷凝水回收率	锅炉冷凝水回收率

指标类型	指标	南方			北方		
		浙江	江苏	上海	河北	宁夏	河南
管理指标	规章制度	规章制度	节水制度	规章制度	节水创建机构及人员配备	规章制度、管理机构	规章制度
	计量统计	计量统计		计量统计	计量统计、水费交纳		计量统计
	节水技术改造与推广	节水技术改造与推广	节水设施	节水技术推广与改造	节水技术推广与改造	节水技术推广与改造	节水技术推广与改造
	管理维护	管理维护	节水管理	管理维护	管理维护	管理维护	管理维护
	节水宣传	节水宣传	节水宣传	节水宣传	节水宣传	节水宣传	节水宣传
鼓励指标	非常规水源利用	非常规水源利用		河道水与非常规水源利用	非常规水利用工程	非常规水资源利用	非常规水源利用
特色指标	特色指标			节水特色			

以上与节水型载体相关的指标已经在一些地区得到了成熟应用,然而节水型载体的指标和评价的方法在总体上还处于不断完善的阶段。本研究在选取国内一些具有代表性的指标的同时,还适当地吸收了热门指标和特色指标,诸如:非常规水利用、节水特色做法指标,针对不同的载体,通过分析用水结构、用水特点、用水影响因素,有选择性地选取了初级指标,因考虑到指标太多会增加实际运用的难度,在充分考虑载体自身发展特点的前提下,发挥多类影响因素,对指标进行多次的增删和修订,最终确定并选取了若干个指标来反映技术、管理两方面的内容,以及能体现载体差异的鼓励性和特色指标,分述如下。

1) 节水型小区[46-53]

用水构成:小区的用水一般可分为①居民生活用水量;②公共建筑用水量;③消防用水量;④浇洒道路和绿化花用水量;⑤车辆冲洗和循环冷却水补充用水量;⑥管网漏失水量和未预见用水量。居民小区用水主要指居民日常生活所需用的水,包括饮用、洗涤、冲厕、洗澡、厨房用水等。

用水特点及影响因素:小区内用水对象为居民,综合素质较高,管理机构总体的控制能力较强,有利于节水建设。一个区域的居民用水量不仅受温度、节假日等短期因素的影响,还受到地区生产总值、居民人均收入、水价、人口数量及构成、节水技术和器具的普及等长期因素的影响。①长期用水习惯影响:用水习惯是居民生活用水量消耗的重要影响因素。用水习惯与区域自然环境、人文环境的关系较大,而且用水习惯一旦形成,短期内一般不会改变。譬如,我国南方地区气温高、水资源丰富,由此,南方居民在洗衣、洗澡的频次上普遍多于北方居民。②长期的节水器具的普及影响:近年,节水型水嘴(水龙头)、便器、淋浴器、洗衣机等节水器具广泛进入家庭。节水器具性能的提升与使用的普及客观上促进了居民节水行动的实施,普及率越高,节水效果越显著。③人口数量及人口构成的影响:一个区域与居民生活用水量最为相关的是用水人口数量。研究表明,居民家庭用水存在规模效应,家庭人口越多,在一定程度上就会显著减少人均用水量,但居民生活用水的需求总量将越大。此外,家庭用水量与用水人口的用水习惯相关。

因此,在制定节水型小区建设标准时应重点关注使用节水器具以及改变用水行为,养成节约用水的习惯,同时应鼓励非常规水利用,在相应的权重分配上进行重点考虑。指标设置时应关注降低人均用水量,提高生活用水节水器具的普及率,减少管网漏失率,加强节水宣传和教育,提高居民的节水意识,普及节水知识等。

2)节水型单位(学校、机关与事业单位、医院)

A. 学校[54-60]

用水构成:学校用水包括学校的方方面面,其中有学生公寓用水、教学科研用水、清洁用水、灌溉用水等。公寓用水,如洗漱、洗衣物和冲厕等学生日常用水所占的比例最多,办公楼、教学楼和实验室的用水仅次于公寓用水,公寓用水和办公、教学、实验用水两者约占学校整个用水组成的70%以上。其他的部分用水包括绿化、校园清洁、洗车等用水。

用水特点及影响因素:学校内的用水对象为教职员工和学生,前者的综合素质高,后者的可塑性强。根据实地调查和资料分析,对学校用水影响较明显的因素有在校学生人数、在编教职工人数、绿化面积、建筑面积等,还与降雨量、节假日、最高温度等相关。主要受到学校性质、规模、节水水平、节水管理和节水设施等的影响。a)学校性质和规模:根据调查显示,对于国家重点建设大学、普通全日制大学、独立类学院、百年老校与新建的学校,以及幼儿园、小学、中学、大学等,学校的规模越大,人均用水量越多。b)在校师生人数:学校的用水总量与在校学生人数呈正相关的关系,学校学生的用水量存在较大的潜力空间。由于学校的扩招,学生人数一般有增无减,所以只有节约用水落实到每一个个体,才能达到节水的目的。虽然人数增加会导致总用水量的增加,但是如果采取有效的节水措施、提高学生的节水意识,是可以改善两者之间正相关的关系,即减弱学生人数与用水量间的正相关性。在一定的范围内,减少人均用水量可以有效控制用水总量的增长,从而达到校园节水的目的。c)用水管理:学校用水总量在很大程度上取决于用水管理水平的高低。学生自身节水水平的高低也可以看出一所学校是否重视自身的节水管理,管理越合理可行,学生的节水水平越高,从而节水效果越显著。现行的用水管理制度包括三种方式:一是学生不需向学校交水费,学生可以根据自己的需要、喜好任意使用校园水资源;二是学校给定学生一定的免费用水定额,超额后采取阶梯式收费;三是学生需按月支付自身的用水费用,采用计量收费方式。不交水费的用水管理制度所产生的人均用水量较大。给一个免费用水定额而超额后需交水费的用水管理制度所产生的人均用水量较小。

因此,在制定节水型学校建设标准时应重点关注使用节水器具以及改变用水行为,养成节约用水的习惯,同时应鼓励非常规水利用,在相应的权重分配上进行重点考虑。指标设置时应关注降低人均用水量、提高节水器具的普及率以及减少管网漏失率,加强节水宣传和教育,提高学生的节水意识,普及节水知识等。

B. 机关与事业单位[61-63]

用水构成:机关与事业单位的用水部位主要由办公和辅助构成,办公用水部位主要包括服务于办公区域的保洁、卫生、饮用水,辅助用水部位主要包括机关空调、锅炉、浴室、食堂、绿化等用水;主要用水区域在办公室、卫生间与餐厅。

用水特点及影响因素:单位内的用水对象为职工,其综合素质高,管理机构的总体控制能力较强。根据实地调查和资料分析,机关与事业单位的用水主要受到职工人数、节水水平、节水管理和节水设施等的影响。a)职工人数:影响机关与事业单位用水和用水构成的因素主要有职工人数、建筑面积、食堂和浴室、办公条件、管理水平、区位等。分析结果表明,机关与事业单位行政级别和规模是影响用水的主要因素;机关与事业单位的用水量与职工人数的相关关系都较好(相关系数一般在0.8以上)。因此,职工人数是影响机关用水和用水构成的最主要因素。b)节水管理:综合典型的实地调研情况分析,机关与事业单位对节水工作的重视程度高,管理水平先进,日常管理维护及时到位。规章制度健全的单位的人均用水量较用水结构相似,但管理水平薄弱的单位更低。

因此,在制定节水型机关与事业单位建设标准时应重点关注使用节水器具以及改变用水行为,养成节约用水的习惯,同时应鼓励非常规水利用,在相应的权重分配上进行重点考虑。指标设置时应关注降低人均用水量、提高节水器具的普及率以及减少管网漏失率,加强节水宣传和教育,提高节水意识。

C. 医院[65-71]

用水构成:医院的用水一般可以区分为业务用水、生活用水和其他用水。业务用水指住院用水和门诊用水(含药剂、医技用水)。生活用水指办公人员用水、食堂用水、洗衣房用水、洗车用水。其他用水指景观、绿化用水,附带职工宿舍、消防用水等。因此,通常在对医院的用水管理当中,我们把影响医院用水的相关因素分为行业因素、生活因素和其他因素。行业因素主要包括医院的床位、门诊量。生活因素包括工作人员、食堂、绿化面积、洗车、浴室、宿舍。其他因素包括制剂室、洗衣房、锅炉房、消防水池等。

用水特点及影响因素:医院内的用水对象为医生和病员。根据实地调查和资料分析,医院用水主要受到床位数、业务量、节水水平、节水管理和节水设施等的影响。a)床位:床位数量与医院用水量有直接的关系。显而易见,在床位多的医院里,用水的人员必然增加。床位多,住院病人就多,病人的陪护人员也相应增加,用水人数增加。床位多,医疗等级高,导致用水量成倍增加;床位多意味着其他的医疗附属设施的冷却用水和循环用水量大。b)业务量:医院业务量的不同会造成用水量的变化。门诊量很大程度上与医院的技术水平直接联系,就诊行为具有人为的因素,通常情况下人们会选择技术水平高的医疗单位就医。对于等级高的医院,不仅医技设备先进,床位规模大,而且因为其医生技术水平高,医疗信誉级别高,因此,大多数市民会选择知名的医院,所以等级高的医院拥有较大的门诊量和较高的住院率,造成高等级医院的用水激增。c)访客量:医院是人员聚集的公共场所,同商场用水类似,人流量大,用水具有公共行业的特点,即访客用水占很大的比重。访客量越多,洗手上厕所的次数必然多,用水量增大。d)节水管理水平:有着相同的床位规模、业务量相近的同等级医院用水也会出现显著的差异,造成这种用水差异的原因主要是节水管理水平的差异。医院节水管理部门重视节水管理,节水管理人员到位,有健全的日常节水管理制度,有健全的供水管网巡检制度,按制度执行每天巡检,拒绝医院用水设施的"跑、冒、滴、漏",这样势必比不重视节水管理的医院用水较少。如,通过投入技改经费,对医院公共卫生间进行改造,取消了一批斗式长流水冲厕器具,改变过去无论有无人如厕,水龙头都日夜流水的现象,较好地解决了长流水冲厕问题,做到了"人来水流,人走水停",收到显著的节水效果。因此,健全的节水管理制度和有效的管理会在一定的程度上减少浪费用水的现象。

因此,在制定节水型医院建设标准时应重点关注使用节水器具以及改变用水行为,养成节约用水的习惯,同时应鼓励非常规水利用,在相应的权重分配上进行重点考虑。指标设置时应关注降低门诊部人均用水量和住院部单位病床用水量,提高节水器具的普及率以及减少管网漏失率,加强节水宣传和教育,提高节水意识。

图5.6为小区、学校、机关与事业单位及医院载体取用水环节概化图。

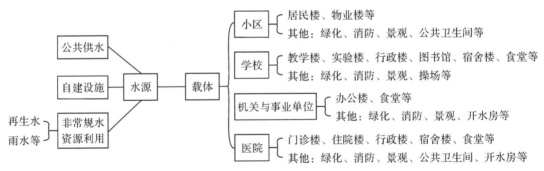

图5.6　小区、学校、机关与事业单位及医院载体取用水环节概化图

3)节水型灌区[72-78]

用水构成:灌区用水相对较为单一,主要为作物用水,灌区取水方式有自流与提水之分,其中,提水灌溉面积占全省灌溉面积的65%左右。水源有水库、山塘、河道等。

用水特点及影响因素:一般的灌区采用明渠输水,输水的流量大,对水质的要求不高(喷微灌灌区、低压管道灌区采用管道输水,对水质的要求较高)。取用水的随机性相对较大,取水时断时续,取用水量的大小和时间取决于种植作物与气象条件。现行的土地管理制度下,灌区用水户一家一户,面广量大,灌区管理机构的总体控制能力偏弱(部分小型灌区和喷微灌区没有管理机构)。一般的灌区的管理模式为:①总取水口、输水渠道及其配套建筑物——由灌区管理机构管理;②配水渠道及其配套建筑物——部分由灌区管理机构管理,部分由乡村(或放水员)管理;③田间用水——由农民(或放水员)

自行管理。在这种管理模式下,灌区管理机构对全灌区取用水管理的能力是有限的。在现行的灌溉水费制度下,灌溉取用水量与实际支付的灌溉水费没有直接关系,制约着灌区的取用水管理。

一般的灌区取用水环节概化见图5.7。从图5.7可以看出:灌区节水工程的重点是灌区输水、配水渠道及其配套建筑的节水改造,以及田间管理节水、减少田间净灌溉定额。

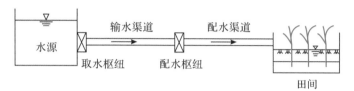

图 5.7　灌区取用水环节概化图

4)节水型企业[79-82]

用水构成:企业的用水一般可以区分为生产用水、生活用水和其他用水。生产用水一般是指工艺用水、间接冷却用水和锅炉用水等。生活用水指办公人员用水、食堂用水等。其他用水指景观、绿化用水,附带职工宿舍、消防用水等。

用水特点及影响因素:根据CJ40、GB/T 21534的规定,一般的企业用水按用途分为生活用水和生产用水,生产用水又包括间接冷却水、工艺用水和锅炉用水。一般情况下,生活用水量较小,生产用水中的冷却水的用水量较大。取用水量全年稳定,用水保证率的要求较高。企业排水对环境的影响大,尤其是生产工艺用水,因此,对企业用水有重复利用的要求。企业管理机构的总体控制能力强,可以有效实施各项节水工程和管理措施。企业内的用水对象为企业管理人员和技术工人,其综合素质较高。

一般的企业取用水环节概化见图5.8。企业节水工程的重点是提高水重复利用次数、采用节水型工艺、减少管网漏失率。

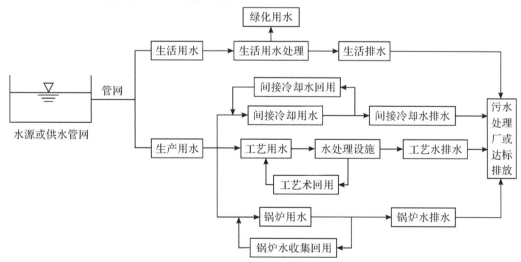

图 5.8　企业取用水环节概化图

5.3.3 指标要素分析

根据节水型载体建设指标体系 PSR 框架,整个指标层应该涵盖经济发展、水资源保障、用水水平、管理措施等要素,见表 5.4 所示。

表 5.4 节水型载体建设 PSR 框架的主要指标要素

PSR 框架	主要指标要素	备注
压力指标(P)	经济发展和人口增长用水的用水量与用水结构等	社会经济活动和环境维护对水资源的承载压力
状态指标(S)	水资源利用强度、管道输水效率、用水效率和效益等	通过数据监测统计、调查获取到的水资源状况,以及用水状态信息
响应指标(R)	管理机构、计划用水、制度法规、有关规划、水价状况、节水宣传、资金投入、节水工程措施等	政府对水资源问题进行调控而采取的响应措施

结合现行节水型载体建设评价指标体系和研究目标,根据水资源利用现状及相关的发展规划,通过对指标类别、内涵及代表性的分析,建立具有层次结构的评价指标体系。该指标体系包括 2 个一级指标(子目标)、4 ~ 5 个二级指标(准则)、9 ~ 12 个末级指标,作为节水型载体建设指标体系方案。

5.3.4 建设标准

根据浙江省节水工作特点,技术(定量)指标有人均用水量、年计划用水总量、水计量率、节水器具安装率、管网漏损率等。管理(定性)指标包括:制度建设、开展节水宣传教育、日常用水管理、节水设施等方面。对于鼓励指标和特色指标,从提倡创新、突出重要特色等方面设定。具体结果如下。

(1)节水型小区的建设标准

节水型小区的建设标准主要由技术指标、管理指标两部分组成,总计 100 分。其中,技术指标为 50 分,由居民人均月用水量、居民生活用水户表率、公共用水计量配备率、公共用水设施漏失率等 4 项指标组成;管理指标为 50 分,由公众参与、用水管理、设施管理等 3 项指标组成。另外,为了倡导和推广非常规水利用、鼓励特色创新,增设鼓励指标 5 分 + 特色指标 5 分作为加分项。

(2)节水型学校的建设标准

节水型学校的建设标准主要由技术指标、管理指标两部分组成,总计 100 分。其中,技术指标为 50 分,由标准人数人均用水量、节水器具安装率、水计量率、年计划用水总量、管网漏损率等 5 项指标组成;管理指标为 50 分,由制度建设、开展节水宣传教育、日常用水管理、节水设施等 4 项指标组成。另外,为了倡导和推广非常规水资源利用与节水宣传工作、鼓励特色创新,增设鼓励指标 5 分 + 特色指标 5 分作为加分项。

（3）节水型机关与事业单位的建设标准

节水型机关与事业单位的建设标准主要由技术指标、管理指标两部分组成，总计 100 分。其中，技术指标为 50 分，由水计量率、节水器具普及率、人均用水量、用水器具漏失率、年计划用水总量等 5 项指标组成；管理指标为 50 分，由规章制度、计量统计、节水技术改造与推广、管理维护、节水宣传等 5 项指标组成。另外，为了倡导和推广非常规水资源利用、鼓励特色创新工作，增设鼓励指标 5 分 + 特色指标 5 分作为加分项。

（4）节水型医院的建设标准

节水型医院的建设标准主要由技术指标、管理指标两部分组成，总计 100 分。其中，技术指标为 50 分，由综合用水量、水表计量率、用水设施损失率（包括自备供水）、卫生洁具设备漏水率、节水器具普及率、年计划用水总量等 6 项指标组成；管理指标为 50 分，由规章制度、管理维护、节水宣传等 3 项指标组成。另外，为了倡导和推广非常规水资源利用、鼓励特色创新工作，增设鼓励指标 5 分 + 特色指标 5 分作为加分项。

（5）节水型灌区的建设标准

节水型灌区的建设标准主要由技术指标、管理指标以及鼓励性指标组成，总分 105 分。其中，技术（定量）指标为 46 分，有灌区灌溉水有效利用系数、全灌区亩均净灌溉定额、取水口计量率、灌区内配水设施计量率、灌溉水费收缴率、节水灌溉面积率、渠道防渗率等 7 项指标；管理（定性）指标为 54 分，有制定落实灌区节水管理制度、落实定额管理制度、依法取得取水许可证、实施计划用水管理、落实工程和用水过程监管、灌溉水费足额收缴、灌区有节水宣传栏（标语与标识）等、灌区职工和用水户了解节水常识等 8 项指标；鼓励性指标为 5 分，指标为推广使用高效灌溉设施和技术。

（6）节水型企业的建设标准

节水型企业的建设标准由技术指标、管理指标组成，总计 100 分。其中，技术指标为 40 分，有单位产品用水量、万元工业取水递减率、重复利用率、间接冷却水循环率、蒸汽冷凝水回用率、企业用水综合漏失率等 6 项指标。管理指标为 60 分，有主管领导负责节水工作建立办公会议制度，有节水主管部门和专职（兼职）节水管理人员，有健全的节水管理网络和岗位责任制，有计划用水和节约用水的具体管理制度、原始记录和统计台账完整规范，按照要求完成统计报表并进行分析，用水情况清楚，定期巡回检查问题得到及时解决，有近期完整的管网图，实行定额管理，节奖超罚，制订节水规划，经常性开展节水宣传教育的员工具有较强的节水意识，有用水计量管理制度，有完整的近期计量网络图，完成节水指标和年度节水计划，开展节水技术改造，已使用的节水设备运行正常，开展非常规水资源利用等指标。

5.4　节水型载体考核办法的研究

节水型载体的建设除了有明晰的建设标准，还需要有配套的完善机制，通过一系列举措，形成明确可行、有效实用的工作抓手，保证工作得到有效推进和实施，包括建设目标、考核程序、考核方式等。同时,通过复核评估工作,持续性地对目标指标体系的细节内容进行适时微调,以满足不同载体的进步值。

5.4.1 建设目标

节水型载体是从节水管理制度完善、节水管理设施齐备、节水宣传扎实、节水绩效丰富的先进用水部门中遴选出来的,其创建机制应主要基于自愿和引导,不能是强迫性的。对于机关事业单位,从树立社会形象和发挥带头作用等多方面考虑,政府应当大力推动,提出节水型单位创建的控制性和目标性要求,确保分批分阶段完成。对于节水型小区等其他载体,则主要基于自愿、宣传和引导,优先遴选有创建意愿的来开展创建活动,可以提出一些控制性要求。

(1)节水型社会的建设要求:公共机构节水型单位建成率≥50%。节水型居民小区建成率≥15%。

(2)节水型城市的建设要求:节水型居民小区覆盖率≥10%。节水型单位覆盖率≥10%。

5.4.2 制定思路

指标体系考核坚持系统科学性、客观全面性、可行性相结合的原则。①突出重点。既要体现节水型载体的本质内涵和要求,也要结合节水型载体建设所面临的阶段性问题,有重点地加以考核。②可操作性。在指标选取、分值设置、考评方法等方面要考虑统计资料的可获取性和实际操作的可能性。③客观性。既需要统一规范的考核程序和组织方式,体现政府导向;同时,还要充分考虑各载体的差异性,使考核客观实际。④简化性。提高考核工作实效,减轻基层工作负担,特别是3～5年后的复核评估工作,注重重点指标和持续性建设。

5.4.3 考核程序

节水型载体考核流程如图5.9所示。其中:

(1)台账建设:单位、居民小区、灌区、企业在自评合格的基础上,将申报材料报送至所属行业的主管部门。材料以书面形式报送。

申报材料:申报表,并加盖公章;用水单位简介;创建工作总结;用水单位达到节水型标准要求的基本条件说明,有关要求的各项指标汇总材料和逐项说明材料;附有计算依据的自查评分结果;各项考核指标的附件资料。

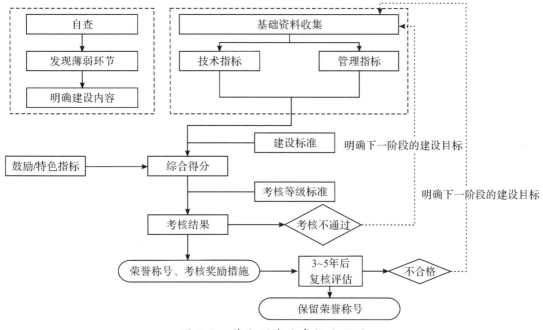

图 5.9 节水型载体考核流程图

（2）材料审核：各级行业主管部门组织专家考核组对申报单位、居民小区进行考核，负责审核建设工作的情况及相关数据。专家考核组按考核评审标准对单位、居民小区、灌区、企业进行考核。专家考核组成员提出独立的考核意见和评分结果。专家考核组汇总意见和评分结果，经集体讨论，形成考核意见并将其上报所属行业的主管部门。考核情况由所属建设行政主管部门汇总。向申报单位通报考核意见。

（3）现场抽查：根据考核要求，由有关成员单位按照各自的职责分工，分别负责对重点建设项目或重点数据进行现场抽查。现场抽查结果是作为考核结果的重要依据。经专家考核组考核通过后，由行业主管部门统一授予"XX 节水型居民小区""XX 节水型单位（学校、机关与事业单位、医院）""XX 节水型灌区""XX 节水型企业"等称号。

节水型小区的抽查重点：①居民一户一表率。小区内安装计量器具的情况，包括总表、住户一户一表，现场随机抽查，抽查户数不少于 20 户。②家庭节水器具普及率。抽查小区内住户的节水器具的安装情况。现场随机抽查，抽查数量不少于 20 个。③公众参与。抽查公共场所的宣传标语、标志、宣传栏等设置情况，通过随机交流和走访，调查居民的节水意识。④非常规水利用：实行雨水集蓄利用的情况，绿化景观使用再生水的情况等。

节水型学校的抽查重点：①节水器具安装率。推广普及节水器具，要求学校的节水器具的安装率应达到 100% 。②制度建设。鼓励学校探索节水目标考核，将节水目标纳入学年（学期）考核和表彰奖励的范围。③开展节水宣传教育。抽查宣传标语、标志、宣传栏等的设置情况，随机询问师生、员工的节水常识。

节水型机关与事业单位的抽查重点：①节水器具普及率。抽查单位的节水器具的安装情况,现场随机抽查,抽查数量不少于 20 个。②节水技术改造与推广。抽查食堂、厕所等公共场所节水设施的建设情况。③节水宣传。抽查主要场所的节水标识的情况,随机询问员工的节水意识。

节水型医院的抽查重点:①节水器具普及率。抽查单位节水器具的安装情况。②节水宣传。抽查主要场所的节水标识情况,随机询问员工的节水意识。

节水型灌区的抽查重点:①取水计量率。抽查取水计量设施或统计情况。②灌溉水有效利用系数。对系数的监测情况及成果进行抽查分析。

节水型企业的抽查重点:①单位产品用水量。抽查相应报告材料中的相关数据。②重复利用率。抽查相应报告材料中的相关数据。

(4)复核评估:各级行业主管部门组织节水型载体建设考评部门,会同有关部门和专家每 3~5 年对已获得节水型载体的单位进行抽查,对复查合格的,继续保留荣誉称号;对复查不合格的,要求其限期整改,对整改后仍不合格的,撤销其称号。

5.4.4 考核方式

采用百分制量化。具体的考核要结合工作任务的实际要求,以明确的指标为基准,采用百分进行考核评分。该考核方案包括定性考核指标、定量考核指标、鼓励指标、特色指标,共计 4 大类。

内容包括:建设内容、考核方式、考核要求、单项分值等内容。

考核方式分为两类:一类是实地调查与抽样调查结合来查看报告文件、统计报表的方式(简称现场调查结合报告材料方式),在节水型载体建设过程中或建成后保留有建设现场的内容,一般应采用这类考核方式。另一类是查看报告文件、统计报表的方式(简称查看报告材料方式),在节水型小区建设过程中或建成后没有建设现场的内容,一般应采用这类考核方式。

考核要求:按照可操作、能落实的原则确定。

单项分值:按照节水型载体主要的关注内容为建设重点的总体思路,技术指标占总分值的 40%~50%,管理指标占总分值的 50%~60%。

计分方法:技术指标和管理指标各项建设内容得分的累计分,再加上鼓励指标和特色指标的分值,即为总得分。

考评分在 90 分以上(含 90 分)的,可以授予节水型小区、学校、机关与事业单位、医院、灌区和企业称号。

5.5 实例应用

加强有关奖励办法研究的制定,按有关奖励办法对考核达到标准要求的节水型载体进行奖励。对考核未达标的载体,应在评价考核结果中提出整改工作的措施。对在考核工作中隐瞒、谎报等与事实严重不符的载体,直接按照不达标考核结果。

图 5.10 为印发的载体考核办法和建设标准。

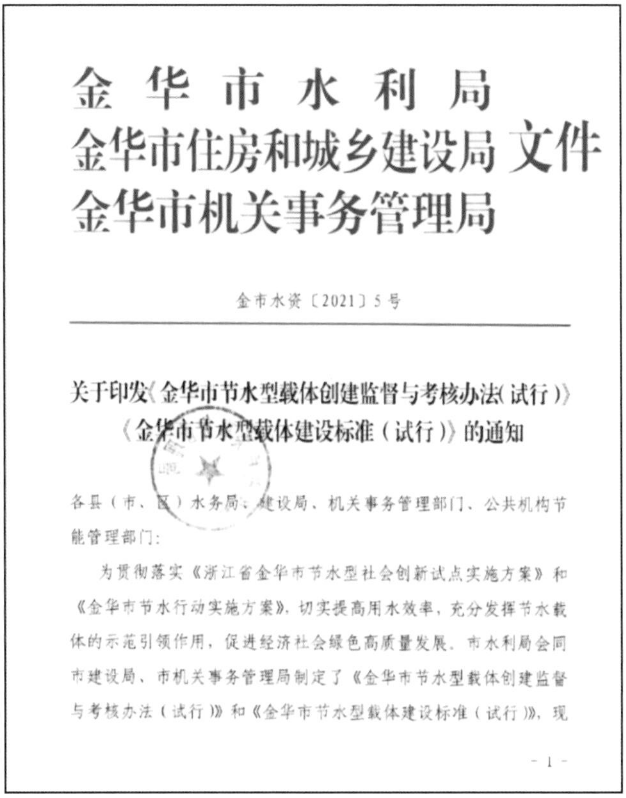

金华市水利局
金华市住房和城乡建设局 文件
金华市机关事务管理局

金市水资〔2021〕5号

关于印发《金华市节水型载体创建监督与考核办法（试行）》
《金华市节水型载体建设标准（试行）》的通知

各县（市、区）水务局、建设局、机关事务管理部门、公共机构节能管理部门：

为贯彻落实《浙江省金华市节水型社会创新试点实施方案》和《金华市节水行动实施方案》，切实提高用水效率，充分发挥节水载体的示范引领作用，促进经济社会绿色高质量发展。市水利局会同市建设局、市机关事务管理局制定了《金华市节水型载体创建监督与考核办法（试行）》和《金华市节水型载体建设标准（试行）》，现

- 1 -

图5.10　印发的载体考核办法和建设标准

参考文献

[1]姜蓓蕾,耿雷华,徐澎波,等. 南方丰水地区节水型社会建设特点初探. 人民长江,2011,42(17):84-86,90.

[2]张爱博,靳晓莉. 丰水地区县域节水型社会达标建设的问题与建议——以四川省为例. 中国水利,2020(23):21-23.

[3]雷文俊. 县级节水载体创建的几点思考. 山西水利,2020,36(3):49-51.

[4]HAIBO X,YUEHUA W. Design of index and standard system of water-saving carriers in Jinhua City. IOP Conference Series: Earth and Environmental Science,2021,787(1).

[5]严力云. 以创建节水型城市为载体　全面推进城市节水工作. 城镇供水,2007(1):48-50.

[6]刘荚. 基于朝阳市节水载体建设存在问题及对策研究. 黑龙江水利科技,2016,44(10):133-135.

[7]李占智．探讨彭阳县节水载体建设存在问题及发展建议．种子科技,2016,34(11)：
101,103.

[8]秦晓霞,刘贺柱．如何推进县域节水载体建设．技术与市场,2017,24(7):400,402.

[9]陈博．典型地区节水载体建设做法与启示．中国水利,2018(1):38－40.

[10]陈博．以节水载体建设为抓手加快推进绿色发展的思考．中国水利,2019(7):18－20.

[11]王亦宁,陈博．推动新时代节水载体建设的思考和建议．水利发展研究,2020,20
(3):6－10.

[12]邱静．推动广东省节水载体建设的思考．中国水利,2020(7):26－28.

[13]高颖．永济市节水型社会载体建设的思考——以永济市城西中学校园节水为例．
内蒙古科技与经济,2020(14):72－73.

[14]尹吉国,李良县,王士武,等．浙江省节水型社会建设现状及对策研究．中国水利,
2011(21):47－49.

[15]张祢浈．江苏省节水型社会建设载体评价指标体系设计．中国水利,2008(13):18－20.

[16]唐莲,李娟,张维江．节水型社区建设标准研究．节水灌溉,2011(3):66－67,72.

[17]许萍．《城市节水评价标准》解读．城乡建设,2017(11):15－17.

[18]景清华,刘学军,郑晓波．宁夏节水型企业评价标准研究．水利规划与设计,2018
(7):96－98.

[19]刘幼萍．南方丰水地区公共机构节水型单位创建经验与再思考．人民珠江,2019,
40(7):122－127.

[20]武慧芳,刘学军,陆立国．宁夏节水型城市评价标准研究．宁夏工程技术,2020,19
(1):92－96.

[21]冯家锦．节水型高校评价指标体系优化及实证研究．武汉:湖北工业大学,2022.

[22]陆立国,刘学军,朱洁．宁夏节水型居民小区考核评价标准研究．水利与建筑工程
学报,2022,20(4):42－47.

[23]李宁．试论企业用水管理内容的转化．山西能源与节能,2000(3):41－43,46.

[24]魏国,杨敏．建立节能减排监督考核体系的对策研究．黄石理工学院学报,2008,
24(6):37－40,48.

[25]宫永伟,刘超,李俊奇,等．海绵城市建设主要目标的验收考核办法探讨．中国给
水排水,2015,31(21):114－117.

[26]王艺华．山东农业节水发展思路及路径选择．中国水利,2016(17):15－16.

[27]赵志刚．北京市节水型单位创建现状及对策研究．城镇供水,2017(1):62－
66,39.

[28]都吉龙．水资源管理中的监督问责机制研究．水利规划与设计,2018(7):30－32.

[29]宋江江．济南市公共机构节能管理问题研究．济南:山东大学,2018.

[30]赵志刚．北京市水务系统节水机关建设实践与思考．中国水利,2020(7):35-37.

[31]曹文平,刘喜坤,赵天晴,等．基于压力—状态—响应(PSR)模型的潘安湖湿地水环境健康评价．环境工程,2021,39(5):231-237,245.

[32]杨志敏．基于压力—状态—响应模型的三峡库区重庆段农业面源污染研究．重庆:西南大学,2010.

[33]郭旭东,邱扬,连纲,等．基于"压力—状态—响应"框架的县级土地质量评价指标研究．地理科学,2005(5):69-73.

[34]郭旭东,邱扬,连纲,等．基于 PSR 框架的土地质量指标体系研究进展与展望.地理科学进展,2003(5):479-489.

[35]童亮,徐金环．层次分析法在航道整治方案优选中的应用．水道港口,2006(1):18-22.

[36]丁琨．改进的层次分析法及其在城市水工程方案优选中的应用．合肥:合肥工业大学,2008.

[37]董琳,景文洲,董莉．基于层次分析法的中小河流治理规划实施情况评估研究．海河水利,2018(6):25-28,43.

[38]苏冠东．改进层次分析法在水闸安全评价中的应用．南宁:广西大学,2019.

[39]朱文静．中国现代家庭厨房用水行为研究．上海:同济大学,2008.

[40]钟一舰．水资源态度、供给水量对节水行为影响的实验研究．成都:四川师范大学,2013.

[41]樊良新．渭河流域关中地区农村居民生活用水行为研究．杨凌:西北农林科技大学,2014.

[42]庞愉文．城市居民用户用水行为及供水管网水力模型改进研究．哈尔滨:哈尔滨工业大学,2019.

[43]赵汉．考虑节水心理的建筑参数对农村居民生活节水行为影响研究．成都:成都理工大学,2019.

[44]许冉．城镇居民节水行为影响机理研究．郑州:华北水利水电大学,2020.

[45]陈玉娇．基于智能体仿真的节水制度对节水行为影响机理研究．西安:西安理工大学,2021.

[46]刘启波．绿色住区综合评价的研究．西安:西安建筑科技大学,2005.

[47]赵福增．我国绿色建筑节水及水资源利用技术措施和指标研究．重庆:重庆大学,2007.

[48]裴烨青．绿色生态住宅小区及其评价体系的构建．上海:东华大学,2007.

[49]蒋龙.住宅小区生活给水系统的节水节能优化研究.重庆:重庆大学,2012.

[50]张旭.建筑小区节水关键技术及给水系统优化研究.济南:山东建筑大学,2013.

[51]董富文.某住宅小区室外给排水管网设计及关键问题研究.郑州:中原工学院,2015.

[52]潘文祥.城市家庭生活用水特征与过程精细化模拟研究.杨凌:西北农林科技大学,2017.

[53]陈瑶.上海居民小区的节水创建和评价指标分析.净水技术,2019,38(S1):254-256.

[54]陈翊.节约型校园建设与评价的研究.上海:同济大学,2008.

[55]曹辉.大学校园节水管理研究.天津:天津大学,2010.

[56]陈哲.节约型校园评价体系构建及应用方法研究.天津:天津大学,2010.

[57]李耀,穆琪,杨东慧,等.高等院校宿舍用水量变化特征及在污水处理工程设计中的应用.轻工科技,2015,31(4):81-83.

[58]高姝婷.我国高校节水研究综述.教育教学论坛,2016(8):3-4.

[59]于文杰.节约型校园建设研究.中国集体经济,2017(6):127-128.

[60]金秋.新建高校的节水特性研究.北京建筑大学,2018.

[61]车建明,张春玲,刘曦,等.北京市公共服务用水结构及节水潜力分析.水利经济,2015,33(5):66-68,80.

[62]狄瑞.新疆公共机构节水型单位创建工作研究.吉林水利,2020(4):60-62.

[63]孔庆捷,吴强.公共机构用水及节水型单位建设探讨.低碳世界,2020,10(4):90-91.

[64]黄滟.昆明市市区医院用水规律及对策研究.杭州:浙江大学,2007.

[65]袁芳,郭兵,阮怀雨.大型公立医院开展节水的实践探讨.经济师,2014(12):282-283,286.

[66]范朋博.医院建筑用水规律及二次供水系统的节能优化研究.天津:天津大学,2016.

[67]陈秀峰.医院用水总体特点及节水措施分析.山东工业技术,2018(2):223.

[68]黄海斌.水平衡测试在医院节水中的应用.医疗装备,2018,31(17):88-89.

[69]肖飞.关于医院节水管理的建议.办公室业务,2019(10):73.

[70]黄海斌.医院用水与节水管理.中国科技信息,2020(24):102-103.

[71]黄修桥.灌溉用水需求分析与节水灌溉发展研究.杨凌:西北农林科技大学,2006.

[72]王昱,汪志农,尚虎君.大型灌区计划用水管理系统的设计与实现.干旱地区农业研究,2007(2):124-127,142.

［73］赵静．基于虚拟水理论的三江平原农业用水结构调整研究．哈尔滨:东北农业大学,2013.

［74］池营营．中国长江、黄河流域灌溉用水效率研究．西安:陕西师范大学,2013.

［75］万生新．社会资本、组织结构与农民用水户协会绩效研究．杨凌:西北农林科技大学,2014.

［76］范文波．玛纳斯河流域种植业用水结构时空变化与种植结构关系研究．杨凌:西北农林科技大学,2015.

［77］吴玉博．基于不同农业用水结构下的三江平原水环境后效应研究．郑州:华北水利水电大学,2018.

［78］杜鹏．宁夏经济空间结构与用水空间结构耦合关系研究．兰州:西北师范大学,2005.

［79］节水型企业(单位)目标导则．中国城镇供水,1998(2):4－6.

［80］陈富永．新形势下如何做好节水型企业创建工作刍议．中国外资,2011(4):131－132.

［81］程鹏,王伟,齐翠利．以点带面推进节水型企业建设．河北水利,2019(6):20－21.

［82］蔡微虹．节水型企业建设的探索．低碳世界,2022,12(8):55－57.

第6章 基于水资源双控指标的工业综合用水定额制定方法研究

6.1 现状概述

6.1.1 水资源双控与用水定额管理实施的现状

（1）水资源双控指标约束实施的现状

水资源消耗总量和强度双控制度是"十三五"时期实行的一项用水管理制度，我国基本构建了覆盖省、市、县三级行政区的水资源管理控制指标体系，用水效率不断得到提高，用水增长过快的势头得到基本遏制。根据2022年水利部、国家发展和改革委员会联合发布的《关于印发"十四五"用水总量和强度双控目标的通知》，明确了各省、自治区、直辖市"十四五"时期用水总量和强度双控目标，到2025年全国年用水总量控制在6400亿立方米以内，万元GDP用水量、万元工业增加值用水量均比2020年降低16%。在此基础上，将全国"十四五"时期用水总量和强度双控目标分解下达到各省（自治区、直辖市），直至分解至县级行政区。

目前，水资源双控指标主要是对水资源开发利用起到约束和引导作用，是从宏观层面加强水资源管理的重要方式。而在微观层面上，以实行用水定额管理为主，通过提高用水和节水管理水平，严格进行水资源监管，倒逼经济社会的发展规模、发展结构、发展布局优化，为此，全国31个省（自治区、直辖市）均制定了用水定额，实现了用水定额全覆盖。然而，现状为国内落实水资源双控指标约束多较为宏观，以落实在县级行政区域或流域管理为主，同时由于水资源双控指标的宏观统筹和用水定额的管控尚未进行有效衔接，宏观指标与微观指标尚未完全打通连接，难以形成全方位的约束合力，对域内产业结构、发展方向等的调控作用较小，影响了水资源管理水平的持续提升。

（2）取用水管理的现状

根据《中华人民共和国水法》第七条、第四十七条等的规定，国家对水资源依法实行取水许可制度和有偿使用制度，国务院水行政主管部门负责全国取水许可制度和水资源有偿使用制度的组织实施。国家对用水实行总量控制和定额管理相结合的制度。

取水许可制度是实现取用水管理的一项重要制度，自1988年以来，国家以及各地区围绕取水许可和水资源费征收管理陆续制定了一系列以《取水许可与水资源费征收管理条例》为代表的规章制度,不断加强自备取用水户的取用水管理工作。取水许可制度为落实最严格水资源管理制度提供了法规依据,已成为用水管理的基本制度之一,体现国家对水资源实施权属统一管理,是水资源管理的核心环节。据有关资料,全国审批与发放河道外用水取水许可证达到 5 万多本,许可水量达到 2 万亿立方米,其中,浙江省河道外取水许可证为 5027 本,许可水量为 148 亿立方米。

（3）用水定额体系建设的现状

根据《中华人民共和国水法》《取水许可和水资源费征收管理条例》《浙江省水资源条例》等取用水和定额管理的相关规定可知,取水许可制度是我国水资源管理体制的一项重要制度,它是落实总量控制与定额管理相结合的水资源管理制度,是实现水资源优化配置和高效利用的基本制度。而定额体系是"一把尺子",是衡量各类取水和用水对象节约用水水平的标准依据,因此,定额体系制定与修订工作是水资源和节水管理的基础性工作之一,只有建立起覆盖农作物、工业产品、生活以及服务业的科学合理的用水定额体系,才能有效落实"节水优先"方针,对取用水行为进行科学评价,对水资源开发进行合理规范,对水资源实行有序保护[1-2]。

自 20 世纪 70 年代起,我国经过长期持续不断的发展用水定额体系,现行有效的节水国家标准共计 120 余项,其中 40% 为取水定额(约 50 项)。全国 31 个省级行政区均发布了本行政区的用水定额,累计发布用水定额约 2 万项。浙江省也从 2004 年组织开展全省用水定额编制工作,最新的《浙江省用(取)水定额(2019 年)》共涵盖农业、工业、城市生活及服务业等 59 个行业、932 项产品、2875 个用水定额值。现有的定额体系为全国各地水资源和节约用水管理提供了重要支撑,为涉水规划编制、涉水项目前期研究和设计、建设项目水资源论证、取水许可审批、节水评价、取(用)水计划下达等提供了基本依据,为规范、约束全社会取用水行为发挥了重要作用。

（4）用水定额体系应用的现状

区域水资源论证 + 水耗标准制度落实。2017 年 5 月,浙江省省级地方标准《政务办事"最多跑一次"工作规范》发布实施。该标准规定"最多跑一次",就是通过优化办理流程、整合政务资源、融合线上线下、借助新兴手段等方式,群众和企业到政府办理"一件事情",在申请材料齐全、符合法定受理条件时,从受理申请到做出办理决定、形成办理结果的全过程一次上门或零上门。区域水资源论证 + 水耗标准制度是围绕"放管服"和"最多跑一次"的改革要求,深入落实水资源消耗总量和强度双控要求,推动各类工业园区、产业园区、平台等项目取水许可审批和用水监管方式的创新,提升管理效能,为实体经济发展营造更好的发展环境。区域水耗标准是落实用水定额管理制度和用水效率控制红线的重要环节,也是区域水资源论证 + 水耗标准制度的关键环节。水耗标准偏松,近期发展得到满足,中远期的发展潜力会受到制约;水耗标准偏紧,相当于调高了准入条件,限制了部分行业或项目的进入,但是可以为中远期发展留出较大的空间和余地。另外,确定水耗标准时也要分析区域可许可水量的因素,该指标的调节空间大,可以适当从宽,反之,适当从严。在目前的情况下,建议结合区域发展规划确定发展规模,结合区域可许可水量的指标以及区域主导行业水平衡测试、节水型载体的建设要求等遵循平均先进水平来确定区域水耗标准或区域水耗系列标准[3-5]。

城镇非居民用水超定额累进加价制度落实。根据《关于加快建立完善城镇居民用水阶梯价格制度的指导意见》(发改价格〔2013〕2676号)、《关于加快建立健全城镇非居民用水超定额累进加价制度的指导意见》(发改价格〔2017〕1792号),非居民用水超定额(计划)累进加价机制涉及的城乡生活用水的实施对象主要包括自备水源取水的[对水资源费实行非居民用水超定额(计划)累进加价]和公共管网供水的[对自来水水费实行非居民用水超定额(计划)累进加价]。实行非居民用水超定额(计划)累进加价制度,要求要以保障非居民用户合理用水需求为前提,以严格用水定额管理为依托,科学制定用水定额标准,合理确定分档水量和加价标准。制定覆盖所有类别城镇非居民用水户的用水定额标准是确保该项制度实施的关键,但是现有以产品为主的定额远远未能覆盖所有的用水户,影响了该项制度的有效实施。

6.1.2 水资源双控指标管理与用水定额管理实践的困境

尽管我国在水资源双控指标管理与用水定额管理方面取得较大的成效,但与新形势下经济社会高质量发展要求、新时代治水特征、水利改革发展形势和任务相比,现状水资源双控指标管理与用水定额管理仍存在诸多不相适应的方面,主要表现为:

(1)取用水管控体系不够健全。目前建立的行政区域用水总量和用水强度控制指标体系,更适用于被动的考核与评估,对于主动对取用水户开展控制和约束,其实用性不强。主要表现为三个方面:一是区域控制指标和取用水控制指标之间尺度不同、差异明显;二是用水总量和用水强度指标在约束性上,多数情况下是不同步的,而且总量控制是需要通过强度控制来实现的;三是用水强度控制与定额管理制度之间需要衔接和完善。

(2)用水定额体系的覆盖范围不够全。用水定额编制遵循的基本原则是符合节水发展趋势,促进节约用水。但编制定额时样本数量不够、代表性不足等,导致部分定额标准指标,或过于宽松,在实际操作中形同虚设;或过于严格,目前无法实现,从而导致定额标准发挥不了约束作用,其可操作性不强。同时,现状定额体系没有覆盖工业、生活、商业服务业的全部产品,无法支撑部分领域管理的迫切需求,致使取用水管理中缺少实际依据[6]。

(3)微观化的产品用水定额难以适应实际的管理需求。现状定额体系按照单个产品来核定用水定额,而生产实际中大部分的取用水户(尤其是工业领域)生产的产品有几十种,甚至上百种,采用产品用水定额不仅数量多,而且微观化。然而,在实际的管理中,定额管理在具体的管理上是取用水户内部的事情,行业主管部门难以管理,开展超定额累进加价制度的难度极大。从水资源管理的客观实际出发,生产实际上真正需要的是以取用水户为衡量对象的取用水指标,需要相对综合取用水指标进行取用水监督和管理。此外,在经济社会从高速发展向高质量发展的背景下,由科学发展、技术进步等经济发展、产业结构调整或转型带来的变化日新月异,由于产品定额制定(或修订)的工作量很大,其调整进度往往滞后于经济社会的发展需求(尤其是工业领域)[7-8]。

（4）定额管理体系不满足涉水事务全面深化改革的需要。当前的用水定额管理一方面主要应用于自备取水的建设项目水资源论证、取水延续评估，以及计划用水下达和超定额超计划累进加价制度的实施，另一方面也应用于水利工程设计或规划、涉水相关规划（如水资源综合规划）等相关规划的编制阶段。但是针对大量的管网供水的用水户缺少准入阶段的管理以及进驻后的涉水相关事务的管理，事前、事中和事后管理均不到位，未能够实现从"源头"到"龙头"的全过程企业取用水管理，难以满足政府事务"放管服"的管理要求[9-10]。

基于上述分析，为解决现有区域水资源双控指标与具体取用水户控制指标不匹配的问题，以及微观层面上以产品定额为主的用水定额在制定、使用方面的短板，研究提出了基于水资源双控指标的综合用水定额制定方法，拟考虑以县域为单元，在区域用水总量和用水强度、产品用水定额之间引入一个控制指标，即综合用水定额指标。该指标的衡量对象为取用水户，在空间尺度上，小于县（市、区）级区域尺度，而大于产品定额尺度。通过该指标建立形成从宏观到微观协调一致的水资源管理标准，从而为实现区域水资源管控提供扎实的技术支撑[11]。

6.2　研究思路和技术方法

在水资源刚性约束制度和双控行动的背景下，基于水资源双控指标的工业综合用水定额制定方法，致力于解决下述两个方面的关键技术问题。

（1）水资源双控指标的分解问题。即如何将行政区域水资源双控指标，科学合理地落实到各类用水户的管控上，并确定其相应的存量和增量从而确定综合用水定额指标。

（2）确定综合用水定额数值的方法问题。即如何有序协调工业综合用水定额与区域水资源双控指标、产品用水定额之间的量化关系，并与用水定额编制技术导则的国家标准相一致。

6.2.1　综合用水定额界定

围绕新时代水资源管理面临的形势与任务，按照取用水管理政策和制度要求，分析现状总量控制和定额管理制度在实际水资源管理中的局限性，引入工业综合用水定额的概念。

本研究的工业综合用水定额是指某一工业行业一定时期内以取用水户为对象的单位产值（或增加值）用水量。

按照上述定义，工业综合用水定额有三个层次的内涵。

第一，工业综合用水定额以按照工业行业分类，以取用水户为管理对象，这是工业综合用水定额与产品用水定额的本质区别。这是为了与现有取用水管理的法律法规、政策性文件要求进行衔接。

第二，工业综合用水定额以单位产值（或增加值）用水量为用水指标。这是因为工业行业内产品众多且规模差异大，产品实物计量单位难以统一；同时，可以与区域用水管控指标进行有效衔接。

第三,工业综合用水定额从长期的发展趋势看,随产业发展和科技进步,动态发展变化,符合节约用水发展的总体趋势。但是在一定时期内保持相对稳定,可以假定其基本不变。

工业综合用水定额的功能包括:

(1)有效补充现状工业用水定额体系的局限性和不适应性,丰富了用水定额体系。有效落实了《中共中央 国务院关于加快水利改革发展的决定》中关于"加快制定区域、行业和用水产品的用水效率指标体系,加强计划管理"的要求。

(2)在现有的水资源管理制度中的水资源双控行动和指标,针对工业取用水管理缺少有效的措施,工业综合用水定额作为存量与增量取用水户管理的有效工具,增加了针对取用水户为管理对象的控制参数,为水资源双控行动和刚性约束制度提供了一个有效抓手。

(3)将用水总量和定额管理两项水资源管理基本制度进行有序协同,构建宏观层次(区域用水管控指标)—中观层次(取用水户管控指标)—微观层次(产品用水指标)相结合的多层次取用水管双控指标体系,服务于水资源精细化管控。

6.2.2 研究思路

考虑到现行的最严格水资源管理制度已对县域用水总量和用水强度予以硬性约束,以选取的水资源双控指标为基础,以从取用水户层面进行精细化刚性约束为导向,以县域用水总量和用水效率控制指标为基础,结合域内的发展现状及发展需求,将其管控指标分解至三次产业及具体行业中,按照《用水定额编制技术导则》(GB/T 32716—2016),确定存量与增量工业取用水户的单位产值(或增加值)用水量,进而得到工业综合用水定额。

按照《用水定额编制技术导则》(GB/T 32716—2016),农业、渔业、牲畜业、服务业及建筑业、居民生活等分类(或产品)基本稳定,现状用水定额体系基本满足生产实际的需要。根据《国民经济行业分类》(GB/T 4724—2017),工业可以划分为诸多的门类、大类、中类、小类,不同的小类下具有不同性质的产品,同时不同类别的工业行业的用水存在明显的差别。因此,考虑区分行业类别制定工业综合用水定额,并与《国民经济行业分类》(GB/T 4724—2017)工业行业的中类或小类相一致。

具体的工作步骤如下。

(1)区域用水现状评估。分析区域现状用水总量和用水效率,评估本行政区域用水总量、用水效率现状指标与区域双控指标的符合性;分析本行政区内现有不同行业取用水户的用水效率现状,评估与现状用水定额标准的适应性。

(2)区域用水总量和用水效率指标分解。采用大系统分解—协调理论,基于用水户管控规则将区域用水总量和用水效率指标分解到区域内不同的产业与不同的工业行业,其中,工业行业细分至中类行业或小类行业。

(3)综合用水定额制定。基于分行业水资源管控指标,结合一定时期内的经济社会存量与增量的发展规模,确定工业综合用水定额。为保证综合用水定额的适用性和先进性,综合用水定额应给出通用值与先进值。

（4）工业综合用水定额指标的合理性分析。基于确定的工业综合用水定额指标,根据区域经济社会存量与增量的发展规模,复核区域用水总量和用水效率指标与水资源双控指标的符合性。

综合用水定额制定的技术路线见图6.1。

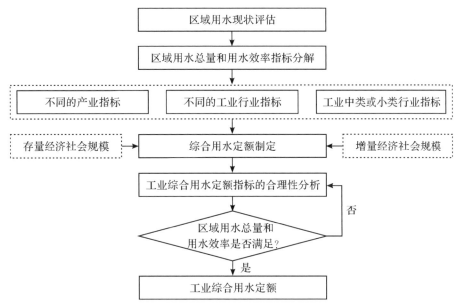

图 6.1　综合用水定额制定的技术路线

6.2.3　技术方法

对于特定区域的复杂水资源系统,根据区域层面用水与各行业用水的关系,以区域水资源双控指标为约束,采用大系统分解—协调法建立用水分析计算模型。模型采用三层谱系结构的大系统模型:第一层为工业用水系统的行业子系统;第二层为区域用水系统的产业子系统,用此线性规划法进行建模求解;第三层为协调器,采用模拟方法进行建模并求解。

根据研究目标及行业用水的特点,在区域用水总量指标分解的基础上,以区域发展规模最大、用水效率最小为目标,以用水量为协调变量,进行全局寻优。优化时,先进行子系统模拟计算,在初始给定综合用水定额和取用水户的发展规模下,经子系统模拟计算返回给总体协调层各子系统的发展规模和用水效率;然后从区域水资源系统出发,对各子系统的目标进行整体协调,求得全局最优解,进而得到该最优解下对应的行业综合用水定额,大系统分解—协调三层谱系结构见图6.2。

（1）总系统优化的基本思路（第三层）

该层为区域整体协调层,其目标函数有 $M_1 + M_2$ 个,可以分为两大类:其一是区域发展规模指标,有 M_1 个;其二是区域用水效率指标,有 M_2 个。

根据区域层面用水与各行业用水的关系,区域层面水资源系统的协调变量为各行业子系统的用水量 $W_i(t)$。各子系统根据总系统下达的协调变量反馈相应的目标函数值(发展规模和用水效率)。当区域系统的发展规模达到最大且用水效率达到最小时,则输出相应的结论,得到相应各行业的综合用水定额。

(2)行业系统模拟的基本思路(第二层)

该层为子系统层,共有 NI 个工业行业、NJ 个农业行业、NK 个服务业及建筑业行业、NL 个居民生活行业,其中:NI 个工业行业是由国民经济行业分类(GB/T 4724—2017)的中类或小类构成;农业行业、服务业及建筑业行业、居民生活行业根据《用水定额编制技术导则》(GB/T 32716—2016)中的行业分类组成。

对于上层大系统给定的行业用水量指标建立优化模型,得出各子系统的发展规模和用水效率指标。第二层与第一层的协调变量为第 i 个行业系统 t 时段用水量 $W_i(t)$,协调变量反馈给在区域整体协调层的目标函数为由第 i 个子系统 t 时段发展规模 $A_i(t)$ 和用水效率 $D_i(t)$ 组成的目标 $F(A_i(t),D_i(t))$。

(3)行业子系统模拟的基本思路(第一层)

该层为行业子系统层,对于第 i 个行业系统内由 NJ 个行业子系统组成的行业系统,第二层与第三层之间的协调变量为第 i 个子系统第 j 行业子系统的协调变量为 t 时段用水量 $W_{ij}(t)$,协调变量反馈给由在区域整体协调层的目标函数为第 i 个子系统第 j 个行业子系统 t 时段发展规模 $A_{ij}(t)$ 和用水效率 $D_{ij}(t)$ 组成的目标 $F(A_{ij}(t),D_{ij}(t))$。

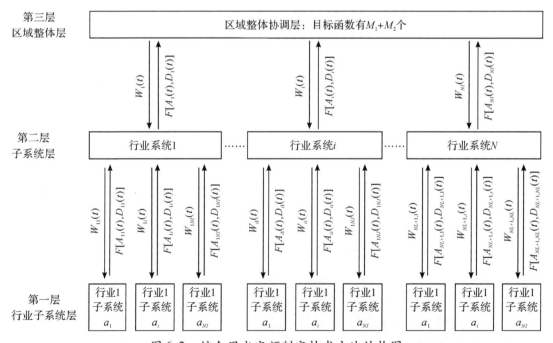

图 6.2　综合用水定额制定技术方法结构图

6.3　数学模型构建与求解方法

6.3.1　模型构建思路

根据研究区域各产业、各行业系统的网络关系,采用大系统分解—协调法建立基于水资源双控指标的工业综合用水定额制定模型。模型采用三层谱系结构的大系统模型,第一层为工业用水系统的行业子系统,第二层为区域用水系统的产业子系统,第三层为整体协调层。根据研究目标及各用水子系统协调的实际,在满足水资源双控指标的前提下,以区域经济总量最大[即 $\min(-\text{GDP})$] 为目标,以子系统用水量为协调变量,进行全局协调分解。协调过程中,先进行子系统模拟计算,在特定的用水量条件下,经子系统模拟行业综合用水定额的计算,并返回给总体协调层各子系统的增加值;然后从区域经济系统以及各产业系统出发,对各子系统的目标进行整体协调,求得全局的最优解。模型的基本结构见图 6.3。

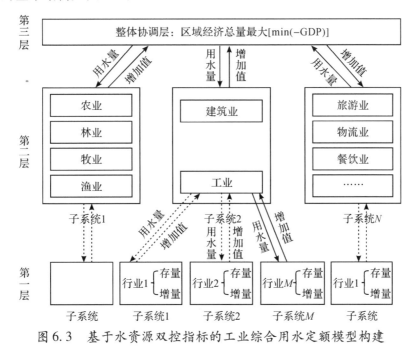

图 6.3　基于水资源双控指标的工业综合用水定额模型构建

(1)总系统优化的基本思路

根据区域经济系统各产业的经济规模、用水双控红线以及产业系统的网络关系,本系统的协调变量为各产业系统的用水量 $g(i,t)$,协调变量应该满足 $\sum_{i=1}^{n} g(i) \leqslant W$,$W$ 为区域经济系统用水总量的控制目标。各子系统根据总系统下达的协调变量反馈相应的目标函数值(增加值)。当区域经济系统的经济规模达到最大时,则输出相应的结论;当总系统内各子系统在当前协调变量下都达到各自用水定额及可操作性等要求时,则增加总系统用水量的同时求得各子系统的用水量,再次进行子系统模拟计算直至总系统经济规模最大。

(2)子系统模拟的基本思路

对于上层大系统给定的用水量 $g(i)$ 建立模拟模型,模拟子系统的产业内部间以及行业内部存量、增量间用水量的分配,得出各子系统可支撑的增加值。

6.3.2 大系统分解—协调法

(1)基本原理

大系统分解—协调法的基本原理为将复杂的大系统先分解成若干比较简单的子系统;然后采用一般的优化方法,分别对各子系统择优,实现各子系统的最优化;最后,根据整个大系统的总目标,考虑各子系统之间的关联,协调修改各子系统的输入和输出,实现大系统全局的最优化。

大系统分解—协调法既是一种降维技术,即把一个具有多变量、多维的大系统分解为多个变量较少和维数较少的子系统;又是一种迭代技术,即各子系统通过各自优化得到结果,还要反复迭代计算来协调修改,直到满足整个系统的全局最优为止。

大系统分解—协调示意图见 6.4。图中 M_i 为第 i 个子系统 t 时段的协调变量,$f[M_i]$ 为第 i 个子系统 t 时段的协调变量反馈给总体协调层的目标函数。

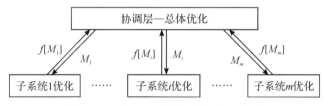

图 6.4　大系统分解—协调示意图

(2)方法优势

在解决一个大规模的、复杂的大系统优化问题时,大系统分解—协调法同一般最优化的方法相比,具有以下几个特点。

①复杂系统分解简化。把复杂系统分解为几个子系统,使复杂系统简化。

②减少维数。经过分解可以把一个维数很多的问题,转变成求解几个维数较低的子问题。减少维数往往使一些本来很难求解的问题可以模型化和最优化。

③程序设计和计算程序简单。减少了维数,从而可以减少计算工作量,并可以利用现有模型使计算变得更简单。

④子系统之间是相互作用、相互联系的,可利用多级分析和解耦来处理子系统变量之间的相互耦合作用。

⑤不同的子系统用不同的最优化方法求解。根据各子系统的性质,可以用不同的最优化方法。例如,有的子系统用动态规划,而其他子系统用线性规划。这种求解程序具有很大的灵活性。

（3）一般表达式

设有一个复杂系统 R，分解为若干个子系统，每个子系统有其特定功能。给定一个复杂系统（R），其全面最优化问题用下式表示。

$$目标函数：\max f(\boldsymbol{y},\boldsymbol{u},\boldsymbol{m},\boldsymbol{a}) \tag{公式6.1}$$

$$约束条件：\left.\begin{array}{l}\boldsymbol{g}(\boldsymbol{y},\boldsymbol{u},\boldsymbol{m},\boldsymbol{a}) \leqslant 0 \\ \boldsymbol{y} = H(\boldsymbol{u},\boldsymbol{m},\boldsymbol{a})\end{array}\right\} \tag{公式6.2}$$

式中，$\boldsymbol{y}$ 为系统输出向量；$\boldsymbol{u}$ 为系统输入向量；$\boldsymbol{m}$ 为调控变量向量，即决策向量；$\boldsymbol{a}$ 为模型参数向量；$\boldsymbol{g}$ 为系统运行的约束向量。

把系统 R 分解成 N 个子系统，第 i 个子系统 R_i 具有目标函数 $f_i(\boldsymbol{x}_i,\boldsymbol{u}_i,\boldsymbol{m}_i,\boldsymbol{a}_i,\boldsymbol{\sigma})$ 和约束 $(\boldsymbol{x}_i,\boldsymbol{u}_i,\boldsymbol{m}_i,\boldsymbol{a}_i,\boldsymbol{\sigma}) \leqslant 0$，$\boldsymbol{\sigma}$ 为协调变量向量，用以进行分解。向量 $\boldsymbol{u}_i$、$\boldsymbol{m}_i$、$\boldsymbol{a}_i$ 分别为 $\boldsymbol{u}$、$\boldsymbol{m}$、$\boldsymbol{a}$ 的子向量，$\boldsymbol{x}_i$ 为从其他子系统进入到 R_i 子系统的输入向量，各子系统通过其输入和输出相耦合。

$$\boldsymbol{x}_i = \sum_{j=1}^{N} \boldsymbol{c}_{ij}\boldsymbol{y}_j (i = 1,2,\cdots,N) \tag{公式6.3}$$

$$\boldsymbol{y}_i = \boldsymbol{H}_i(\boldsymbol{x}_i,\boldsymbol{u}_i,\boldsymbol{m}_i,\boldsymbol{a}_i)(i = 1,2,\cdots,N) \tag{公式6.4}$$

其中，$\boldsymbol{y}_i$ 为子系统 R_i 的输出向量，$\boldsymbol{c}_{ij}$ 为耦合矩阵。

故第 i 个子系统的最优化问题可写成以下形式：

$$\max f_i(\boldsymbol{x}_i,\boldsymbol{u}_i,\boldsymbol{m}_i,\boldsymbol{a}_i,\boldsymbol{\sigma}) \tag{公式6.5}$$

$$约束条件：\boldsymbol{g}_i(\boldsymbol{x}_i,\boldsymbol{u}_i,\boldsymbol{m}_i,\boldsymbol{a}_i,\boldsymbol{\sigma}) \leqslant 0 \tag{公式6.6}$$

此时，全系统最优化可用子系统表示，则全系统最优化可改写成以下形式：

$$\max \sum_{i=1}^{N} f_i(\boldsymbol{x}_i,\boldsymbol{u}_i,\boldsymbol{m}_i,\boldsymbol{a}_i) \tag{公式6.7}$$

$$约束条件：\boldsymbol{y}_i = \boldsymbol{H}_i(\boldsymbol{x}_i,\boldsymbol{u}_i,\boldsymbol{m}_i,\boldsymbol{a}_i) \tag{公式6.8}$$

$$\boldsymbol{x}_i = \sum_{j=1}^{N} \boldsymbol{c}_{ij}\boldsymbol{y}_j (i = 1,2,\cdots,N) \tag{公式6.9}$$

6.3.3　数学模型

（1）总体协调层

① 目标函数

$$\min(F(x_i)) = -\sum_{i=1}^{n} c_i g(i) \tag{公式6.10}$$

② 约束条件

区域用水总量控制指标约束：

$$\sum_{i=1}^{n} g(i) \leqslant W \tag{公式6.11}$$

现状经济规模约束：

$$\sum_{i=1}^{n} c_i g(i) \geqslant Fw \tag{公式6.12}$$

③ 初始条件

本子系统的初始条件为区域预期经济规模均取现状值。

式中：

$F(x_i)$ —— 区域预期产生的经济规模总量；

W —— 区域经济系统用水总量控制目标；

Fw —— 区域现状的经济规模总量；

$g(i)$ —— 第 i 产业的用水量；

c_i —— 第 i 产业单位用水量的增加值。

（2）第二级子系统模型

① 目标函数

$$\min(F(x_i)) = -\sum_{i=1}^{n} c_i g(i) \qquad （公式6.13）$$

② 约束条件

区域预期工业增加值约束：

$$I \geqslant \max(WI/EW, Fw) \qquad （公式6.14）$$

预期区域工业用水量目标：

$$WI = W - WL - WU - WA - WG \qquad （公式6.15）$$

③ 初始条件

本子系统的初始条件为各产业及细分产业的预期增加值均取现状值。

式中：

$F(x_i)$ —— 三大产业子系统分别预期产生的经济规模总量；

Fw —— 区域现状三大产业子系统各自的经济规模总量；

$g(i)$ —— 第 i 细分产业的用水量；

c_i —— 第 i 细分产业单位用水量的增加值；

WI —— 预期区域工业用水量目标；

W —— 预期区域用水总量指标；

WL、WU、WA、WG —— 分别为预留给居民生活、城镇公共、农业、河道外生态环境等行业的用水量指标；

I —— 区域预期工业增加值；

Iw —— 区域现状工业增加值；

EW —— 上级下达的万元工业增加值用水量指标。

（3）第一级子系统模型

① 目标函数

$$\min(F(x_i)) = -(c_c(i)g_c(i) + c_z(i)g_z(i)) \qquad （公式6.16）$$

② 约束条件

国家和地方已有取（用）水定额约束：

$$QC(i) \leqslant \sum_{k=i}^{NK} \alpha(i,j) \times Ex(i,j) \times \mu \qquad (公式6.17)$$

现状存量样本企业用水效率约束：

$$QC(i) \leqslant Ew(i,j) \qquad (公式6.18)$$

预期工业增加值：

$$\sum_{i=1}^{M} I(i) \geqslant I - Iw \qquad (公式6.19)$$

$$\sum_{i=1}^{M} I(i) \leqslant \sum_{i=1}^{M} \bar{I}(i) \times N(i) \qquad (公式6.20)$$

行业用水量控制指标：

$$QC(i) \times I(i) \leqslant WIZ(i) \qquad (公式6.21)$$

非负约束：

上述各式中的各决策变量大于或等于零。

③边界条件

预期新增工业用水量指标：

$$WIZ = WI - WIA \times \beta \qquad (公式6.22)$$

预期新增工业分行业用水量指标：

$$WIZ(i) = WIZ \times Ki \qquad (公式6.23)$$

式中：

$F(x_i)$——国民经济行业子系统预期产生的经济规模总量；

$g_c(i)$、$g_z(i)$——第i国民经济行业存量、增量经济体量的用水量；

$c_c(i)$、$c_z(i)$——第i国民经济行业存量、增量经济体量单位用水量的增加值，其中，行业综合用水定额 = 1/ 增量经济体量的单位用水量增加值；

$QC(i)$——第i行业的行业综合用水定额值；

$\alpha(i,j)$——第i行业第j产品的产量权重；

$Ex(i,j)$——第i行业第j产品的用水定额先进值；

NK——产品品种总数；

μ——基于企业产品用水定额与行业综合用水定额的换算系数。

WIZ——预期区域新增工业用水量指标；

WIA——区域现状工业用水量；

β——存量工业企业用水量下降率，根据万元工业增加值用水量下降率扣除预期工业增加值增长率确定。

Ki——第i行业占新增工业用水量指标的权重系数。

$\bar{I}(i)$——第i行业存量企业增加值的均值。

6.3.4 模型求解

（1）总体模型计算

模型求解采用线性规划方法。总体大系统模型和子系统模型都以增加值最大（对偶目标最小)为目标,总体大系统模型目标是通过子系统模型来实现的,故总体模型目标函数不需要修改,只需将新的子系统增加值目标函数带入。进一步确定以各产业经济规模最大(对偶目标最小)为主目标,先确定各产业的用水量集合,并在第二级系统内部、第三级系统内部分配用水量,对子系统进行优化配置。子系统将优化后的增加值信息反馈上层大系统,上下层间反复交换信息,直到满足规定的迭代收敛条件,达到在所给定用水量下的最优解。总体模型为求解供水量在各子系统间进行分配的线性规划模型,以每个子系统分配的用水量为决策变量,其模型为:

$$\min F(x_i) = -\sum_{i=1}^{n} c_i x_i \qquad \text{(公式 6.24)}$$

式中,x_i 为总系统分配给子系统的用水量;c_i 为 i 子系统单位用水量的增加值。

(2)子系统模型计算

在特定用水量下,在第二级子系统内寻找增加值最大的分配方式,考虑到实际在社会水循环中,工业外的其他细分产业的用水效率基本是较为稳定的,且用水方式基本是一致的,因此,本次暂时仅考虑工业用水量的分配变化。基于此,本次主要针对第一级子系统开展模型求解。针对第一级子系统,在工业细分产业内各行业特定用水量下,寻找各子系统内部行业增加值最大的分配方式。本次计算采用的行业内增量企业用水量为决策变量,行业内部的增量企业用水效率为状态变量,寻找各行业增加值最大的分配方式。

(3)模型求解结构图

根据上述的基本思路、数学模型及求解方法,对模型进行求解。

模型求解的逻辑结构框如图6.5所示。

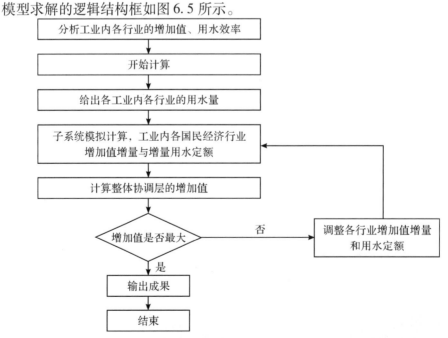

图6.5 基于水资源双控指标的工业综合用水定额计算流程图

6.4　实例应用

永康市地处浙江省中部,是全国闻名的中国五金之都、门都、口杯之都、电动工具之都、休闲运动车之都、家居清洁用品之都和炊具之都,五金产业集群被评为"全国百佳产业集群",被授予中国五金商标品牌基地。全域总面积为 1049km²,现辖 11 个镇、3 个街道和 1 个省级经济开发区、1 个省级现代农业装备高新区、1 个江南山水新城,户籍人口为 62.1 万人,登记外来流动人口为 54.95 万人。2019 年,全市实现地区生产总值629.56 亿元,按可比价计算增长 6.2%。

随着经济社会的快速发展,永康域内企业超 5 万家,规上企业上千家,科技型企业上千家,企业数量众多。因此,以永康市为例,开展基于水资源双控指标的工业综合用水定额制定方法的应用研究,具有较强的典型性。

(1)模型计算边界

①永康市 2025 年水资源管理控制目标的要求

根据金华市 2020 年水资源公报和浙江省"十四五"时期最严格水资源管理指标分解办法,结合永康市的现状与国民经济现状的产业结构特点,分析计算永康市 2025 年工业用水指标如下:

万元工业增加值用水量:$E_{万元工业增加值} = 31.99$(2015 年数值)$\times 45\%$(浙江省考核指标分解要求)$= 14.40 m^3/$万元。

工业用水总量:$W_{工业用水总量目标} = $($1850 \times 54.6\%$)$\times 14.40 = 14545$ 万立方米(假定2025 年三次产业增加值结构与 2020 年相同,结构比值为 1.4∶54.6∶44.0;其中,54.6%为永康市工业占 GDP 的比重,1850 亿元为永康市 2025 年 GDP 的目标值,来自永康市"十四五"规划)。

②永康市工业重点行业典型企业的用水效率

根据 2019 年的相关数据统计,电器厨具、电动工具、杯业、门业、车业、休闲器具、非五金行业、金属材料 8 个行业,其产值和用水量分别占永康市工业产值与用水量的 60%和 70%。根据各行业现状典型企业用水效率的分析,可根据主导行业的不同的通过率来确定综合用水定额计算成果,见表 6.1。

表 6.1　永康市工业主导行业现状典型企业用水效率

序号	名称	行业分类	单位水耗产值 (万元/m³)	亩均用水量 (m³/亩)	备注
1	浙江飞剑工贸有限公司	杯业	0.72	701	
2	浙江联鑫厨具有限公司	杯业	0.06	825	
3	浙江匡迪工贸有限公司	杯业	0.19	1033	
4	浙江飞洋杯业股份有限公司	杯业	0.29	1255	
5	浙江中信厨具有限公司	杯业	0.20	1523	
6	浙江安胜科技股份有限公司	杯业	0.19	1822	

续表

序号	名称	行业分类	单位水耗产值（万元/m³）	亩均用水量（m³/亩）	备注
7	浙江邦达安泰实业有限公司	杯业	0.18	2500	
8	浙江哈尔斯真空器皿股份公司	杯业	0.48	2983	
9	浙江铁牛科技股份有限公司	车业	5.25	42	
10	浙江宁帅实业有限公司	车业	0.44	668	
11	浙江泰龙科技有限公司	车业	0.44	764	
12	浙江四方股份有限公司	车业	0.18	806	
13	旺达集团有限公司	车业	0.22	864	
14	浙江德昱汽车零部件有限公司	车业	0.52	1002	
15	永康市外贸压铸厂	车业	0.29	1590	
16	浙江泰龙铝轮有限公司	车业	0.13	2277	
17	正阳科技股份有限公司	电动工具	0.65	279	
18	飞鹰集团有限公司	电动工具	0.13	335	
19	浙江东立电器有限公司	电动工具	0.27	409	
20	浙江中坚科技股份有限公司	电动工具	0.53	461	
21	浙江德世电器有限公司	电动工具	0.24	610	
22	浙江三锋实业股份有限公司	电动工具	0.59	1127	
23	浙江超人科技股份有限公司	电器厨具	0.27	458	
24	永康市华鹰衡器有限公司	电器厨具	0.66	458	
25	浙江安德电器有限公司	电器厨具	0.71	681	
26	浙江道明光电科技有限公司	非五金行业	0.48	358	
27	浙江千禧龙纤特种纤维股份公司	非五金行业	0.11	533	
28	道明光学股份有限公司	非五金行业	0.38	766	
29	浙江环新氟材料股份有限公司	非五金行业	0.18	6926	
30	永康市伟明环保能源有限公司	非五金行业	0.02	12891	
31	浙江飞哲工贸有限公司	非五金行业	0.48	1018	
32	浙江永压铜业有限公司	金属材料	4.45	400	
33	浙江兴达钢带有限公司	金属材料	0.71	650	
34	浙江天河铜业股份有限公司	金属材料	1.42	944	
35	浙江永康力士达铝业有限公司	金属材料	7.12	1333	
36	浙江创亮铜业有限公司	金属材料	2.14	2102	
37	浙江盈联科技有限公司	金属材料	0.44	2662	
38	永康市华亚工贸有限公司	金属材料	1.09	1720	
39	群升集团有限公司	门业	0.36	78	
40	中国新多集团有限公司	门业	1.60	93	
41	星月集团有限公司	门业	0.50	147	
42	浙江索福绿建实业有限公司	门业	0.30	171	

序号	名称	行业分类	单位水耗产值（万元/m³）	亩均用水量（m³/亩）	备注
43	富新集团有限公司	门业	1.60	243	
44	步阳集团有限公司	门业	1.18	339	
45	浙江金大门业有限公司	门业	0.28	471	
46	浙江星月门业有限公司	门业	0.36	1248	
47	浙江王力高防门业有限公司	门业	0.47	1516	
48	王力安防科技股份有限公司	门业	0.57	1556	
49	浙江天鑫运动器材有限公司	休闲器具	0.28	599	
50	浙江升兴利休闲用品有限公司	休闲器具	0.09	716	
51	浙江飞神车业有限公司	休闲器具	0.67	1080	
52	浙江新亚休闲用品有限公司	休闲器具	0.15	2599	

（2）永康市各工业行业综合用水定额的现实管理

根据指标分解协调，优化得到永康市工业主导行业的综合用水定额。具体详见表6.2。该成果有效支撑了永康市日常水资源管理的事务。

表6.2　永康市工业主导行业综合用水定额的制定成果

序号	行业	存量用水户[单位水耗产值（万元/m³）]	增量用水户[单位水耗产值（万元/m³）]
1	杯业	0.48	0.19
2	车业	0.52	0.18
3	电动工具	0.59	0.24
4	电器厨具	0.66	0.27
5	非五金行业	0.38	0.11
6	金属材料	4.45	0.71
7	门业	1.18	0.30
8	休闲器具	0.28	0.15

参考文献

[1]邵丹华.用水定额管理提升企业用水效率的机制及案例研究.上海:华东师范大学,2015.

[2]管西柯,杨丹,张昊,等.基于熵权的用水总量与效率管理绩效考核研究.中国农村水利水电,2013(7):92-95.

[3]张玉博,白雪,胡梦婷.水效标准实施效果评价指标体系研究.标准科学,2020(1):10-13.

[4]胡彩霞,王任超,翁士创.珠三角主要工业城市水效对标及绿色发展资源利用综合评价.人民珠江,2018,39(11):8-13.

［5］王小玲．行业及企业生产清洁性评价研究．上海：东华大学，2009．

［6］李虹瑾．新疆哈密工业园区规划水资源论证"以水定产"研究．水利水电快报，2021，42（8）：16-20．

［7］何菡丹，陈松峰，孙晓文．节水型工业园区指标体系探讨．中国水利，2020（1）：39-42．

［8］成静清，赵楠芳，夏丽丽，等．江西省工业企业主要产品用水定额修订探讨．江西水利科技，2015，41（2）：123-126．

［9］李进兴，周同高，陈磊，等．永康市用水定额和水耗标准相结合的取用水管控机制研究．中国水利，2020（21）：55-56，67．

［10］王士武，李其峰，戚核帅，等．对区域水资源论证＋水耗标准制度探索与实践．中国农村水利水电，2019（5）：29-33．

［11］胡梦婷，白雪，蔡榕．我国节水标准化现状、问题和建议．标准科学，2020（1）：6-9．

第7章 基于节水诊断的生活用水定额制定方法的研究

7.1 现状概述

目前,我国节水管理部门在日常管理以及用水定额的制定与践行过程中总结归纳了一些工作经验,并在用水定额制定、管理与修订等方面取得了一些研究成果。2016年,国家在归纳总结前期用水定额的制定与管理经验的基础上,制定了《用水定额编制技术导则》,形成了系统化的用水定额编制方法。《用水定额编制技术导则》由水利部于2016年8月29日发布,于2017年3月1日正式实施。其明确了服务业用水定额、城镇居民生活用水定额的定义,基准年和保证率,定额编制程序,服务业用水定额编制内容和方法,居民生活用水定额编制内容和方法,学校标准人数的计算方法等。

生活用水定额制定方法见图7.1。随着计量监控及其他信息化手段的不断普及,目前,该方法还有两方面可以深入研究。

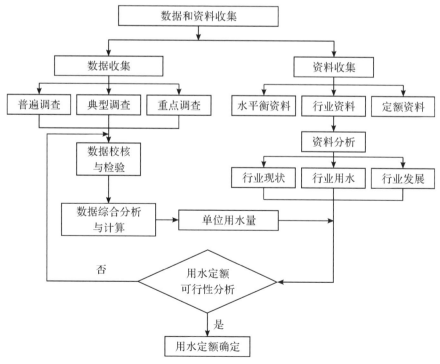

图 7.1 国标规定的用水定额制定方法[4]

（1）基础数据可以更精准化。作为用水定额制定基础的用水规模、用水总量等数据，目前基本采用调查统计法，但对于调查得到的用水量（一般通过用水户总水表读数获取），未剔除用水户内部的漏失水量等不合理用水，根据用水户的特征分析，用水户的内部漏失率每提高 1%，则用水户单位的用水量将提高 0.8%~1.2%。多数非居民生活用水户内部存在不合理用水，在用水定额制定中，这些不合理用水应该被剔除。

（2）用水器具的水效级别可标准化。调查表明：水龙头、便器等用水器具占居民家庭和公共场所用水量的 80% 以上[1,2,3]。不同水效级别的用水器具对生活用水的影响较大。以坐便器为例，3 级水效坐便器的用水量是 1 级水效坐便器的 1.6 倍，选用 1 级水效坐便器比 3 级水效坐便器节水 30%~40%。因此，可考虑制定不同水效级别的用水器具对应的用水定额。

根据国内各省份现有生活用水定额的成果，基于调查统计法获得的生活用水定额的区间范围较大，用水定额上限值（通用值）比下限值（先进值）大 50%~100%。该区间范围几乎可以覆盖节水、不节水的各类生活用水户，对于推动节水工作的约束性不强。

7.2 改进思路

为提高用水定额的精准性和有效性，根据《用水定额编制技术导则》（GBT 32716—2016），提出生活用水定额改进的技术思路为基于生活用水户样本系列，通过基于水平衡测试的节水诊断技术核减不合理用水，并将用水器具水效级别和合理水量漏失率指标纳入用水定额制定中，再采用二次平均法确定生活用水定额，并将该用水定额称为基础用水定额。

图 7.2 为用水定额制定方法技术思路图。

该方法与现有用水定额制定方法的主要区别体现在三个方面。

一是基础数据获取与清洗方式上，现有用水定额制定方法的基础数据的获取方式为调查统计法，并认定其属于合理用水，并用于制定用水定额；本方法与现有方法的区别之一在于将采用水平衡测试的节水诊断纳入用水定额制定方法中，并通过该节水诊断进行数据清洗，可以有效核减基于调查统计法获得基础数据中的不合理用水，使得基础数据更加真实可靠。

二是将合理水量漏失率纳入生活用水定额制定中，并根据不同类型生活用水户的特征，给出了合理漏失率的取值。

三是将用水器具的水效级别纳入生活用水定额制定中，采用标准水效进行换算，将用水器具的水效转换成 1 级、2 级、3 级等标准水效。

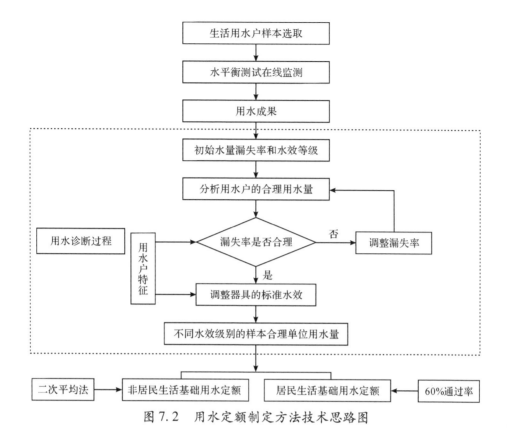

图 7.2　用水定额制定方法技术思路图

7.3　数学模型

7.3.1　基础数据清洗模型

选择用水户样本,开展用水户调查和水平衡测试,获取每个样本的实测用水量、漏失水量和用水器具水效级别等数据,计算每个样本的合理用水量的计算模型:

$$V_{ui} = \frac{Q_i}{N_i} \times \rho_i \times k_{ij} \qquad (公式 7.1)$$

式中:V_{ui} 为第 i 个样本的合理单位用水量,$i = 1,2,3,\cdots,n$,n 为样本总数量;Q_i 为第 i 个样本的计量水量;N_i 为第 i 个样本的标准用水人(床位)数;ρ_i 为第 i 个样本的漏失率调整系数;k_{ij} 为第 i 个样本的用水器具第 j 级水效调整系数,$j = 1,2,3$。

漏失率调整系数 ρ_i 的计算模型为:

$$\rho_i = \begin{cases} 1,居民生活用水 \\ \begin{cases} 1,若\dfrac{Q_{\rho i}}{Q_i} \leqslant \rho_{标准} \\[3mm] 1 - \left(\dfrac{Q_{\rho i}}{Q_i} - \rho_{标准}\right),若\dfrac{Q_{\rho i}}{Q_i} > \rho_{标准} \end{cases},非居民生活用水 \end{cases} \qquad (公式 7.2)$$

式中:Q_{pi} 为第 i 个样本的漏失水量(m^3);$\rho_{标准}$ 为合理水量漏失率,参照《企业水平衡测试通则》(GB/T 12452—2008)关于漏失水量测定的规定,$\rho_{标准}$ 取值为 $0.05^{[5]}$;其他符号的意义同前述。

用水器具的水效调整系数 k_{ij} 的计算模型为:

$$k_{ij} = \sum_{m=1}^{L} \alpha_{mi} \times k_{mij} \qquad (公式 7.3)$$

式中:α_{mi} 为第 i 个样本中第 m 类用水器具的用水占比;$m = 1,2,\cdots,L,L$ 为用水器具类别的总数,类别包括水嘴(水龙头)、淋浴器、坐便器、蹲便器、小便器等各类用水器具;k_{mij} 为第 i 个样本中第 m 类用水器具第 j 级水效转换比,如第 i 个样本,其第 m 类用水器具若为坐便器,实际水效为 2 级,则计算其 1 级水效标准下的定额,则 k_{mij}(水嘴) = 1 级水效对应水量 /2 级水效对应水量 = 5.0/6.0 = 0.83;其他符号的意义同前述。

7.3.2　用水定额制定数学模型

根据样本数量和每个样本的合理单位用水量,采用倒二次平均法计算基础用水定额的通用值。

$$\bar{V} = \frac{1}{n} \times \sum_{i=1}^{n} V_{ui} \qquad (公式 7.4)$$

式中:$\bar{V}$ 为样本均值;其他符号的意义同前述。

$$\bar{V}_e = \frac{1}{r} \times \sum_{t=1}^{r} V_t \qquad (公式 7.5)$$

式中:$\bar{V}_e$ 为二次平均值,也是定额通用值的建议值,V_t 为 $\geq \bar{V}$ 的样本值,$t = 1,2,\cdots,r,r$ 为大于 $\bar{V}$ 的样本总数;其他符号的意义同前述。

按照用水定额样本通过率 20% 计算,则可得到基础用水定额先进值的建议值。

7.4　实例应用

以义乌市和永康市为应用区,生活用水定额制定对象为城镇、医院、学校和机关事业单位,以水平衡测试、居民家庭用水测试、居民家庭用水调查成果为基础数据,制定各类用水户的用水定额。

本次采用随机抽样理论抽取 8 家学校、8 家医院、22 家机关事业单位、5 个城市居民小区(约含家庭 10000 户)和 120 个居民家庭,开展相关的调查、测试工作。根据测试,获得每个用水户的水量、用水结构、用水器具的数量、漏失水量等数据。其中,非居民用水户中,约 24% 用水户的水量漏失率为 0,约 63% 用水户的水量漏失率大于 5%;各类型用水户采用的水龙头和淋浴器水耗基本为 2~3 级;坐便器、蹲便器和小便器的水效基本为 3 级。计算得到 3 类用水户的用水定额,成果见表 7.1、表 7.2 和图 7.3、图 7.4、图 7.5。同时,为便于比较,按照现有用水定额制定方法,也计算了相应的成果。

表 7.1　学校、医院及机关事业单位的基础用水定额计算成果

类别	定额单位	本专题方法定额值						现有统计分析法		浙江省用（取）水定额（2019 年）	
		1 级水效		2 级水效		3 级水效					
		通用	先进	通用	先进	通用	先进	通用	先进	通用	先进
学校	m³/（人·a）	14	9.3	16.3	11.6	19.7	14.1	26	15	26	15
医院	m³/（床·a）	172	130	203	150	236	178	262	186	300	219
机关单位	m³/（人·a）	18	9.5	20.5	11.5	23	14	30.5	15	38	22.5

注：表中的学校以中等教育类别与浙江省用（取）水定额（2019 年）比较；机关事业单位以有食堂的机关办公类别与浙江省用（取）水定额（2019 年）比。

表 7.2　居民生活用水定额的计算成果对照

分类	本专题方法			现有分析方法	浙江省用（取）水定额（2019 年）
	1 级水效	2 级水效	3 级水效		
数值[L/（人·d）]	105	125	148	130	120~180

　　根据本研究提出的方法制定的定额成果，与由现有的《用水定额编制技术导则》的规定方法（统计分析法）来制定成果，以及执行的用水定额标准《浙江省用（取）水定额（2019 年）》进行比较，从数值上看，本次研究制定的学校、医院及机关事业单位用水定额均明显严于现有的规定方法和《浙江省用（取）水定额（2019 年）》的执行标准，其主要原因为学校、医院及机关事业单位采用水平衡测试结果，剔除不合理用水，定额数值更接近用水户真实的用水情况。同时，学校、医院及机关事业单位，在现有普遍使用的用水器具水效的基础上，按照国家规定的标准水效进行换算，得到了 1 级、2 级、3 级标准水效下的不同方案的用水定额，其中，3 级水效对应的定额为限定值，1 级和 2 级水效对应的是节水评价值。其中，2 级水效可用于当前节水载体创建和评估标准，但随着节水工作的深入开展，可逐步提高至 1 级水效对应的定额。

　　现有居民用水定额的制定方法的成果介于本次研究方法采用的 2~3 级水效标准对应的成果之间，说明本次研究提出的定额制定方法，具有可操作性，随着人们节水意识的逐步提高和高水效节水器具的推广，可逐步采用 1 级、2 级水效标准对应的用水定额进行管理。

　　本次基础用水定额制定方法剔除了用水户内部管网漏损等不合理用水，并引入了节水器具标准水效转换系数。该方法得到的用水定额更为精准和严格，较现有用水定额制定方法而言，先进值和通用值的平均差距均缩小了 10% 以上，其中，学校最为明显，缩小了 28%，实现了以诊断为基础来确定精准生活用水定额和以定额为基础来抑制不合理用水的目的。尽管与现有的用水定额相比，略显严格，但该方法符合当前节水型社会、节水型城市大力推进节水行动深入实施的形势和要求。

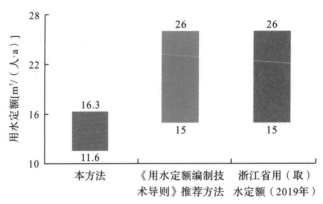

图 7.3 学校用水定额计算成果比较(2 级水效)

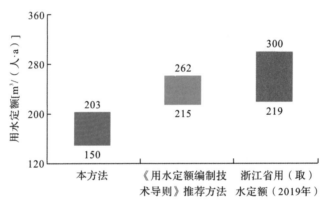

图 7.4 医院用水定额计算成果比较(2 级水效)

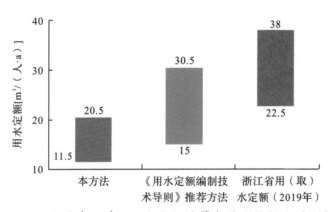

图 7.5 机关事业单位用水定额计算成果比较(2 级水效)

参考文献

［1］蒋浩然,王明明,韩冲,等. 高校用水特征分析及用水定额制定——以江苏省为例. 水利发展研究,2020(12):40 - 44.

［2］FRIEDMAN A. Fundamentals of sustainabeld wellings. Washington:Island Press,2012.

［3］赵锂,刘振印. 建筑节水关键技术与实施. 给水排水,2008(9):1 - 3.

［4］用水定额编制技术导则(GB/T 32716—2016). ［2023 - 12 - 06］. https://openstd. samr. gov. cn/bzgk/gb/newGbInfo? hcno = CED65EC98B3F4DCC4A6FA4CC032D2B1E.

［5］企业水平衡测试通则(GB/T 12452—2008). ［2023 - 12 - 06］. https://openstd. samr. gov. cn/bzgk/gb/newGbInfo? hcno = CD58FEDF681BAFA3491E5C6A2E44ECD1.

第3篇

生活污水多用途安全利用技术

第8章 非负载型陶瓷催化剂催化臭氧氧化技术研究与设备研制

8.1 非负载型陶瓷催化剂催化臭氧氧化技术的研究

8.1.1 陶瓷催化氧化有机污染物的研究现状

蜂窝陶瓷(ceramic honeycomb,CH)是一种稳定性强、具有蜂窝形状孔道的陶瓷材料[1],被广泛用于化工、电力以及机械等行业。Zhao[2]等发现蜂窝陶瓷催化氧化降解硝基苯时,具有较高的活性,并提出其遵循自由基反应机制,陶瓷表面吸附的羟基基团有助于提高羟基自由基的生成。Shen[3]等在初始pH为中性的条件下,研究了过量浸渍法制备的固体碱MgO/CH复合催化剂催化臭氧氧化乙酸的过程,发现添加MgO/CH后,反应30min后乙酸的去除效率为81.6%,相比未添加时的去除率(18.7%)有了显著提升。一方面,MgO/CH使溶液pH增加,生成更多的OH–;另一方面,MgO/CH的表面活性位可以吸附溶解性臭氧并加速其分解,两者均可促进生成氧化性更强的OH,从而带来更高的乙酸去除效果。

当催化剂用于污水深度处理时,广泛使用粉末或颗粒状吸附剂和催化剂,但是普遍存在催化剂粉化、二次污染、难以再生等问题。因此,不易粉化、易于再生、无二次污染的催化剂是本领域的研究热点,也是工程的迫切需求。CH因结构中Al和Si原子排布的有序程度不同而存在两种构型[4],分别是高温稳定的六方结构(α–堇青石)和低温稳定的四方结构(β–堇青石)。α–堇青石的六元环结构是由一个[AlO_4]四面体和五个[SiO_4]四面体组成,并通过[MgO_6]八面体和[AlO_4]四面体连接,形成十分稳定的结构;β–堇青石中的Al和Si原子的有序度较α–堇青石更高。CH作为块状材料具有大量的平行通道,可以提供更多的水、气、固三相接触反应界面,并且CH与其他颗粒状材料相比,具有较低的压降、更短的扩散长度、更少的阻塞现象等优点。CH在工业上的应用广泛,但在污水处理领域,仅作为催化剂载体、过滤材料来应用,且作为催化剂载体也是应用于气相催化反应,鲜有对其本身具备的可与臭氧结合,对有机物进行催化臭氧化反应,从而作为水与污水处理领域催化剂的研究。

8.1.2 蜂窝陶瓷催化臭氧的氧化作用

CH 因其稳定性好、易分离回收、活性较高等优点而被选为载体催化剂,在臭氧氧化体系中的应用价值较高[5]。为了得到较优的载体催化剂性能,通过硝酸处理来初步调控催化剂的基本形貌,研究煅烧时间、煅烧温度以及臭氧投量等影响因素的作用,并对过氧化氢催化臭氧氧化过程的协同机制进行研究,为实际工艺应用提供经济可行的参考依据。

8.1.2.1 蜂窝陶瓷的吸附与催化作用

对比 CH、Al_2O_3、SiO_2、MgO 对目标污染物 4 - Meq 的吸附效果,结果如图 8.1 所示。在 4 - Meq 初始浓度为 50mg/L、初始 pH = 6.8 的条件下,前 20min 降解曲线的斜率大小指示了氧化降解 4 - Meq 的初始速率,比较结果为 $O_3/CH > O_3/SiO_2 > O_3/MgO > O_3/Al_2O_3$;反应 60min 后 4 - Meq 的去除率较单独臭氧均有提升,其中,O_3/CH 条件下反应 60min 后 4 - Meq 去除率(74.4%)是单独臭氧(62.0%)的 1.2 倍,综合考虑,选取 CH 作为催化剂载体。

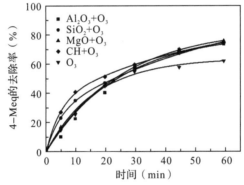

图 8.1 多种载体催化剂对 4 - Meq 去除效果的对比
($C_{O_3, gas} = 1.1mg/L$, CH = 116.9g/L, $C_{0,4-Meq} = 50mg/L$, $pH_0 = 6.8$)

研究 O_3、CH(通 N_2 模拟气体扰动)、O_3/CH 对 4 - Meq 的降解或者吸附效果的影响。图 8.2 显示,CH 对 4 - Meq 的吸附去除率为 2.5%,吸附作用对臭氧氧化降解 4 - Meq 过程的贡献很小。在 O_3 条件下,反应 60min 后 4 - Meq 的去除率达到 62%,说明 O_3 氧化对 4 - Meq 的氧化降解效果较好。在 O_3/CH 条件下,4 - Meq 的最终去除率为 74.4%。反应前 20min,O_3/CH 体系对 4 - Meq 的去除速率明显较快,这是因为 CH 加速 O_3 分解,使溶液中 O_3 浓度增加。图 8.2 还显示了 COD 的去除效果。反应 60min 后,O_3 和 O_3/CH 对 COD 的去除率分别为 17.2% 和 21.1%,说明 CH 提高了 4 - Meq 被矿化的效果,但去除率仅提升 3.9%。

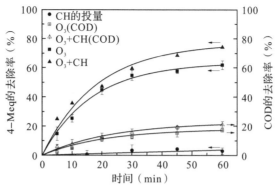

图 8.2　4 - Meq 降解效果和矿化效果的对比

（$C_{O_3,gas} = 1.1mg/L, CH = 116.9g/L, C_{0,4-Meq} = 50mg/L, pH_0 = 6.8$）

8.1.2.2　催化剂参数对 4 - 甲基喹啉降解的影响

（1）催化剂的用量

CH 投加量对氧化降解 4 - Meq 的影响见图 8.3。在臭氧投量一致、初始 4 - Meq 浓度为 50mg/L、初始 pH = 6.8 的条件下,CH 投加量分别为 0、58.4g/L、116.9g/L,175.3 g/L 和 233.8g/L 时,反应 60min 后 4 - Meq 去除率分别为 62.0%、71.2%、74.4%、78.3% 和 77.5%,说明体系中引入 CH 可以有效提升 4 - Meq 的去除效果,且 CH 投量的增加对 4 - Meq 降解有促进作用,但是存在阈值。

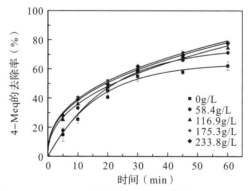

图 8.3　CH 投加量对 4 - Meq 降解效果的影响

（$C_{O_3,gas} = 1.1mg/L, C_{0,4-Meq} = 50mg/L, pH_0 = 6.8$）

上述反应符合拟一级反应方程,表观速率常数如表 8.1 所示。反应前 20min,随着 CH 投加量的增加,表观速率常数从 0.0358min^{-1} 到 0.0451min^{-1}、0.0687min^{-1}、0.0707min^{-1}、0.0725min^{-1}依次增加,可以看到催化剂从 0 增加到 116.9g/L 的过程中,速率常数都依次增加了0.01min^{-1}左右,而继续增加催化剂投量至 233.8g/L,速率常数依次增加量不到0.003min^{-1},说明进一步增加催化剂投量对反应速率的提升作用较弱。CH 对 4 - Meq 的吸附作用很弱,增加 CH 投加量可使溶液与 CH 的接触面增加,利于臭氧和 4 - Meq 在其表面吸附而发生降解反应;另外,由于 4 - Meq 溶液体积和浓度给定,催化氧化反应的效果受反应物浓度的影响,过量的 CH 并不能使降解效果得到持续提升。因此,后续实验均选择 CH 投加量为 116.9g/L。

表8.1　不同 CH 投加量下 4 - Meq 氧化反应速率常数表

因素	初始 CH 投量(g/L)				
	单独 O_3	58.4	116.9	175.3	233.8
$k(min^{-1})$	0.0358	0.0451	0.0687	0.0707	0.0725
相关系数 R^2	0.9908	0.9852	0.9896	0.9826	0.9987

注:以上数据为反应前20min 时发生的。

(2)催化剂的目数

相同的实验条件下,图8.4 表明当 CH 目数从100 递增至400 时,4 - Meq 的去除率分别为72.0%、74.4%、71.7% 和68.2%,均高于单独臭氧的去除效果。实验过程中 CH 的引入使反应器内出现细密的气泡。由于 CH 平行通道的存在会影响体系的压降,根据"伯努利定律",反应在曝气条件下形成流体系统,臭氧从反应器底部曝气,通过承托板后经过催化剂 CH 孔道从而形成变径,在流量不变的情况下,较小的孔道使得管道中的流速增大,压力变小;利用射流负压原理,臭氧和溶液在孔道内可以充分混合并吸附在催化剂表面,提高了臭氧在水中的溶解性,利于反应的进行。但是,目数过高的 CH 由于孔径过细,形成较大的阻力,反而不利于反应进行。

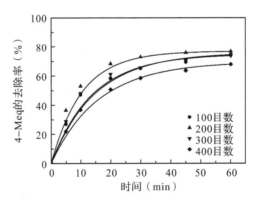

图8.4　CH 目数对 4 - Meq 降解效果的影响
$(C_{O_3,gas} = 1.1mg/L, CH = 116.9g/L, C_{0,4-Meq} = 50mg/L, pH_0 = 6.8)$

CH 提高了固、液、气三相的混合程度,加快了反应速率,将拟一级表观反应速率常数与相关系数列于表8.2。不同 CH 目数下的表观反应速率常数与降解反应结果保持一致,200 目数的 CH 比其他目数 CH 具有更高的速率常数。

表 8.2　不同 CH 目数下 4 - Meq 氧化反应速率常数表

因素	CH 目数				
	单独 O_3	100	200	300	400
$k(\min^{-1})$	0.0358	0.0472	0.0687	0.0455	0.0408
相关系数 R^2	0.9908	0.9385	0.9768	0.9645	0.9804

注:以上数据为反应前 20min 时发生的。

（3）催化剂的煅烧时间

煅烧条件是影响催化剂成品属性的重要因素,可以影响催化剂的晶型结构、粒径尺寸等理化性质和催化活性。图 8.5 显示,煅烧时间从 0.5h、1h、2h、3h 增加至 4h 的过程中,反应 60min 后 4 - Meq 的去除率分别为 73.6%、74.5%、74.4%、68.6%、59.6%。对反应前 20min 进行动力学拟合（表 8.3）,可以看到煅烧时间为 2h 的 CH 具有较高的反应速率常数,随着煅烧时间的增加,表观反应速率常数呈现降低的趋势。煅烧 4h 的 CH 催化臭氧的降解效果甚至比单独臭氧体系的更低,这是因为经过长时间的高温煅烧,催化剂的结构易坍塌,过度烧结使活性位点减少,催化剂失活。

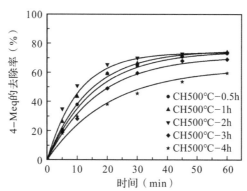

图 8.5　CH 煅烧时间对 4 - Meq 降解效果的影响

（$C_{O_3,\text{gas}} = 1.1\text{mg/L}$, $CH = 116.9\text{g/L}$, $C_{O,4-\text{Meq}} = 50\text{mg/L}$, $pH_0 = 6.8$）

表 8.3　煅烧时间对催化氧化 4 - Meq 反应速率常数的影响

因素	CH 煅烧时间(h)					
	单独 O_3	0.5	1	2	3	4
$k(\min^{-1})$	0.0358	0.0529	0.0537	0.0687	0.0427	0.0312
相关系数 R^2	0.9908	0.9945	0.9733	0.9768	0.9797	0.9742

注:以上数据为反应前 20min 时发生的。

（4）催化剂的煅烧温度

煅烧温度会影响催化剂载体的活性与表面结构,包括结晶度、比表面积、晶格氧、氧化还原能力等性质。研究指出,较高的煅烧温度下制备得到的 Fe_2O_3 纳米棒在催化还原 NO 过程中具有更高的催化活性,并且醋酸盐/甲酸盐的生成量会有所降低[6]。但随着煅烧温度的增加,颗粒尺寸也会增加,并且催化剂颗粒有团聚趋势[7]。图 8.6 表示不同的煅烧温度下得到的 CH 对 4 - Meq 降解效果的影响,结果显示 400℃ 和 500℃ 煅烧处理后的 CH 催化氧化降解的效能较优,而较低或者较高的煅烧温度处理后的 CH 催化降解的效果都有所降低。低温煅烧对催化剂结构的影响不大;高温煅烧则可能使活性颗粒发生聚集、氧空位丢失,降低催化剂的活性。对反应前 20min 结果进行数据拟合和回归计算(表 8.4),同样得到类似的规律,500℃ 煅烧处理后的 CH 在反应初期具有更高的氧化降解速率。

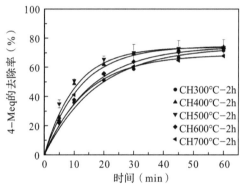

图 8.6　CH 煅烧温度对 4 - Meq 降解效果的影响

($C_{O_3, gas} = 1.1mg/L$, $CH = 116.9g/L$, $C_{0,4-Meq} = 50mg/L$, $pH_0 = 6.8$)

表8.4　煅烧温度对 4 - Meq 氧化反应速率常数的影响

因素	CH 煅烧温度(℃)					
	单独 O_3	300	400	500	600	700
$k(min^{-1})$	0.0358	0.0467	0.0620	0.0687	0.0551	0.0538
相关系数 R^2	0.9908	0.9836	0.9743	0.9896	0.9972	0.9789

(5)臭氧投加量的影响

图 8.7 显示在 O_3/CH 体系中,臭氧投加量分别为 1.1mg/L、2.6mg/L、4.2mg/L 时,4 - Meq 的去除率分别为 74.4%、77.8%、79.2%,增加臭氧投加量后,氧化降解的效果有提升但不明显。臭氧投加量的增加使反应初期阶段有足量的臭氧可与目标物接触,发生直接或间接氧化反应。反应 20min 时,4 - Meq 的去除率分别为 51.9%、66.1%、74.1%,说明增加臭氧投加量对反应初期的氧化反应速率有明显的提升作用,而后期由于臭氧降解作用有限,效果提高不明显,反应 30min 后降解曲线趋于平缓。由于反应存在平衡状态,反应时间足够长时,终点去除率均会达到一致。考虑臭氧的经济成本和利用率,后续实验均选取臭氧投加量为 1.1mg/L,保证一定的降解效

果的基础上减少臭氧的能耗。

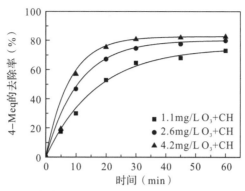

图 8.7　臭氧投加量对 4 – Meq 降解效果的影响
（CH = 116.9g/L，$C_{O,4-Meq}$ = 50mg/L，pH_0 = 6.8）

为了探明加入 CH 后 4 – Meq 溶液与尾气中臭氧含量的变化，测试了反应 60min 内体系中臭氧含量的变化。图 8.8 是液相和气相中臭氧含量对反应时间进行积分后得到的结果。

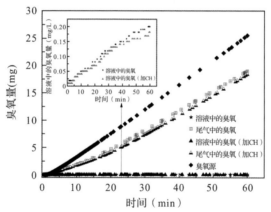

图 8.8　溶液和尾气中臭氧含量的变化情况
（$C_{O_3,gas}$ = 1.1mg/L，CH = 116.9g/L，$C_{O,4-Meq}$ = 50mg/L，pH_0 = 6.8）

可以看到，投加的臭氧主要进入尾气，少量溶解在溶液中，剩余部分被吸附和分解作用后参与反应。可以观察到的是加入 CH 后，通臭氧 60min 时，尾气中的臭氧量由 25.5mg 减少为 18.4mg，左上角的放大图中显示加入 CH 后溶液中的臭氧量也由 0.21mg/L 减少为 0.18mg/L。因此，在投加量一致时，CH 使臭氧被吸附—分解的量增加，利于氧化反应进行。

（6）pH 的影响

臭氧的溶解度和分解速率与溶液的 pH 有关，自由基的生成机制也受 pH 的影响，因此，探索 pH 对催化臭氧氧化过程的影响十分重要。OH^- 的增加利于臭氧的分解和羟基自由基的生成。图 8.9 显示,相同的条件下,通过硫酸和氢氧化钠调节溶液的初始 pH 分别为 3.0、5.0、6.8、9.1 和 11.0,反应 60min 后 4 – Meq 的去除率分别为 30.7%、50.6%、74.4%、97.2% 和 98.1%,4 – Meq 的去除率随着初始 pH 的增加而增加,反应初期的降解速率随着初始 pH 的增加有十分明显的提升。在 pH 从 3.0 升至 9.1 的过程中,4 – Meq 的去除率依次递增;继续增大初始 pH 至 11.0,去除率的提升仅为 0.9%。过量的 OH—会消耗自由基,而且较高的 pH 下臭氧的溶解度降低,从而抑制了传质推动力及反应活性。考虑实际水处理多以中性为主,若后续实验未作说明,则均在初始 pH = 6.8 的条件下进行。

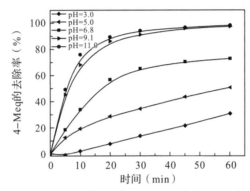

图 8.9 初始 pH 条件对 4 – Meq 降解效果的影响

$(C_{O_3,gas} = 1.1mg/L, CH = 116.9g/L, C_{O,4-Meq} = 50mg/L)$

8.1.3 过氧化氢协同 CH 催化臭氧的氧化作用

为促进自由基的生成,考虑在 O_3/CH 体系中引入 H_2O_2,以提高 4 – Meq 的去除效果。$O_3 + H_2O_2$ 作为一种高级氧化技术的组合,兼具 O_3 和 H_2O_2 的特点,在反应过程中可以生成强氧化能力的羟基自由基,因此,本节探究引入 H_2O_2 对强化催化臭氧氧化过程的作用。

8.1.3.1 过氧化氢的协同作用

为了说明 $O_3/CH + H_2O_2$ 体系的协同氧化作用,首先对比了有无 H_2O_2 条件下的降解效果。图 8.10 显示 H_2O_2 的存在对 O_3/CH 体系降解 4 – Meq 有显著的促进作用,反应 60min 后,4 – Meq 的去除率分别为 94.3%($O_3/CH + H_2O_2$)> 83.0%($O_3 + H_2O_2$)> 74.4%(O_3/CH)> 62.0%(O_3)> 4.3%(H_2O_2)。实验结果表明,单独 H_2O_2 对 4 – Meq 的降解效果很低,但与 O_3 结合后两者的氧化作用叠加,对有机物的去除效果增强。可以看出,H_2O_2 具有促进 O_3/CH 氧化降解 4 – Meq 的作用。

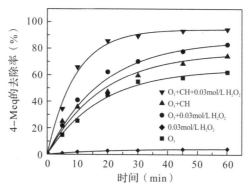

图 8.10　$H_2O_2 + O_3/CH$ 体系降解 4-Meq 的协同作用

（$C_{O_3, gas} = 1.1 mg/L$，$CH = 116.9 g/L$，$C_{O, 4-Meq} = 50 mg/L$，$pH_0 = 6.8$）

进一步探究 H_2O_2 投加量对协同氧化过程的影响。研究者在初始 pH = 5.5，初始 TOC 浓度为 380ppm 时，提高 H_2O_2 的投加量，其转化效率反而降低，说明存在一个最适的投加量，其为 0.03mol/L 左右。在保证 O_3 和 CH 投加量及其他反应条件一定的情况下，改变 H_2O_2 的投加量分别为 0.003mol/L、0.015mol/L、0.030mol/L、0.150mol/L 和 0.300mol/L，得到 4-Meq 的终点去除率依次为 86.7%、91.4%、94.3%、87.68% 和 83.6%（图 8.11）。随着 H_2O_2 投加量的增加，4-Meq 的去除率先增加后降低。这是因为适量的 H_2O_2 自分解生成 H^+ 和 HO_2^-，HO_2^- 又可以促进臭氧发生链式反应而生成羟基自由基，提高反应速率和降解效果；但过量 H_2O_2 会与 HO_2^- 反应而抑制自由基的生成，并与羟基自由基发生反应，还会影响臭氧的传质过程，从而抑制了氧化降解的过程。

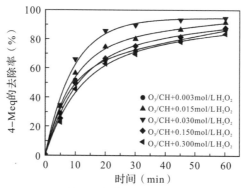

图 8.11　H_2O_2 投加量对 4-Meq 降解效果的影响

（$C_{O_3, gas} = 1.1 mg/L$，$CH = 116.9 g/L$，$C_{O, 4-Meq} = 50 mg/L$，$pH_0 = 6.8$）

为了进一步分析 H_2O_2 对 O_3/CH 体系降解 4-Meq 的协同效果的影响，计算了对 $O_3/CH + H_2O_2$ 体系反应过程的协同因子 E（表 8.5）。协同因子 E 随 H_2O_2 投加量增加的变化趋势见图 8.12。考察反应前 20min 的降解效果，协同因子 E 恒大于 1，说明 H_2O_2 对 O_3/CH 体系降解 4-Meq 确实具有协同作用；并且协同因子 E 随着 H_2O_2 用量的增加先增大后减小，在 H_2O_2 用量为 0.03mol/L 时趋于最大值，协同效果最明显。

表 8.5　不同 H_2O_2 投加量下 4 – Meq 氧化反应速率常数表

因素	H_2O_2 投加量(mol/L)					
	0.003	0.015	0.030	0.150	0.300	单独 O_3
$k(\text{min}^{-1})$	0.040	0.067	0.069	0.056	0.051	0.036
相关系数 R^2	0.9770	0.9799	0.9610	0.9734	0.9895	0.9908

注:以上数据为在反应前 20min 发生。

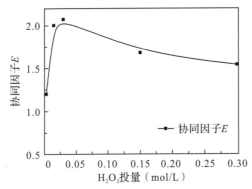

图 8.12　H_2O_2 投加量对协同因子 E 的影响

8.1.3.2　过氧化氢对氧化体系的作用机制

通常在 O_3 + H_2O_2 氧化体系的研究中,碱性条件下氧化降解有机物的效果要优于酸性环境,溶液的酸碱性与氧化降解的效果关系密切[8]。初始 pH 为 6.8 时,O_3、H_2O_2、O_3 + H_2O_2、O_3/CH、O_3/CH + H_2O_2 条件下溶液 pH 变化如图 8.13(a)所示。随着反应的进行,单独 H_2O_2 的条件下 pH 几乎不变,其他体系 pH 均呈现逐渐降低的趋势,说明 H_2O_2 体系中鲜有酸性中间产物产生,H_2O_2 难以直接氧化 4 – Meq,降解作用弱;其他的体系中,4 – Meq 的去除率较为显著,降解过程中产生小分子酸中间产物,使溶液 pH 下降。值得关注的是,4 – Meq 的去除率最高的 O_3/CH + H_2O_2 体系的 pH 的降低程度最弱,暗示该体系中的小分子有机酸中间产物得到进一步降解,使得 pH 降低的趋势减缓,同时,较高的 pH 环境又反过来促进臭氧在水体中的溶解和分解,自由基生成速率加快,提高了 4 – Meq 氧化降解的速率。

图 8.13(b)显示了不同 H_2O_2 的用量下,O_3/CH + H_2O_2 体系溶液的 pH 变化。H_2O_2 用量从 0.003mol/L 依次增加到 0.015mol/L、0.030mol/L、0.150mol/L 和 0.300mol/L 时,反应 60min 后对应的溶液 pH 分别为 4.50、4.86、5.30、5.01 和 4.39。随着反应的进行,pH 均逐渐减小,同时随着 H_2O_2 用量的增加,反应过程中的 pH 下降趋势为先减弱后增强。实验结果表明,4 – Meq 在降解过程中生成酸性中间产物,导致溶液 pH 降低;而酸性条件会抑制过氧化氢的分解,不利于自由基的生成。因此,pH 的快速下降,又迫使 4 – Meq 及其酸性中间产物的降解速率下降,表现为矿化率反而降低。反应过程中的溶液 pH 的变化,与图 8.11 中随 H_2O_2 用量的增加,4 – Meq 的去除率先上升后降低的现象吻合。

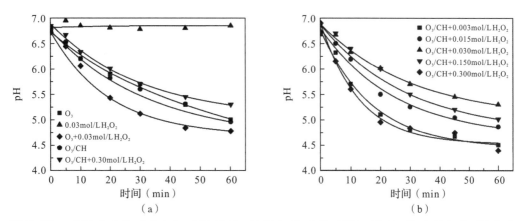

图 8.13　不同反应体系(a)与不同 H_2O_2 的投加量下 $O_3/CH + H_2O_2$ 体系(b)的 pH 变化

8.1.3.3　自由基反应

OH^-、H_2O_2 是促进自由基生成的引发剂,具有促进臭氧分解成超氧离子(O_2^-)的作用,O_2^- 可以进一步与臭氧反应生成自由基。叔丁醇(tert - butyl alcohol,TBA)作为常见的自由基抑制剂,在溶液中与羟基自由基的反应速率常数为 6×10^8 $M^{-1}S^{-1}$,远远高于 TBA 与臭氧的反应速率常数 3×10^{-3} $M^{-1}S^{-1[9]}$。因此,可以通过叔丁醇猝灭羟基自由基的实验来检验 4 - Meq 降解是否以羟基自由基反应为主,结果如图 8.14 所示。在 O_3 + H_2O_2、O_3/CH、O_3/CH + H_2O_2 三种条件下,TBA 的加入使得体系中 4 - Meq 的去除率均有下降,说明三种体系中都存在羟基自由基。图 8.14(d)显示了三种体系下 TBA 加入前后 4 - Meq 的去除率的差值变化,可以看到在 O_3/CH + H_2O_2 体系中 TBA 加入前后 4 - Meq 的去除率差值较其他两种体系更大,且接近 O_3 + H_2O_2、O_3/CH 两者的 TBA 加入前后 4 - Meq 的去除率差值之和,表明过氧化氢对蜂窝陶瓷催化臭氧氧化 4 - Meq 具有协同作用,可以产生更多的羟基自由基,提高了 4 - Meq 的去除率。

由于高浓度的 H_2O_2 溶液在存储和运输过程中存在潜在危险,在工艺运行中增加了操作成本和试剂成本,因此,需要进一步寻求更加简便易行、安全高效的处理工艺。

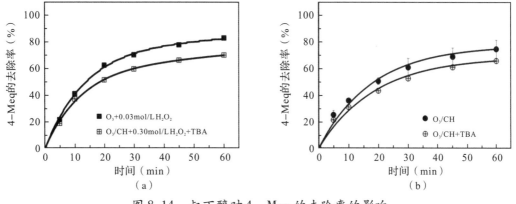

图 8.14　叔丁醇对 4 - Meq 的去除率的影响

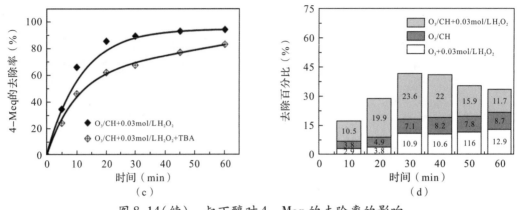

图 8.14(续)　叔丁醇对 4 - Meq 的去除率的影响

[(a)O_3,(b) O_3/CH,(c) $O_3/CH + H_2O_2$,(d) TBA 对 4 - Meq 去除率的差值柱状图]

8.1.4　改性蜂窝陶瓷催化臭氧的氧化作用

为进一步提高体系对喹啉类有机物的去除率与矿化能力,借助金属改性和氟刻蚀方法,探索催化活性更高的改性催化剂。

8.1.4.1　金属掺杂蜂窝陶瓷

近年来,非均相催化臭氧氧化法被认为是去除废水中有毒有害物质的高效方法,开发绿色高效的催化剂是该方法实际应用的关键。常用的催化剂改性手段有金属改性和非金属改性。本节研究了改性 CH 催化臭氧氧化降解 4 - Meq 和矿化有机物的效果,探讨了催化剂的理化性质、溶液 pH 与降解机理的关系。

首先考察不同金属掺杂 CH 对提高 4 - Meq 的去除率的效果。我们从过渡金属、碱土金属、稀土元素中选择了几种常用的活性组分掺杂改性 CH,考察催化臭氧氧化的效果。相同的实验条件下,分别用 Mn/CH、Ce/CH、Fe/CH、Cu/CH、Mg/CH 几种催化剂催化臭氧降解 4 - Meq,得到的去除率分别为 56%、60%、70%、78%、96%,见图 8.15(a)。其中,Mg/CH 和 Cu/CH 的催化效果分别是单独臭氧条件下的 1.5 倍与 1.3 倍,其他金属掺杂 CH 可能抑制了 CH 本身的催化活性而不适用于该体系下的催化氧化过程,降低 4 - Meq 的去除效果,侧面反映了 CH 具备一定的催化效果。Mn/CH 的催化降解过程表现为初始阶段的速率较快,后期反应则比较平缓。酸性条件下利用 Mn(Ⅱ)催化剂加速草酸氧化的研究指出氧化速率依赖于有机物在催化剂表面的吸附过程,并受催化剂活性位点的失活、溶液 pH 的变化调控[10,11]。推测本实验中所制得的 Mn/CH 可能未得到较优的调控,反应一段时间后催化剂失活。

图 8.15(b)是不同的 M/CH 对有机物矿化程度的影响情况。Mn/CH、Ce/CH、Fe/CH、Cu/CH、Mg/CH 几种催化剂催化臭氧降解的过程中,溶液 COD 的去除率分别为 12.3%、22.1%、19.8%、25.8%、33.2%。在 O_3 和 O_3/CH 条件下,反应 60min 后溶液 COD 的去除率分别为 13.2% 和 19.2%。其中,Mg/CH 和 Cu/CH 条件下的矿化效果分

别是单独臭氧的 2.5 倍和 2.0 倍,说明在这两种金属氧化物催化条件下,产生了可以进一步去除难降解中间产物的活性物质,如羟基自由基等,提高了反应过程的矿化降解效果。

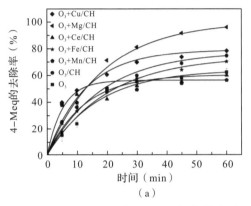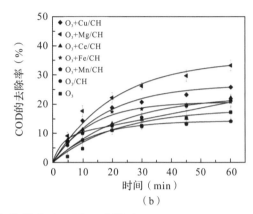

图 8.15　金属掺杂 CH 催化臭氧氧化 4 – Meq 的影响

　　针对去除率较优的 Mg/CH 和 Cu/CH,研究不同的金属负载量对氧化降解效果的影响。图 8.16(a)实验结果显示,Cu 的前驱体溶液浓度为 0.2mol/L、0.5mol/L、1.0mol/L 时,初始阶段的反应速率随负载量的增加而减小,终点的去除率则基本一致,推测是由于过量的 Cu 在催化剂表面分散不均匀,甚至覆盖了部分催化剂表面的活性位点,从而降低催化活性。图 8.16(b)实验结果显示,Mg 的前驱体溶液浓度为 0.2mol/L、0.5mol/L、1.0mol/L 时,初始阶段的反应速率随负载量的增加而增加,由于 Mg 的负载在该催化反应中可以提供更多的表面羟基和活性位点[12],同时也为溶液提供碱性环境,利于自由基的生成,抵消了过量负载对催化剂表面活性位的覆盖作用,这也是 Mg/CH 活性金属负载量的作用规律有别于 Cu/CH 的原因。

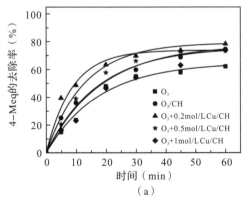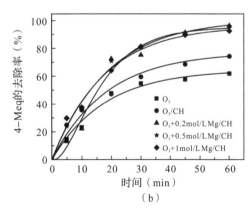

图 8.16　金属负载量对 4 – Meq 去除率的影响:(a)Cu/CH;(b)Mg/CH

　　为了探究 Mg/CH 和 Cu/CH 催化剂性能最优的原因,对两者的比表面积、酸碱性等性质进行了表征分析。由于 CH 在前期制备阶段需要在大于 1300℃的高温条件下煅烧后成型,因此,成品的比表面积往往较小,通过一些表面改性手段(如金属改性、非金属改性)可以对其表面形貌进行优化。表 8.6 显示了 Mg 和 Cu 改性前后 CH 的 BET 分析测试结果,Mg/CH 和 Cu/CH 的比表面积分别是 CH 的 2.2 倍和 3.0 倍,孔体积分别是 CH 的 2.2 倍和 1.6 倍,归因于高比表面和孔容的 MgO 与 CuO 负载分布于 CH 表面,利于 4-Meq 分子进入催化剂孔道,在三相界面发生反应。

表 8.6　金属掺杂 CH 的 BET 测试数据

样本	BET($m^2 \cdot g^{-1}$)	V_{total}($cm^3 \cdot g^{-1}$)	孔径(nm)
CH	0.6368	0.0029	18.22
Mg/CH	1.4278	0.0063	17.65
Cu/CH	1.9231	0.0045	19.36

　　XRD 图谱(图 8.17)说明所用的催化剂属于 α-堇青石和莫来石的混合物,且以堇青石相为主。CH 属于固体酸碱催化剂的复合材料,其组成物质中,氧化镁是固体碱,氧化铝和氧化硅是固体酸,具有环保、无腐蚀性、易处理、反应条件温和等优点。Mg/CH 和 Cu/CH 的 XRD 图谱与 CH 相比并没有发生明显的变化,说明金属负载对 CH 晶相不会造成明显的影响。

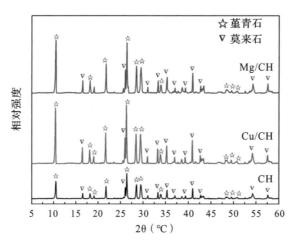

图 8.17　Mg/CH、Cu/CH 和 CH 的 XRD 图谱

　　通过 XPS 分析,结果可以指示金属改性后 CH 表面各元素的价态组成。图 8.18(a)是 Mg/CH 和 Cu/CH 的 XPS 的全谱扫描图;根据图 8.18(b)的 Cu 分谱显示,934.2eV 处的主峰属于煅烧过程形成的 CuO 中的 Cu^{2+},并且发生的该峰位置较理论值 933.1eV 有所偏移,可能是负载的铜氧化物与 CH 之间发生了键合;940~945eV 之间出现的卫星峰指示 CuO 中的 Cu^{2+}。图 8.18(c)Mg 分谱图中 1304.6eV 处的主峰说明负载的 Mg 以二价形式存在。

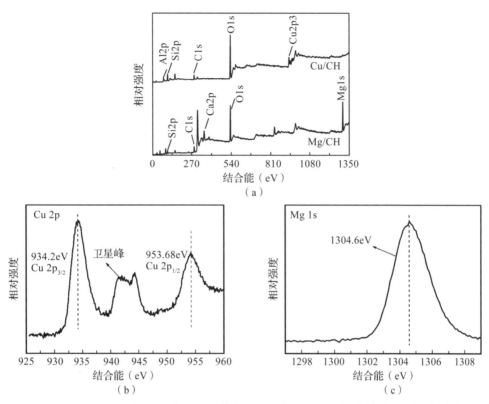

图 8.18　Mg/CH,Cu/CH 和 CH 的 XPS：(a)Cu/CH 和 Mg/CH 全谱；(b)Cu 分谱；(c)Mg 分谱

　　金属掺杂对催化的作用机制是什么呢？催化剂表面的酸碱性是研究者关注的重点，较高的表面碱度往往对应较高的 pH 等电点[13]。CO_2/TPD 图谱见图 8.19，Mg/CH、Cu/CH 和 CH 在不同的碱性区域具有不同强度的 CO_2 脱附峰。其中，20～200℃ 之间的峰归因于 CO_2 与弱碱性位之间的相互作用，指示催化剂的表面羟基基团。200～400℃ 之间的峰指示中碱性位，对应于 Mg^{2+} 和 O^{2-} 离子对中的氧与 CO_2 的

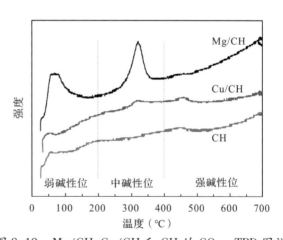

图 8.19　Mg/CH、Cu/CH 和 CH 的 CO_2 – TPD 图谱

吸脱附作用。高于 400℃ 的峰代表强碱性位作用，对应于游离 O^{2-} 与 CO_2 的相互作用。CH 仅在弱碱性位呈现一个微弱的峰，Cu/CH 则在弱碱性和中碱性位各有一个微弱的倒峰，Mg/CH 在 20～200℃ 和 200～400℃ 之间均有明显的脱附峰，证明 Mg/CH 表面具有明显的弱碱性和中碱性位，归因于 MgO 在 CH 表面的负载分布，使其表面具有更多的碱性

位,利于酸性中间产物的吸附降解反应和臭氧与催化剂表面羟基形成配位作用[14]。

图 8.20 显示反应过程中溶液 pH 的变化。以 Mg/CH 作为催化剂时,随着反应进行,溶液 pH 略有提升,结合此条件下 4 - Meq 的去除率可达 96%,归因于 Mg/CH 表面碱性位的存在提高了催化剂表面羟基基团的数量,增强了溶液碱性,利于引发羟基自由基的生成。在 Cu/CH 催化臭氧氧化反应中溶液 pH 下降较快,生成酸性中间产物来抑制自由基链式反应,因此,其终点 4 - Meq 较 CH 条件下仅提高 4%。有学者指出,CH 的表面零点电荷(pH_{ZPC})=6.6,该值表示催化剂表面静电荷等于零时的 pH,而溶液 pH 的变化会引起含表面羟基的金属氧化物表面电荷发生变化,见下列平衡方程,从而进一步影响有机物在催化剂表面的吸附[815]。因此,在初始 pH = 6.8 的情况下,M/CH 表面可能出现游离羟基或者氧负离子。

$$> MeOH + H + \rightleftharpoons MeOH_2 + \qquad pH < pH_{ZPC}$$
$$> MeOH + OH - \rightleftharpoons > MeO - + H_2O \qquad pH < pH_{ZPC}$$

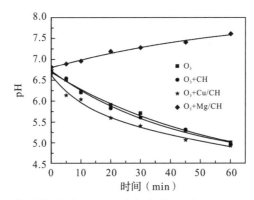

图 8.20　不同金属掺杂改性 CH 对臭氧氧化过程 pH 变化情况的影响

8.1.4.2　氟刻蚀蜂窝陶瓷催化臭氧的氧化作用

氟改性能够调控催化剂的形貌结构和表面性质。He[16]等将表面氟化改性的二氧化钛用于非均相催化臭氧氧化草酸溶液,得到高暴露活性面的 TiO_2。催化剂表面羟基基团的数量明显增加,促进了氧空位的生成,可以引发生成自由基的链式反应,提高有机物的降解效果。目前,利用氟改性调控催化剂用于喹啉类废水的氧化降解过程的研究并不多。为了进一步考察氟改性催化剂在废水处理领域的应用潜能,我们研究氟刻蚀蜂窝陶瓷(F/CH)对 4 - Meq 的降解效果。

(1)氟刻蚀改性效果

图 8.21(a)显示,相同的条件下,F/CH 催化臭氧体系中 4 - Meq 的去除率为 89.0%,是 O_3/CH 氧化体系的 1.2 倍。另外,F/CH 对 4 - Meq 的吸附去除率为 5.0%,可见其吸附作用对于催化氧化降解过程的影响不高。为了考察反应过程中有机物的矿化程度,对反应过程中溶液的 COD 进行了测试,结果如图 8.21(b)所示。单独臭氧反应 60min 后溶液的 COD 的去除率为 17.2%,CH 和 F/CH 催化臭氧氧化降解过程中 COD 的

去除率分别为 21.1% 和 30.4%,分别是单独 O_3 条件下的 1.6 倍和 2.3 倍,数据显示催化条件下矿化效果和矿化速率均有明显提升。

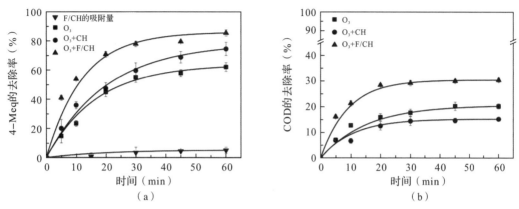

图 8.21　F/CH 催化臭氧氧化 4 - Meq 和去除 COD

研究不同的氟刻蚀量对催化降解过程的影响。图 8.22(a)表明,改变氟刻蚀量后 4 - Meq 的去除率变化不大,较低的负载量下得到较高的 4 - Meq 的终点去除率。COD 亦是在较低的负载量条件下的去除效果较好[图 8.22(b)]。当 F/CH 中氟的理论负载量分别为 3.3%、8.1% 和 15.2% 时,COD 的终点去除率分别为 30.4%、18.9% 和 8.2%。过高刻蚀量下 COD 去除受到抑制,推测是刻蚀量过高使 F/CH 结构崩塌,不利于进一步降解矿化。这说明存在一个较优的刻蚀量,利于体系中强氧化性的自由基生成,促进中间产物被进一步氧化降解,提高溶液的矿化效果。

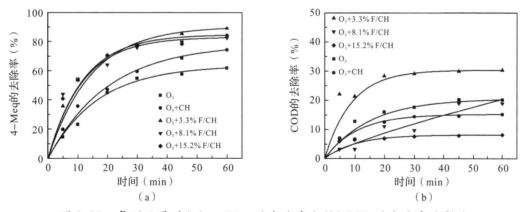

图 8.22　氟刻蚀量对(a)4 - Meq 的去除率和(b)COD 的去除率的影响

对 F/CH 的理化性质进行分析以探究其促进催化臭氧氧化降解效果的原因。图 8.23(a)显示 CH 表面存在微米级左右的不平整聚集块,具有典型的堇青石凹凸结构;图 8.23(b)是 F/CH 的 SEM 图谱,可以看到 F/CH 表面出现大量棒状和针状的莫来石特征结构,表面粗糙度和晶粒显著增加,提高了催化剂表面的活性位点,有利于有机物和臭氧分子在表面的吸附,为反应提供更多的活性界面。BET 分析结果也表明 F/CH 的孔容和孔径分别是 CH 的 1.1 倍和 1.2 倍,表面形成刻蚀。

图 8.23　CH 和 F/CH 的 SEM 图:(a)CH 的 SEM 图;(b)F/CH 的 SEM 图

图 8.24 显示了 F/CH 的 XRD 图谱,测试结果表明,所用的催化剂属于 α - 堇青石和莫来石的混合物,且以堇青石相为主;氟改性前后的主晶相变化不明显,但峰强度变小,结晶度有所下降,推测是氟改性后腐蚀弱化了 CH 的原有结构。

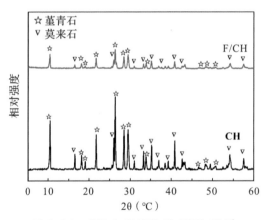

图 8.24　CH 和 F/CH 的 XRD 图谱

XPS 图谱[图 8.25(a)]显示氟元素峰形尖锐,说明催化剂中氟元素的形态趋向单一,氟元素牢固负载在催化剂体相中。分谱图 8.25(b)说明 Al 2p 分谱图的特征峰未发生偏移。图 8.25(c)和 8.25(d)分别是 F 1s 和 Si 2p 分谱图,说明 F/CH 中 Si 结合能较 CH 向左偏移,对比说明 F/CH 中确有 F 负载键合在 CH 上,推测催化剂中形成了 Si—F键。Si—F 键的出现利于催化剂表面进一步形成含氧基团,从而促进自由基的形成,强化臭氧氧化反应。

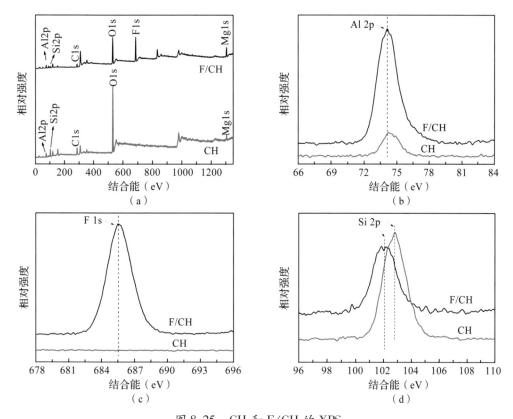

图 8.25　CH 和 F/CH 的 XPS：
（a）FCH 全谱；（b）Si 2p 分谱；（c）F 1s 分谱；（d）Al 2p 分谱

（2）氟刻蚀改性对催化臭氧氧化的作用机制

对于 F/CH 催化臭氧氧化过程的 pH 变化进行测试（图 8.26），发现随着反应进行，溶液的 pH 逐渐降低，除了与反应过程生成酸性中间产物密切相关之外，由于氟是非金属性最强的元素，有强烈的得电子倾向。当催化剂中氟刻蚀量增加时，溶液 pH 变酸趋势减缓，在 3.3% 的理论氟刻蚀量条件下降解反应的效果较好，生成更多的酸性中间产物，使溶液 pH 下降。

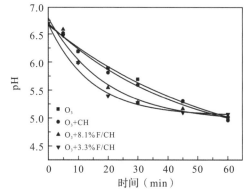

图 8.26　F/CH 催化臭氧氧化降解 4-Meq 过程中的 pH 的变化情况

NH$_3$ - TPD 图谱(图 8.27)显示,F/CH 表面的酸量增多,主要表现为强酸。臭氧的亲核偶极子可与催化剂表面的酸性位作用,发生质子化作用而电离,促进臭氧分解,有利于体系中羟基自由基生成。臭氧的共振结构使其既可以与活性酸性位结合,又可以与碱性位(如前述的 Mg/CH)结合,通过物理或化学吸附、氢键作用和表面活性羟基形成配位作用,进一步形成活性自由基。

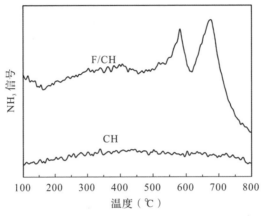

图 8.27 CH 和 F/CH 的 NH$_3$ - TPD 图谱

FTIR 图谱(图 8.28)中 577.7cm^{-1}、615.9cm^{-1} 和 671.3cm^{-1} 的 3 个吸收峰对应 α - 董青石的特征吸收,769.3cm^{-1} 表示 α - 董青石中六元环结构的振动,487.1cm^{-1}、957.2cm^{-1} 和 1179.5cm^{-1} 的 3 个吸收谱带分别对应 α - 董青石中[SiO$_4$]四面体的弯曲振动、Si - O - Si 的非对称伸缩振动和[AlO$_4$]四面体的伸缩振动,证实了所用的催化剂具有 α - 董青石的骨架结构。F/CH 在 3442.3cm^{-1} 和 1626.5cm^{-1} 处的羟基伸缩与变形振动的吸收峰增强,说明改性后催化剂表面的羟基数量增加。

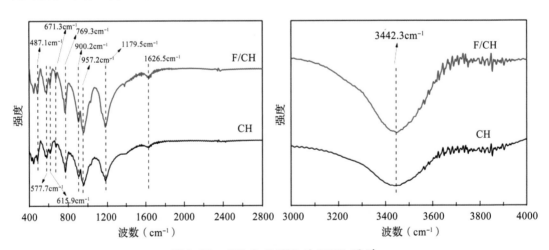

图 8.28 CH 和 F/CH 的 FTIR 图谱

考察自由基的作用机理(图 8.29),添加叔丁醇后,F/CH 催化臭氧氧化条件下 4 – Meq 的去除率从 89.0% 降为 72.5%,下降了 16.5%,CH 催化臭氧氧化和单独臭氧条件下添加叔丁醇前后反应 60min 后,去除率分别降低 8.7% 和 2.0%,说明 O_3 + F/CH 体系中有羟基自由基存在,遵循自由基降解机理,O_3 + CH 体系次之,单独臭氧条件下则以臭氧直接氧化为主。

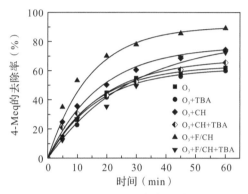

图 8.29 叔丁醇对 F/CH 体系催化臭氧降解 4 – Meq 效果的影响

利用 TA – PL 方法可以进一步说明溶液中·OH 含量的变化。TA – PL 方法的原理是在 315nm 光的激发下,·OH 与对苯二甲酸反应生成具有荧光效应的物质,产生位于 425nm 的荧光,通过光致发光荧光光谱仪检测,可以定量或定性表征羟基自由基的产生[17]。对催化臭氧氧化过程反应速率最快的初期阶段的·OH 含量变化进行测试,图 8.30 显示,反应 2min 时,F/CH 催化臭氧氧化条件下的·OH 含量远高于单独臭氧和 CH 催化臭氧氧化条件下的·OH 含量,表明引入 F/CH 后大大提升了溶液中·OH 的含量。对比 F/CH 催化臭氧氧化条件下不同反应时间的·OH 的含量变化,可以看到,反应 2min、5min、7min 时,溶液中·OH 信号峰不断增强,说明体系中自由基含量随着反应进行不断增加,反应遵循羟基自由基的氧化机理。

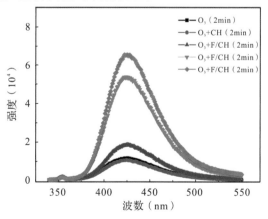

图 8.30 TA – PL 法测定溶液中羟基自由基的含量

8.1.4.3　催化臭氧氧化 4 – 甲基喹啉的路径与机理

（1）4 – 甲基喹啉中氮元素的归趋

分析 4 – Meq 分子中氮元素的归趋有助于建立其降解反应路径。4 – Meq 的分子式为 $C_{10}H_9N$，分子量为 143.19，含氮百分比为 9.78%。初始浓度为 50mg/L 的 320mL 4 – Meq 溶液中理论有机氮的含量为 4.89mg/L。图 8.31 显示反应 60min 后各项氮指标的占比，亚硝酸根由于非常不稳定，因此在水溶液中的含量几乎为零；铵根离子和硝酸根离子则主要来源于目标有机物 4 – Meq，两者加和后仍不足总氮部分的那部分则表现为其他含有机氮的中间产物和剩余的 4 – Meq。测试结果中含有一定的氨氮，说明在体系中有还原反应的存在。氨氮不易与臭氧反应，在碱性条件下能被部分去除[18]，由于在 Mg/CH 条件下溶液偏碱性，得到较低的氨氮含量。不同氮元素的存在侧面反映了 4 – Meq 分子被氧化降解为小分子的形式，得到了有效去除。

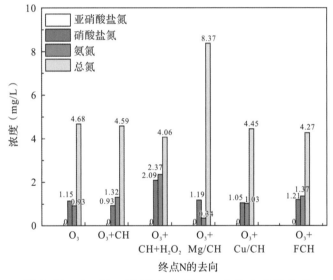

图 8.31　4 – Meq 降解反应 60min 后氮元素的归趋

（2）4 – 甲基喹啉降解的中间产物

结合质谱分析结果有助于下文推导液相色谱图中各个峰所对应的物质。LC – MS（图 8.32）通过对有机分子进行碎片处理，得到有机分子的离子流图，根据碎片分子量得到分子结构式。再结合 GC – MS 分析，确定了催化臭氧氧化体系中的 7 种中间产物的结构式，列于表 8.7。

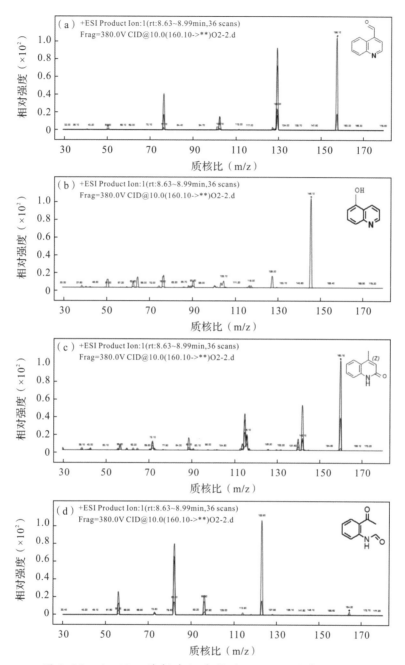

图 8.32　4 - Meq 降解中间产物的 LC - MS 分析结果图

表8.7　4-Meq 降解中间产物的 GC-MS 分析结果

序号	中间体	分子式	分子质量	RT(min)
1		$C_9H_9O_2N$	163	20.68
2		$C_{10}H_7ON$	157	20.23
3		$C_{10}H_9ON$	159	19.16
4		$C_7H_5O_4N$	167	18.70
5		C_9H_7ON	145	17.21
6		C_7H_7ON	121	17.04
7		C_9H_7N	129	16.61

对不同的催化臭氧氧化体系中反应 60min 后液体样品中间产物的液相色谱图进行分析,图 8.33 显示了不同的氧化体系反应 60min 之后中间产物的液相色谱峰。结合 LC-MS分析,可知图 8.33 中从左到右 4 个峰分别对应 、 、 、 四种中间产物。由于反应 60min 后,4-Meq 的去除率大小为:O_3 + Mg/CH(96%) > O_3 + CH + H_2O_2(94%) > O_3 + F/CH(89%) > O_3 + Cu/CH(78%) > O_3 + CH(74%) > O_3(62%),COD 的去除率大小为 O_3 + Mg/CH(33%) > O_3 + F/CH(30%) > O_3 + Cu/CH(26%) > O_3 + CH(19%) > O_3(13%),矿化程度在图 8.33 中对应于全部有机物峰面积的加和,该值越高,矿化效果越低,其规律与上述结果基本保持一致。在 F/CH 和 Mg/CH 存在的条件下 4-Meq 的去除率较高,反应 60min 后中间产物①和④的峰面积增多、中间产物②和③的峰面积减少,说明不同的体系中,中间产物的转化率不尽相同。中间产物①在含有 Mg/CH 的体系中的含量最高,大于 O_3/CH 体系中的值;而中间产物②在 O_3/CH + H_2O_2 体系中出现了一个尖锐的物质峰,有别于其他的体系,说明中

间产物②在该体系中的生成量较高。初步确定了4种中间产物在不同体系中的变化规律,有助于进一步分析中间产物随反应时间的变化情况。

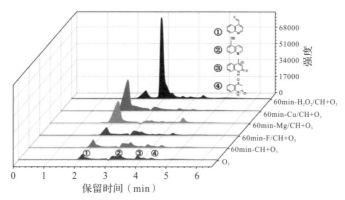

图8.33　不同体系中4-Meq中间产物的液相色谱图

以F/CH体系为例,对比不同取样点中间产物的峰面积变化,如图8.34所示。分析可得,①和②分别对应中间物质　　　　　、　　　　　,峰面积均随反应时间的增加而增加,③和④分别对应的　　　　　、　　　　　两种物质在反应45min后浓度最高,60min时其峰面积又减小,浓度降低。中间产物①和②分别是4-Meq脱甲基和开苯环后的产物,③和④则是4-Meq中吡啶环断开后的产物。这说明反应过程4-Meq脱甲基和开苯环反应一直在进行,而吡啶环的开环过程在反应45min左右中止。由于45min后反应已趋于平衡,溶液中活性氧化剂的含量减少,吡啶环不易被臭氧和自由基攻击,开环反应较难继续。

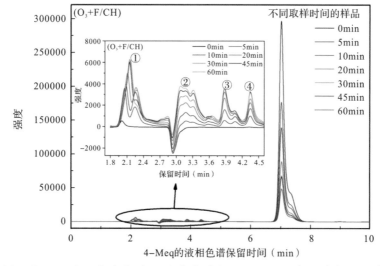

图8.34　O₃+F/CH体系中的不同反应时间里4-Meq中间产物的液相色谱

（3）4－甲基喹啉的降解机理和路径

根据已有的测试结果,首先给出了 F/CH 催化臭氧氧化过程中的自由基的形成机理（图 8.35）。如图所示,CH 表面的配位不饱和键使得催化剂表面存在非游离羟基以 CH－OH 的形式存在,而 F/CH 由于表面酸性位的增加,可以吸附水分子形成氢键,表面非游离羟基数量增加。臭氧中电荷密度较高的氧原子在催化剂表面形成环状配位键,提高臭氧的吸附效果,臭氧进一步通过质子化、去质子化和电子转移等反应过程发生分解,形成 $HO_3 \cdot$、$\cdot O_3^-$、$\cdot OH$ 等游离自由基。这类高活性自由基不易稳定存在,在体系中很容易被消耗,其中一部分可以快速降解有机物,一部分可参与催化剂表面非游离羟基的再生过程,形成链式循环。

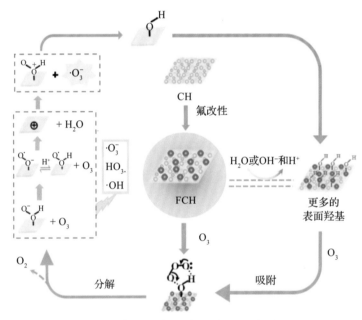

图 8.35　催化剂表面自由基的形成演变图

采用 Accelrys Materials Studio 软件进行有机物分子结构计算,选用 Dmol3 模块构建 4－Meq 模型,优化参数时选择 GGA－PBE 泛函,收敛精度为 Fine,能量变化不超过 1.0×10^{-5} Ha,压力变化不超过 0.002 Ha/Å,最大位移不超过 0.005 Å。表 8.8 列出了各碳原子收敛的 Fukui 函数值,该值越大,表明对应部位的碳原子的活性越强,这是自由基反应的活性部位。图 8.36(a)是计算分析过程指示的 4－Meq 分子中 C、N 原子序号标识,图 8.36(b)为优化后的分子结构。同时,计算 4－Meq 分子的 Fukui 函数,通过 Muliken 分析方法得到在 f(0)－radacial 攻击下的电荷分布,图 8.36(c)蓝色部分表示该部位的电子云密度大,易被自由基进攻,且蓝色面积越大,说明该原子越容易被进攻。结合表 8.8 和图 8.36,可以看到 4－Meq 中 C3、C6、C7 和 N10 都是氧化反应过程易被攻击的活性部位。

表 8.8　4 – Meq 中碳原子和氮原子的 Mulliken 计算分析结果

原子	C(1)	C(2)	C(3)	C(4)	C(5)	C(6)	C(7)	C(8)	C(9)	N(10)	C(11)
电荷分布(|e|)	0.032	0.030	0.052	0.013	0	0.059	0.061	0.031	0.048	0.120	– 0.027

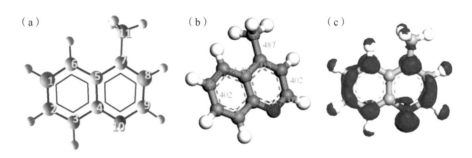

图 8.36　4 – Meq 的模型结构和 Fukui 函数图

根据测试和计算结果,得出催化臭氧氧化条件下 4 – Meq 的降解路径示意图(图 8.37)。首先,由于碳原子中 C7 位原子的电负性较高,其上连接一个甲基基团,易受羟基自由基等强氧化性自由基的作用,发生脱甲基作用而形成喹啉分子(步骤I)。而喹啉分子中吡啶环的电荷密度小于苯环,而羟基自由基属于强亲电试剂,因此,会优先攻击苯环中的 C3 位和 C6 位,形成羟基加和物,使苯环开环;另外,4 – Meq 吡啶环上的 C7 位和 C9 位也易受亲电试剂攻击,通过羟基化和脱甲基反应(步骤II),吡啶环发生断键,得到单环化合物。

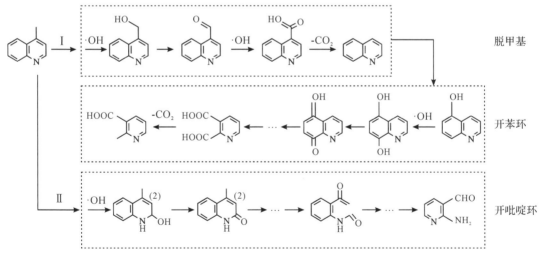

图 8.37　催化臭氧化过程中 4 – Meq 的降解路径图

8.1.5　小　结

以开发催化臭氧氧化处理水与污水的非负载型催化剂为研究目标,尤其是非负载型陶瓷催化剂,深入研究了金属掺杂、氟刻蚀蜂窝陶瓷工艺参数,以 4 - Meq 的降解效率、COD 的去除率为评价指标,揭示蜂窝陶瓷、改性蜂窝陶瓷催化臭氧氧化的能力、催化反应机理和污染物的降解途径,得到如下结论。

(1)O_3/CH 体系可显著提高 4 - Meq 的降解效果。与单独 O_3 相比,200 目 CH 经 500℃煅烧 2h,投加量为 116.9g/L 时,催化活性最高,反应 60min 后,4 - Meq 的去除率可从 62% 提升至 74% ,COD 的去除率从 17% 提升至 21% 。加入 CH 后吸附到催化剂表面的臭氧量增加,臭氧利用率得到提高。4 - Meq 的降解效率随溶液初始 pH 的增加而增加,但在强碱性条件下,去除效果的提升不明显。H_2O_2 对 CH 催化氧化 4 - Meq 具有明显的协同作用,反应 60min 后,提高了 20% 的 4 - Meq 的去除率,达到 94.3% 左右,氧化反应遵循自由基氧化机制。

(2)金属掺杂改性蜂窝陶瓷催化剂,Mg/CH 和 Cu/CH 的比表面积分别是 CH 的 2.2 倍和 3.0 倍,孔体积分别是 CH 的 2.2 部和 1.6 倍。催化剂表面碱性位点和羟基数量均有增加,Mg 和 Cu 以二价金属氧化物形式键合在催化剂的表面。Mg/CH 和 Cu/CH 催化臭氧氧化降解 4 - Meq 的去除率分别是 CH 催化臭氧氧化条件下的 1.3 倍和 1.1 倍,矿化效率分别为 CH 催化臭氧氧化体系的 1.6 倍和 1.2 倍,表明金属掺杂改性 CH 是提高臭氧氧化 4 - Meq 的有效途径。

(3)氟刻蚀改性 CH(F/CH)的峰强度和结晶度有所下降,孔容和孔径有所提升,催化剂的表面粗糙度和暴露面积增加,为羟基自由基的生成提供更多的活性位。F/CH 体系对 4 - Meq 和 COD 的去除效果分别是 CH 体系的 1.2 倍和 1.6 倍。F/CH 表面酸性位增多,利于臭氧分解和羟基自由基生成,反应遵循羟基自由基的降解机理。

(4)F/CH 表面存在的酸性位促进表面羟基的形成,利于臭氧吸附分解,进一步形成强氧化性自由基。分析确定其催化臭氧氧化 4 - Meq 产生的 7 种中间产物,计算得到 4 - Meq 分子中电荷密度较高的部位,推导得出在臭氧和自由基的攻击下,4 - Meq 会发生脱甲基、苯环断裂和吡啶环断裂的反应。

(5)CH 催化臭氧氧化 4 - Meq 具有较高的降解效率和矿化效率,H_2O_2 对催化臭氧氧化 4 - Meq 表现出协同作用,金属(Mg,Cu)掺杂和氟刻蚀改性 CH 都能显著提高 CH 催化臭氧氧化的能力,通过优化催化剂制备参数与催化臭氧氧化工艺参数,为 F/CH 用于催化臭氧氧化水与污水中的有机污染物提供了新的催化剂。

(6)该研究在非负载型蜂窝陶瓷催化剂催化机理方面取得新的认识,为催化臭氧氧化技术提供了全新的催化剂,杜绝了催化剂易粉化、重金属污染和其他金属污染的弊端,为水与污水深度处理提供基础研究的成果。

8.2 基于催化臭氧氧化技术的生活污水深度处理设备的研制

8.2.1 研制背景

双膜法水工艺利用膜技术处理污水处理厂的尾水,在获得高品质的再生水,满足工业生产用水、循环冷却水及生活杂用水的同时,不可避免地产生 1/4～1/3 的膜浓水。随着双膜法再生水技术的推广普及,膜浓水的产生量越来越多,表现为高含盐量、高 COD 浓度等特征,其排放去向为经污水管网收集后再回到污水处理厂。随着膜浓水在污水处理厂和再生水厂之间的持续循环,污水处理厂含盐量、COD 等污染物浓度持续上升,对污水处理厂运行带来不利的影响,因此,对膜浓水处置问题需要高度关注,对处理技术的需求非常急迫。

城镇生活污水处理厂生化段出水经常出现氨氮(NH_3-N)和总氮(TN)超标的现象(尤其 TN 超标),进而导致后续反硝化工艺进一步处理时,污水中碳源(以 COD 或 TOC 计)不足以支持反硝化脱氮的问题。为解决这一问题,本研究采用催化臭氧氧化耦合纤维过滤生物膜技术,开发相应的设备,用于处理城镇污水处理厂生化段出水,达到降低 COD、TN 和 NH_3-N 的目的。

8.2.2　催化臭氧氧化处理膜浓水设备的研发

这里以义乌市稠江工业水厂膜浓水为处理对象,研制催化臭氧氧化处理膜浓水设备。

8.2.2.1　设备原理

臭氧是氧化性很强的氧化剂($E=2.07\mathrm{eV}$),能够降解有机物,但矿化效率低。非均相催化臭氧氧化膜浓水处理技术,以臭氧为氧化剂,在固相催化剂的作用下,高效降解和矿化有机物,表现为快速去除膜浓水中的 COD,兼具高速脱色、去异味和杀灭微生物的作用,具有反应时间短、矿化能力强的特点,十分适合用于处理膜浓水。

金属及其氧化物、特种陶瓷、改性天然矿物等催化剂的主要机理包括①产生自由基:在催化剂的表面,臭氧分子与水分子或表面羟基通过链式反应产生大量的自由基,例如羟基自由基、超氧自由基、过氧化羟基自由基和自由氧原子等,自由基的种类及其浓度取决于催化反应的条件;②自由基反应:自由基在催化剂表面或液相主体与有机污染物反应,使之迅速降解乃至矿化。自由基氧化有机物反应和臭氧直接氧化有机物反应同时发生。

8.2.2.2　技术验证设计和装置

(1)中试内容与目标

中试包括如下内容:

1)验证非均相催化臭氧氧化深度处理膜浓水的同时去除 COD 的效果;

2)对比不同的运行参数下的水处理效果,优化工艺参数;

3)以 COD 为主要的目标污染物,同时分析水中可生化降解(B/C)的变化情况。

中试目标:取得膜浓水 COD 的去除率 50% 的效果,为工程设计提供优化参数。

(2)中试工艺流程

工艺流程见图 8.38。从双膜法的反渗透出水管中侧线引出膜浓水,膜浓水进入催化臭氧氧化塔,经过处理后排出。臭氧通过底部曝气盘进入催化氧化塔。

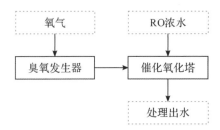

图 8.38　催化臭氧氧化处理膜浓水中试工艺的流程图

(3)中试装置设计

中试装置在设计时强调与今后的工程设计衔接,要求中试装置的主要参数与今后的工程设计参数具有很强的对应性和可比性,因此,中试装置的重要参数的弹性范围充分考虑了这一点。

现场中试规模为 0.09 ~ 0.54m³/h,表 8.9 列出中试设计的具体参数。

表 8.9　催化臭氧氧化处理膜浓水中试的设计参数

名称	单位	参数值	备注
处理水量	m³/h	0.09 ~ 0.54	
进水 COD	mg/L	40 ~ 70	RO 浓水
去除 COD	mg/L	25 ~ 35	预期去除率 50% ~ 60%
臭氧投加量	mg/L	40 ~ 88	
催化剂装填量	L	135	装填高度约 2.2m
氧化塔水位高度	m	3.1	
总空塔容积	m³	0.2	

装置如图 8.39 所示,图中标示了膜浓水侧线引出位置。

(a)侧线引水位置　　　　　　　　　(b)中试装置外观照片

图 8.39　中试侧线引水位置及装置照片

(4)测试方法

测试流程如图 8.40 所示。

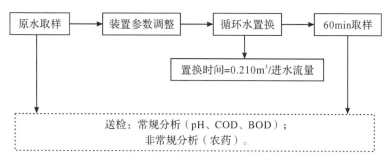

图 8.40　设备测试流程图

8.2.2.3　技术验证与讨论

（1）pH

再生水的 pH 是非常重要的,对下游用水企业的影响大。pH 偏高或偏低,会导致印染、电子等行业企业的拒用。各组原水与催化臭氧氧化处理出水的 pH 如图 8.41 所示。

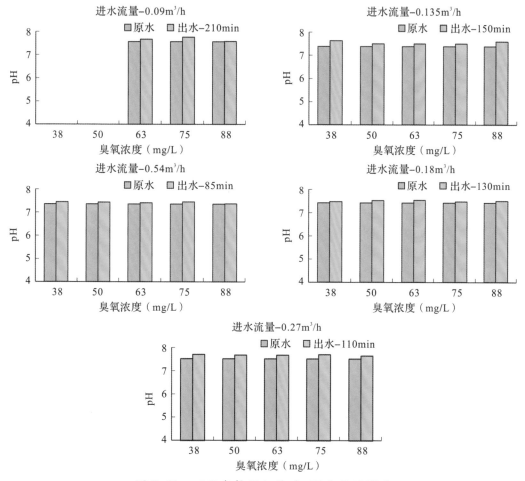

图 8.41　不同臭氧投加量对 pH 变化的影响

一般认为,pH 不仅会影响臭氧在水中的分解和氧化速率,而且与水中有机物的分解也有密切的关系。臭氧吸收率在碱性条件下优于酸性条件,当 pH 每提高一个单位,臭氧分解约加快 3 倍,从而产生更多的·OH,有利于提高有机物的氧化效果。在本试验中,原水 pH 均介于 7.38 ~ 7.52,变化幅度不超过 1 个单位,因此,本试验里中试中原水 pH 对水处理效果的影响可以忽略。

原水 pH 介于 7.38 ~ 7.52,出水 pH 均介于 7.48 ~ 7.71,均满足《城市污水再生利用工业用水水质》(GB/T 19923—2005)对 pH6.5 ~ 9.0 的要求。因此,工程实施后,催化臭氧氧化处理不会导致 pH 超标。

(2)COD

COD 是再生水严格控制的指标。各组试验的原水与处理后出水 COD 的检测结果及催化臭氧氧化法对 COD 的去除率如图 8.42 所示。膜浓水 COD 的浓度为 33 ~ 46mg/L,经过不同浓度臭氧催化氧化处理后,出水 COD 的浓度为 14 ~ 24mg/L,催化臭氧氧化处理

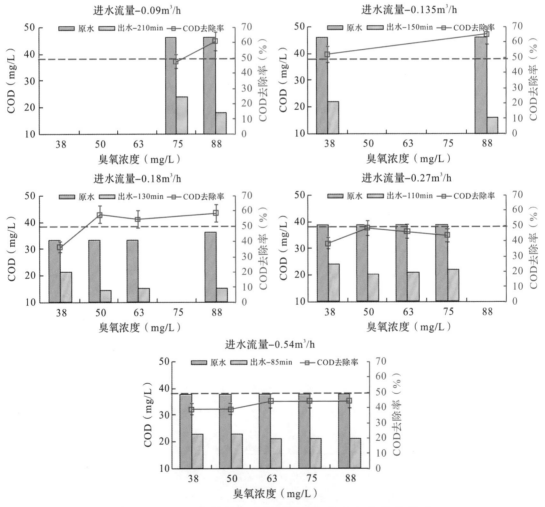

图 8.42 不同臭氧投加量对 COD 浓度及去除率的影响

对 COD 的去除率为 38.5% ~ 65.2% 。COD 的去除率均随臭氧浓度和水力停留时间(hudraulic retention time, HRT)的增加而增加。当水力停留时间少于 30min 时,COD 的去除率为 38.5% ~ 48.7% 。当进水流量为 0.18 m^3/h,HRT 为 45min,投加比为 2.65 ~ 4.25 时,COD 的去除率为 54.5% ~ 58.3% ;当进水流量为 0.135m^3/h,HRT 为 60min,投加比为 1.79 ~ 2.89 时,COD 的去除率为 52.2% ~ 65.2% ;当进水流量为 0.09m^3/h,HRT 为 90min,投加比为 3.10 ~ 3.33 时,COD 的去除率为 47.8% ~ 60.9% 。

在水力停留时间为 45 ~ 90min,投加比为 1.79 ~ 3.33 的条件下,催化臭氧氧化处理对膜浓水 COD 的去除率基本均能稳定达到 50% 以上,说明该技术可以有效降低膜浓水中的有机污染,可工程应用于膜浓水的深度处理并回用于再生水制备。

(3) B/C

B/C 可以表示污水的可生化降解特性。一般认为,当 B/C 比值≥0.45 时,表示污水中不可生物降解的有机物占全部有机物的 20% 以下,污水易于被生化处理;当 B/C 比值≤0.2 时,不可生物降解的有机物占全部有机物的 60% 以上,污水难以被生化处理。5 组试验的原水与处理后出水 B/C 值基本均小于 0.2(见图 8.43),表明膜浓水中有机污

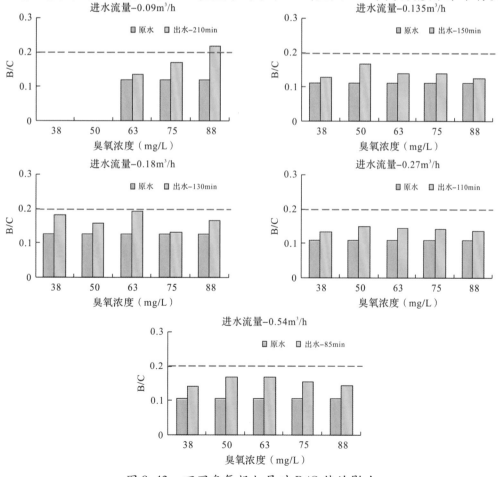

图 8.43　不同臭氧投加量对 B/C 值的影响

染物难以被生物降解。但是经过催化臭氧氧化处理之后,膜浓水的 B/C 值有所提高,表明催化臭氧氧化在高效去除膜浓水中的 COD 的同时,还能够提高膜浓水的 B/C,这是难能可贵的性质。

8.2.2.4 结 论

(1)在水力停留时间为 45~90min,投加比为 1.79~3.33 的条件下,催化臭氧氧化处理对膜浓水 COD 的去除率基本均能稳定达到 50% 以上。

(2)B/C 由 0.105~0.124 提升至 0.127~0.217,意味着提高了膜浓水的生物可处理性,有利于处理后的膜浓水回流到污水厂。

(3)非均相催化臭氧氧化技术可显著去除膜浓水 COD,出水 pH、COD、BOD 均满足《城市污水再生利用工业用水水质》(GB/T 19923—2005)的要求,效果稳定。

(4)非均相催化臭氧氧化是一种可行的、高效的可用于深度处理膜浓水的技术,中试结果可为工程设计提供技术依据。

膜浓水无论是直接排放,还是后续蒸发脱盐,都需要去除其中的有机物(COD/TOC),至少要降低有机物浓度和降解大分子有机物,使得处理后的膜浓水符合后续处理或排放的基本要求。该设备可以去除膜浓水中的 COD/TOC,在常温、常压下运行,无须使用化学药剂,不产生二次污染。

8.2.3 催化臭氧氧化耦合纤维过滤生物膜设备的研发

以义乌市江东污水厂生化出水为处理对象,研制催化臭氧氧化耦合纤维过滤生物膜设备。

8.2.3.1 设备原理

该设备耦合了催化臭氧技术和纤维过滤生物膜反应器技术,实现了不投加碳源的情况下硝化和反硝化作用。原理如下:

(1)用催化臭氧氧化处理污水,提高污水 B/C

城镇生活污水处理厂或工业废水处理厂生化段出水的 BOD 很低,也就是说 COD 中包含的有机污染物的生物可降解性很差,表现为 B/C 小(通常,B/C<0.1)。此时,若污水 TN 超标,则污水中的碳源就不足以支撑 TN 的反硝化,需外加碳源,导致污水的处理成本提高。

臭氧是氧化性很强的氧化剂($E = 2.07eV$),能够广泛降解有机物。本技术以臭氧为氧化剂,在固相催化剂的作用下,高效降解有机物,表观上 COD 适量降低,但是主要贡献是提高废水的 B/C,也就是提高了污水中易被反硝化菌利用的碳源。反应机理主要包括:①在催化剂表面,臭氧分子与水分子或表面羟基通过链式反应产生自由基;②自由基在催化剂表面或液相主体与有机污染物反应,使污水中难被生物降解的有机物转化为易被生物降解的有机物。

(2)纤维过滤生物膜反应器硝化与反硝化

在反应器正常运行的条件下,纤维组件被压缩形成致密过滤层,微生物在纤维表面挂膜。纤维组件进水端由于离进水口近,污水中溶解氧的含量和氧化还原电位较高,形成好氧区,有利于硝化菌生长,具有氨硝化的功能。纤维组件出水端由于远离进水口,污水中溶解氧的含量和氧化还原电位较低,形成兼氧-厌氧区,有利于反硝化菌生长,具有反硝化功能。通过组件的松紧调节和生物膜量的调节,在纤维轴向实现了好氧、兼氧、厌氧的分区,从而根据实际需要实现去除 TN 的反硝化和进一步降低 COD 与 NH_3-N 的功能。

8.2.3.2　技术验证设计和装置

(1)中试内容:验证非均相催化臭氧氧化耦合纤维生物膜深度处理 COD、氨氮、总氮的效果。

(2)中试目标:取得 COD 去除 10mg/L、总氮去除 3~5mg/L 的效果,为工程设计提供优化参数。

(3)中试装置规模按 0.1m³/h 设计,表 8.10 列出了中试设计的具体参数。

表 8.10　催化臭氧氧化耦合纤维生物膜深度处理中试装置的设计参数

名称	单位	参数值	备注
处理水量	m³/h	0.1	
进水 COD	mg/L	20~40	氧化沟出水的 COD 浓度偏低,选择在氧化沟水解酸化段取水样
进水 TN	mg/L	8	
去除总氮	mg/L	>3	废水中 BOD 不足,须在催化氧化塔后补加
去除 COD	mg/L	>10	
催化剂装填量	L	100	
纤维填料容积	m³	0.3	填料高度 1.5m,反应器直径 0.5m
设计负荷	kg/(m³·d)	0.082~0.204	
空床停留时间	H	3	

(4)中试工艺流程

中试工艺流程详见图 8.44。污水厂氧化沟水解酸化池段水泵入中间水箱,经泵提升后进入催化氧化塔,催化氧化塔中装填有专用的催化剂,催化剂由杭州贝采催化剂有限公司生产。由催化氧化塔底部通入臭氧,在塔内发生氧化反应。催化氧化塔出水,自流入纤维生物膜反应过滤塔,在硝化—反硝化菌的作用下去除废水中的氨氮和硝态氮。

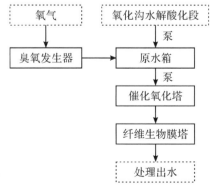

图 8.44　催化臭氧氧化耦合纤维生物膜深度处理中试工艺流程图

（5）中试主设备

主设备催化氧化塔不再赘述。另一主设备为纤维过滤生物膜塔,塔内的纤维组件作为生物膜的载体,用于去除污水中的 COD、氨氮、总氮等污染物。纤维组件层的高度为 1.5m,由于生物膜的污泥龄长,具有极强的反硝化作用,脱氮较为彻底。纤维组件还具有过滤功能,因而该设备兼具硝化-反硝化功能和过滤悬浮物的功能,这样使得后续无须设置过滤单元,在工程上可以节约占地、减少投资、缩短工期、简化操作。

技术参数:处理水量 2m³/h;设备规格为 Φ500mm×3000mm。

（6）运行特点

进水:纤维过滤生物膜塔采用上进下出进水,活动孔板调节装置在水力作用下运动,纤维被加压,顺水流方向的密度逐渐加大,滤层孔隙逐渐减小,形成理想的过滤层面,既有纵向深层过滤,又有横向深层过滤,有效地提高过滤精度和过滤速度。同时,在附着在纤维束上的活性污泥中的微生物的作用下,废水中的 COD、氨氮和总氮等有机物被分解。

反洗:当压差达到预设值时,进入反洗工作状态。活动孔板调节装置在反洗水力和空气作用下上升,使纤维拉开达到疏松的状态,采用气水合洗,在气泡聚散和水力冲洗的过程中,纤维束处于不断抖动的状态,在水力和上升气泡的作用下老化脱落的污泥被冲出。

中试装置的运行参数如表 8.11 所示。

表 8.11　纤维过滤生物膜塔的运行参数

序号	名称		参数
1	进水（m³/h）		0.12
2	催化氧化空塔停留时间（min）		60
3	臭氧投加量	g/h	0.5
		浓度（mg/L）	5
4	纤维生物膜塔空停留时间（h）		3

本纤维生物膜塔设置了 5 个检测口,分别在进水口,出水口,纤维层的上部、中部和底部,可实时检测废水的 DO、ORP、pH 和温度等运行参数。在塔的上部设置了一个视镜,可观察污泥的生长情况。

8.2.3.3　技术验证与讨论

中试分为两个阶段:挂膜阶段和测试运行阶段。

（1）挂膜阶段

2022 年 4 月 1 日—5 月 1 日为纤维生物膜塔挂膜阶段,催化臭氧氧化装置未运行,纤维生物膜塔进出水 COD、氨氮和总氮数据见图 8.45。

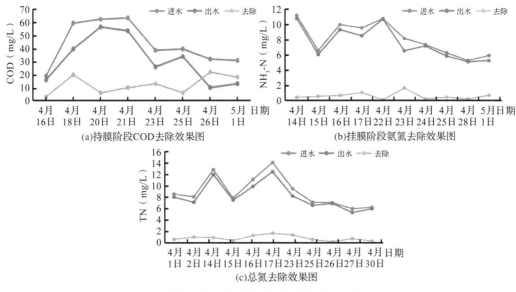

图 8.45　挂膜阶段去除的效果图

纤维生物膜塔在挂膜阶段进水 COD 为 18～64mg/L,出水 COD 为 13～57mg/L,COD 去除值为 1～18mg/L,平均 COD 去除值为 10.2mg/L。

纤维生物膜塔在挂膜阶段进水氨氮为 0.71～10.7mg/L,出水氨氮为 5.04～10.72mg/L,氨氮去除值为 0.08～1.62mg/L,平均去除值为 0.58mg/L。

纤维生物膜塔在挂膜阶段进水总氮为 5.84～12.64mg/L,出水总氮为 5.19～12.29mg/L,总氮去除值为 0.15～1.6mg/L,总氮的去除值低。

（2）测试运行阶段

2022 年 5 月 5 日—6 月 19 日同时开启催化臭氧氧化装置和纤维生物膜塔,进入催化臭氧氧化耦合纤维生物膜的运行阶段,该阶段的运行数据见图 8.46。

催化臭氧氧化耦合纤维生物膜在运行阶段进水 COD 为 17～39mg/L,出水 COD 为 6～36mg/L,COD 去除值为 2～24mg/L,平均 COD 去除值为 10mg/L。COD 的去除包括催化臭氧氧化去除及纤维生物膜的降解。2022 年 5 月 5 日开始,进水 COD 浓度偏低。

催化臭氧氧化耦合纤维生物膜在运行阶段进水氨氮为 0.95～8.34mg/L,出水氨氮为 0.31～5.75mg/L,氨氮去除值为 0.63～6.21mg/L,平均氨氮去除值为 2.9mg/L。氨氮的去除值远高于单独纤维生物膜的去除值,说明催化臭氧氧化对氨氮有较好的去除效果。

2022 年 5 月 6 日—6 月 10 日催化臭氧氧化耦合纤维生物膜在运行阶段进水总氮为 3.31～8.85mg/L,出水总氮为 1.1～8.16mg/L,总氮去除值为 0.05～4.12mg/L,平均总氮去除值为 1.35mg/L。该阶段去除的总氮值不高,可能是由于进水 COD 浓度低,虽然经催化臭氧氧化后的可生化性得到提高,但是进入纤维生物膜塔的可供反硝化的碳源还是不足。试验后期,开始在纤维生物膜塔进水中投加碳源（乙酸钠）,在该阶段进水总

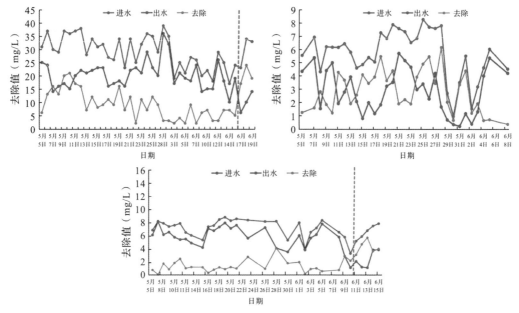

图 8.46　催化臭氧氧化耦合纤维生物膜在运行阶段的去除效果图

氮为 5.21～7.87mg/L,出水总氮为 1.1～3.86mg/L,总氮去除值为 3.11～5.71mg/L,平均总氮去除值为 4.24mg/L。外加碳源后 TN 的去除值明显得到提高,除了补充的碳源外,前端经催化臭氧氧化后部分氨氮转化为硝氮,为反硝化提供了有利条件。

8.2.3.4　结　论

(1)催化臭氧氧化可深度处理降解废水中的 COD,同时将部分氨氮氧化为硝氮,为后续纤维生物膜塔内进行的反硝化提供有利条件。

(2)催化臭氧氧化耦合纤维生物膜技术可同时去除废水中的 COD 和氨氮,COD 平均去除值达到 10mg/L 以上;当增加碳源后,总氮的平均去除值完全可以达到 3mg/L 以上。

(3)催化臭氧氧化耦合纤维生物膜技术可用于城镇生活污水的深度处理。

该设备主要用于去除 COD、总氮和氨氮,适用于城镇生活污水处理厂、集中式工业废水处理厂和企业废水处理站的深度处理,尤其适合处理 COD 为 30～60mg/L、TN 超标的污水或废水。

8.2.4　小　结

针对城镇生活污水的深度处理、双膜法工艺膜浓水的深度处理,研究了非均相催化臭氧氧化技术,开发了多重负载铝基催化剂、氟刻蚀陶瓷催化剂、含氟陶瓷催化剂和纤维过滤组件,形成适用于深度处理的催化臭氧氧化工艺、催化臭氧氧化耦合纤维过滤生物膜技术。经过稠江工业水厂中试、江东污水厂中试的技术验证,证明催化臭氧氧化技术适用于膜浓水处理,催化臭氧氧化耦合纤维过滤生物膜技术适用于进一步降低生化出水的 COD、氨氮和总氮。另外,针对具有微污染水分质供水深度处理的需求,采用催化臭氧氧化技术处理,能够快速、高效去除臭味、色度,同时降低 COD 和氨氮的浓度。

　　在中试验证之后,本课题迅速将技术推向应用。截至目前,为义乌市稠江工业水厂编制了膜浓水处理工程技术设计方案,将膜浓水处理技术应用于医药废水、农药废水、煤制气膜浓水处理,用于印染废水的再生处理。将催化臭氧氧化技术推广用于义驾山生态水厂分质供水工程。

　　催化臭氧氧化技术和催化臭氧氧化耦合纤维过滤生物膜技术通过中试技术验证、多个工程项目的实施,不仅表明其有很好的废水/污水种类适应性,还展示出其工程化具有广阔的前景。

参考文献

[1] 钱梦倩. 蜂窝陶瓷催化臭氧氧化降解 4 - 甲基喹啉. 杭州:浙江大学,2018.

[2] ZHAO L,SUN Z,MA J. Novel Relationship between hydroxyl radical initiation and surface group of ceramic honeycombsupported metals for the catalytic ozonation of nitrobenzene in aqueous solution. Environ Sci Technol,2009,43(11):4157 - 4163.

[3] SHEN T,WANG Q,TONG S. Solid base MgO/ceramic honeycomb catalytic ozonation of acetic acid in water. Ind Eng Chem Res,2017,56(39):10965 - 10971.

[4] AGRAWAL D K,STUBICAN V S,MEHROTRA Y. Germanium modified cordierite ceramics with low thermal expansion. J Am Ceram Soc,1986,69(12):847 - 851.

[5] PAN J,QIAN M,LI Y,et al. Catalytic ozonation of aqueous 4-methylquinoline by fluorinated ceramic honeycomb. Chemosphere,2022,307:135678.

[6] ZHOU H,LI K,ZHAO B,et al. Surface properties and reactivity of $Fe/Al_2O_3/cordierite$ catalysts for NO reduction by C_2H_6: effects of calcination temperature. Chem Eng J,2017,326:737 - 744.

[7] AMIRSALARI A,FARJAMI S S. Effects of pH and calcination temperature on structural and optical properties of alumina nanoparticles. Superlattice Microst,2015,82:507 - 524.

[8] AFZAL A,CHELME-AYALA P,DRZEWICZ P A,et al. Effects of ozone and ozone/hydrogen peroxide on the degradation of model and real oil-sands-process-affected-water naphthenic acids. Ozone Sci Eng,2015,37(1):45 - 54.

[9] HUANG C P,DONG C,TANG Z. Advanced chemical oxidation:its present role and potential future in hazardous waste treatment. Waste Manage,1993,13(5):361 - 377.

[10] ANDREOZZI R,INSOLA A,CAPRIO V,et al. The kinetics of Mn(II)-catalysed ozonation of oxalic acid in aqueous solution. Water Res,1992,26(7):917 - 921.

[11] ANDREOZZI R,CAPRIO V,INSOLA A,et al. Kinetics of oxalic acid ozonation promoted by heterogeneous MnO_2 catalysis. IndEngChemRes,1997,36(11):4774 - 4778.

[12] WANG B,XIONG X,REN H,et al. Preparation of MgO nanocrystals and catalytic mech-

anism on phenol ozonation. Rsc Adv,2017,7(69):43464 - 43473.

[13]SHEN T,WANG Q,TONG S. Solid base MgO/ceramic honeycomb catalytic ozonation of acetic acid in water. IndEng Chem Res,2017,56(39):10965 - 10971.

[14]ZHU H,MA W,HAN H,et al. Catalytic ozonation of quinoline using nano-MgO:efficacy, pathways, mechanisms and its application to real biologically pretreated coal gasification wastewater. Chem Eng J,2017,327:91 - 99.

[15]赵雷. 超声强化臭氧/蜂窝陶瓷催化氧化去除水中有机物的研究. 哈尔滨:哈尔滨工业大学,2008.

[16]HE Z,CAI Q,HONG F,et al. Effective enhancement of the degradation of oxalic acid by catalytic ozonation with TiO_2 by exposure of $\{001\}$ facets and surface fluorination. Ind Eng Chem Res,2012,51(16):5662 - 5668.

[17]ISHIBASHI K I, FUJISHIMA A, WATANABE T,et al. Detection of active oxidative species in TiO_2 photocatalysis using the fluorescence technique. Electrochem Commun, 2000, 2(3):207 - 210.

[18]TANAKA J,MATSUMURA M. Application of ozone treatment for ammonia removal in spent brine. Adv Environ Res,2003,7(4):835 - 845.

第9章 再生水高效灌溉及安全调控技术的研究

9.1 再生水灌溉高效利用与安全调控技术

9.1.1 引 言

水稻、经济作物等农作物在生育期的耗水量和耗氮量高,面源污染排放的风险强[1-4]。中国水资源紧缺矛盾日益凸显,即便是南方丰水地区,水质型缺水问题依然突出,随着工业和城市用水大量消耗,农业灌溉用水缺口每年达到 600 亿立方米,并呈逐年加大的趋势[5-7]。随着新农村建设速度加快,农村生活污水的排放量不断增加。相比城市污水,农村生活污水具有水质差别小,水量分散,N、P 含量高[8-10],可生化性好,一般不含重金属等有毒物质的特点[11-14],可作肥料资源利用,但整体呈粗放型排放,分布散乱且覆盖面广泛。相比常规灌溉水源,农村污水合理灌溉,可实现污水的低成本处理,降低新鲜水的取用量,减少肥料的投入,并提高土壤的肥力。因此,农村生活污水经安全处理后被用于农业灌溉,是有效解决水生态环境困境、缓解水资源供需矛盾的有效途径[15-19]。

农业灌溉调控可以最大限度消纳利用生活污水,一方面可以提高污水利用效率、减少氮肥施用量和农业用水新鲜水资源的取用量,另一方面可以促进根际土壤氮的矿化、提高氮素生物的有效性[20-22]。当前,农村生活再生水资源化利用,替代部分肥源,对土壤与作物系统中的氮素分布[23-25]、不同来源氮素高效利用及其对作物生长的有效性的研究仍欠缺[26-30]。农村生活再生水灌排调控对水稻需耗水、再生水水氮高效利用及农田生态环境影响机理尚不明晰,需要在规律研究的基础上,筛选作物在不同生育阶段的水分、水位调控阈值,构建农村生活再生水高效利用与安全调控评价体系,建立农村生活再生水高效利用与安全调控机制,从而为制定农村生活再生水高效安全灌排调控措施与优化技术参数提供依据。

9.1.2 材料与方法

9.1.2.1 试验方案设计

(1)安全高效的再生水灌溉利用调控小区试验——水稻试区

①灌溉水源:试验小区设置 4 种灌溉水源,分别来自污水处理站一级出水 R1、二级出水 R2、生态塘水 R3(二级处理单元出水深度处理后存储于生态塘中备用,占地面积 3000m²,深 2.0m,蓄水容积 6000m³)、舟山溪水(河道清水)R4,通过 4 座简易潜水泵提水灌溉。试验期间的水质指标状况统计见表 9.1,各指标均达到灌溉水质标准(GB

5084—2021)。水中污染物以 COD 为主,一级和二级再生水中的 $NH_4^+ - N$ 浓度远高于 $NO_3^- - N$,而河道水中 $NO_3^- - N$ 浓度略高于 $NH_4^+ - N$,阴离子表面活性剂(LAS)浓度为 $0 \sim 0.88mg/L$,R1 水源中 LAS 浓度较大。

②水位调控模式:共设置 3 个水位调控处理,每个处理 3 个重复,在各个生育期严格控水,水位下降至下限,即进行补水,若遇暴雨超过蓄雨上限,即进行排水。田间水位控制标准见表9.2。

表9.1 试区灌溉水源和地下水水质描述统计(单位:mg/L)

水源	因素	最大值	最小值	标准差	均值	峰度	偏度
一级再生水(R1)	COD	84.000	15.000	26.794	29.500	5.855	2.410
	LAS	0.880	0.060	0.315	0.250	5.199	2.247
	$NH_4^+ - N$	11.900	8.250	1.645	9.647	-1.782	0.916
	$NO_3^- - N$	0.061	0.0160	0.019	0.034	-1.452	0.642
二级再生水(R2)	COD	59.000	10.000	16.783	24.100	0.719	1.291
	LAS	0.160	0	0.058	0.048	-0.425	0.827
	$NH_4^+ - N$	11.900	3.520	2.837	7.712	-0.946	-0.174
	$NO_3^- - N$	6.250	0.010	2.455	1.364	1.238	1.687
河道水(R3)	COD	56.000	7.000	15.712	23.450	0.710	1.251
	LAS	0.100	0	0.041	0.035	-1.875	0.418
	$NH_4^+ - N$	1.490	0.116	0.394	0.711	0.143	0.393
	$NO_3^- - N$	2.560	0.624	0.578	1.048	4.680	2.078
地下水	COD	48.000	12.000	12.793	20.000	5.486	2.289
	LAS	0.130	0	0.051	0.027	2.865	1.847
	$NH_4^+ - N$	2.820	0.247	0.930	0.730	6.597	2.549
	$NO_3^- - N$	1.100	0.005	0.361	0.603	0.102	-0.389

表9.2 田间水位控制标准(单位:mm)

水位调控	上下限	返青	分蘖前期	分蘖后期	拔节孕穗期	抽穗开花期	乳熟期
W1 (低水位)	灌污下限	0	露田 3～5d	露田 1～2d	露田 1～2d	露田 1～2d	露田 3～5d
	灌污上限	30	30	晒田	40	40	30
	蓄污(雨)上限	50	70		80	80	60
W2 (中水位)	灌污下限	0	10	10	10	10	10
	灌污上限	30	50	晒田	50	50	50
	蓄污(雨)上限	50	70		100	100	100
W3 (高水位)	灌污下限	0	40	40	40	40	10
	灌污上限	30	60	晒田	60	60	60
	蓄污(雨)上限	50	100		150	150	100

③施肥方式采用常规施肥水平:按照当地的施肥习惯,采用基肥+追肥方式。

④试验设计:共设计 12 个处理,3 个重复,共 36 个小区,每个小区面积为 $100m^2$ ($20m \times 5m$),试验区田间布置图见图 9.1,现场布置情况见图 9.2。

在本项目的开展期间,2020 年生态塘尚未建好,水源暂用河道清水代替,因此,2020 年共有 3 种灌溉水源,共计 27 个试验小区;2021 年补充了生态塘水灌溉处理,共计 36 个试验小区。

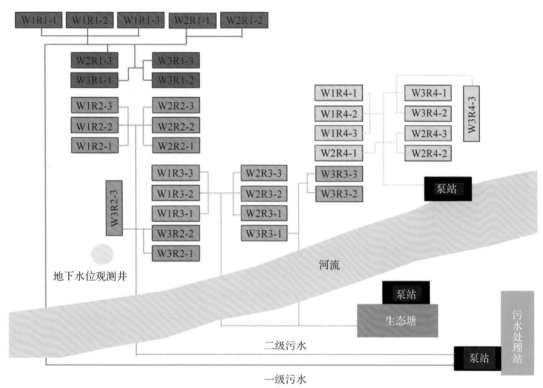

图 9.1 水稻试验区田间布置示意

图 9.2 水稻试验区现场

（2）安全高效的再生水灌溉利用调控小区试验——苗木和蔬菜试区

①灌溉水源：分为一级处理水灌溉（R1）、二级处理水灌溉（R2）、生态塘水灌溉（R3）、河道清水灌溉（R4）4种灌溉水源。

②水分调控模式：设置1~2种水分调控处理，具体水分调控控制标准根据当地的实际情况进行适当调整。现场布置情况见图9.3。

③施肥方式：参照当地专业合作社或生产大户的相对先进的管理模式。

图9.3 苗木和蔬菜作物田间布置现场

（3）农村生活再生水灌溉高效利用影响试验

①灌溉水源：采用温室测桶试验［规格为40cm×100cm（d×h）］开展水稻农村生活再生水灌溉试验研究，试验供试水稻品种为嘉优中科13-1，采用撒播种植，出苗后每个测桶留10株。本研究采用4种灌溉水源，分别为农村生活再生水一级处理水（R1）、二级处理水（R2）、生态塘水（R3）、河道清水（CK），各灌溉水源通过田间灌溉管网接入测桶内。

②灌溉方式：采用控制灌排模式W2，与以往的节水灌溉模式不同，其灌排调控核心为增加再生水消耗，节约新鲜水取用，田间水位调控模式见表9.3。

表9.3 农村生活污水再生灌溉调控指标及其水量阈值

水位调控	上下限	返青	分蘖前期	分蘖后期	拔节孕穗期	抽穗开花期	乳熟期	灌溉水量阈值
W2（中水位）	灌污下限（mm）	0	10	10	10	10	10	4246~5091m³/hm²
	灌污上限（mm）	30	50	晒田	50	50	50	
	蓄污（雨）上限（mm）	50	70		100	100	100	

③施肥梯度：设置了3个施氮水平，分别为10%减氮施肥N1（90%常规施肥量）、30%减氮施肥N2（70%常规施肥量）、不施氮肥N0，常规氮肥的施用量为225kg/ha，经计算得到3个施氮水平，分别为5.5g/桶、4.28g/桶、0g/桶，分3次施入，其中，基肥、分蘖

肥、穗肥分别占比 50%、30% 和 20%,采用 N^{15} 示踪技术对肥料中的氮素进行标记,选标记性氮肥为尿素(质量分数为 46%,丰度为 10%)。

对各灌溉水源、施氮水平设计 3 个重复,共计 36 个试验处理,试验布置图见 9.4。

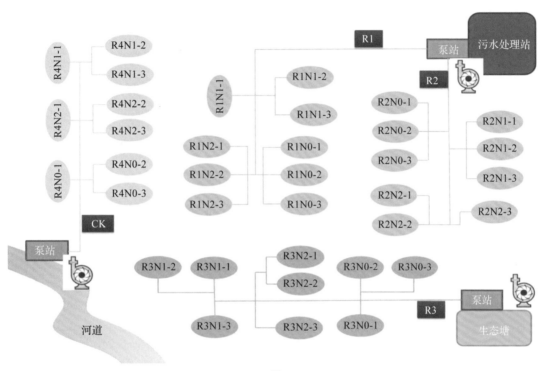

图 9.4 N^{15} 试验布置

9.1.2.2 农艺措施

水稻试区 2020 年和 2021 年所种植的水稻品种为嘉优中科 13-1,其中,前季未种植作物为冬闲田。试区土壤为沙土或沙黏土,容重 $1.3\sim1.5g/cm^3$,2020 年的移栽日期为 6 月 26 日;2021 年的移栽日期为 6 月 30 日。插秧密度为 10 株/m^2,整个生育期共施肥 2 次,基肥为复合肥 + 尿素,追肥为复合肥。生育期内统一实施了施肥、除草和病虫害治理等农艺措施,详见表 9.4。

表 9.4 水稻生育期内施肥及病虫害治理措施

措施	年度	日期	方式	成分	备注
施肥	2020	5 月 17 日	人工	750kg/hm^2 肽胺、750kg/hm^2 过硫酸钙	
		6 月 25 日	人工	200kg/hm^2 复合肥,100kg/hm^2 尿素	基肥
		7 月 12 日	人工	250kg/hm^2 复合肥	追肥
	2021	7 月 6 日	人工	417kg/hm^2 复合肥	基肥
		7 月 18 日	人工	112.5kg/hm^2 尿素	追肥

续表

措施	年度	日期	方式	成分	备注
除草	2020	5月27日	人工	直播净	
		9月17日	人工	无	
	2021	7月6日	人工	稻农富	
		8月17日	人工	草铵·草甘膦	
治虫	2020	6月16日	人工	300g/hm² 阿维菌素,300g/hm² 马拉杀螟松	
		6月24日	人工	750g/hm² 杀虫双,蚜虫 300g/hm²	
		7月11日	人工	杀虫双 750g/hm² 马拉杀螟松 450g/hm²	
		7月18日	无人机	康宽 300g/hm²,拿敌稳 370g/hm²,保美乐 370g/hm²,宝剑 300g/hm²,三环唑 370g/hm²	
		8月7日	无人机	三环唑 370g/hm²,稻温灵 450g/hm²,保美乐 370g/hm²,芸乐收 370g/hm²,拿敌稳 370g/hm²	
		8月22日	人工	10% 三氯嘧啶 240~300L/hm²,阿米妙收 450~600L/hm²,噻唑锌 1.87kg/hm²	
	2021	7月5日	人工	吡虫啉 350g/L,1.7% 阿维菌素,4.3% 氯虫苯甲酰胺,5% 甲氨基阿维菌素苯甲酸盐	
		7月18日	人工	吡虫啉 350g/L,5% 甲氨基阿维菌素苯甲酸盐,四唑虫酰胺 200g/L	
		8月2日	人工	5% 甲氨基阿维菌素苯甲酸盐 0.6L/hm²,20% 噻菌铜 0.6L/hm²,苯醚甲环唑 125g/L,嘧菌酯 200g/L,20% 氯虫苯甲酰胺,20% 噻虫嗪,20% 吡蚜酮,20% 呋虫胺	
		8月14日	人工	20% 三氟苯嘧啶,15% 甲维茚虫威,75% 肟菌戊唑醇	

蔬菜和苗木各试验小区的面积均为 100m²。苗木试区在 2020 年和 2021 年种植的作物均为罗汉松;蔬菜试区在 2020 年度种植的作物为萝卜,每亩种植密度为 2400 株,2021 年度种植的作物为空心菜,生育期内农艺措施见表 9.5。

表 9.5 经济作物农艺措施统计

年度	蔬菜品种	农艺措施	日期	方式	成分及用量
2020	萝卜	播种	9月8日	人工	
		施肥	10月12日	人工	77kg/hm² 碳酸氢铵
			10月30日	人工	77kg/hm² 碳酸氢铵
		治虫	10月12日	人工	施乐康
			10月30日	人工	施乐康
2021	空心菜	播种	6月25日	人工	
		除草	7月8日	人工	
		施肥	7月12日	人工	80kg/hm² 尿素
		收获	8月5日	人工	

9.1.2.3 观测指标及方法

(1)水位及水量观测

地下水位观测:在试验小区的中间埋设浅层地下水观测井(直径1m,深2.5m);量测水位前,先标定地下水观测井管口到地表的高度,测定时用钢尺测量管口到地下水位的距离,获得地下水埋深。

渗漏量观测:通过测针记录渗漏仪前后两天的水层深度,两者之差即为渗漏水量。

灌水量观测:田面有水层时,通过测针记录灌水前后的水层深度,两者之差即为灌水量;田面无水层时,直接记录灌溉水量。

排水量观测:雨后若小区水层超过处理要求的上限时,按照处理要求进行排水,通过竖尺记录排水前后的水层深度,两者之差即为排水量。

(2)水质指标观测

水质指标主要包括 $NH_4^+ - N$、$NO_3^- - N$、COD、LAS。田间灌溉水取样,主要在灌溉时在小区田面采集水样;渗漏水在施肥、水位调控期间通过土壤溶液取样器取样;排水时在排水口取样,冷藏保存后送至第三方检测机构检测,具体方法及所用仪器见表9.6。

(3)土壤指标观测

土壤指标有不同的土层土壤养分指标($NH_4^+ - N$、$NO_3^- - N$),盐分,重金属指标(Pb、Zn、Cd、Cr、Cu),卫生指标(大肠杆菌)。在施肥前后及水位调控期间每隔 $15 \sim 30d$ 分别对 $0 \sim 20cm$、$20 \sim 40cm$ 土层进行取样,在各生育期始末分别取样。

测桶土壤氮素观测:水稻生育期始末对土壤 $0 \sim 20cm$、$20 \sim 40cm$、$40 \sim 60cm$ 土层进行取样,分析观测不同土层全氮、N^{15} 丰度。

将样品送至第三方检测机构检测,具体方法及所用仪器见表9.6。

(4)群体质量指标与品质指标观测

群体指标主要包括株高,叶面积,地上部分(茎、叶、穗)干物质量,产量。其中,每个处理内选5穴,从分蘖期开始,定点观测株高,抽穗前,株高为地面到最高叶尖间的高度,抽穗后,株高为地面至穗顶(不计芒)间的高度;分蘖开始后,每个生育期内通过叶面积测定仪测定冠层的叶面积。地上各部分干物质量在烘干后称重。产量指标在生育期结束时通过测定千粒重、每穗粒数、有效穗数等产量相关因子来计算。

品质指标主要包括蛋白质、直链淀粉、维生素C、硝酸盐含量、亚硝酸盐等,送由专业机构进行检测。同步进行根、茎、果实中微量污染物含量(重金属指标 Pb、Zn、Cd、Cr、Cu)的检测。

测桶内植株内氮素含量测定:水稻收获时对植株各部分(根、地上部分、籽粒)生物量与氮素含量(全氮、N^{15} 丰度)进行计算。

将样品送至第三方检测机构检测,具体方法及所用仪器见表9.6。

(5)气象资料观测

由气象站自动采集,主要指标有:降雨量、水面蒸发量、大气温度、大气相对湿度、大气压、太阳总辐射量、净辐射量、风速等。

表9.6　样品检测方法及设备

样品	检测项目	检测方法	标准编号	仪器设备及型号
水样	COD	重铬酸盐法	HJ 828－2017	标准 COD 消解器 KHCOD－12
	NH_4^+－N	纳氏试剂分光光度法	HJ 535－2009	紫外可见分光光度计 UV－1800
	NO_3^-－N	离子色谱法	HJ 84－2016	离子色谱仪 ICS－1100
	LAS	亚甲蓝分光光度法	GB/T 7494－1987	紫外可见分光光度计 UV－1800
土样	pH	电位法	HJ 962－2018	pH 计 FE28－Standard
	NH_4^+－N	氯化钾溶液提取－分光光度法	HJ 634－2012	紫外可见分光光度计 UV－1800
	NO_3^-－N			
	EC	电极法	HJ 802－2016	电导率仪 DDSJ－308F
	Cd	石墨炉原子吸收分光光度法	GB/T 17141－1997	原子吸收光谱仪 AA900T
	Pb、Cr、Cu、Zn	火焰原子吸收分光光度法	HJ 491－2019	
	TN	半微量开氏法	NY/T 53－1987	全自动凯氏定氮仪 K9860
	TP	分光光度法	NY/T 88－1988	紫外可见分光光度计 UV－7504
	OM	重铬酸钾－硫酸溶液法	NY/T 1121.6－2006	—
	WSS	过氧化氢法	NY/T 1121.16－2006	电子天平 BT125D
	酶活性	试剂盒法	—	—
	大肠杆菌	—	GB 4789.3－2016	—
	微生物分子测序			Miseq 测序平台
	N^{15}	氮同位素质谱分析	《土壤农业化学分析方法》	FLASH－DELTA V 联用仪/Flash－2000 Delta V ADVADTAGE/S－090433
水稻植株	Cu	火焰原子吸收光谱法	GB 5009.13－2017	—
	Zn	火焰原子吸收光谱法	GB 5009.14－2017	—
	Pb、Cr、Cd	电感耦合等离子体质谱法	GB 5009.268－2016	—
	蛋白质	凯氏定氮法	GB 5009.5－2016	—
	硝酸盐、亚硝酸盐	离子色谱法	GB 5009.33－2016	—
	维生素 C	二氯靛酚滴定法	GB 5009.86－2016	—
	直链淀粉	—	GB/T 15683－2008	—
	N^{15}	氮同位素质谱分析	《土壤农业化学分析方法》	FLASH－DELTA V 联用仪/Flash－2000 Delta V ADVADTAGE/S－090433
蔬菜	水分		GB 5009.3－2016	
	硝酸盐		GB 5009.33－2016	
	维生素 C		GB 5009.86－2016	

9.1.3 稻田农村生活再生水灌溉对氮素高效利用的影响

9.1.3.1 氮素在土壤中的分布

(1)肥料氮(NF)的分布

在不同的水源和施肥处理下肥料氮在土壤中的分布如图9.5所示。在R1水源灌溉下,在N1和N2施肥梯度下,表层(0~20cm)土壤中氮素来自肥料的含量随着生育期呈现累积效应。而N1施肥量下深层(40~60cm)土壤中氮素含量则在生育中期达到最大,后期有所降低,但均高于前期的氮素含量;N2施肥量下深层(40~60cm)土壤氮素含量与表层的一致,均随时间逐渐增加。生育期结束后,N1和N2施肥梯度下表层土壤氮素含量均高于深层土壤氮素含量,肥料氮在土壤中的含量表现为0~20cm和20~40cm土层内N1低于N2,分别低46.%和33.3%,40~60cm土层内N1略高于N2(9.4%),可见一级再生水灌溉条件下高施肥量时肥料氮在表层土壤的累积效果较为明显,但不易残留在土壤中。

R2水源灌溉下,前期表层(0~20cm)土壤中肥料氮的比例最高,但生育后期肥料氮的含量最高,且随着土壤深度的增加,氮素含量逐渐减小。深层土壤肥料氮比例随生育期逐渐增加,含量总体也呈增加趋势,最终,表层(0~20cm)土壤在N1施肥条件下比在N2施肥条件下高3.3%,20~40cm和40~60cm处N1分别比N2低6.1%和24.1%。因此,二级再生水灌溉条件下高施肥量时肥料氮在表层土壤的累积效果较为明显,与一级再生水相比更易残留在土壤中。

R3水源灌溉下,N1施肥梯度下表层和深层土壤氮素比例与含量在后期均高于前期,中层(20~40cm)土壤氮素含量则呈相反趋势,前期高于后期;N2施肥梯度下,表层和深层土壤氮素比例与含量在前期高于后期,这与N1条件下呈相反的变化趋势,最终,N1肥料氮素在土壤表层的含量和比例最高,N2肥料氮素在土壤深层的含量和比例最高,这与R1和R2水源条件下明显不同。

R4水源灌溉下,除N2条件下的表层土壤外,其余各土层的土壤氮素含量均表现为前期高于后期,这主要是由于植株吸收利用和损失所致。该水源条件下表层土壤的肥料氮素含量均高于深层土壤的。

同一施肥梯度下,各水源条件下,生育期末土壤中肥料氮素含量的积累表现为:高施肥量下(N1)0~20cm和20~40cm处R2最大,R1、R3、R4分别低68.3%、55.4%、81.2%和26.1%、50%、47.8%;40~60cm处R1与R3相同且较大,R2和R4分别低37.1%和28.6%;低施肥量下(N2)0~20cm和20~40cm处R1与R2明显高于R3与R4,可见低施肥条件下再生水灌溉处理的肥料氮在土壤表层的积累较为明显,而高施肥条件下R2水源肥料氮在土壤表层的积累明显。

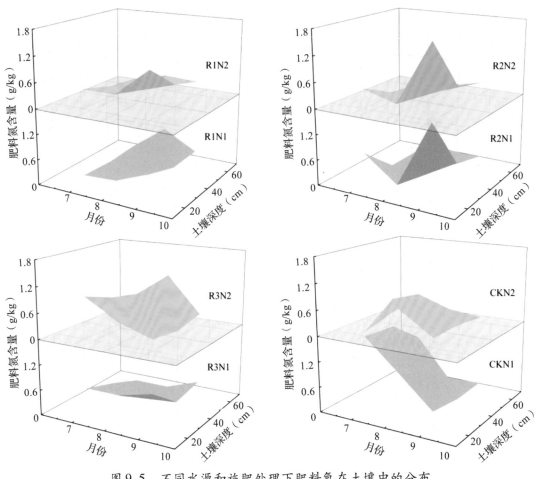

图9.5　不同水源和施肥处理下肥料氮在土壤中的分布

（2）再生水氮（NRW）的分布

不同水源和施肥处理下再生水氮素在土壤中的分布如图9.6所示。对同一种再生水源而言，R1水源灌溉时表层（0～20cm）土壤中再生水氮随着施肥量的增加，其累积量逐渐增大，其中，高施肥（N1）梯度下分别为低施肥（N2）和不施肥（N0）的1.8倍与38.1倍，可见高浓度再生水条件下施肥处理氮素在表层土壤中的积累明显高于不施肥处理；中层（20～40cm）土壤在高施肥梯度下再生水氮素的累积量最大，低施肥和不施肥之间的差异较小，N2和N0分别比N1低82.2%和77.9%；深层（40～60cm）土壤则与表层土壤相反，随着施肥量的增加，其积累量逐渐减小，这可能是由于较大的施肥量条件下植株的长势较好，进而加速了上层土壤中植株对再生水氮素的吸收利用和转化。高施肥条件下表层和中层土壤再生水氮素含量在生育末期比前期的积累量增大，而在低施肥和不施肥下则逐渐减小；深层土壤中各施肥处理再生水氮素在生育末期均比前期有所减小，这主要是由于植株生长期间需要较多的氮素，高施肥条件下氮素有所盈余，因此积累在土壤中。

R2水源条件下，施肥条件下表层（0～20cm）土壤再生水氮素在生育期结束时与生育期开始时相比明显增加,分别为开始时的 12.9 倍和 2.3 倍;不施肥(N0)条件下则略有减小,说明施肥能促进表层土壤中再生水氮素的利用。而深层(40~60cm)土壤中 N1 条件下再生水氮素在生育期末比期初减少了 57.4%,在 N2 和 N0 条件下则分别增加了 47.4 倍和 53.7%,因此,高施肥促进了二级再生水条件下深层土壤再生水氮素的吸收利用。生育期末时 N1 条件下土层内再生水氮素随着土层深度的增加而减小,N2 和 N0 则呈相反的变化趋势,且表层土壤内再生水氮素含量在 N1 施肥条件下最大,分别为 N2 和 N0 条件下的 1.4 倍与 5 倍,深层土壤内则表现为 N1 最小,分别为 N2 和 N0 条件下的 33.6% 与 85%。

R3 水源条件下,表层(0~20cm)土壤内再生水氮素含量随着施肥量的增加而增大,N0 和 N2 比 N1 分别减少了 67.6% 和 77.9%,深层(40~60cm)土壤内则表现为 N1 条件下最小,分别为 N2 和 N0 条件下的 76.9% 与 80.4%。而 N1 和 N0 条件下生育期末表层土壤再生水氮素的积累增加明显,分别为生育期开始时的 7.4 倍和 2.1 倍,N2 条件下则明显减少,为生育期开始时的 30.7%;深层土壤则呈相反的趋势,生育期末 N1 和 N0 分别为生育期前的 63.8% 和 42.1%,在 N2 条件下则为 3.2 倍。因此,适量施肥有利于提高表层土壤再生水氮素的利用率,但过量施肥则使再生水氮素在表层富集,阻碍再生水氮素的吸收利用和转化。

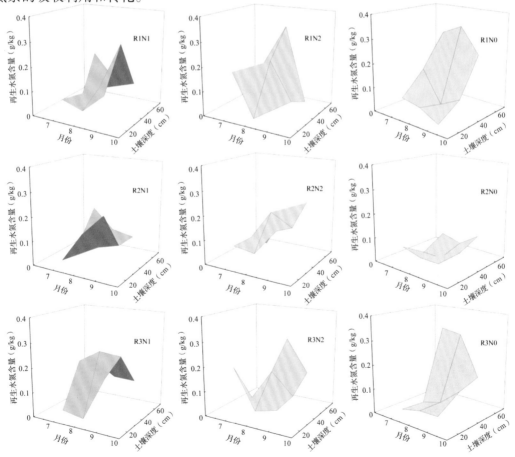

图 9.6　不同水源和施肥处理下再生水氮(NRW)在土壤中的分布

9.1.3.2 氮素在作物中的分布

（1）植株吸收的肥料氮量与肥料氮的利用率

不同水源和施肥处理下肥料氮在植株内的分布如表9.7所示。对各处理而言，植株内的肥料氮随着生育期进行，累积明显，其中，生育期末R4水源条件下肥料氮的积累量最高，分别比R1、R2、R3水源条件下高33.8%、49.7%、15.8%；各水源条件下高施肥量（N1）处理的植株氮素的积累量均高于低施肥（N2）处理下的，N1施肥梯度下肥料氮的平均积累量比在N2施肥梯度下的高28.9%。因此，再生水灌溉阻碍了植株对肥料氮素的吸收，导致河水灌溉条件下植株体内肥料氮的含量最大；而较高的施肥量有助于促进植株体内肥料氮的积累。

表9.7　不同水源和施肥处理下肥料氮在植株内的分布

处理	7月29日		8月31日		9月25日	
	比例（%）	量（g/kg）	比例（%）	量（g/kg）	比例（%）	量（g/kg）
R1N1	3.2	1.0366	19.1	2.3639	35.7	7.8461
R1N2	2.8	0.9672	15.0	2.1221	29	6.2537
R2N1	3.5	1.1947	17.7	2.2143	34.6	7.3258
R2N2	3.0	0.9713	16.9	1.5961	30	5.2778
R3N1	2.9	0.9579	22.1	3.0127	39.7	9.1296
R3N2	2.7	0.8752	18.2	2.8288	32.3	7.1572
R4N1	3.1	0.9910	25.1	3.9869	47.9	10.5304
R4N2	3.2	1.0363	21.3	2.6458	39.6	8.3325
方差分析						
R	** $(P=0)$	** $(P=0)$	** $(P=0)$	** $(P=0)$	** $(P=0)$	** $(P=0)$
N	** $(P=0)$	** $(P=0)$	** $(P=0)$	** $(P=0)$	** $(P=0)$	** $(P=0)$
R×N	* $(P=0.01)$	** $(P=0)$	** $(P=0)$	** $(P=0)$	** $(P=0)$	NS $(P=0.53)$

（2）植株各部分吸收的肥料氮量与肥料氮的利用率

不同水源和施肥处理下植株吸收肥料氮的量及利用如图9.7所示。各处理下籽粒对肥料氮的吸收量和利用率均小于植株吸氮量和利用率，这主要是由于籽粒形成较晚，吸氮主要发生在生育中后期。N1和N2施肥梯度下植株平均吸氮量分别为0.5052g/株和0.3923g/株，其利用率相差不大，分别为36.73%和36.68%；四种水源条件下植株平均吸氮量的大小表现为R4＞R1＞R3＞R2，R1、R2、R3分别比R4低8.5%、30.1%、9.4%。N1和N2施肥梯度下籽粒平均吸氮量分别为0.2521g/株和0.1955g/株，其利用率相差不大，分别为18.33%和18.25%；四种水源条件下籽粒平均吸氮量的大小表现为R4＞R1＞R3＞R2，与植株吸氮的表现一致，R1、R2、R3分别比R4低15%、27.4%、6.9%。因此，较高的施肥量有助于植株和籽粒对肥料氮的吸收，而再生水灌溉则阻碍了肥料氮在植株和籽粒的吸收，从而与河水灌溉相比吸氮量较低。对整个地上部分而言，河水灌溉下植株对肥料氮的吸收量和利用率最大,分别为0.7653g/株和62.7%。N1和N2施肥梯度下N1的地上部分的吸氮量较高,比N2施肥梯度下高28.8%,氮对肥料氮的利用率却比N2施肥梯度下低9.5%,因此,较高的施肥量阻碍了水稻地上部分对肥料氮的利用效率。

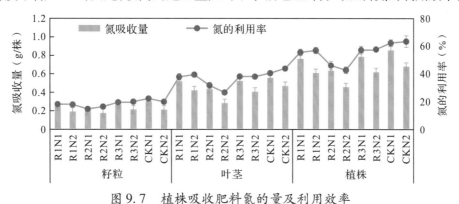

图9.7 植株吸收肥料氮的量及利用效率

9.1.3.3 氮素在土壤-作物系统中的分布

(1)肥料氮在土壤-作物系统中的分布

不同水源和施肥处理下土壤-水稻系统氮素平衡如表9.8所示。在R2水源下土壤肥料氮的残留量和残留率最大,R1其次,R4最小,R1、R3、R4在土壤内的肥料氮残留量分别比R2减少37.5%、59.3%、72.4%,;N1施肥梯度下土壤肥料氮的残留量比N2施肥梯度下高5.4%,残留率比N2施肥梯度下低17.8%。

R2水源肥料的损失量和损失率与其他处理的差异性较显著,表现为损失量和损失率最大,分别为1.8865g/桶和38.5%,R3其次,R4最小,R1、R3、R4的肥料氮的损失量分别比R2减少13.5%、7.2%、15.3%;N1施肥梯度下肥料氮的损失量和损失率分别比N2施肥梯度下高35.4%和5.4%。可见,较高的施肥量能增加植株对肥料氮的吸收和土壤内肥料氮的残留,但降低肥料氮的植株利用效率和土壤残留率,因此,大大提高了肥料氮的损失率。而再生水灌溉增加了土壤内肥料氮的残留,抑制了对肥料氮的吸收利用,进一步说明减量施肥能有效增加肥料利用率,减少肥料损失。

表9.8 土壤-水稻系统肥料氮平衡

处理	施肥量 (g/桶)	N15吸收量 (g/株)	吸收率 (%)	N15残留量 (g/桶)	残留率 (%)	N15损失量 (g/桶)	损失率 (%)
R1N1	5.50	0.7609b	55.3b	0.4162d	7.6e	2.0402a	37.1b
R1N2	4.28	0.6065d	56.7b	0.6309b	14.7c	1.2231e	28.6e
R2N1	5.50	0.6296d	45.8c	0.8311a	15.1b	2.1505a	39.1a
R2N2	4.28	0.4536e	42.4d	0.8431a	19.7a	1.6225c	37.9ab
R3N1	5.50	0.7843b	57.0b	0.4593c	8.4d	1.9035b	34.6c
R3N2	4.28	0.6149d	57.5b	0.2222f	5.2f	1.5982c	37.3ab
R4N1	5.50	0.8544a	62.1a	0.2766e	5.0f	1.8058b	32.8d
R4N2	4.28	0.6761c	63.2a	0.1854g	4.3g	1.3902d	32.5d

续表

处理	施肥量 (g/桶)	N^{15}吸收量 (g/株)	吸收率 (%)	N^{15}残留量 (g/桶)	残留率 (%)	N^{15}损失量 (g/桶)	损失率 (%)
方差分析							
水源	—	** ($P=0$)	** ($P=0$)	** ($P=0$)	** ($P=0$)	** ($P=0$)	** ($P=0$)
施肥量	—	** ($P=0$)	NS ($P=0.85$)	** ($P=0$)	** ($P=0$)	** ($P=0$)	** ($P=0$)
交互作用	—	NS ($P=0.82$)	* ($P=0.01$)	** ($P=0$)	** ($P=0$)	** ($P=0$)	** ($P=0$)

由水源和施肥量双因素方差分析结果可知,除了吸收率对施肥量处理的响应及N^{15}吸收量对水源和施肥量两因素交互作用响应不积极,其余各项指标值对水源、施肥量及两因素交互作用的响应均表现出显著性差异($P<0.05$),分析结果与上述结论吻合。

(2)再生水氮在土壤–水稻系统中的分布

不同水源和施肥处理下土壤–水稻系统再生水氮素平衡如表9.9所示。由表可知,整个水稻生育期内灌溉水源带入的氮素含量的大小表现为:R1 > R2 > R3,差异性显著。不同水源处理下再生水中平均氮素的吸收量表现为 R1 > R2 > R3,R2 和 R3 比 R1 分别减小66.0%和90.8%,且 R1 的吸收率最大,R2 最小,R3 与 R2 相差不大;再生水中平均氮素的残留量和损失率均表现为:R2 > R3 > R1,残留率表现为:R3 > R2 > R1,R2 和 R3 残留量均为 R1 的 2 倍;损失量表现为:R2 > R1 > R3,R1 和 R2 损失量分别为 R3 的 4.9 倍和10.8 倍,差异性显著。可见,再生水浓度越高,植株对再生水中氮素的吸收利用量越大,但利用率不与浓度成正比;而土壤中再生水氮素残留率则与再生水中氮素浓度呈反比,浓度越低,在土壤中的残留率越高,损失率越低。

不同的施肥梯度下,再生水氮素的吸收量和吸收率表现为:N2 > N0 > N1,N2 和 N0处理下植株对再生水氮素的吸收量分别比 N1 处理下高88%和56.6%,因此,适量的施肥有利于提高植株对再生水氮素的吸收利用,但过量施肥则抑制植株对再生水氮素的吸收利用。土壤内的再生水氮素的残留量和残留率随着施肥量的增加而增大,其中,N1处理再生水氮素残留量比 N2 处理和 N0 处理分别高50.8%和88.1%。再生水氮素损失量和损失率表现为:N1 > N0 > N2,N1 处理损失率比 N2 处理和 N0 处理分别高67.4%和42.9%。因此,高施肥量下再生水氮素在土壤中的残留和损失最大,利用最少,而适量施肥下再生水氮素的吸收利用最多,损失最小,不施肥条件下再生水氮素的吸收和损失介于两者之间,但残留最小。

此外,由双因素方差分析结果可知,施肥量因素及水源、施肥量交互作用对灌溉带入氮素的含量影响不显著($P>0.05$),水源、施肥量及其交互作用对其他各指标均具有显著性影响($P<0.05$)。

表9.9　土壤－水稻系统再生水氮平衡

处理	灌溉带入氮素含量（g/桶）	吸收量（g/株）	吸收率（%）	残留量（g/桶）	残留率（%）	损失量（g/桶）	损失率（%）
R1N1	1.65a	0.2306b	55.9c	0.1626b	9.9e	0.565b	34.2b
R1N2	1.68a	0.3534a	84.1a	0.0418f	2.5g	0.2246d	13.4e
R1N0	1.64a	0.3530a	86.1a	0.095d	5.8f	0.133e	8.1f
R2N1	1.21b	0.0607e	20.1f	0.1264c	10.4e	0.8408a	69.5a
R2N2	1.22b	0.1798c	59.0b	0.1765a	14.5d	0.3243c	26.6c
R2N0	1.24b	0.0779d	25.1e	0.0609e	4.9f	0.8675a	70.0a
R3N1	0.27d	0.0105g	15.6g	0.1761a	65.2a	0.0519f	19.2d
R3N2	0.34c	0.0341f	40.1d	0.0902d	26.5c	0.1134e	33.4b
R3N0	0.28d	0.0416f	59.4b	0.0914d	32.6b	0.0222g	7.9f
方差分析							
水源	** （$P=0$）	** （$P=0$）	** （$P=0$）	** （$P=0$）	** （$P=0$）	** （$P=0$）	** （$P=0$）
施肥量	NS （$P=0.09$）	** （$P=0$）	** （$P=0$）	** （$P=0$）	** （$P=0$）	** （$P=0$）	** （$P=0$）
交互作用	NS （$P=0.30$）	** （$P=0$）	** （$P=0$）	** （$P=0$）	** （$P=0$）	** （$P=0$）	** （$P=0$）

9.1.3.4　再生水氮素的有效性

采用肥料当量法（FE）研究 NRW 对水稻生长的有效性。首先,建立农村生活再生水灌溉下施氮量和水稻植株肥料氮吸收量（NF）之间的回归关系,然后将农村生活再生水灌溉下水稻植株吸收的再生水氮量（NRW）代入上述的回归方程,得再生水氮素在不同的施氮水平下的肥料氮替代当量（FE）。将 NRW 的 FE 除以各水源灌溉下各施肥梯度下的施氮量,得到再生水氮的肥料氮相对替代当量（RFE）,方便比较 NRW 和 NF 对水稻生长的有效性。不同水源灌溉下 NF 和 FE 对施氮量的响应见图9.8。R1、R2、R3 水源灌溉下施氮量和 NF 之间的回归方程分别为

$$NF = -0.0028x^2 + 0.1535x + 5E - 15（R1 水源） \tag{公式 9.1}$$

$$NF = 0.007x^2 + 0.0762x + 4E - 15（R2 水源） \tag{公式 9.2}$$

$$NF = -0.0009x^2 + 0.1474x + 5E - 15（R3 水源） \tag{公式 9.3}$$

将各水源灌溉下 NRW 分别代入到相应的回归方程,得到 NRW 的 FE 分别为 1.5453 ~ 3.1233g/桶、0.7468 ~ 1.9926g/桶、0.0712 ~ 0.2820g/桶。结果表明,NRW 的 FE 随农村生活再生水浓度的增加而增大,高浓度再生水带入再生水氮的含量增加,促使水稻植株吸收更多的再生水氮,替代更多的肥料氮。

为了定量在任意的施氮水平下再生水氮对水稻植株生长的有效性,建立了 NRW 的

FE 与施氮量之间的回归方程,R1、R2、R3 水源灌溉下施氮量和 FE 之间的回归方程分别为

$$FE = -0.0981x^2 + 0.2526x + 3.1233（R1 水源）\qquad（公式 9.4）$$

$$FE = -0.2304x^2 + 1.2317x + 0.9407（R2 水源）\qquad（公式 9.5）$$

$$FE = -0.0217x^2 + 0.0809x + 0.282（R3 水源）\qquad（公式 9.6）$$

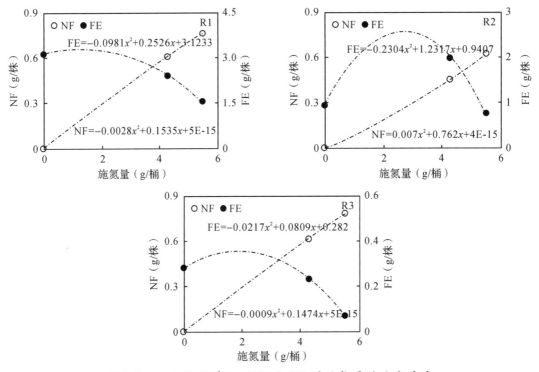

图 9.8 不同水源灌溉下 NF 和 FE 对施氮量的响应关系

经计算,得到 R1N1、R2N1、R3N1、R1N2、R2N2、R3N2 再生水氮的肥料氮相对替代当量(RFE)分别为 28.1%、13.6%、1.3%、56.3%、46.6%、5.4%。结果表明,增加农村生活再生水浓度,显著提高水稻植株对再生水氮的吸收利用,RFE 随着施氮量的增加而降低,因此,农村生活再生水灌溉下低施肥量可以代替更多的 NF。

综上,R1、R2 水源灌溉下高施肥量(N1)对 NF 在表层(0～20cm)土壤的积累效果较为明显,R2 与 R1 相比容易残留在土壤中。农村生活再生水灌溉下施肥处理(N1、N2)NRW 含量在表层(0～20cm)土壤中的积累明显高于不施肥处理(N0);深层(40～60cm)土壤则随着施肥量的增加,累积量逐渐减小,因此,适量施肥有利于提高表层(0～20cm)土壤的 NRW 利用,过量施肥则阻碍 NRW 的吸收利用和转化。

农村生活再生水灌溉与河道清水灌溉相比,阻碍了植株对 NF 的吸收。较高的施肥量(N1)有助于促进植株体对 NF 的吸收,但降低植株对 NF 的利用效率。针对同一灌溉水源,较高的施肥量(N1)能增加植株 N^{15} 的 NF 和 N^{15} 的 SNF,但降低 FNUE 和 FNRE,由此显著提高了 FNLE。同一施肥梯度下,农村生活再生水灌溉增加了植株内 N^{15} 的 SNF,

抑制了对 N^{15} 的 NF 的利用。

水稻全生育期灌溉水源带入氮素的含量随再生水氮素浓度的升高而增大,但 RWNUE 不与浓度成正比;RWNRE 与再生水氮素浓度呈反比,其浓度越低,RWNRE 越高,RWNLE 越低。不同的施肥梯度下,高施肥量下(N1)NRW 含量在土壤中的残留和损失最大,利用最少,而适量减施下(N2)NRW 的吸收利用最大,损失最小。因此,适量施肥有利于提高植株对 NRW 的吸收利用,过量施肥则抑制植株对 NRW 的吸收利用。

基于此,水管理和氮肥施用应采用农村生活再生水灌溉与将 30% 减氮施肥作为理想的水氮调控,不仅可以减少肥料利用,还可以降低水稻氮素的损失和提高水稻的产量。

9.1.4　稻田安全高效的再生水灌溉调控

9.1.4.1　水稻需耗水的变化

(1)灌溉用水分析

水稻生育期内灌水量和灌水次数统计见表 9.10。对同一水分调控,灌水次数的大小表现为 R1 < R2 < R3 ≈ R4;对同一种灌溉水源,随着田间水位的升高,灌水量和灌水次数表现为 W3 > W2 > W1。

不同的灌溉水源、不同的水位调控下各处理灌溉水量变化见表 9.11。可以看出,2020 年,W1 调控下灌水 5～10 次,平均灌水量 4717m³/hm²;W2 调控下灌水 7～10 次,平均灌水量 5198m³/hm²;W3 调控下灌水 16～18 次,平均灌水量 6249m³/hm²;W3 调控下灌水次数和灌水量明显高于 W1 和 W2 的处理,W2 的平均灌水量略高于 W1 的,W3 平均灌水量分别为 W1 和 W2 的 1.3 倍和 1.2 倍,主要在水稻拔节孕穗期的差异较大,这是由于该阶段水稻生长最旺盛,耗水量较大,灌水频率较高,该时期 W3 的灌水次数均比 W1 的和 W2 的多 4 次。R1 灌溉水源下,平均灌水量为 5260m³/hm²;R2 灌溉水源下,平均灌水量为 5269m³/hm²;R4 灌溉水源下,平均灌水量为 6006m³/hm²;其中,R1 与 R2 水源灌溉的水量基本一致,差异不显著。2021 年,W1 调控下灌水 6～10 次,平均灌水量 4038m³/hm²;W2 调控下灌水 7～9 次,平均灌水量 4469m³/hm²;W3 调控下灌水 13～14 次,平均灌水量 4947m³/hm²;W3 平均灌水量分别为 W1 和 W2 的 1.2 倍和 1.1 倍,相比 2020 年,灌溉次数和灌溉水量下降 14.0%～20.8%,主要是由于 2020 年生育期内降雨量为 457.8mm,属于中等水文年份,2021 年生育期内降雨量为 565.4mm,属于丰水年份,导致 2020 年灌溉水量显著高于 2021 年。R1 灌溉水源下,平均灌水量为 4281m³/hm²;R2 灌溉水源下,平均灌水量为 4213m³/hm²;R3 灌溉水源下,平均灌水量为 4519m³/hm²;R4 灌溉水源下,平均灌水量为 4591m³/hm²;R1 的灌水量与 R2 的灌水量基本一致,R3 与 R4 的渗漏量偏大,其灌溉水量略高于 R1、R2。可见,田间水位调控对稻田灌溉水量的影响显著,灌溉水源对稻田灌溉水量的影响不显著,地形条件对灌溉水量的影响显著。

表9.10　各生育期灌水量及灌水次数统计(单位:m³/hm²)

处理	年度	水量指标	返青	分蘖	拔节孕穗	抽穗开花	乳熟	全生育期
W1R1	2020	灌水量	580	2524	693	583	0	4650
		灌水次数	1	2	1	1	0	5
	2021	灌水量	265	1996	384	760	267	3672
		灌水次数	1	2	1	2	1	7
W1R2	2020	灌水量	505	2318	738	535	0	4096
		灌水次数	1	2	2	1	0	6
	2021	灌水量	280	2310	450	520	0	3560
		灌水次数	1	3	1	1	0	6
W1R3	2021	灌水量	466	2253	630	702	0	4051
		灌水次数	1	4	2	3	0	10
W1R4	2020	灌水量	510	3494	756	645	0	5405
		灌水次数	1	4	3	2	0	10
	2021	灌水量	260	2536	430	642	0	3868
		灌水次数	1	3	2	2	0	8
W2R1	2020	灌水量	450	3019	1272	350	0	5091
		灌水次数	1	4	4	1	0	10
	2021	灌水量	245	2846	720	435	0	4246
		灌水次数	1	3	2	2	0	8
W2R2	2020	灌水量	435	3233	836	492	0	4996
		灌水次数	1	4	3	1	0	9
	2021	灌水量	327	2798	700	470	0	4295
		灌水次数	1	3	2	1	0	7
W2R3	2021	灌水量	340	3020	720	540	0	4620
		灌水次数	1	3	2	1	0	7
W2R4	2020	灌水量	553	1946	1860	542	607	5508
		灌水次数	1	2	4	1	1	9
	2021	灌水量	430	2850	800	635	0	4715
		灌水次数	1	3	2	1	0	7
W3R1	2020	灌水量	688	2574	2191	1132	300	6885
		灌水次数	2	5	6	2	1	16
	2021	灌水量	495	2096	600	1385	349	4925
		灌水次数	2	6	1	3	1	13
W3R2	2020	灌水量	911	1196	2287	791	1532	6716
		灌水次数	3	3	7	2	3	18
	2021	灌水量	519	2271	370	1380	245	4785
		灌水次数	2	6	1	3	1	13

续表

处理	年度	水量指标	返青	分蘖	拔节孕穗	抽穗开花	乳熟	全生育期
W3R3	2021	灌水量	406	2470	340	1310	359	4885
		灌水次数	2	7	1	3	1	14
W3R4	2020	灌水量	1050	2278	2580	673	525	7106
		灌水次数	3	4	7	2	1	17
	2021	灌水量	500	2301	420	1540	430	5191
		灌水次数	2	6	1	3	1	13

注:WIR3 在 2020 年的处理工程未被建成,所以没有数据。

表9.11　不同的灌溉水源、水位调控下稻田灌溉水量变化(单位:m^3/hm^2)

处理	年度	返青	分蘖	拔节孕穗	抽穗开花	乳熟	全生育期
W1	2020	532	2779	729	588	0	4717
	2021	318	2524	474	656	67	4038
W2	2020	479	2733	1323	461	202	5198
	2021	336	2879	735	520	0	4469
W3	2020	819	1857	1822	950	802	6249
	2021	480	2285	433	1404	346	4947
R1	2020	504	2648	1201	717	100	5260
	2021	335	2313	568	860	205	4281
R2	2020	617	2249	1287	606	511	5269
	2021	375	2460	507	790	82	4213
R3	2021	404	2581	563	851	120	4519
R4	2020	704	2573	1732	620	377	6006
	2021	397	2562	550	939	143	4591

(2)耗水量分析

不同的灌溉水源、水位调控下稻田全生育期的耗水量变化见表9.12。可以看出,2020 年,W1、W2 和 W3 水位调控下稻田全生育期的耗水量分别为 882.9mm、895.2mm 和955.8mm,腾发量分别为 770.2mm、777.4mm 和 830.3mm,渗漏量分别为 112.7mm、117.8mm 和 125.6mm,W1 和 W2 水位调控下稻田耗水的规律基本一致,随着田间灌溉水位上限和蓄水(蓄污)上限提高,W3 水位调控下稻田耗水量显著提高;R1、R2 和 R4 灌溉水源条件下水稻生育期的平均耗水量分别为 906.8mm、905.9mm、921.3mm,腾发量分别为 788.9mm、790.3mm 和 798.7mm,渗漏量分别为 117.9mm、115.6mm 和 122.6mm,不同灌溉水源稻田的耗水变化不显著。2021 年,W1、W2 和 W3 水位调控下稻田全生育期的耗水量分别为 826.9mm、840.8mm 和 876.0mm,腾发量分别 707.4mm、718.5mm 和749.8mm,渗漏量分别为 119.5mm、122.3mm 和 126.2mm,随着田间灌溉水位上限和蓄水(蓄污)上限的提高,稻田耗水量显著提高;R1、R2、R3 和 R4 灌溉水源条件下水稻生育期的平均耗水量分别为 839.4mm、836.1mm、853.4mm 和 846.1mm,腾发量分别为 716.2mm、716.2mm、731.1mm 和 720.2mm,渗漏量分别为 123.2mm、119.9mm、122.8mm 和 125.9mm,不同的灌溉水源稻田耗水的变化不显著。相比 2020 年,2021 年稻田耗水量、腾发量随着降雨量的增加而减少,稻田渗漏量基本保持一致。

表 9.12　不同水源、水位调控下稻田全生育期的耗水量变化(单位:m^3/hm^2)

处理	年度	耗水量	腾发量	渗漏量
W1	2020	882.9	770.2	112.7
	2021	826.9	707.4	119.5
W2	2020	895.2	777.4	117.8
	2021	840.8	718.5	122.3
W3	2020	955.8	830.3	125.5
	2021	876.0	749.8	126.2
R1	2020	906.8	788.9	117.9
	2021	839.4	716.2	123.2
R2	2020	905.9	790.3	115.6
	2021	836.1	716.2	119.9
R3	2021	853.8	731.1	122.8
R4	2020	921.3	798.7	122.6
	2021	846.1	720.2	125.9

注:R3 处理时,2020 年生态塘未建成运行,因此无 2020 年的 R3 数据。

(3)水量平衡

水稻全生育期的水量平衡分析见表 9.13。2020 年、2021 年各处理田间进入量与出水量基本达到平衡,误差在 10% 以内。W3 平均进入总水量和排出总水量均高于 W2、W1,主要提高灌溉上限与蓄雨(蓄污)上限,增加稻田灌溉水量与水稻耗水量。不同的灌溉水源条件下,平均进入和排出总水量大小表现为 R1 ≈ R2 < R3 ≈ R4,一方面,R1、R2 灌溉水源 COD、氮素含量、LAS 含量等均高于 R3、R4,导致灌溉后土壤渗透性在一定程度上降低,灌溉水量与水分消耗呈现降低趋势;另一方面,R1 水源灌溉田块紧挨鱼塘,排水不畅,因此,田间耗水量小,灌排水量较小,R3、R4 水源灌溉田块紧挨河道,排水条件良好,田间渗漏大,耗水量大。2021 年各处理进出水量显著低于 2020 年,进出水量变化的主要表现与降雨量呈现正相关的关系。

表 9.13　水稻全生育期总水量平衡表

年份	水量	W1R1	W1R2	W1R3	W1R4	W2R1	W2R2	W2R3	W2R4	W3R1	W3R2	W3R3	W3R4
2020	移栽水量（mm）	35.6	34.8	—	36.1	35.5	35.2	—	36.1	36.2	35.3	—	34.3
	灌溉水量（mm）	465.1	410.9	—	541.0	509.6	500.1	—	551.4	689.2	672.2	—	711.3
	降雨量（mm）	457.8	457.8	—	457.8	457.8	457.8	—	457.8	457.8	457.8	—	457.8
	进入总水量（mm）	958.5	903.5	—	1034.9	1002.9	993.1	—	1045.3	1183.2	1165.3	—	1203.4
	耗水量（mm）	879.7	873.3	—	895.7	895.1	887.4	—	903.0	945.5	956.9	—	965.1
	排水量（mm）	91.8	69.7	—	36.3	90.5	128.3	—	86.0	60.5	56.7	—	54.0
	排出总水量（mm）	971.5	943.0	—	932.0	985.6	1015.7	—	989.0	1006.0	1013.6	—	1019.1
	差值（mm）	-13.0	-39.5	—	102.9	17.3	-22.6	—	56.3	177.2	151.7	—	184.3
	误差（%）	1.4	4.4	—	9.9	1.7	2.2	—	5.3	15.0	13.0	—	15.3
2021	移栽水量（mm）	38.5	38.2	38.4	38.5	38.1	38.3	38.5	38.6	38.5	38.4	38.6	38.5
	灌溉水量（mm）	367.2	356.1	405.5	387.1	425.0	429.9	462.4	471.9	492.5	478.0	488.9	519.6
	降雨量（mm）	565.4	565.4	565.4	565.4	565.4	565.4	565.4	565.4	565.4	565.4	565.4	565.4
	进入总水量（mm）	971.1	959.7	1009.3	991.0	1028.5	1033.6	1066.3	1075.9	1096.4	1081.8	1092.9	1123.5
	耗水量（mm）	804.8	815.5	823.5	815.5	841.7	824.5	860.5	836.3	871.8	868.2	877.5	886.5
	排水量（mm）	153.0	155.0	231.0	261.0	234.0	163.0	140.0	264.0	158.0	199.0	145.0	292.0
	排出总水量（mm）	957.8	970.5	1054.5	1076.5	1075.7	987.5	1000.5	1100.3	1029.8	1067.2	1022.5	1178.5
	差值（mm）	-13.3	10.8	45.2	85.5	47.2	-46.1	-65.8	24.4	-66.6	-14.6	-70.4	55.0
	误差（%）	1.4	1.1	4.5	8.6	4.6	4.5	6.2	2.3	6.1	1.4	6.4	5.0

9.1.4.2 稻田水分利用效率

（1）灌溉水利用效率（WUE_I）

WUE_I 是指单位灌溉水量消耗所增加的经济产量的数量，为水稻的实际产量与总灌溉水量之比。不同的灌溉水源和水位调控下稻田灌溉水利用效率变化见表 9.14。由表可知，2020 年，W1、W2、W3 水位调控下 WUE_I 分别为 2.17kg/m³、1.93kg/m³、1.29kg/m³，R1、R2、R4 水源灌溉下 WUE_I 分别为 1.84kg/m³、1.92kg/m³、1.62kg/m³；2021 年，W1、W2、W3 水位调控下，WUE_I 分别为 2.59kg/m³、2.19kg/m³、2.03kg/m³，R1、R2、R3、R4 水源灌溉下，WUE_I 分别为 2.37kg/m³、2.42kg/m³、2.21kg/m³、2.07kg/m³。可以看出，随着田间控制水位升高，WUE_I 逐渐降低，相比 W1 水位调控，2020 年 W2、W3 水位调控下 WUE_I 分别降降低 10.9%、40.7%，2021 年分别降降低 15.3%、21.8%，其中，2020 年 W3 水位调控下 WUE_I 的降幅较大，与 W1、W2 的差异性显著，2021 年随着水位增加，各处理 WUE_I 的差异性也愈加显著，说明高水位（W3）不利于灌溉水利用；在 R1 和 R2 水源灌溉下，WUE_I 基本一致，均高于 R3、R4 水源灌溉下的，说明农村生活污水再生灌溉有利于灌溉水利用。

（2）降雨利用效率（WUE_p）

2020 年，W1、W2、W3 水位调控下 WUE_p 分别为 2.80kg/m³、2.71kg/m³、2.21kg/m³，R1、R2、R4 水源灌溉下 WUE_p 分别为 2.62kg/m³、2.55kg/m³、2.53kg/m³；2021 年，W1、W2、W3 水位调控下 WUE_p 分别为 2.71kg/m³、2.53kg/m³、2.57kg/m³，R1、R2、R3、R4 水源灌溉下 WUE_p 分别为 2.63kg/m³、2.59kg/m³、2.56kg/m³、2.65kg/m³。可以看出，随着田间控制水位升高，WUE_p 逐渐降低，相比 W1 水位调控，2020 年 W2、W3 水位调控下 WUE_I 分别降低 3.3%、20.9%，2021 年分别降低 6.9%、5.5%，其中，2020 年间 W3 水位与 W2、W1 相比，其差异性显著，说明高水位（W3）不利于降雨利用；不同水源灌溉下稻田 WUE_p 基本一致，同一水位处理下灌溉水源对降雨利用的影响差异不显著。

（3）田间水分利用效率（WUE_{ET}）

2020 年，W1、W2、W3 水位调控下 WUE_{ET} 分别为 1.15kg/m³、1.12kg/m³、0.92kg/m³，R1、R2、R4 水源灌溉下 WUE_{ET} 分别为 1.09kg/m³、1.06kg/m³、1.04kg/m³；2021 年，W1、W2、W3 水位调控下 WUE_{ET} 分别为 1.20kg/m³、1.16kg/m³、1.14kg/m³，R1、R2、R3、R4 水源灌溉下 WUE_{ET} 分别为 1.19kg/m³、1.20kg/m³、1.16kg/m³、1.11kg/m³。可以看出，随着田间控制水位升高，WUE_{ET} 逐渐降低，相比 W1 水位调控，2020 年 W2、W3 水位调控 WUE_{ET} 分别降低 2.8%、19.1%，2021 年分别降低 3.2%、4.9%，且根据差异性分析知，相对于 W1 和 W2，高水位 W3 对指标 WUE_{ET} 的影响更大，说明高水位（W3）不利于田间水分利用；同时，R1 和 R2 水源灌溉下 WUE_{ET} 基本一致，略高于 R4 水源灌溉，相比 R4，2020 年 R1、R2 水源灌溉下 WUE_{ET} 分别增加了 5.1%、2.5%，2021 年 R1、R2、R3 水源灌溉下 WUE_{ET} 分别增加了 7.3%、8.7%、4.6%，说明相比河道水灌溉，农村生活污水再生灌溉可以有效提高田间水分的利用效率。

表9.14 不同灌溉水源和水位调控下稻田水分利用效率变化

年份	处理	降雨量(mm)	产量(kg/hm²)	灌水量(mm)	有效降雨(mm)	耗水量(mm)	WUE_I(kg/m³)	WUE_P(kg/m³)	WUE_ET(kg/m³)	RUE(%)
2020	W1R1	457.8	9288	465.1e	366.0	879.7b	2.00c	2.54ab	1.06c	79.9b
	W1R2	457.8	10134	410.9f	359.9	873.3b	2.47a	2.82ab	1.16b	78.6b
	W1R4	457.8	11004	541.0c	361.5	895.7b	2.03c	3.04a	1.23a	79.0b
	W2R1	457.8	11148	509.6d	367.3	895.1b	2.19b	3.04a	1.25a	80.2b
	W2R2	457.8	9927	500.1d	369.5	887.4b	1.99c	2.69ab	1.12bc	80.7b
	W2R4	457.8	8903	551.4c	371.8	903.0b	1.61d	2.39ab	0.99d	81.2b
	W3R1	457.8	9198	689.2b	397.3	945.4a	1.33e	2.32b	0.97de	86.8a
	W3R2	457.8	8733	672.2b	401.1	956.9a	1.30e	2.18b	0.91e	87.6a
	W3R4	457.8	8688	711.3a	403.8	965.1a	1.22e	2.15b	0.90e	88.2a
	方差分析									
	W	—	—	**(P=0)	—	**(P=0)	**(P=0)	**(P=0)	**(P=0)	**(P=0)
	R	—	—	**(P=0)	—	NS(P=0.29)	**(P=0)	NS(P=0.82)	*(P=0.04)	NS(P=0.74)
	W×R	—	—	**(P=0)	—	NS(P=0.94)	**(P=0)	NS(P=0.15)	**(P=0)	NS(P=0.69)
2021	W1R1	565.4	10021	367.2ef	412.4	804.8e	2.73a	2.43bc	1.25ab	72.9ab
	W1R2	565.4	9813	356.1f	410.4	815.5e	2.76a	2.39cd	1.20abc	72.6ab
	W1R3	565.4	10174	405.5cd	334.4	823.5de	2.51ab	3.04a	1.24ab	59.1d
	W1R4	565.4	9152	387.1de	304.4	815.5e	2.36ab	3.01a	1.12abc	53.8e
	W2R1	565.4	10054	425.0c	331.4	841.7bcde	2.37ab	3.03a	1.19abc	58.6d
	W2R2	565.4	9564	429.9c	402.4	824.5de	2.22ab	2.38cd	1.16abc	71.2ab
	W2R3	565.4	10224	462.4b	425.4	860.5abcd	2.21ab	2.40cd	1.19abc	75.2a
	W2R4	565.4	9271	471.9b	401.4	836.3cde	1.96b	2.31cd	1.11bc	71.0b
	W3R1	565.4	9920	492.5ab	407.4	871.8abc	2.01b	2.43bc	1.14abc	72.1b
	W3R2	565.4	10968	478.0b	366.4	868.2abc	2.29ab	2.99a	1.26a	64.8c
	W3R3	565.4	9340	488.9b	420.4	877.5ab	1.91b	2.22d	1.06c	74.4ab
	W3R4	565.4	9790	519.6a	373.4	886.5a	1.88b	2.62b	1.10abc	66.0c
	方差分析									
	W	—	—	**(P=0)	—	**(P=0)	**(P=0)	**(P=0)	NS(P=0.18)	**(P=0)
	R	—	—	**(P=0)	—	NS(P=0.32)	NS(P=0.12)	NS(P=0.28)	NS(P=0.08)	***(P=0)
	W×R	—	—	NS(P=0.15)	—	NS(P=0.77)	NS(P=0.94)	**(P=0)	NS(P=0.20)	***(P=0)

（4）降雨利用率（RUE）

2020 年,W1、W2、W3 水位调控下 RUE 分别为 71.2%、80.7%、87.5%,R1、R2、R4 水源灌溉下 RUE 分别为 82.3%、82.3%、82.8%;2021 年,W1、W2、W3 水位调控下 RUE 分别为 64.6%、69.0%、69.3%,R1、R2、R3、R4 水源灌溉下 RUE 分别为 67.9%、69.5%、69.6%、63.6%。可见,随着田间水位升高,RUE 呈现升高趋势,相比 W1 水位调控,W2、W3 水位调控下 RUE 分别增加了 1.9%、10.5%,2021 年分别增加了 6.8%、7.5%,其中,2020 年 W3 水位对应 RUE,与 W1、W2 具有显著性差异,说明高水位（W3）利于提高降雨利用率;2020 年 R1、R2、R4 三种水源灌溉下的 RUE 基本一致,2021 年再生水降雨利用率高于 R4,相比 R4,R1、R2、R3 水源灌溉下的 RUE 分别增加了 6.7%、9.3%、9.4%。

综上,2020 年生育期内降雨量为 457.8mm,其属于中等水文年份;2021 年生育期内降雨量为 565.4mm,其属于丰水年份,导致 2020 年灌溉水量显著高于 2021 年,田间水位调控对稻田灌溉水量的影响显著（$P < 0.01$）,灌溉水源对稻田灌溉水量的影响不显著（$P > 0.05$）,地形条件对灌溉水量的影响显著（$P < 0.05$）。对同一种灌溉水源,随着田间水位升高,灌水量和灌水次数表现为 W3 > W2 > W1,其中,W1 调控灌溉水量为 3560 ~ 5405m³/hm²,W2 调控灌溉水量为 4246 ~ 5508m³/hm²,W3 调控灌溉水量为 4785 ~ 7106m³/hm²。

水位调控对水稻耗水变化的影响明显,随着田间灌溉水位上限和蓄水（蓄污）上限提高,稻田耗水量（耗水量、腾发量）显著提高;不同灌溉水源稻田耗水的变化不显著（$P > 0.05$）。相比 2020 年,2021 年稻田耗水量、腾发量随着降雨量的增加而减少,稻田渗漏量基本保持一致;再生水灌溉条件下水稻日均耗水量和日均腾发量在拔节孕穗期和抽穗开花期较大,河道清水灌溉在拔节孕穗期的耗水量最大,分蘖期次之,再生水灌溉下使水稻耗水高峰发生滞后。

随着水位增加,WUE$_I$、WUE$_P$、WUE$_{ET}$ 呈降低趋势,RUE 呈升高趋势,说明高水位调控不利于灌溉水、降雨以及田间水分利用,但可以有效提高降雨利用率;R1 和 R2 水源灌溉下 WUE$_I$ 和 WUE$_{ET}$ 基本一致,均高于 R3、R4,说明农村生活污水再生灌溉有利于灌溉水利用,可以有效提高田间水分的利用效率。

9.1.5　稻田生物环境变化

9.1.5.1　稻田酶活性的变化

不同水源和水位调控下稻田酶活性年际变化如图 9.9 所示。R1 水源条件下,2020 和 2021 年灌溉后 0 ~ 20cm 土层蔗糖酶活性与背景值相比均有所增加,平均分别增加了 10.5% 和 21.8%。其中,2020 年水位越高,增幅越大,2021 年中高水位下增幅接近,低水位下增幅最小,总体而言,各处理间随着时间推移,土壤中蔗糖酶的含量呈显著性变化趋势;20 ~ 80cm 土层内则无明显规律,但总体上,2021 年灌溉后各土层蔗糖酶活性均比背景值有所增加,因此,短期一级再生水灌溉下酶活性变化不稳定。R2 水源条件与 W3 水位组合调控下 2020 年和 2021 年 0 ~ 80cm 土层内蔗糖酶活性均明显增加,中低水位调控下则表现为 2021 年有所增加,2020 年有增有减。其中,2021 年与背景值相比,0 ~

20cm、20～40cm、40～60cm、60～80cm 分别增加了 25.5%、32.6%、34%、53.3%,不同处理之间具有显著性差异。R3 水源条件下 2021 年各土层与背景值相比,分别增加了 34.5%、51.1%、27.5%、28.9%。R4 水源条件下同样表现为 2020 年增减无规律,2021 年分别增加了 16.9%、17.3%、33.6%、48.2%。同一水位下,W1 时用 4 种不同水源处理 2021 年各土层蔗糖酶活性,与背景值相比,平均增加了 23.5%、35.0%、45.6%、40.1%,W2 时分别增加了 19.3%、21.4%、51.1%、39.2%,W3 时分别增加 31.2%、41.6%、28.0%、42.8%。

对过氧化氢酶活性而言,2020 年各土层与背景值相比总体呈增加趋势,但 2021 年与背景值相比均明显减小。2021 年 W1 水位时 0～20cm、20～40cm、40～60cm、60～80cm 平均减小了 39.2%、36.5%、45.1%、39.9%,W2 时分别减小了 40.8%、38.7%、43.1%、43.0%,W3 时分别减小 39.7%、37.7%、40.9%、39.9%;2020 年与背景值相比,平均增加幅度较小,以 W2 时为例,各土层过氧化氢酶活性平均增加了 12.4%、25.1%、21.5%、16.8%。同一水位不同水源条件下,R1 时 2021 年各土层与背景值相比平均减小 44.0%、38.3%、47.34%、41.9%,R2 时分别减小 32.9%、41.6%、48.0%、45.8%,R3 时分别减小 37.1%、35.6%、40.0%、41.1%,R4 时分别减小 45.7%、35.1%、37.1%、34.8%。

各年际淀粉酶活性与背景值相比总体呈逐年增加的趋势,2021 年 R1 水源下 0～20cm、20～40cm、40～60cm、60～80cm 分别增加了 13.1%、28.4%、31.5%、1.3%,R2 水源下各土层淀粉酶活性分别增加了 17.7%、17.5%、24.7%、18.9%,R3 水源下分别增加了 8.9%、16.2%、14.0%、22.5%,R4 水源下分别增加了 2.5%、25.0%、17.8%、31.0%。同一水源下,2021 年 W1 水位调控处理时各土层淀粉酶活性与背景值相比分别增加了 7.2%、28.3%、23.6%、18.4%,W2 时分别增加了 11.8%、17.7%、22.4%、13.3%,W3 时分别增加了 12.7%、19.3%、19.9%、23.5%。2020 年 W1 水位调控处理时各土层淀粉酶活性与背景值相比分别增加了 9.4%、12.4%、17.0%、4.2%,W2 时分别增加了 0.7%、18.6%、29.3%、10.5%,W3 时分别增加了 13.3%、2.7%、16.5%、11.0%,而不同水源条件下 2020 年各土层淀粉酶活性有增有减,总体而言呈增加趋势。

2021 年各处理土壤中脲酶活性与背景值相比均有所增加,其中,W1 水位调控下 0～20cm、20～40cm、40～60cm、60～80cm 土层内脲酶活性分别增加了 30.8%、46.1%、37.4%、41.4%,W2 和 W3 时分别增加了 34.0%、36.6%、22.5%、45.1% 和 8.9%、27.2%、17.7%、28.6%。2020 年 3 种水位调控下则分别增加了 18.0%、26.7%、27.6%、5.4%,−5.3%、20.3%、8.4%、8.1%;4.0%、9.9%、9.6%、23.0%。2020 年 R1、R2、R4 水源灌溉下各土层脲酶活性分别增加了 18.0%、33.3%、−13.2%、6.6%;9.5%、39.3%、5.6%、12.7%;−14.3%、−15.7%、53.1%、177.1%,而 2021 年 4 种水源灌溉下分别增加了 42.5%、52.5%、−8.1%、13.0%;27.1%、52.0%、31.3%、37.7%;5.5%、42.2%、46.7%、49.2%;−3.9%、5.4%、54.3%、64.4%。可见,不同水位调控下各年灌溉后各土层脲酶活性增加较为明显,处理间的差异性更为显著,而不同水源灌溉对脲酶活性大小的影响有增有减,但总体而言有增加的趋势。

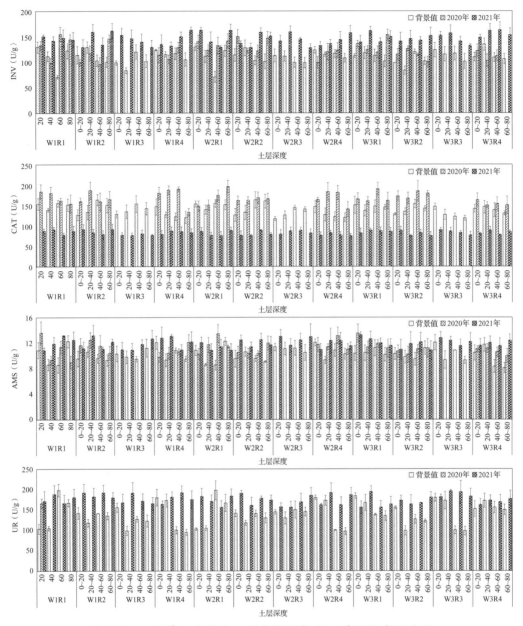

图 9.9　不同灌溉水源和不同水位调控稻田酶活性年际变化

表 9.15 为不同水源和水位条件对水稻生育期始末酶活性的影响。由表可知,水源和水位条件对 0 ~ 20cm、20 ~ 40cm、40 ~ 60cm、60 ~ 80cm 土层土壤蔗糖酶和淀粉酶活性影响均不显著($P > 0.05$);水源条件下背景值对水稻收获后 0 ~ 20cm、40 ~ 60cm、60 ~ 80cm 土层土壤中过氧化氢酶活性有显著性的影响($P < 0.05$),对水位条件的影响不显著($P > 0.05$);不同水源对水稻收获后各个土层土壤脲酶活性无显著性的影响($P > 0.05$),水位条件仅对水稻种植前 0 ~ 20cm 土层土壤脲酶活性有显著性的影响($P < 0.05$)。

表 9.15 生育期始末土壤酶活性双因素方差分析

起始	土层深度	INV		CAT		AMS		UR	
		W	R	W	R	W	R	W	R
背景值	0~20cm	NS ($P=0.511$)	NS ($P=0.357$)	NS ($P=0.597$)	* ($P=0.025$)	NS ($P=0.923$)	NS ($P=0.140$)	NS ($P=0.378$)	NS ($P=0.347$)
	20~40cm	NS ($P=0.878$)	NS ($P=0.716$)	NS ($P=0.605$)	NS ($P=0.444$)	NS ($P=0.703$)	NS ($P=0.705$)	NS ($P=0.303$)	NS ($P=0.101$)
	40~60cm	NS ($P=0.245$)	NS ($P=0.102$)	NS ($P=0.551$)	* ($P=0.036$)	NS ($P=0.936$)	NS ($P=0.781$)	NS ($P=0.722$)	NS ($P=0.163$)
	60~80cm	NS ($P=0.506$)	NS ($P=0.086$)	NS ($P=0.348$)	* ($P=0.021$)	NS ($P=0.537$)	NS ($P=0.217$)	NS ($P=0.894$)	NS ($P=0.275$)
2020年	0~20cm	NS ($P=0.660$)	NS ($P=0.344$)	NS ($P=0.307$)	NS ($P=0.878$)	NS ($P=0.717$)	NS ($P=0.399$)	* ($P=0.017$)	NS ($P=0.223$)
	20~40cm	NS ($P=0.202$)	NS ($P=0.300$)	NS ($P=0.123$)	NS ($P=0.596$)	NS ($P=0.921$)	NS ($P=0.976$)	NS ($P=0.658$)	NS ($P=0.240$)
	40~60cm	NS ($P=0.632$)	NS ($P=0.239$)	NS ($P=0.919$)	NS ($P=0.946$)	NS ($P=0.399$)	NS ($P=0.436$)	NS ($P=0.098$)	NS ($P=0.064$)
	60~80cm	NS ($P=0.717$)	NS ($P=0.496$)	NS ($P=0.406$)	NS ($P=0.105$)	NS ($P=0.625$)	NS ($P=0.782$)	NS ($P=0.157$)	NS ($P=0.184$)
2021年	0~20cm	NS ($P=0.905$)	NS ($P=0.244$)	NS ($P=0.391$)	NS ($P=0.417$)	NS ($P=0.610$)	NS ($P=0.846$)	NS ($P=0.759$)	NS ($P=0.213$)
	20~40cm	NS ($P=0.244$)	NS ($P=0.699$)	NS ($P=0.523$)	NS ($P=0.402$)	NS ($P=0.420$)	NS ($P=0.580$)	NS ($P=0.316$)	NS ($P=0.553$)
	40~60cm	NS ($P=0.886$)	NS ($P=0.485$)	NS ($P=0.826$)	NS ($P=0.765$)	NS ($P=0.689$)	NS ($P=0.845$)	NS ($P=0.305$)	NS ($P=0.245$)
	60~80cm	NS ($P=0.808$)	NS ($P=0.008$)	NS ($P=0.566$)	NS ($P=0.361$)	NS ($P=0.295$)	NS ($P=0.209$)	NS ($P=0.469$)	NS ($P=0.968$)

注：***表明 $P<0.01$，*表明 $P<0.05$，NS 表明无显著差异。

9.1.5.2 物种多样性与丰度变化

（1）物种多样性

为了研究三种不同的农村生活水源 R1（一级生活污水）、R2（二级生活污水）、CK（河水）和三种水位调控（W1、W2、W3）下土壤样品的物种组成多样性，使用 uparse 软件对所有样品的 Effective Tags 进行聚类，以 97% 的一致性将序列聚类成为 OTU（operational taxonomic units），然后对 OTU 的代表序列进行物种注释，对各样品的 OTU 聚类和注释结果进行了综合统计，结果见表 9.16。

可知，R1 水源灌溉后，0~20cm 和 20~40cm 土层内随着控制水位的升高，OTU 数目均增多；R2 水源灌溉后，0~20cm 土层内 W2 水位调控下 OTU 数目最多，而 20~40cm 土层内随着控制水位的升高，OTU 数目逐渐减少；河水灌溉后，0~20cm 和 20~40cm 土层内 OTU 数目变化与控制水位呈相反的趋势，即 0~20cm 土层内 OTU 数目随水位的升高而增多，20~40cm 土层内 OTU 数目随水位的升高则下降。因此，R2 灌溉条件下，OTU数目最多，0~20cm 土层内 CK 灌溉下 OTU 数目最少，20~40cm 土层内 R1 灌溉下 OTU数目最少，可见污水灌溉能显著增加表层土壤中的微生物多样性。

表 9.16 OTU 数目及各分类水平的 Tags 数目分布统计表

土壤样品	Total tags	OTU	界(k)	门(p)	纲(c)	目(o)	科(f)	属(g)	种(s)
W1R1_20	38762	1984	25953	25802	25682	24710	22110	18380	12590
W2R1_20	43172	2354	24672	24663	24369	22350	14668	9625	1185
W3R1_20	45134	2389	32359	32320	31922	30285	27833	23069	15374
W1R2_20	42024	2484	37031	37020	36488	34859	31726	28053	16455
W2R2_20	43095	2681	28480	28447	27749	25438	21316	15704	9234
W3R2_20	45679	2182	30943	30907	30648	29384	22819	16696	5050
W1CK_20	43457	1255	31268	31266	31165	30097	24290	21443	12445
W2CK_20	44729	1705	30873	30835	30727	30074	25068	20550	5962
W3CK_20	39990	1902	27263	27159	27033	26434	22690	19275	10960
W1R1_20_40	42774	1775	28446	28445	27990	25395	15142	10391	3055
W2R1_20_4	50321	1784	42797	42797	40533	36519	17569	11340	1017
W3R1_20_40	45546	2652	27297	27253	26419	22618	17030	10118	1284
W1R2_20_40	44407	3076	30206	30175	29390	26012	20319	13102	3813
W2R2_20_40	40950	2302	28954	28948	28306	25854	22129	17658	10306
W3R2_20_40	42654	2075	33704	33698	32867	29250	19234	13159	2502
W1CK_20_40	43052	2429	33563	33544	33069	29539	24952	18603	9743
W2CK_20_40	44253	2407	31047	31026	30616	27491	23117	17226	8859
W3CK_20_40	43885	1978	30811	30806	30469	28099	19709	14496	5602

（2）物种丰度

土壤样品在各分类水平上的序列数目见图 9.10。根据物种注释结果，统计每个样品在各分类水平（门、纲、目、科、属）上的均一化之前的绝对丰度以及均一化之后的绝对丰度、均一化之后的相对丰度。选取每个样品在各分类水平（门、纲、目、科、属）上最大丰度排名前 10 的物种，生成物种相对丰度柱形累加图，以便直观查看各样品在不同分类的水平上，相对丰度较高的物种及其比例，以门水平物种相对丰度柱形图为例展示，如

图9.11所示。对0~20cm土层而言,微生物菌群占比最多的为变形菌门(Proteobacteria),其中,一二级水条件下0~20cm土壤中变形菌门的平均相对丰度分别为35.6%和30.5%,其次分别为酸杆菌门(Acidobacteria)(13.8%)和厚壁菌门(Firmicutes)(23.5%);而河水灌溉条件下0~20cm土层中酸杆菌门的相对丰度(21.9%)低于变形菌门(23.4%)和厚壁菌门(28.9%),说明R1和R2再生水灌溉条件下能显著提高表层土壤中变形菌门和酸杆菌门的相对丰度,降低厚壁菌门的丰度。而20~40cm土壤中变形菌门相对丰度最高,其余的微生物菌群相对较少,R1水源灌溉条件下,变形菌门和酸杆菌门的相对丰度较高,分别为26.1%和18.4%,绿弯菌门(Chloroflexi)的相对丰度为16.4%;二级污水灌溉条件下,变形菌门和绿弯菌门的相对丰度较高,分别为31.6%和16.5%,酸杆菌门的相对丰度为10.3%;河水灌溉条件下,变形菌门和酸杆菌门相对丰度较高,分别为24.0%和17.3%,绿弯菌门的相对丰度为15.5%,因此,R2再生水灌溉能显著提高20~40cm土壤中绿弯菌门的相对丰度,降低酸杆菌门的相对丰度。

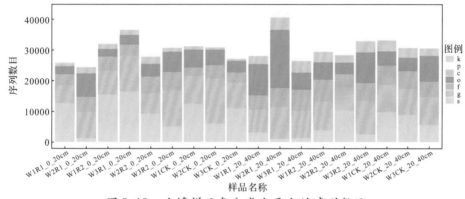

图9.10 土壤样品各分类水平上的序列数目

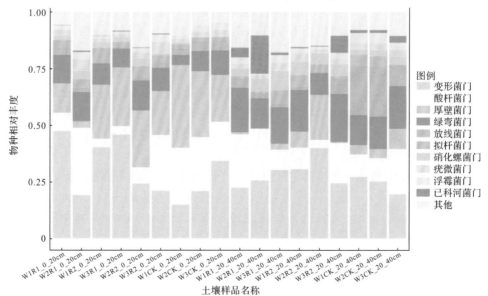

图9.11 门水平上的物种相对丰度柱形图

综上,再生水灌溉能显著提高 CAT 活性,0~20cm 土层土壤中 AMS 先升高后降低,而河道水灌溉则相反,且 R1 水源灌溉下 AMS 峰值最大,R1 水源灌溉低水位调控有利于提高 UR 活性;随着时间推移,相比背景值,再生水灌溉可以有效提高土壤 INV、AMS、UR 活性,其中,中高水位调控(W2、W3)酶活性增幅高于低水位调控(W1)。

不同水源对各土层土壤 UR 活性变化无显著影响($P > 0.05$),水位调控仅对 0~20cm 土层土壤 UR 活性有显著影响($P < 0.05$);酶活性与土壤环境质量相关表现为 R3 > R4 > R2 > R1,即生态塘水、河道清水灌溉稻田酶活性与土壤环境质量相关性优于再生水灌溉;存在不同土层酶活性与土壤环境质量相关性相反的情况,主要与生育期内稻田氮素、有机质等运移和转化有关;R1、R2、R3 水源灌溉 UR、INV、AMS 存在共性关系,对灌溉施肥管理响应一致。

R1 水源灌溉下,对于 0~20cm 和 20~40cm 土层,随着控制水位的升高,OTU 数目均增多。R2 水源灌溉后,对于 0~20cm 土层,W2 水位调控下 OTU 数目最多;对于 20~40cm 土层,随着控制水位的升高,OTU 数目逐渐减少;河水灌溉 0~20cm 和 20~40cm 土层,OTU 数目变化与控制水位呈相反的趋势,即 0~20cm 土层 OTU 数目随水位升高而增多,20~40cm 土层 OTU 数目随水位升高则下降。在 R2 灌溉下,OTU 数目最多,0~20cm 土层河道清水灌溉 OTU 数目最少,20~40cm 土层在 R1 灌溉下 OTU 数目最少,可见污水灌溉能显著增加表层土壤微生物的多样性。

9.1.6 农村生活污水再生灌溉稻田田间安全高效的调控机制

9.1.6.1 建立稻田田间安全高效调控评价的指标体系

农村生活污水再生灌溉稻田田间安全高效利用的评价指标体系主要涉及水土环境安全、水肥资源高效利用、经济效益与作物品质三个方面。

水土环境安全方面主要考虑稻田根区土壤环境质量、稻田根区土壤生物环境稻田田间水环境。其中,土壤环境质量包括稻田有机质(OM)含量、大肠杆菌累积量(E.coli)、重金属潜在风险指数(RI)和稻田新污染物(total amout of PPCPs)含量;土壤根区生物环境包括蔗糖酶活性(INV)、脲酶活性(UR)和生物群落多样性指数(shannon);稻田田间水环境包括稻田地表排水氮素流失(N loss in surfacewater)和稻田地下渗漏氮素流失(N loss in leakage)。

水肥资源高效利用方面包括水资源高效利用和氮素高效利用。其中,水资源高效利用包括农村生活污水灌溉利用效率(WUE_I)和降雨利用效率(WUE_P),氮素高效利用包括肥料氮利用效率(NUE_F)和再生水氮利用效率(NUE_R)。

经济效益与作物品质方面主要考虑籽粒产量、籽粒品质和籽粒安全。籽粒产量包括地面部分干物质(DMA)和实际产量(yield);籽粒品质包括蛋白质(protein)含量和直链淀粉含量(amylose);籽粒安全包括籽粒重金属总含量(total amount of HM)和新污染物总含量。

农村生活污水再生灌溉稻田田间安全高效利用的评价指标体系见图 9.12。

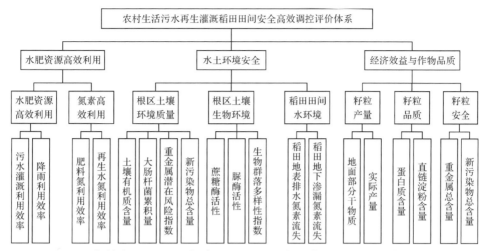

图 9.12　农村生活污水再生灌溉稻田田间安全高效利用的评价指标体系

9.1.6.2　确定评价因子

（1）水土环境安全

稻田有机质含量：为各处理根区灌溉后土壤有机质含量，g/kg。

大肠杆菌累积量：收获后，各处理根区土壤大肠杆菌累积含量，MPN/g。

重金属潜在风险指数：各处理根区灌溉后土壤重金属综合潜在生态风险指数。

新污染物总含量：各处理根区灌溉后土壤 16 种新污染物总量。

蔗糖酶活性：各处理根区灌溉后土壤蔗糖酶活性，U/g。

脲酶活性：各处理根区灌溉后土壤蔗糖酶活性，U/g。

生物群落多样性指数：为各处理根区灌溉后土壤生物群落多样性指数。

稻田地表排水氮素流失：各处理地表水排出的氮素量（$NH_4^+ - N$ 和 $NO_3^- - N$），kg/hm^2。

稻田地下渗漏氮素流失：各处理渗漏水排出的氮素量（$NH_4^+ - N$ 和 $NO_3^- - N$），kg/hm^2。

（2）水肥环境高效利用

污水灌溉利用效率：为各处理灌溉水分利用效率，kg/m^3。

降雨利用效率：为各处理降雨利用效率，kg/m^3。

肥料氮利用效率：为各处理来自肥料氮素的利用效率，%。

再生水氮利用效率：为各处理来自再生水氮素的利用效率，%。

（3）经济效益与作物品质

地面部分干物质量：为各处理在收获前每株水稻地面部分干物质量（包括茎、叶、穗），g/株。

实际产量：为各处理收获后的实际的产量，kg/hm^2。

蛋白质含量：为各处理收获后籽粒中蛋白质的含量，mg/kg。

直链淀粉含量：为各处理收获后籽粒中直链淀粉的含量，%。

重金属总含量：为各处理收获后籽粒中典型的重金属总含量，mg/kg。

新污染物总含量：为各处理收获后籽粒中典型新污染物总含量，μg/kg。

不同水源灌溉和水位调控下各处理田间安全高效的评价指标值见表 9.17。

表9.17 不同水源灌溉和水位调控稻田田间安全高效的评价指标值

处理	土壤环境质量				土壤生物环境			稻田水环境		水资源高效利用		氮素高效利用		籽粒产量		籽粒品质		籽粒安全	
	OM	E.coli	RI	新污染物	INV	UR	Shannon	地表排水氮素流失	地下渗漏氮素流失	WUE_I	WUE_P	NUE_F	NUE_R	地面部分干物质	实际产量	蛋白质	直链淀粉	籽粒重金属	新污染物
W1R1	7.3	460	108	1.88	141.8	187.8	8.61	0.80	1.71	2.73	2.43	55.3	55.9	122.5	10021	6.7	13.50	26.8	6.33
W1R2	15.2	10	128	1.57	159.0	181.6	9.61	0.62	0.52	2.76	2.39	45.8	20.1	101.6	10054	7.27	13.27	26.5	6.82
W1R3	16.0	6	68	1.40	146.1	190.8	9.32	0.45	0.41	2.51	3.04	57.0	15.6	121.1	9920	6.76	13.23	26.3	5.00
W1R4	10.6	10	84	1.46	131.5	181.1	8.50	1.96	0.41	2.36	3.01	62.1	0	102.6	9813	6.78	13.27	30.1	4.79
W2R1	13.2	1100	108	1.76	139.2	170.3	8.25	0.85	0.38	2.37	3.03	55.3	55.9	146.3	9564	6.91	13.23	28.0	6.33
W2R2	14.4	23	128	1.44	128.5	160.1	7.59	0.92	0.83	2.22	2.38	45.8	20.1	137.7	10968	7.03	13.40	26.4	6.82
W2R3	14.5	12	68	1.19	159.0	156.0	8.35	0.77	0.49	2.21	2.40	57.0	15.6	125.9	10174	6.66	13.27	26.9	5.00
W2R4	7.2	4	84	1.33	135.8	191.9	8.46	2.88	0.56	1.96	2.31	62.1	0	115.6	10224	6.86	13.33	31.5	4.79
W3R1	21.7	360	108	1.82	161.1	193.9	9.57	0.45	0.86	2.01	2.43	55.3	55.9	137.1	9340	6.70	13.33	30.5	6.33
W3R2	16.6	10	128	1.50	145.2	163.7	9.07	1.60	1.68	2.29	2.99	45.8	20.1	138.5	9152	7.68	13.23	27.0	6.82
W3R3	19.3	6	68	1.33	156.4	195.4	9.65	1.55	0.60	1.91	2.22	57.0	15.6	126.0	9271	6.61	13.37	25.4	5.00
W3R4	11.7	15	84	1.39	161.6	172.4	8.34	1.71	0.39	1.88	2.62	62.1	0	115.2	9790	7.07	13.50	26.8	4.79

注：NUE_F、NUE_R 分别代表肥料氮利用效率、再生水氮利用效率。

9.1.6.3　熵权 TOPSIS 建模

（1）模型介绍

TOPSIS 法又称为优劣解距离法，是由 C. L. Hwang 和 K. Yoon 于 1981 年首次提出。TOPSIS 法是根据有限个评价对象与理想化目标的接近程度进行排序的方法，是在现有的对象中进行相对优劣的评价。TOPSIS 法是一种逼近于理想解的排序法，该方法只要求各效用函数具有单调递增（或递减）性就行。TOPSIS 法是多目标决策分析中一种常用的有效方法。其基本原理，是通过检测评价对象与最优解、最劣解的距离来进行排序，若评价对象最靠近最优解的同时又最远离最劣解，则为最好；否则为最差。其中，最优解的各指标值都达到各评价指标的最优值。最劣解的各指标值都达到各评价指标的最差值。TOPSIS 法中的"理想解"和"负理想解"是 TOPSIS 法的两个基本概念。所谓的理想解是一设想的最优的解（方案），它的各个属性值都达到各备选方案中的最好的值；而负理想解是一设想的最劣的解（方案），它的各个属性值都达到各备选方案中的最坏的值。方案排序的规则是把各备选方案与理想解和负理想解做比较，若其中有一个方案最接近理想解，而同时又远离负理想解，则该方案是备选方案中最好的方案。

（2）模型求解

熵权 TOPSIS 多目标决策模型的基本思路：通过构建评价指标值的加权标准化决策矩阵来确定决策的理想解和负理想解，然后计算被评价方案与理想解和负理想解之间的欧氏距离，从而确定被评价方案与理想方案的相对的贴近程度，最后选择最贴近理想解的方案作为最优决策。其建模和求解步骤如下：

步骤一：建立初始矩阵 $[\boldsymbol{Y}] = (y_{ij})_{n \times m}$。

步骤二：构造标准化决策矩阵 $[\boldsymbol{R}] = (r_{ij})_{n \times m}$。其中，对于越大越优的收益型指标：$r_{ij} = \dfrac{y_{ij} - \min y_{ij}}{\max y_{ij} - \min y_{ij}}$；对于越小越优的成本型指标：$r_{ij} = \dfrac{\max y_{ij} - y_{ij}}{\max y_{ij} - \min y_{ij}}$。

步骤三：根据熵权的定义计算各项指标的权重 ω_j。

步骤四：构造加权的标准化决策矩阵 $[\boldsymbol{Z}] = (z_{ij})_{n \times m}$，其中：$z_{ij} = \omega_j \times r_{ij}$，$(i \in n, j \in m)$。

步骤五：确定理想解 x^+ 和负理想解 x^-。其中，$x^+ = (x_1^+, x_2^+, \cdots, x_m^+)$；$x^+ = (x_1^+, x_2^+, \cdots, x_m^-)$。对于越大越优的收益型指标，$x_j^+ = \max_j z_{ij}$；$x_j^- = \min_j z_{ij}$；对于越小越优的成本型指标，$x_j^+ = \min_j z_{ij}$；$x_j^- = \max_j z_{ij}$。

步骤六：计算各个方案分别与理想解和负理想解的欧氏距离。其中：

$$d_i^+ = \sqrt{\sum_{j=1}^{m}(z_{ij} - x_j^+)^2} \qquad （公式 9.7）$$

$$d_i^- = \sqrt{\sum_{j=1}^{m}(z_{ij} - x_j^-)^2} \qquad （公式 9.8）$$

步骤七：计算各个方案与理想解的相对贴近度。

步骤八：将 S_i 从大到小排列，S_i 最大者为最优，其中：

$$S_i = \frac{d_i^-}{(d_i^+ + d_i^-)} \qquad\text{（公式9.9）}$$

9.1.6.4　农村生活污水再生灌溉稻田田间调控方案的优选

步骤一:为了综合评价不同水源灌溉和水位调控下 12 种农村生活污水再生灌溉稻田田间调控方案的优劣,选取涉及稻田土壤环境质量、土壤生物环境、稻田水环境、水资源高效利用、氮素高效利用、籽粒产量、籽粒品质和籽粒安全评价体系等 19 个指标作为评价因子来建立初始矩阵$[\boldsymbol{Y}]$。

步骤二:根据 OM、INV、UR、shannon、WUE_P、NUE_F、NUE_R、DMA、实际产量、蛋白质含量、直链淀粉含量指标越大越优,大肠杆菌累积量、RI、土壤中的新污染物、稻田地表排水氮素流失、稻田地下渗漏氮素流失、WUE_I、籽粒重金属、籽粒中的新污染物越小越优的原则,构造标准化决策矩阵$[\boldsymbol{R}]$。

步骤三:根据熵和熵权的定义计算各个指标的权重。

熵:E =（e1、e2、e3、e4、e5、e6、e7、e8、e9、e10、e11、e12、e13、e14、e15、e16、e17、e18、e19）=（0.9026、0.9298、0.8233、0.8890、0.8755、0.8818、0.9012、0.9182、0.8982、0.8805、0.8379、0.8462、0.7931、0.8764、0.8665、0.8054、0.7711、0.9023、0.8050）

熵权:W =（w1、w2、w3、w4、w5、w6、w7、w8、w9、w10、w11、w12、w13、w14、w15、w16、w17、w18、w19）=（0.0375、0.0270、0.0681、0.0428、0.0480、0.0455、0.0381、0.0315、0.0392、0.0461、0.0624、0.0592、0.0797、0.0476、0.0514、0.0750、0.0882、0.0376、0.0751）

步骤四:构造加权的标准化决策矩阵$[\boldsymbol{Z}] = (z_{ij})_{n \times m}$

步骤五:确定理想解 x^+ 和负理想解 x^-。

x^+ =（0.0375、0、0、0、0.0480、0.0455、0.0381、0、0、0、0.0592、0.0592、0.0797、0.0476、0.0514、0.0750、0.0882、0、0）

x^- =（0、0.0270、0.0681、0.0428、0、0、0、0.0315、0.0392、0.0461、0、0、0、0、0、0、0、0.0376、0.0751）

步骤六:分别计算 12 种田间调控方案与理想解和负理想解的欧氏距离以及理想解的相对贴近度,具体计算结果见表 9.18。

步骤七:并将 S_i 从大到小排列,S_i 最大者为最优,排序结果见表 9.19。

表 9.18　理想解和负理想解的欧氏距离与理想解的相对贴近度

处理号	d_i^+	d_i^-	S_i
W1R1	0.1133	0.1734	0.6048
W1R2	0.1495	0.1473	0.4963
W1R3	0.1817	0.1067	0.3700
W1R4	0.1843	0.1062	0.3655

处理号	d_i^+	d_i^-	S_i
W2R1	0.1407	0.1518	0.5189
W2R2	0.1481	0.1431	0.4915
W2R3	0.1923	0.0814	0.2975
W2R4	0.1785	0.1115	0.3845
W3R1	0.1309	0.1567	0.5449
W3R2	0.1470	0.1624	0.5249
W3R3	0.1841	0.1030	0.3587
W3R4	0.1646	0.1370	0.4544

表 9.19　田间调控方案理想解的相对贴近度排序

序号(按照 S_i 由大到小排列)	处理号	S_i
1	W1R1	0.6048
2	W3R1	0.5449
3	W3R2	0.5249
4	W2R1	0.5189
5	W1R2	0.4963
6	W2R2	0.4915
7	W3R4	0.4544
8	W2R4	0.3845
9	W1R3	0.3700
10	W1R4	0.3655
11	W3R3	0.3587
12	W2R3	0.2975

可见,农村生活污水再生灌溉田间调控方案中,处理 W1R1(农村生活污水一级处理水低水位调控)方案最有利于水土环境安全、水肥资源高效利用、经济效益与作物品质三个方面综合效益的发挥。针对不同的水源灌溉,综合效益排序表现为 R1 > R2 > R4 > R3;针对不同的田间水位调控,综合效益表现为 W3 > W2 > W1,说明在 R1、R2 水源灌溉中高水位调控有利于农村生活污水再生灌溉调控综合效益的发挥。由以上结论可得出农村生活污水再生灌溉调控指标及其水量阈值(见表 9.20)。

表 9.20　农村生活污水再生灌溉调控指标及其水量阈值

水位调控	上下限	返青	分蘖前期	分蘖后期	拔节孕穗期	抽穗开花期	乳熟期	灌溉水量阈值
W2（中水位）	灌污下限(mm)	0	10	10	10	10	10	4246～5091m³/hm²
	灌污上限(mm)	30	50	晒田	50	50	50	
	蓄污(雨)上限(mm)	50	70		100	100	100	
W3（高水位）	灌污下限(mm)	0	40	40	40	40	10	4925～6885m³/hm²
	灌污上限(mm)	30	60	晒田	60	60	60	
	蓄污(雨)上限(mm)	50	100		150	150	100	

9.1.7　苗木、经济作物再生水灌溉调控

9.1.7.1　灌溉水量

各蔬菜和苗木试验小区的面积均为 100m²。经济作物的生长情况见图 9.13。苗木试区 2020 年和 2021 年两个年度的种植作物均为罗汉松；蔬菜试区 2020 年度的种植作物为萝卜，每亩的种植密度为 2400 株，2021 年度的种植作物为空心菜，作物全生育期的灌水量和灌水次数见表 9.21。可以看出，2020 年，R1、R2、R4 水源灌溉罗汉松时均灌水 1 次，灌水量分别为 230m³/hm²、240m³/hm²、220m³/hm²，各水源灌溉水量接近，平均灌溉定额为 15.3m³/亩；R1、R2、R4 水源灌溉萝卜均灌水 1 次，灌水量分别为 150m³/hm²、160m³/hm²、150m³/hm²，平均灌溉定额为 10.2m³/亩；2021 年，相比 2020 年，加大灌溉水量，R1、R2、R3、R4 水源灌溉罗汉松时均灌水 1 次，灌水量分别为 361m³/hm²、399m³/hm²、381m³/hm²、396m³/hm²，平均灌溉定额为 25.6m³/亩；R1、R2、R3、R4 水源灌溉空心菜时均灌水 1 次，灌水量分别为 401m³/hm²、375m³/hm²、378m³/hm²、439m³/hm²，平均灌溉定额为 26.6m³/亩。

表 9.21　经济作物灌溉试验记录表

年度	经济作物	用水指标	R1	R2	R3	R4
2020	罗汉松	灌水次数	1	1	0	1
		灌水量(m³/hm²)	230	240	0	220
	萝卜	灌水次数	1	1	0	1
		灌水量(m³/hm²)	150	160	0	150
2021	罗汉松	灌水次数	1	1	1	1
		灌水量(m³/hm²)	361	399	381	396
	空心菜	灌水次数	2	2	2	2
		灌水量(m³/hm²)	401	375	378	439

图9.13 经济作物的生长情况

9.1.7.2 苗木试区的土壤环境质量

（1）pH

不同水源灌溉条件下苗木试区的土壤 pH 变化如图9.14。可以看出,在 0~20cm、20~40cm 土层,各水源灌溉土壤 pH 呈现升高的趋势,在 0~20cm 土层,R1、R2、R3、R4 水源灌溉土壤 pH 分别升高了3.2%、4.6%、2.4%、1.5%;在 20~40cm 土层,R1、R2、R3、R4 水源灌溉土壤 pH 分别升高了 16.0%、7.5%、5.4%、3.7%;在 40~60cm、60~80cm 土层,各水源灌溉土壤 pH 呈下降趋势;在 40~60cm 土层,R1、R2、R3、R4 水源灌溉土壤 pH 分别下降了0.5%、7.7%、7.7%、7.2%;在 60~80cm 土层,R1、R2、R3、R4 水源灌溉土壤 pH 分别下降了6.8%、3.2%、3.0%、1.5%;表明 40~60cm 土层再生水灌溉土壤 pH 降幅低于生态塘水 R3、河道清水灌溉 R4,而 60~80cm 土层相反。

（2）EC 与 WSS

不同水源灌溉条件下苗木试区的土壤 EC 与 WSS 变化如图9.15 所示,可以看出,EC 与 WSS 的变化趋势一致。在 0~20cm 土层,R1 水源灌溉 EC 值增加,增幅为6.1%,R2、R3、R4 水源灌溉 EC 值下降,降幅分别为26.5%、38.8%、47.0%。在 20~40cm 土层,R1、R2、R3 水源灌溉 EC 值增加,增幅分别为11.8%、12.8%、2.9%,R4 水源灌溉 EC 值下降,降幅为17.6%。在 40~60cm 土层,R1、R2、R3、R4 水源灌溉 EC 值下降,降幅分别为13.5%、18.9%、21.6%、32.4%;60~80cm 土层,R1、R2、R3 水源

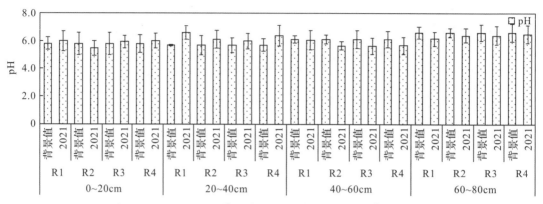

图 9.14　不同水源灌溉条件下苗木试区的土壤 pH 变化

灌溉 EC 值增加,增幅分别为 10.0%、13.3%、3.3%,R4 水源灌溉 EC 值下降,降幅为
20.0%。这表明再生水灌溉可以增加在 0 ~ 20cm、20 ~ 40cm、60 ~ 80cm 土层 EC 值。
在 0 ~ 20cm 土层,R1 水源灌溉土壤 WSS 含量均呈现增加的趋势,增幅为 25.0%,R2
与背景值一致,R3、R4 水源灌溉 WSS 值降低,降幅均为 25.0%。在 20 ~ 40cm 土层,
R1、R2 水源灌溉 WSS 值升高,R3、R4 相反。在 40 ~ 60cm 土层,各水源灌溉 WSS 值均
降低,且降幅一致。在 60 ~ 80cm 土层,R1、R2 水源灌溉 WSS 值增加,增幅均为
25.0%,R3 与背景值一致,R4 下降 25.0%。这可以看出再生水灌溉 WSS 含量的增幅
高于生态塘水与河道清水灌溉。

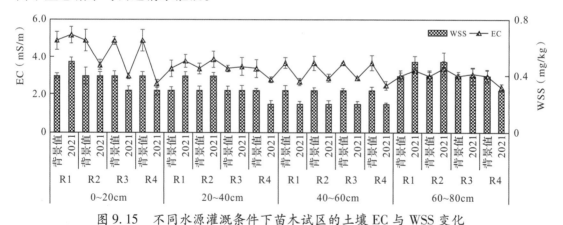

图 9.15　不同水源灌溉条件下苗木试区的土壤 EC 与 WSS 变化

（3）OM

不同水源灌溉条件下苗木试区的土壤 OM 变化见图 9.16。可以看出在 0 ~ 20cm 和
20 ~ 40cm 土层,R1 水源灌溉 OM 增加,增幅分别为 38.7% 和 21.6%,R2、R3、R4 水源
OM 降低,降幅分别为 31.7% 和 21.9%、33.8% 和 26.1%、37.4% 和 26.4%;在 40 ~ 60cm
和 60 ~ 80cm 土层,各水源灌溉土壤 OM 含量均呈现增加趋势,R1、R2、R3、R4 水源灌溉
OM 值分别增加了 1.37 倍和 1.24 倍、1.26 倍和 1.15 倍、1.19 倍和 1.14 倍、1.16 倍和

1.12倍;表明再生水灌溉OM值的增幅高于河道清水灌溉。

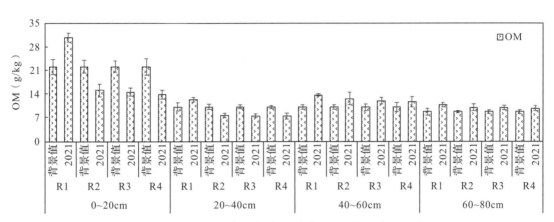

图9.16 不同水源灌溉条件下苗木试区的土壤OM变化

（4）$NH_4^+ - N$ 与 $NO_3^- - N$

不同水源灌溉条件下苗木试区的土壤 $NH_4^+ - N$、$NO_3^- - N$ 的含量变化见图9.17。对于 $NH_4^+ - N$ 含量,在 $0 \sim 20cm$ 土层,R1、R2、R3、R4水源灌溉 $NH_4^+ - N$ 的含量下降,降幅分别为79.1%、77.5%、89.9%、93.3%;在 $20 \sim 40cm$ 土层,各水源灌溉 $NH_4^+ - N$ 的含量增加,R1、R2、R3、R4增幅分别为73.1%、76.2%、53.8%、56.1%,表明再生水灌溉根层土壤 $NH_4^+ - N$ 含量增幅高于河道清水;在 $40 \sim 60cm$ 和 $60 \sim 80cm$ 土层,各水源灌溉土壤 $NH_4^+ - N$ 含量的均呈降低趋势,R1、R2、R3、R4降幅分别为60.8%和48.2%、60.6%和56.3%、68.7%和64.6%、74.7%和73.6;可见,再生水灌溉可以增加 $20 \sim 40cm$ 土层的 $NH_4^+ - N$ 含量,对于其余土层,再生水灌溉土壤 $NH_4^+ - N$ 含量的降幅小于河道清水。

对于 $NO_3^- - N$ 含量,在 $0 \sim 20cm$ 土层,R1水源灌溉 $NO_3^- - N$ 含量增加,增幅为36.1%,R2、R3、R4水源灌溉 $NO_3^- - N$ 含量降低,降幅分别为59.2%、55.8%、46.1%;$20 \sim 40cm$ 和 $40 \sim 60cm$ 土层的 $NO_3^- - N$ 变化均呈现下降趋势。其中,在 $20 \sim 40cm$ 土层,R1、R2、R3、R4降幅分别为39.5%、19.5%、25.0%、23.6%;在 $40 \sim 60cm$ 土层,R1、R2、R3、R4降幅分别为39.5%、51.2%、56.4%、55.8%;在 $60 \sim 80cm$ 土层,R1、R2、R3水源灌溉 $NO_3^- - N$ 含量增加,增幅分别为3.4%、5.1%、2.3%,R4水源灌溉 $NO_3^- - N$ 含量降低,降幅为5.7%。可以看出,再生水灌溉增加了 $60 \sim 80cm$ 土层的 $NO_3^- - N$ 含量。

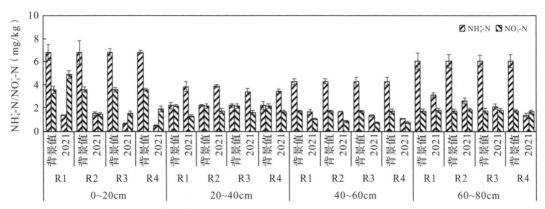

图 9.17　不同水源灌溉条件下苗木试区的土壤 NH₄⁺ - N、NO₃⁻ - N 的含量变化

（5）TN 与 TP

不同水源灌溉条件下苗木试区的土壤 TN、TP 含量变化见图 9.18。各土层土壤 TN 含量均呈现降低趋势。在 0 ~ 20cm 土层，R1、R2、R3、R4 水源灌溉 TN 值分别降低 33.3%、1.4%、9.7%、6.9%。在 20 ~ 40cm 土层，R1、R2、R3、R4 水源灌溉 TN 值分别降低 48.2%、64.3%、19.6%、7.1%。在 40 ~ 60cm 土层，R1、R2、R3、R4 水源灌溉 TN 值分别降低 48.8%、53.5%、55.8%、58.1%。在 60 ~ 80cm 土层，R1、R2、R3、R4 水源灌溉 TN 值分别降低 50.0%、61.4%、61.4%、59.1%。可见，在 0 ~ 40cm 土层，再生水灌溉土壤 TN 降幅高于河道清水，40 ~ 80cm 土层的情况相反。对于 TP 含量，在 0 ~ 20cm 土层，各水源灌溉后 TP 含量均呈现降低趋势，R1、R2、R3、R4 水源灌溉 TP 降幅分别为 49.2%、23.8%、28.5%、22.2%；在 20 ~ 40cm、40 ~ 60cm、60 ~ 80cm 土层，各水源灌溉后 TP 含量均呈现增加趋势，且再生水灌溉土壤 TP 降幅高于河道清水。

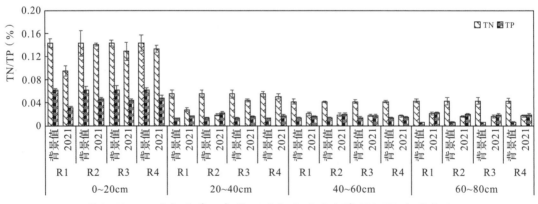

图 9.18　不同水源灌溉条件下苗木试区的土壤 TN、TP 含量变化

（6）重金属

不同水源灌溉条件下苗木试区的土壤重金属的含量变化见图 9.19。不同的土层重金属含量变化表现为 0 ~ 20cm > 40 ~ 60cm > 20 ~ 40cm ≈ 60 ~ 80cm，重金属含量表现为

Zn > Pb > Cr > Cu > Cd。在 0～20cm 土层,土壤中 Cd、Cu 含量增加,Cd 含量增幅表现为 R1 > R4 ≈ R2 > R3,Cu 含量增幅表现为 R1 > R2 > R3 > R4;Cr、Pb、Zn 含量下降,相比背景值,R1、R2、R3、R4 水源灌溉,试区土壤 Cr 分别降低 17.1%、14.6%、4.9%、7.3%,Pb 含量分别降低 12.0%、16.0%、36.0%、32.0%,Zn 含量分别降低 54.2%、52.5%、54.3%、51.7%。在 20～40cm 土层,土壤中 Cd 含量增加,增幅表现为 R1 > R2 ≈ R4 > R3;其余的重金属含量均呈现下降趋势,相比背景值,R1、R2、R3、R4 水源灌溉时,试区土壤 Pb 含量分别降低 0、17.5%、12.5%、17.5%,Cr 含量分别降低 16.0%、20.0%、12.0%、8.0%,Cu 含量分别降低 14.3%、14.3%、0%、0%,Zn 含量分别降低 46.8%、39.0%、38.7%、36.4%。40～60cm 土层,与 20～40cm 土层的情况相似,土壤中 Cd 含量增加,增幅表现为 R1 > R2 > R3 ≈ R4;其余的重金属含量均呈现下降趋势,相比背景值,R1、R2、R3、R4 水源灌溉时,试区土壤 Pb 含量分别降低 39.5%、5.3%、5.4%、13.2%,Cr 含量分别降低 59.6%、63.5%、56.9%、55.8%,Cu 含量分别降低 25.0%、25.0%、14.3%、25.0%,Zn 含量分别降低 46.3%、26.8%、35.0%、41.5%。在 60～80cm 土层,土壤中 Cd 含量增加,增幅表现为 R1 > R2 > R4 > R3;其余的重金属含量均呈现下降趋势,相比背景值,R1、R2、R3、R4 水源灌溉时,试区土壤 Pb 含量分别降低 8.1%、8.1%、19.4%、27.0%,Cr 含量分别降低 24.0%、16.0%、16.7%、20.0%,Cu 含量分别降低 0、16.7%、16.7%、0,Zn 含量分别降低 46.3%、31.3%、43.8%、47.5%。综上,不同土层的重金属含量变化表现为 0～20cm > 40～60cm > 20～40cm ≈ 60～80cm,重金属含量表现为 Zn > Pb > Cr > Cu > Cd;在 0～20cm 土层,土壤中 Cd、Cu 含量增加;在 20～80cm 土层,Cd 含量增加;总体上,R3、R4 水源灌溉土壤重金属含量的变化基本一致。

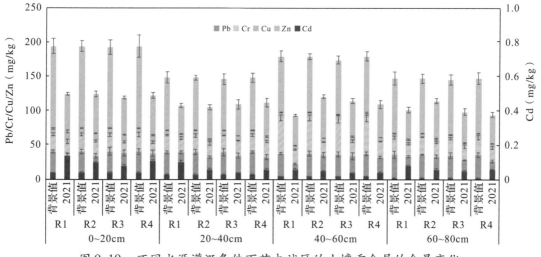

图 9.19　不同水源灌溉条件下苗木试区的土壤重金属的含量变化

9.1.7.3 蔬菜试区的土壤环境质量

（1）pH

蔬菜试区的土壤 pH 变化见图 9.20。在 0 ~ 20cm、20 ~ 40cm 土层,各水源灌溉土壤 pH 呈现升高趋势。在 0 ~ 20cm 土层,R1、R2、R3、R4 水源灌溉 pH 分别升高了 8.4% 、14.0% 、7.8% 、5.3% 。在 20 ~ 40cm 土层,R1、R2、R3、R4 水源灌溉 pH 分别升高了 10.9% 、12.3% 、9.5% 、7.9% 。这表明再生水灌溉土壤 pH 的增幅高于河道清水灌溉 R4。在 40 ~ 60cm、60 ~ 80cm 土层,各水源灌溉土壤 pH 呈现下降趋势。在 40 ~ 60cm 土层,R1、R2、R3、R4 水源灌溉 pH 分别下降了 0.3% 、1.0% 、2.5% 、3.3% ;在 60 ~ 80cm 土层,R1、R2、R3、R4 水源灌溉 pH 分别下降了 1.4% 、3.4% 、4.0% 、4.0% 。这表明再生水灌溉土壤 pH 的降幅低于生态塘水和河道清水灌溉。

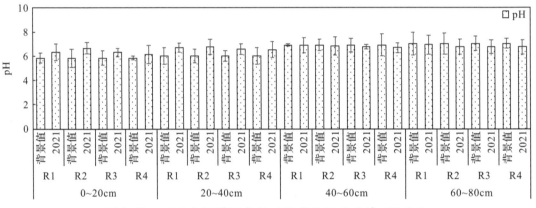

图 9.20　不同水源灌溉条件下蔬菜试区的土壤 pH 变化

（2）EC 与 WSS

不同水源灌溉条件下蔬菜试区的土壤 EC 与 WSS 变化见图 9.21 所示。可以看出, EC 与 WSS 变化趋势一致,各土层 EC 变化随着土层深度的增加而降低。40 ~ 60cm 与 60 ~ 80cm 土层的 EC 值相近,各水源灌溉后,EC 值均呈现增加趋势。在 0 ~ 20cm 土层, R1、R2、R3、R4 水源灌溉 EC 值分别增加了 3.21 倍、2.90 倍、2.52 倍、2.07 倍。在 20 ~ 40cm 土层,R1、R2、R3、R4 水源灌溉 EC 值分别增加了 2.26 倍、1.65 倍、1.61 倍、1.52 倍。在 40 ~ 60cm 土层,R1、R2、R3、R4 水源灌溉 EC 值分别增加了 1.16 倍、1.25 倍、1.09 倍、1.22 倍。在 60 ~ 80cm 土层,R1、R2、R3、R4 水源灌溉 EC 值分别增加了 1.12 倍、1.25 倍、1.06 倍、1.06 倍。这表明随着土层深度增加,EC 增幅降低,同时再生水灌溉 EC 的增幅高于生态塘水与河道水灌溉。在 0 ~ 20cm 土层,各水源灌溉土壤 WSS 含量均呈现增加趋势,R1、R2、R3、R4 水源灌溉 WSS 值分别增加了 3.67 倍、2.67 倍、2.33 倍、2.00 倍,其余土层与背景值基本一致,可以看出,在 0 ~ 20cm 土层,再生水灌溉 WSS 含量的增幅高于生态塘水与河道清水灌溉。

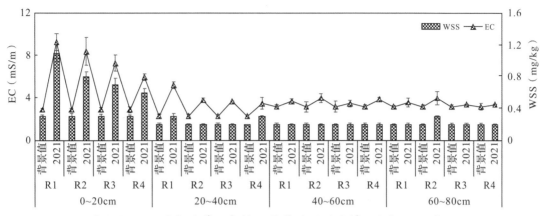

图9.21 不同水源灌溉条件下蔬菜试区的土壤 EC 与 WSS 变化

（3）OM

不同水源灌溉条件下蔬菜试区的土壤 OM 的变化见图9.22。可以看出，各土层 OM 变化随着土层深度的增加而呈现降低趋势。在 0～20cm、20～40cm、40～60cm 土层，各水源灌溉土壤 OM 含量均呈现降低趋势。其中，在 0～20cm 土层，R1、R2、R3、R4 水源灌溉 OM 值分别降低 4.0%、14.2%、6.7%、8.0%。在 20～40cm 土层，R1、R2、R3、R4 水源灌溉 OM 值分别降低 36.2%、27.8%、17.7%、25.8%。在 40～60cm 土层，R1、R2、R3、R4 水源灌溉 OM 值分别降低 5.2%、12.3%、18.5%、20.0%。可见，在 0～20cm、20～40cm 土层，再生水灌溉土壤 OM 降幅高于河道清水，40～60cm 土层的情况相反；在 60～80cm 土层，R1、R2、R3、R4 水源灌溉 OM 值分别增加了 1.67 倍、1.65 倍、1.62 倍、1.30 倍，表明再生水灌溉 OM 值的增幅高于河道清水灌溉。

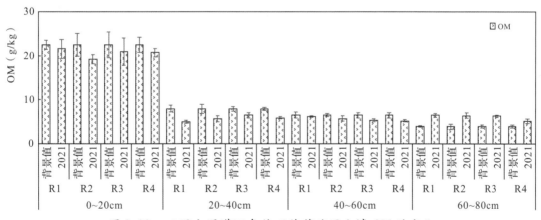

图9.22 不同水源灌溉条件下蔬菜试区土壤 OM 的变化

（4）$NH_4^+ - N$ 与 $NO_3^- - N$

不同水源灌溉条件下蔬菜试区的土壤 $NH_4^+ - N$、$NO_3^- - N$ 含量的变化见图9.23。对于 $NH_4^+ - N$ 含量，各土层 $NH_4^+ - N$ 含量表现为 0～20cm > 60～80cm > 40～60cm > 20～

40cm,与根系分布在 20~40cm 土层有关。在 0~20cm 土层,R1 水源灌溉 NH_4^+ -N 含量增加,增幅为 27.7%,R2、R3、R4 水源灌溉 NH_4^+ -N 含量下降,降幅分别为 39.7%、35.3%、38.9%;在 20~40cm 和 40~60cm 土层,各水源灌溉 NH_4^+ -N 含量增加,在 20~40cm 土层,R1、R2、R3、R4 增幅分别为 2.97 倍、2.55 倍、3.13 倍、3.23 倍;在 40~60cm 土层,R1、R2、R3、R4 增幅分别为 3.07 倍、4.47 倍、3.23 倍、2.90 倍,表明根层(20~40cm)再生水灌溉 NH_4^+ -N 增幅小于河道清水,40~60cm 土层的情况相反;在 60~80cm 土层,各水源灌溉 NH_4^+ -N 均下降,R1、R2、R3、R4 降幅分别为 57.2%、46.0%、33.5%、278%。可见,再生水灌溉土壤 NH_4^+ -N 的降幅高于河道清水。对于 NO_3^- -N 含量,各土层 NO_3^- -N 含量随着土层深度的增加而呈现降低趋势,在 0~20cm 土层,各水源灌溉 NO_3^- -N 含量增加,R1、R2、R3、R4 增幅分别为 55.8%、69.3%、63.6%、51.5%;其余土层 NO_3^- -N 含量变化均呈现下降趋势,其中,在 20~40cm 土层,R1、R2、R3、R4 降幅分别为 54.5%、56.5%、35.3%、51.7%;在 40~60cm 土层,R1、R2、R3、R4 降幅分别为 38.3%、55.1%、55.5%、64.8%;在 60~80cm 土层,R1、R2、R3、R4 降幅分别为 43.2%、29.5%、40.3%、48.3%。可以看出,再生水灌溉土壤 NO_3^- -N 含量高于河道清水。

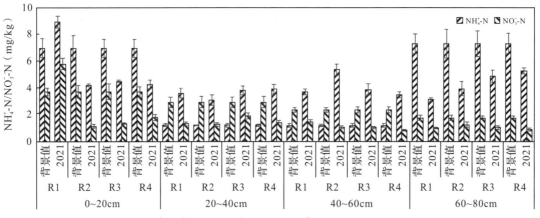

图 9.23　不同水源灌溉条件下蔬菜试区的土壤 NH_4^+ -N、NO_3^- -N 含量的变化

(5)TN 与 TP

蔬菜试区的土壤 TN、TP 含量的变化见图 9.24。对于 TN 含量,各土层 TN 变化随着土层深度的增加而呈现降低趋势。在 0~20cm 土层,各水源灌溉土壤 TN 含量均呈现增加趋势,R1、R2、R3、R4 水源灌溉 TN 值分别增加了 61.6%、63.0%、53.4%、50.7%。可见,再生水灌溉土壤 TN 的增幅高于河道清水灌溉;在 20~40cm 土层,R1、R2、R3 水源灌溉 TN 值呈现降低趋势,分别降低 41.7%、27.0%、16.7%,R4 水源灌溉后土壤 TN 含量与背景值一致;在 40~60cm 土层,R1 水源灌溉后土层 TN 含量与背景值一致,R2、R3、R4 水源灌溉后 TN 含量增加,分别增加了 0、7.1%、25.0%、50.0%;在 60~80cm 土层,各水源灌溉土壤 TN 含量均呈现增加趋势,R1、R2、R3、R4 水源灌溉 TN 值分别增加了 63.2%、63.2%、94.7%、152.6%。可见,再生水灌溉表层土壤 TN 含量的增幅高于河道清水,其余

土层的情况相反。对于 TP 含量,各水源灌溉后 TP 含量均呈现降低趋势,R4 灌溉下 TP 的降幅高于再生水灌溉。

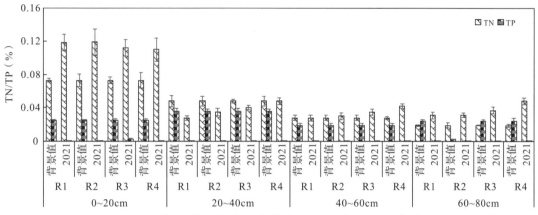

图 9.24 不同水源灌溉条件下蔬菜试区的土壤 TN、TP 含量的变化

(6)重金属

不同水源灌溉条件下蔬菜试区的土壤重金属含量的变化见图 9.25。不同土层重金属含量的变化表现为 0～20cm＞20～40cm＞40～60cm＞60～80cm,即重金属含量随着土层深度的增加而呈现降低趋势,重金属含量表现为 Zn＞Pb＞Cr＞Cu＞Cd。在 0～20cm 土层,土壤中 Cd、Pb 含量增加,Cd 含量的增幅表现为 R1＞R2≈R3＞R4,Pb 含量的增幅表现 R1＞R2＞R3＞R4;Cr、Cu、Zn 含量下降,相比背景值,R1、R2、R3、R4 水源灌溉时,试区土壤 Cr 分别降低 0、8.3%、8.3%、4.2%,Cu 含量分别降低 33.3%、41.7%、41.7%、33.3%,Zn 含量分别降低 47.6%、52.4%、57.1%、61.9%。在 20～40cm 土层,土壤中 Cd 含量增加,增幅表现为 R1＞R2≈R4＞R3;其余的重金属含量均呈现下降趋势,相比背景值,R1、R2、R3、R4 水源灌溉时,试区土壤 Pb 含量分别降低 5.7%、2.9%、5.7%、8.6%,Cr 含量分别降低 13.3%、10.0%、20.0%、26.7%,Cu 含量分别降低 50.0%、60.0%、40.0%、50.0%,Zn 含量分别降低 51.1%、39.8%、54.5%、60.2%。在 40～60cm 土层,其与 0～20cm 土层的情况相似,土壤中 Cd、Pb 含量增加,Cd 含量的增幅表现为 R1＞R2＞R3≈R4,Pb 含量的增幅表现为 R1＞R2＞R3≈R4;其余的重金属含量均呈现下降趋势,相比背景值,R1、R2、R3、R4 水源灌溉时,试区土壤 Cr 含量分别降低 12.5%、31.3%、28.1%、31.3%,Cu 含量分别降低 55.6%、55.6%、55.6%、66.7%,Zn 含量分别降低 40.0%、31.4%、40.0%、443%。在 60～80cm 土层,土壤中 Cd、Pb 含量增加,Cd 含量增幅表现为 R1≈R2＞R3≈R4,Pb 含量增幅表现为 R1＞R2＞R4＞R3;其余的重金属含量均呈现下降趋势,相比背景值,R1、R2、R3、R4 水源灌溉时,试区土壤 Cr 含量分别降低 7.4%、0、7.4%、11.1%,Cu 含量分别降低 44.4%、55.6%、55.6%、55.6%,Zn 含量分别降低 34.3%、31.3%、40.3%、44.8%。综上,不同土层的重金属含量随着土层深度的增加而呈现降低趋势,重金属含量表现为 Zn＞Pb＞Cr＞Cu＞Cd,在 0～20cm、40～60cm、60～80cm 土层,土壤中 Cd、Pb 含量增加,20～40cm 土层中仅 Cd 含量增加。

总体上,R3、R4 水源灌溉土壤重金属含量的变化基本一致。

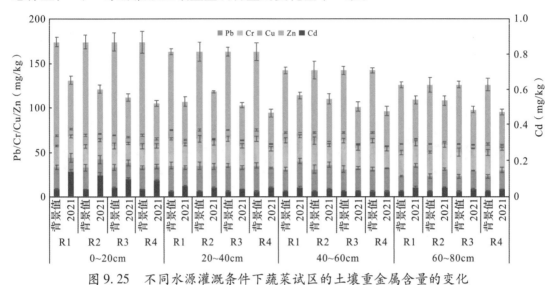

图 9.25　不同水源灌溉条件下蔬菜试区的土壤重金属含量的变化

9.1.7.4　产量与品质

对经济作物(空心菜)进行 4 种水源灌溉后,品质和产量指标见表 9.22 所示。可以看出,R4 水源灌溉下植株水分含量最高,R2 水源灌溉条件下水分含量最低,但各水源灌溉条件下差异不大。R1、R2、R3 水源灌溉下空心菜的硝酸盐含量显著低于 R4 水源灌溉下的。R4 水源灌溉下空心菜的维生素 C 含量和产量最高,R1 水源灌溉下相对最低,但是各水源灌溉之间的差异不显著。

表 9.22　空心菜品质指标及产量变化

处理	水分含量(g/100g)	硝酸盐含量(mg/kg)	维生素 C(mg/100g)	产量(kg/hm²)
M2R1	92.7	446.5	9.48	6972
M2R2	92.1	181.6	9.55	7096
M2R3	92.5	356.4	9.50	7024
M2R4	93.3	1183.0	9.57	7188

9.1.8　小　结

(1)低施肥条件下再生水灌溉处理的肥料氮在土壤表层的积累较为明显;适量减施氮肥有利于提高土壤 - 作物系统肥料氮与再生水氮素的利用效率;过量施肥则使再生水氮素在表层富集,降低对肥料氮的有效利用率;再生水氮素的浓度越高,植株对再生水中氮素的吸收利用量越大,但利用率不与浓度成正比,降低施肥梯度可以提高再生水氮素的有效性。

(2)对同一种灌溉水源,随着田间水位的升高,灌水量和灌水次数呈增加趋势,W1、W2、W3 调控灌溉水量分别为 3560 ~ 5405m³/hm²、4246 ~ 5508m³/hm²、4785 ~ 7106m³/hm²;随着田间灌溉水位上限和蓄水(蓄污)上限提高,稻田耗水量显著提高;不同灌溉水源稻田耗水的变化不显著($P > 0.05$);再生水灌溉有利于灌溉水利用,可以有效提高田间水分的利用效率。

(3)再生水灌溉可以有效提高土壤 INV、AMS、UR,其中,中高水位调控(W2、W3)酶活性的增幅高于低水位调控(W1);生态塘水、河道清水灌溉稻田酶活性与土壤环境质量相关性优于再生水灌溉;污水灌溉能显著增加表层土壤微生物的多样性。

(4)农村生活污水再生灌溉稻田田间安全高效利用的评价指标体系主要涉及水土环境安全、水肥资源高效利用、经济效益与作物品质 3 个方面,共计 19 个指标。当在污水来水量充足时,优先 R2 水源,采用中高水位调控;当来水量不足时,优先 R2 水源,将 R3 水源当成作物补充水源,采用中低水位调控。

(5)罗汉松的平均灌溉定额为 15.3 ~ 25.6m³/亩,萝卜的平均灌溉定额为 10.2m³/亩,空心菜的平均灌溉定额为 26.6m³/亩;再生水灌溉增加了表层土壤 EC 值、OM 含量、$NH_4^+ - N$ 含量与深层土壤 $NO_3^- - N$ 含量;表层土壤中 Cd、Cu 含量略增加,增幅不显著;再生水灌溉下空心菜的硝酸盐含量显著低于河道水灌溉,河道水灌溉下空心菜的维生素 C 含量和产量最高,R1 水源灌溉下最低,但是各水源灌溉之间的差异不显著。

9.2　农村生活再生水灌溉对水土环境及作物生长的影响

9.2.1　再生水灌溉对稻田剖面土壤环境的影响

4 种再生水的水质:水稻生育期内(以 2021 年灌溉周期为例,见图 9.26)对灌溉水进行水质测定。其中,R1、R2、R3、R4 水源分别为污水处理站进水、出水、生态塘出水、河道水。R1、R2、R3、R4 的 TN 分别为 16.1mg/L、13.6mg/L、2.2mg/L、4.4mg/L;$NH_4^+ - N$ 浓度均值分别为 13.4mg/L、10.0mg/L、0.8mg/L、1.7mg/L;$NO_3^- - N$ 浓度均值分别为 0.016mg/L、0.020mg/L、0.281mg/L、0.611mg/L;COD 浓度均值分别为 25.7mg/L、24.9mg/L、8.3mg/L、16.7mg/L;LAS 浓度均值分别为 0.22mg/L、0.10mg/L、0.03mg/L、0.05mg/L。各水源水质由优到劣排序为 R3 > R4 > R2 > R1。TN 与 $NH_4^+ - N$ 浓度变化的规律一致,$NO_3^- - N$ 含量较低,TN 和 $NH_4^+ - N$ 含量在 7 月、8 月较高。R1 ~ R4 作为灌溉水,其各污染物的含量均符合《城镇污水处理厂污染物排放标准》(GB 18918—2002)以及《农田灌溉水质标准》(GB 5084—2021)。

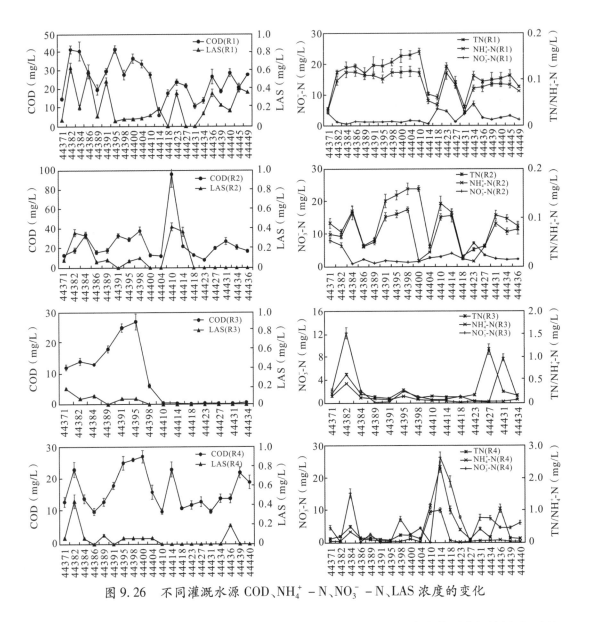

图 9.26　不同灌溉水源 COD、NH_4^+-N、NO_3^--N、LAS 浓度的变化

再生水灌溉后剖面土壤理化指标的变化以及污染物的迁移趋势、累积效果主要从 pH、电导率、水溶性盐、有机质、总氮、总磷、氨氮、硝氮、重金属、新污染物等方面进行分析。W1、W2、W3 分别代表低、中、高水位调控,3 种水位的调控方式详情见 9.1. 2.1。

（1）pH

不同灌溉水源和不同水位调控条件下水稻土壤 pH 的年际变化见图 9.27 所示,试验区内土壤整体偏酸性,且随着土层深度的增加,土壤 pH 升高,80cm 处的土壤接近中性,表层(0～20cm)和深层(60～80cm)土壤内的 pH 变化较小,中间土层(20～40cm 和

40~60cm)pH 的变化较大,这与水稻根系的分布范围有关。总体上,各土层 pH 的变化不大,只有在 R1 水源灌溉时,0~20cm 和 20~40cm 土层 pH 相比 2020 年和 2021 年背景值均有所增加(分别为 3.0%、4.0%;2.8%、3.6%);而 R2、R3 和 R4 没有明显的变化。相比 W1 和 W2,W3 水位调控下,60~80cm 土层的 pH 下降明显(两年分别降低 0.2% 和 6.0%)。可见,再生水灌溉相比河道水灌溉提高 0~20cm 和 20~40cm 土层的 pH,高水位调控可以降低 60~80cm 土层的 pH。

总体而言,再生水灌溉下试验区稻田土壤由偏酸性向中性方向移动,而参与土壤中有机质分解的微生物大多在接近中性的环境下生长发育,进而将有机质分解为速效态养分来供植物吸收。因此,再生水灌溉更有利于土壤肥力的增加,从而更有利于作物吸收利用土壤中的养分,对作物生长安全有利。

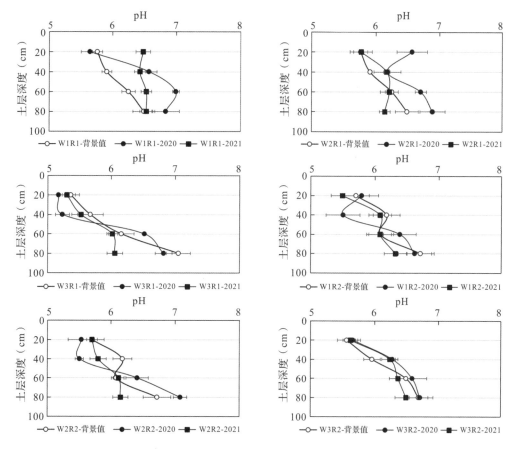

图 9.27　不同灌溉水源和不同水位调控条件下稻田 pH 的年际变化

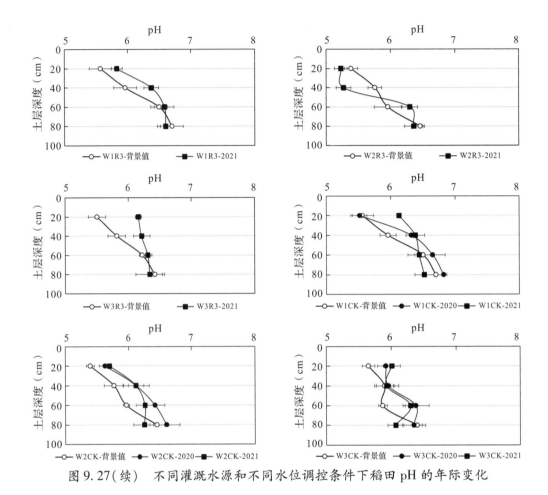

图 9.27(续)　不同灌溉水源和不同水位调控条件下稻田 pH 的年际变化

(2)电导率(EC)

不同灌溉水源和不同水位调控条件下稻田 EC 的年际变化见图 9.28 所示。R1、R2 水源灌溉稻田各土层的 EC 值均显著增加;用 R1、R2、R3 和 R4 水源灌溉与 2021 年的背景值相比,分别增加了 56.0%、40.6%、68.8% 和 87.9%;其中,R1 和 R2 提升 0～80cm 整体土层的 EC 值,而 R3、R4 水源灌溉仅增加稻田 0～20cm 土层的 EC 值。相比背景值,W1 水位调控时 0～20cm 土层稻田 EC 的增幅最大(平均增幅为 56.6%),W2 水位调控时 0～20cm 和 20～40cm 土层分别增加了 1.66 倍和 1.27 倍;W3 水位调控时 0～80cm 四个土层分别增加 1.88 倍、1.14 倍、0.98 倍、1.03 倍;其中,表层(0～20cm)土壤 EC 值的增速随着田间控制水位的增加而增大。

总体而言,再生水灌溉下试验区稻田土壤 EC 值明显增加,而 EC 在一定程度上反映了土壤肥力的水平,因此,再生水灌溉更有利于增强土壤中吸附性离子的离解和交换性能,增加各种离子与土壤胶体相互作用的强度,有利于土壤肥力的增加,对作物生长有利。

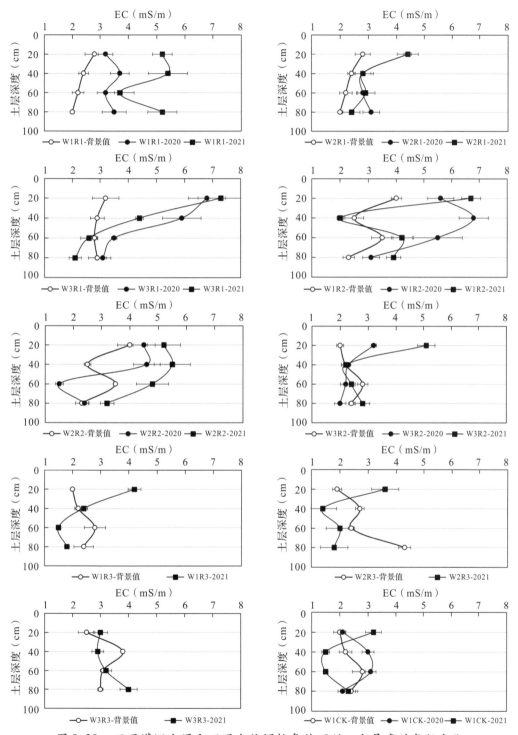

图 9.28 不同灌溉水源和不同水位调控条件下稻田电导率的年际变化

（3）有机质（OM）

不同灌溉水源和水位调控条件下稻田 OM 含量的年际变化见图 9.29。相比背景值，R1 和 R2 水源灌溉下 60~80cm 土层 OM 含量增加明显；R3 和 R4 水源灌溉时各土层 OM 含量随着时间推进均呈现下降趋势。研究认为，再生水灌溉对土壤表层和深层有机质含量增加最为有利，这可能与灌溉水中较高的氮磷含量有关，残留在土壤中的根系由于氮磷养分的影响进而生长产生了有机质。除 W3 水位调控下的表层土壤（0~20cm）OM 含量略有增加外（5.9%），W1 和 W2 水位调控下土层 OM 含量普遍下降（分别为21.13% 和 7.81%），W3 高水位调控有利于表层 0~20cm 土层 OM 含量增加。

总体而言，再生水灌溉下试验区稻田土壤有机质增加，而有机质是土壤养分的主要来源，在土壤微生物的作用下，分解释放出植物所需的各种元素；同时对土壤的理化性质和生物特性有很大的影响，因此，再生水灌溉更有利于作物生长。

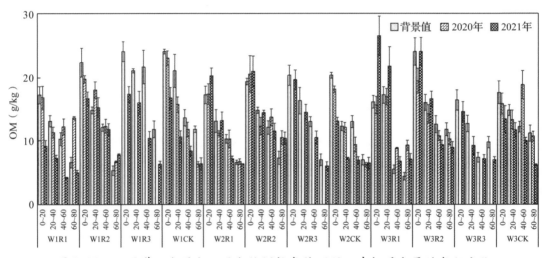

图 9.29 不同灌溉水源和不同水位调控条件下稻田有机质含量的年际变化

（4）水溶性盐（WSS）

不同水源和不同水位调控条件下稻田水溶性盐含量的年际变化见图 9.30。总体而言，水溶性盐含量的年际变化不大，20~40cm 和 40~60cm 土层的土壤可溶性盐含量相对稳定，表层和深层土壤略有波动，各处理土层内可溶性盐的含量在 0.1~0.6g/kg 之间。相比背景值，R1 水源灌溉 20~40cm 和 40~60cm 土层的降幅较大，分别为 42.9%、30.9%；R2 水源灌溉时 0~20cm 和 20~40cm 分别增加了 22.2%、33.0%，60~80cm 土层则略微降低（16.7%）；R3 水源灌溉时 0~20cm 和 20~40cm 土层分别增加了 20.0%、33.3%；而 R4 水源灌溉时各土层 WSS 含量的变化不大。可见，再生水水源灌溉稻田WSS 含量的波动较大，而水位调控对稻田 WSS 含量的影响较小。

（5）全氮（TN）

不同灌溉水源和不同水位调控条件下稻田 TN 含量的年际变化见图 9.31。相比背景值，R1 水源灌溉时除 0~20cm 土层 TN 含量增加外（14.9%），其余土层均下降（平均

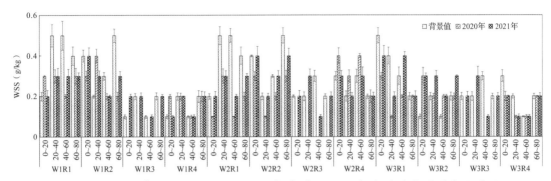

图 9.30　不同灌溉水源和不同水位调控条件下稻田水溶性盐含量的年际变化

为 31.57%)；而 R2、R3 和 R4 水源灌溉时各土层 TN 含量的普遍下降 (平均下降 31.57% 、45.45% 和 34.65%)。除 R1 水源灌溉有利于增加稻田表层土壤 TN 含量外，其余水源灌溉 TN 含量的年际变化均呈现降低趋势。同样除了 W3 水位调控下的表层土 TN 含量增加(8.5%)外，其余水位调控下(W1、W2 和 W3 的 20 ~ 80cm 土层)均呈下降趋势(分别降低 46.03% 、35.48% 和 19.77%)。高水位调控增加表层稻田 TN 含量，可能由于再生水灌溉能带入大量的氮素，且水位越高，氮素的绝对含量越大，导致高水位时 TN 增加最多。此外，40 ~ 60cm 土层 TN 含量的平均降幅高于 20 ~ 40cm 土层，且随着水位升高，其下降减慢，这是由于根系主要分布在 40 ~ 60cm 土层内，根系活动旺盛，对氮素的吸收利用较多，高水位影响呼吸作用，因此，根系吸收减弱，下降较慢。

　　总体而言，不同水源灌溉条件下试验区稻田土壤全氮的含量降低，而高浓度的再生水灌溉下土壤中全氮的含量较高，这或许是监测时段内作物对氮的吸收有限所致，因此，较低浓度的再生水灌溉更有利于作物对土壤全氮的吸收利用，从而提高土壤中氮素的利用效率。

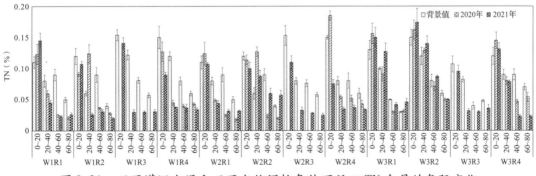

图 9.31　不同灌溉水源和不同水位调控条件下稻田 TN 含量的年际变化

（6）全磷（TP）

不同灌溉水源和不同水位调控条件下稻田 TP 含量的年际变化见图 9.32。分析土壤 TP 含量的变化发现，TP 含量总体上低于 TN 含量且变化幅度小于 TN，这是由于磷素在土壤中不易迁移。相比背景值，R1 水源灌溉时 20 ~ 40cm 和 40 ~ 60cm 土层 TP 含量下降明显；R2 水源灌溉时 0 ~ 20cm 和 40 ~ 60cm 土层分别增加了 19.0% 和 25.8% ，而

20～40cm 和 60～80cm 土层则分别下降了 15.0% 和 6.3%;而在用 R3 和 R4 水源灌溉时各土层 TP 含量则普遍下降(平均为 4.4% 和 28.57%)。在不同水位的调控过程中,W1 水位调控下普遍降低(平均下降 18.53%);W3 水位调控下则是除了最下层(60～80cm)土壤 TP 含量明显增加外,其余土层均下降(平均降低 21.97%),而 W2 水位调控过程中除了 0～20cm 土层含量增加(平均为 21.5%),其余均呈下降趋势(平均为 10.82%)。由以上分析可知,W2 水位调控有利于 0～20cm 土层 TP 含量增加,W3 水位调控有利于 60～80cm 土层 TP 含量增加,R2 水源灌溉有利于增加稻田表层 TP 的含量。

总体而言,再生水灌溉条件下试验区稻田土壤全磷含量降低,磷元素能促进根系的呼吸作用,增加养分吸收,说明再生水灌溉更有利于作物对土壤全磷的吸收利用,从而提高土壤中磷素的利用效率,有利于作物生长。

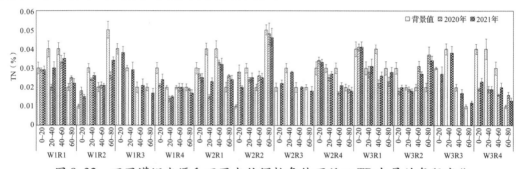

图 9.32　不同灌溉水源和不同水位调控条件下稻田 TP 含量的年际变化

(7)铵态氮(NH_4^+-N)

不同水源和不同水位调控条件下稻田 NH_4^+-N 含量的年际变化见图 9.33。相比背景值,R1 水源灌溉时 0～20cm 和 40～60cm 土层 NH_4^+-N 含量呈增加趋势(平均为 8.75% 和 14.25%);而在 R2、R3 和 R4 水源灌溉时各土层 NH_4^+-N 含量普遍下降(平均为 23.76%、13.63% 和 36.41%);其中,R4 水源灌溉 40～80cm 土层 NH_4^+-N 含量的降幅最大(64.8%)。W1 和 W2 水位调控下土层 NH_4^+-N 含量的年际变化均为下降趋势(分别平均降低 21.49% 和 21.98%);而 W3 水位调控下除 40～60cm 土层下降(平均 10.8%)外,其余土层含量均有所增加(平均为 6.97%)。结果表明,高水位调控 R1 水源灌溉,由再生水带入氮素而导致各土层 NH_4^+-N 含量升高。

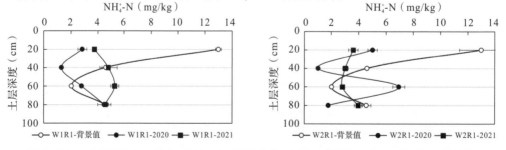

图 9.33　不同灌溉水源和不同水位调控条件下稻田 NH_4^+-N 含量的年际变化

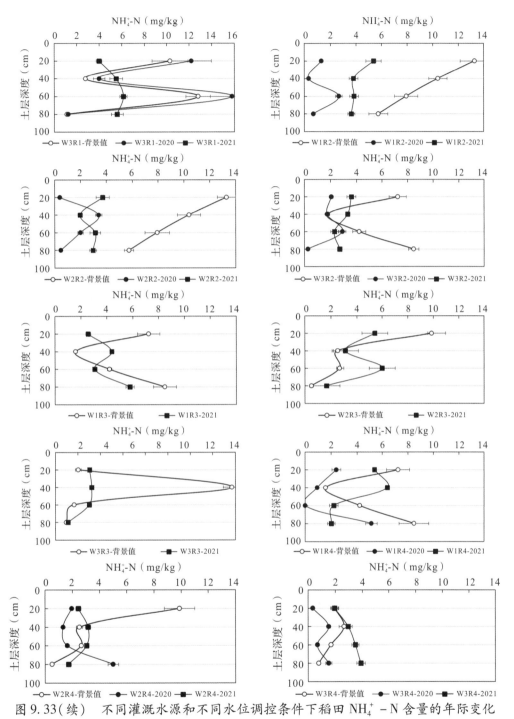

图 9.33（续）　不同灌溉水源和不同水位调控条件下稻田 $NH_4^+ - N$ 含量的年际变化

（8）硝态氮（$NO_3^- - N$）

不同水源和不同水位调控条件下稻田 $NO_3^- - N$ 含量的年际变化见图 9.34。与 $NH_4^+ - N$ 变化相比，土壤中 $NO_3^- - N$ 含量较低且波动较小。相比背景值，R1 水源灌溉时

0~20cm 和 20~40cm 土层 $NO_3^- - N$ 含量的年际变化呈现增加趋势（分别为 12.1% 和 34.05%），60~80cm 土层则呈降低趋势（平均下降了 32.1%）；R2 和 R4 水源灌溉时各土层 $NO_3^- - N$ 含量均呈下降趋势（平均为 24.13% 和 13.89%）；R3 水源灌溉时波动较大。W1 和 W2 水位调控时各土层 $NO_3^- - N$ 含量普遍下降（分别为 17.5% 和 23.99%）；而 W3 水位调控时土层 $NO_3^- - N$ 含量普遍增加（平均增加 18.85%）。结果表明，R1 水源灌溉过程中随着水位的升高，土层 $NO_3^- - N$ 含量逐渐增加。

总体而言，高浓度再生水灌溉条件下试验区稻田土壤 $NH_4^+ - N$ 和 $NO_3^- - N$ 含量有所增加，而 $NH_4^+ - N$ 和 $NO_3^- - N$ 可以直接被作物吸收利用，因此，低浓度的再生水有利于作物对 $NH_4^+ - N$ 和 $NO_3^- - N$ 的吸收利用，高浓度的再生水则对表层土壤 $NH_4^+ - N$ 和 $NO_3^- - N$ 的吸收利用有一定的抑制作用。

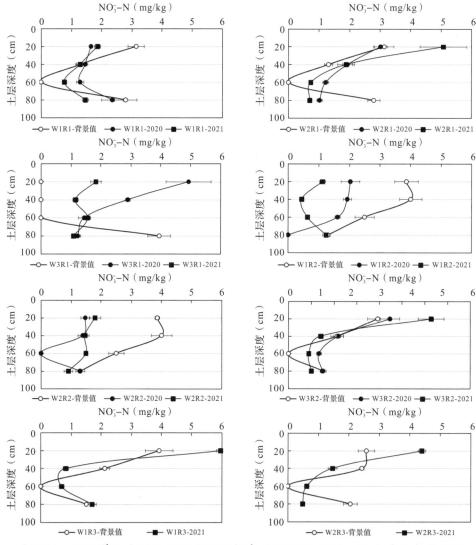

图 9.34　不同灌溉水源和不同水位调控条件下稻田 $NO_3^- - N$ 含量的年际变化

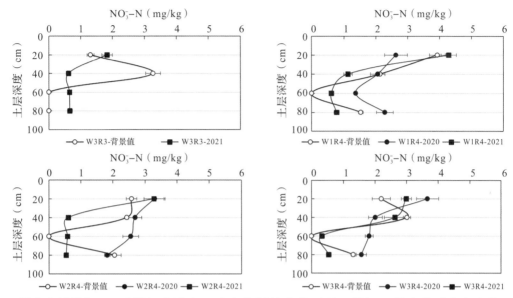

图 9.34（续） 不同灌溉水源和不同水位调控条件下稻田 $NO_3^- - N$ 含量的年际变化

（9）重金属

水稻生育期始末土壤各土层的重金属含量见图 9.35 所示。结果表明，回用水灌溉后土壤中的镉、铅含量略有升高，铬、铜、锌含量下降，与本研究的再生水主要来源于生活污水有关，该地区的生活污水中铬、铜、锌的含量较低。

4 种水源灌溉后，W1、W2 和 W3 水位调控下土层镉含量与背景值相比均有所增加。R1 和 R2 镉含量的最大值均在 20～40cm 土层，R4 则在 0～20cm 表层土壤；随着水位升高和灌溉时间增加，各土层镉含量增加且差异显著。镉含量在土壤表层中的含量明显高于深层，R1 水源灌溉的增幅最大，R2 其次，R3 水源下的增幅最小，可见 R1 和 R2 再生水灌溉能增加土壤中的镉含量。

对铬而言，W1、W2 和 W3 水位调控下，相比背景值，土层铬含量分别降低 2.3%、8.0% 和 7.4%，中高水位调控下土壤中的铬含量降低明显；不同水源（R1、R2 和 R4）灌溉条件下各土层铬含量分别降低 16.9%、-2.0%、4.61%。随着灌溉时间的增加，土壤铬含量变化显著。

对铜而言，再生水灌溉后土壤中的铜含量普遍下降。其中，W1、W2 和 W3 水位调控下土层铜含量分别比背景值降低 30.6%、29.9% 和 18.1%；表明中低水位下土层内铜含量的降幅较大，高水位时则降幅较小。不同水源（R1、R2、R3 和 R4）灌溉条件下各土层铜含量分别降低 9.4%、27.8%、32.5% 和 37.8%，灌溉水源及水位变化对土壤铜含量的影响显著。

与铜含量的变化类似，灌溉后所有处理土壤中的锌含量均下降。其中，W1、W2 和 W3 水位调控下土层锌含量分别比背景值降低 25.4%、29.0% 和 23.9%；不同水源（R1、R2、R3 和 R4）灌溉条件下各土层铜含量相比背景值分别降低 29.0%、19.0%、27.0% 和 28.3%。

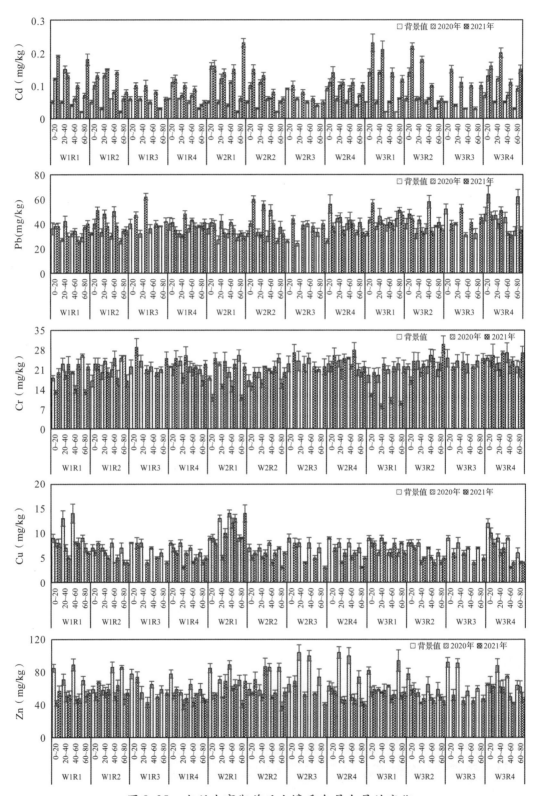

图 9.35　水稻生育期前后土壤重金属含量的变化

　　方差分析结果见表9.23,不同水位调控和灌溉水源对土壤中0~20cm土层镉含量达到极显著影响($P<0.01$),对20~40cm土层镉含量达到显著影响($P<0.05$),其余处理下镉含量在不同水源和不同水位调控下均无显著性差异;不同水位调控和灌溉水源对土壤各土层铅含量均无显著性差异;灌溉水源对土壤20~40cm土层铬含量达到极显著影响($P<0.01$),其余处理均无显著性差异;灌溉水源条件对40~60cm土层稻田铜含量有极显著影响($P<0.01$);水位调控和灌溉水源对各土层稻田锌含量均无显著影响。

表9.23　土壤重金属双因素的方差分析

土层	重金属									
	镉		铅		铬		铜		锌	
	W	R	W	R	W	R	W	R	W	R
0~20cm	**	**	NS	NS	NS	NS	NS	NS	NS	NS
20~40cm	*	*	NS	NS	NS	**	NS	NS	NS	NS
40~60cm	NS	NS	NS	NS	NS	NS	**	NS	NS	NS
60~80cm	NS	NS	NS	NS	NS	NS	NS	NS	NS	NS

注:** 表明 $P<0.01$,* 表明 $P<0.05$,NS 表明无显著性差异。

（10）新污染物

　　在稻田土壤中检测到16种新污染物(PPCPs),不同灌溉水源和不同水位调控条件下稻田新污染物含量的变化见图9.36。可以看出,在稻田新污染物中含量较高的有 ATE、MET、OLF、MAL、OXY、MIN 6种,随着土层深度的增加,PPCPs含量呈现降低趋势,同时,各土层PPCPs含量的年际变化表现为递增趋势。经再生水灌溉后所有处理土壤中PPCPs的含量显著增加,其中,R1、R2、R3 和 R4 灌溉水源条件下土层 PPCPs 含量分别增加了1.56倍、1.40倍、1.25倍和1.17倍;不同水位(W1、W2 和 W3)调控下土壤PPCPs含量显著增加,分别增加了1.29倍、1.27倍和1.25倍,PPCPs含量增幅表现为 R1>R2>R3≈R4。

　　综上,不同灌溉水源稻田PPCPs增速的差异较大,随着水位的增加,PPCPs含量的增速降低。参照我国《土壤环境质量建设用地土壤污染风险管控标准(试行)》标准,可知土壤中新污染物浓度的安全限值普遍在以 mg/kg 为单位的数量级,本研究中污灌过程中土壤新污染物浓度(在以 μg/kg 为单位的数量级)远低于标准限值,按照污水灌溉过程中的最大增速(1.56倍/年)计算,达到标准限值至少需要经过20年。

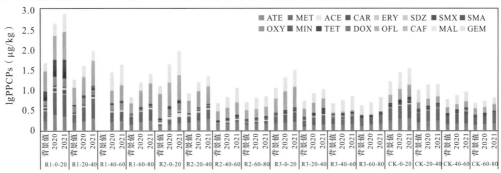

图9.36　不同灌溉水源和不同水位调控条件下稻田新污染物含量的变化

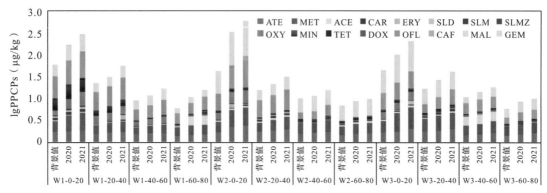

图 9.36（续）　不同灌溉水源和不同水位调控条件下稻田新污染物含量的变化

注：ATE（Atenolol）为阿替洛尔，MET（Metoprolol）为美特洛尔，ACE（Acetaminophen）为对乙酰氨基酚，CAR（Carbamazepine）为卡马西平，ERY（Erythromycin）为红霉素，SLD（Sulfadiazine）为磺胺嘧啶，SLM（Sulfamethoxazole）为磺胺甲噁唑，SLMZ（Sulfamethazine）磺胺二甲嘧啶，OXY（Oxytetracycline）为土霉素，MIN（Minocycline）为米诺环素，TET（Tetracycline）为四环素，DOX（Doxycycline）为多西环素，OFL（Ofloxacin）氧氟沙星，CAF（Caffeine）为咖啡因，MAL（Malathion）为马拉硫磷，GEM（Gemfibrozil）为吉非罗齐。

9.2.2　再生水灌溉对稻田地下水的影响

水稻生育期地下水水质变化见图 9.37，其中，COD 含量最高，分蘖期时 $NH_4^+ - N$ 含量显著高于 $NO_3^- - N$ 含量，进入拔节孕穗期后 $NH_4^+ - N$ 含量显著下降，$NO_3^- - N$ 含量上

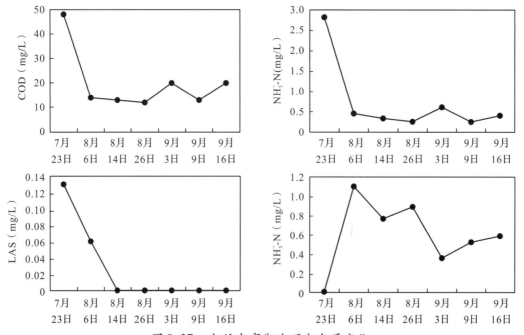

图 9.37　水稻生育期地下水水质变化

升,且与 NH_4^+-N 相比一直维持在较高的水平,这是由于 NH_4^+-N 带正电荷,容易被土壤胶体吸附,而 NO_3^--N 带负电荷,更易随土壤淋溶进入地下水,拔节孕穗后期阴离子表面活性剂均未被检出。根据地下水环境质量标准(GB/T 14848—2017),该污水灌溉区域地下水中硝酸盐氮和阴离子表面活性剂均达到I类标准,但 COD 含量略高,为 V 类标准。这可能是由于水稻根系腐烂产生。因此,再生水灌溉对地下水有一定的影响,这可能是由于该地区的地下水位较浅,且土壤为沙土或沙黏土,土壤吸附能力较低,污染物易随土壤淋溶从而导致地下水污染物的浓度升高。因此,为避免污灌给地下水带来的影响,可以通过再生水 COD 有效去除、灌溉量调节、远离地下水源等措施来保障再生水灌溉过程中地下水质的安全。

9.2.3 再生水灌溉对水稻生长与品质的影响

(1)株高

不同灌溉水源和不同水位调控条件下水稻各生育阶段的株高变化如图9.38所示。各处理水稻株高在返青期无明显差异,分蘖期进入快速生长阶段,之后缓慢增长,到达峰值后缓慢降低至趋于稳定,此时,各处理株高的差异性显著。

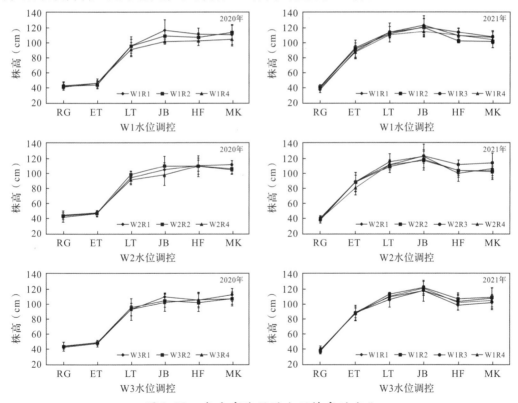

图 9.38 各生育阶段的水稻株高的变化

在 W1、W2 水位调控下,乳熟期除 R1 外,不同灌溉水源的株高均表现为 R1 > R2 > R4,R1、R2 株高峰值比 R4 平均分别提高了 6.6%、4.2%。W3 水位调控下,R1、R2、R4

株高峰值出现在乳熟期,不同灌溉水源株高峰值表现为 R1 > R2 ≈ R4,相比 R4,R1、R2 处理株高峰值分别提高了 5.1%、0.3%;不同灌溉水源的株高峰值均出现在拔节孕穗期,不同灌溉水源的株高峰值表现为 R2 > R4 > R3 > R1,相比 R1,R2、R3、R4 株高峰值分别提高了 3.7%、0.3%、2.8%,整体而言,不同水位和不同再生水水源灌溉对株高的影响相对较小,除了低水位乳熟期不建议使用 R1 的污水进行灌溉,其余时期的污水灌溉都有利于作物株高的增加,污水处理程度越低,株高增长相对显著。

(2)叶面积

不同灌溉水源和不同水位调控条件下水稻各生育阶段叶面积的变化如图 9.39 所示。W1 水位调控下,R1 水源灌溉各生育阶段水稻叶面积均高于其余水源灌溉处理,在分蘖期、拔节孕穗期、抽穗开花期和乳熟期,叶面积大小表现均为 R1 > R2 > R4。R1、R2 水源灌溉下,水稻叶面积相比 R4 分别平均提高 24.5% 和 14.4%,各处理组之间的差异显著;不同时期 R3 处理组叶面积表现相比 R2 平均增加 11.9%,相比 R1 减少了 64.8%。在低水位调控下,不同时期不同灌溉水源均能显著促进水稻叶面积的增加,其中,再生水 R1 灌溉效果相比其他处理组的效果更好。

W2 水位调控时,2020 年度分蘖期、拔节孕穗期和乳熟期的叶面积表现均为 R1 > R2 > R4,相比 R4,R1、R2 灌溉水源叶面积分别平均增加了 17.13%、13.4%;抽穗开花期叶面积则表现为 R2 > R1 > R4,相比 R4,R1、R2 灌溉水源叶面积分别增加了 9.5%、24.0%;2021 年度不同水源灌溉条件下,叶面积整体表现为 R1 > R3 > R2 > R4,相比 R4,R1、R2、R3 叶面积分别增加了 27.5%、8.3%、15.5%,各处理表现出明显的差异。在中水位调控下,不同处理组再生水灌溉均能显著促进水稻叶面积的增加,其中,再生水 R1 灌溉效果相比其他处理组的效果更好。

W3 水位调控时,2020 年度分蘖期和抽穗开花期的叶面积表现为 R2 > R1 > R4,相比 R4,R1、R2 灌溉水源叶面积分别增加了 12.9%、17.9%;拔节孕穗期和乳熟期的叶面积则表现为 R1 > R2 > R4,相比 R4,R1、R2 灌溉水源叶面积分别增加了 10.0%、2.1%,R1 与 R2、R4 有差异性显著;2021 年度不同水源灌溉条件下叶面积整体表现为 R1 > R3 > R2,相比 R2,R1、R3 叶面积分别增加了 23.18%、5.28%,各处理表现出明显的差异。在高水位调控下,不同处理组再生水灌溉效果均能显著促进水稻叶面积的增加,其中,再生水 R1 灌溉更有利于叶面积的增加。

在分蘖期,叶面积均值表现为 W1 > W3 > W2,相比 W2,W1、W3 调控叶面积分别增加了 20.5%、16.4%;在拔节孕穗期,叶面积均值表现为 W3 > W2 > W1,相比 W2,W1、W3 调控叶面积分别增加了 18.2%、2.7%;在抽穗开花期,叶面积均值表现为 W2 > W3 > W1,相比 W1,W2、W3 调控叶面积分别增加了 4.4%、4.1%;在乳熟期,叶面积均值表现为 W2 > W1 > W3,相比 W3,W1、W2 调控叶面积分别增加了 0.1%、2.1%;表明不同时期的中水位调控更有利于叶面积的增加。

以上分析可见,不同水位调控下,不同再生水水源灌溉均有利于水稻叶面积的增加。其中,在低水位调控下不同时期均为 R1 灌溉水源的效果最好;中高水位调控下,在抽穗开花期 R2 的灌溉水源相比 R1 更加有利于叶面积的增加,而在分蘖期、拔节孕穗期和乳熟期 R1、R2 水源的灌溉效果相差不显著。整体而言,不同时期生态塘出水(R3)作为灌溉水源的效果要好于污水处理厂出水(R2),不如一级处理水(R1)的灌溉效果。

　　综上所述,水源条件对水稻叶面积的影响显著,不同浓度的再生水灌溉对水稻叶面积产生的影响不同,高浓度再生水灌溉能明显增加水稻叶片的叶面积,有利于积累较多的地上部分干物质,从而利于最终产量的形成。

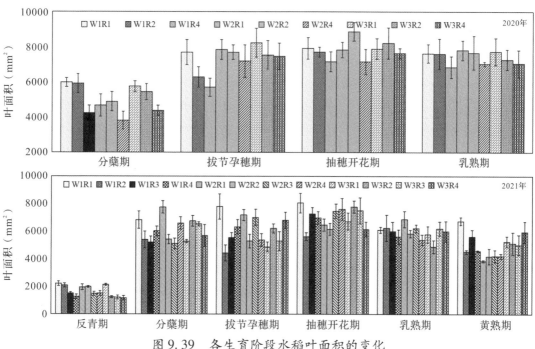

图 9.39　各生育阶段水稻叶面积的变化

　　(3)地上部分干物质

　　不同灌溉水源和不同水位调控条件下水稻各生育阶段地面部分干物质积累量的变化见图 9.40。可以看出,茎部(stem)和叶部(leaf)干物质积累量均呈先增加后减小的趋势,在分蘖期时最小,在抽穗开花期达到最大,乳熟期略有减小;穗部(spike)在生育期呈现增加趋势,在乳熟期达到最大值。

　　对于茎部,分蘖期不同水位调控条件下干物质量表现为 W1 > W3 ≈ W2,相比 W2,W1、W3 水位调控条件下干物质分别增加了 10.5% 、0.3% ,对于不同灌溉水源干物质量表现为 R1 > R4 > R2 > R3,相比 R3,R1、R2、R4 水源灌溉干物质量分别增加了 12.0% 、0.3% 和 7.3% ;在拔节孕穗期,不同水位调控条件干物质量表现为 W3 > W2 > W1,相比 W1,W2、W3 水位调控干物质分别增加了 12.6% 、21.3% ,对于不同灌溉水源的干物质量表现为 R4 > R3 > R2 > R1,相比 R1,R2、R3、R4 水源灌溉的干物质量分别增加了 12.3% 、7.9% 和 6.4% ;在抽穗开花期,不同水位调控条件下干物质量表现为 W2 > W3 > W1,相比 W1,W2、W3 水位调控的干物质分别增加了 11.1% 、10.5% ,对于不同灌溉水源的干物质量表现为 R1 > R3 > R2 > R4,相比 R4,R1、R3、R4 水源灌溉的干物质量分别增加了 20.2%、5.9%、7.8%;在乳熟期,不同水位调控的干物质量表现为 W2 > W3 > W1,相比 W1,W2、W3 水位调控干物质分别增加了 17.9%、8.6%,对于不同灌溉水源的干物质量表现为 R1 > R3 > R2 > R4,相比 R4,R1、R2、R3 水源灌溉的干物质量分别增加了 18.4%、0.1%、1.6%。综上,分蘖期的低水位调控 R1 水源灌溉有利于茎部干物质的增加,拔节孕穗期的高水位调控 R4 水源灌溉有利于茎部干物质的积累,抽穗开花期和乳熟期的中高水位调控 R1 水源灌溉均有利于茎部干物质的累积。

对于叶部,分蘖期的不同水位调控条件下干物质量表现为 W1 > W3 > W2,相比 W2,W1、W3 水位调控干物质分别增加了 16.2%、13.8%,对于不同灌溉水源的干物质量表现为 R3 > R4 > R1 > R2,相比 R2,R1、R3、R4 水源灌溉的干物质量分别增加了 7.0%、12.0%、10.4%。拔节孕穗期的不同水位调控条件下干物质量表现为 W3 > W2 > W1,相比 W1,W2、W3 水位调控条件下干物质分别增加了 5.6%、3.5%,对于不同灌溉水源的干物质量表现为 R1 > R3 > R4 > R2,相比 R2,R1、R3、R4 水源灌溉的干物质量分别增加了 41.2%、4.7%、40.3%。抽穗开花期的不同水位调控条件下干物质量表现为 W2 > W1 > W3,相比 W3,W1、W2 水位调控干物质分别增加了 2.9%、15.3%,对于不同灌溉水源的干物质量表现为 R1 > R2 > R3 > R4,相比 R4,R1、R2、R3 水源灌溉干物质量分别增加了 35.5%、25.1%、4.8%。乳熟期的不同水位调控条件下干物质量表现为 W2 > W3 > W1,相比 W1,W2、W3 水位调控的干物质分别增加了 13.8%、6.1%,对于不同灌溉水源的干物质量表现为 R3 > R1 > R2 > R4,相比 R4,R1、R2、R3 水源灌溉的干物质量分别增加了 19.9%、16.2%、22.2%。除拔节孕穗期外,其余生育阶段再生水灌溉有利于叶部干物质增加,在拔节孕穗期时应尽量采取河道水灌溉以避免对水稻叶片生长造成不利的影响。

对于穗部,拔节孕穗期的不同水位调控条件下干物质量表现为 W1 > W2 > W3,相比 W3,W1、W2 水位调控的干物质分别增加了 9.3%、2.4%,对于不同灌溉水源的干物质量表现为 R1 > R3 > R4 ≈ R2,相比 R2,R1、R3、R4 水源灌溉的干物质量分别增加了 13.7%、4.7%、4.0%。抽穗开花期的不同水位调控条件下干物质量表现为 W3 > W2 > W1,相比 W1,W2、W3 水位调控的干物质分别增加了 11.5%、16.1%,对于不同灌溉水源的干物质量表现为 R1 > R2 > R4 ≈ R3,相比 R3,R1、R2、R4 水源灌溉的干物质量分别增加了 20.7%、11.4%、2.2%。乳熟期的不同水位调控条件下干物质量表现为 W3 > W1 > W2,相比 W2,W1、W3 水位调控的干物质分别增加了 9.6%、3.3%,对于不同灌溉水源的干物质量表现为 R1 > R2 > R3 > R4,相比 R4,R1、R2、R3 水源灌溉的干物质量分别增加了 26.1%、15.2%、9.4%。因此,除分蘖期外,其余生育阶段再生水灌溉均在一定程度上有利于穗部干物质的积累。

综合考虑茎、叶、穗部干物质积累与产量形成的关系,根据以上的研究结果,为了有效积累水稻生长过程中干物质的积累,在水稻分蘖期采用低水位 R1 进行灌溉,至拔节孕穗期、抽穗开花期则依次提高水位至中高水位时同样采用 R1 进行灌溉,在乳熟期则采用高水位 R1 进行灌溉,可避免再生水灌溉对水稻生长造成的不利影响,有利于水稻获得高产。

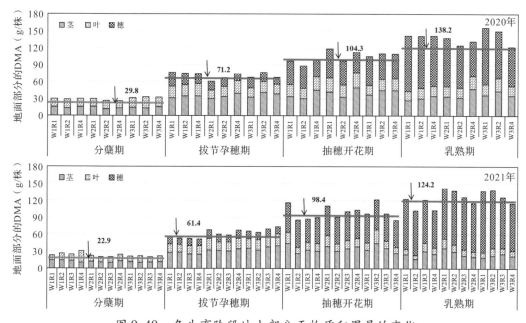

图 9.40　各生育阶段地上部分干物质积累量的变化

注:蓝色横线及其标记数值为各生育阶段干物质累积量的平均值。

（4）产量及相关因子分析

对于产量（实际产量如图 9.41），2020 年和 2021 年不同的处理对应的产量不同,差异性较为显著;2020 年,不同水位调控条件下产量表现为 W1 > W2 > W3,相比 W3 调控,W1、W2 调控产量分别增加了 3.6%、0.7%,不同灌溉水源的产量表现为 R1 ≈ R2 > R4,相比 R4 水源,R1、R2 水源灌溉产量分别增加了 14.3%、12.6%;2021 年,不同水位调控条件下产量接近,表现为 W2 > W3 ≈ W1,相比 W1 调控,W2、W3 调控产量分别增加了1.7%、0.8%,不同灌溉水源的产量表现为 R2 > R1 > R3 > R4,相比 R4 水源,R1、R2、R3 水源灌溉的产量分别增加了 14.9%、15.5%、8.7%;可见,本研究设定的 3 种水位调控对产量的影响不明显,R1、R2 水源灌溉对产量的增加影响明显。

（5）品质

不同灌溉水源和不同水位调控条件下稻谷品质指标的变化见表 9.24。对于直链淀粉含量,不同水位调控条件下直链淀粉含量表现为 W3（13.33）≈ W1（13.32）≈ W2（13.31）,水位调控对直链淀粉含量的影响不明显,不同水源灌溉的表现为 R4（13.36）≈ R1（13.35）≈ R2（13.30）≈ R3（13.29）,表明水位调控、灌溉水源对直链淀粉含量的影响不明显。

对于蛋白质含量,2020 年,不同水位调控条件下蛋白质含量表现为W1（6.78mg/kg）> W3（6.58mg/kg）> W2（6.51mg/kg）,相比 W2,W1、W3 水位调控稻谷蛋白质含量分别增加了 4.2%、1.1%,不同水源灌溉的表现为 R2（6.93mg/kg）> R4（6.90mg/kg）> R3（6.68mg/kg）≈ R1（6.62mg/kg）,相比 R1,R2、R3、R4 水源灌溉稻谷

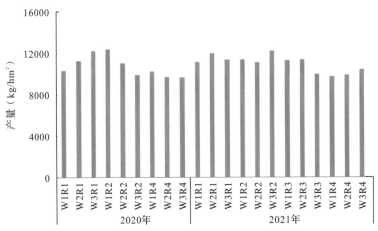

图 9.41　不同灌溉水源和不同水位调控条件下水稻产量的变化

蛋白质含量分别增加了 4.68%、0.9%、3.3%。综上,不同水位调控和不同处理灌溉水源对稻谷蛋白含量的影响并不显著。

对于硝酸盐含量,不同水位调控下硝酸盐含量表现为 W3(3.45mg/kg) > W1 (3.31mg/kg) > W2(3.20mg/kg),相比 W2,W1、W3 水位调控下稻谷硝酸盐含量分别增加了 3.3%、7.3%,不同水源灌溉的表现为 R1(3.87mg/kg) > R2(3.66mg/kg) > R3 (2.97mg/kg) ≈ R4(2.34mg/kg),相比 R4,R1、R2、R3 水源灌溉稻谷硝酸盐含量分别增加了 65.3%、56.0%、26.6%;可以看出,不同水位调控下稻谷硝酸盐的变化不显著,随着污水处理程度的加深,稻谷中的硝酸盐含量呈下降趋势。

综上,一定浓度的再生水灌溉有利于稻谷中直链淀粉和蛋白质含量的增加。随着水位的升高,蛋白质含量减少,直链淀粉含量增加;而 R1 水源灌溉稻谷硝酸盐和亚硝酸盐的含量最高,硝酸盐含量随着田间水位升高而呈现增加趋势,可采用低水位灌溉来降低不利的影响;R2、R3、R4 水源灌溉的稻谷中不含亚硝酸盐。

表 9.24　稻谷品质指标的变化

处理	直链淀粉(%)		蛋白质(mg/kg)		亚硝酸盐(mg/kg)		硝酸盐(mg/kg)	
	2020 年	2021 年	2020 年	2021 年	2020 年	2021 年	2020 年	2021 年
W1R1	9.95	13.50	6.13	6.70	1.10	0.33	3.30	3.15
W1R2	9.48	13.27	6.79	7.27	0	0	0	3.07
W1R3	—	13.23	—	6.76	—	0	—	3.10
W1R4	9.61	13.27	7.08	6.78	0	0	0	2.80
W2R1	9.90	13.23	6.35	6.91	0.86	0	2.6	3.77
W2R2	9.67	13.40	5.27	7.03	0	0	0	3.30
W2R3	—	13.27	—	6.66	—	0	—	2.80
W2R4	9.96	13.33	6.84	6.86	0	0	0	2.93
W3R1	9.52	13.33	6.94	6.70	0	0	0	4.70
W3R2	9.74	13.23	7.51	7.68	0	0	0	3.50
W3R3	—	13.37	—	6.61	—	0	—	3.00
W3R4	10.10	13.50	6.74	7.07	0	0	0	1.30

（6）重金属

水稻的茎、叶、籽粒各器官的重金属积累量见图 9.42。

对水稻的茎部而言，R1、R2、R3、R4 水源灌溉，茎部 Cu 的平均含量分别为 0.19mg/kg、0.29mg/kg、0.06mg/kg、0.14mg/kg，Zn 的平均含量分别为 71.6mg/kg、57.8mg/kg、53.7mg/kg、46.7mg/kg，Pb 的平均含量分别为 0.35mg/kg、0.46mg/kg、0.50mg/kg、0.53mg/kg，Cd 的平均含量分别为 0.096mg/kg、0.079mg/kg、0.100mg/kg、0.120mg/kg，Cr 的平均含量为 3.92mg/kg、4.27mg/kg、3.41mg/kg、2.62mg/kg。重金属总含量表现为 R1 > R2 > R3 ≈ R4，相比 R4 水源灌溉，R1、R2、R3 水源灌溉下，水稻茎部的重金属总含量分别增加了 1.52 倍、1.25 倍、1.15 倍，说明 R3、R4 水源灌溉的水稻茎部的重金属总量接近。W1、W2、W3 水位调控下，茎部 Cu 的平均含量为 0.22mg/kg、0.17mg/kg、0.13mg/kg，Zn 的平均含量分别为 59.6mg/kg、56.5mg/kg、56.2mg/kg，Pb 的平均含量分别为 0.31mg/kg、0.84mg/kg、0.28mg/kg，Cd 的平均含量分别为 0.10mg/kg、0.12mg/kg、0.09mg/kg，Cr 的平均含量为 3.4mg/kg、4.8mg/kg、2.4mg/kg；重金属总含量的变化表现为 W1 ≈ W2 > W3，相比 W3 水源灌溉，W1、W2 水源灌溉下，水稻茎部的重金属总含量分别增加了 1.07 倍、1.06 倍，可见，田间控制水位对茎部重金属含量的影响不大，灌溉水源对茎部重金属含量的影响较大。

对水稻的叶部而言，R1、R2、R3、R4 水源灌溉下叶部 Cu 的平均含量分别为 1.47mg/kg、1.07mg/kg、1.37mg/kg、1.28mg/kg，Zn 的平均含量分别为 25.5mg/kg、25.1mg/kg、24.6mg/kg、25.9mg/kg，Pb 的平均含量分别为 1.21mg/kg、1.16mg/kg、1.08mg/kg、1.34mg/kg，Cd 的平均含量分别为 0.067mg/kg、0.069mg/kg、0.068mg/kg、0.075mg/kg，Cr 的平均含量为 2.40mg/kg、2.34mg/kg、1.44mg/kg、1.54mg/kg；重金属总含量表现为 R1 > R4 > R2 ≈ R3，相比 R3 水源灌溉，R1、R2、R4 水源灌溉下，水稻叶部重金属总含量分别增加了 1.07 倍、1.04 倍、1.06 倍，R2、R3、R4 水源灌溉下的水稻叶部重金属总量接近，同时可以看出，相比茎部，灌溉水源对叶部重金属含量的影响减弱。W1、W2、W3 水位调控下，叶部 Cu 的平均含量为 1.43mg/kg、1.05mg/kg、1.40mg/kg，Zn 的平均含量分别为 23.9mg/kg、23.4mg/kg、28.5mg/kg，Pb 的平均含量分别为 1.19mg/kg、0.81mg/kg、1.58mg/kg，Cd 的平均含量分别为 0.063mg/kg、0.062mg/kg、0.085mg/kg，Cr 的平均含量为 2.04mg/kg、1.78mg/kg、1.97mg/kg；重金属总含量变化的表现为 W3 > W1 > W2，相比 W2 水源灌溉，W1、W2 水源灌溉下水稻叶部重金属总含量分别增加了 1.05 倍、1.17 倍。

对水稻的籽粒而言，R1、R2、R3、R4 水源灌溉下籽粒 Cu 的平均含量分别为 0.86mg/kg、0.64mg/kg、0.64mg/kg、0.67mg/kg，Zn 的平均含量分别为 28.6mg/kg、26.9mg/kg、25.3mg/kg、24.9mg/kg，Pb 的平均含量分别为 0.20mg/kg、0.13mg/kg、017mg/kg、0.17mg/kg，Cd 的平均含量分别为 0.025mg/kg、0.019mg/kg、0.024mg/kg、0.079mg/kg，Cr 的平均含量为 0.83mg/kg、0.75mg/kg、0.49mg/kg、0.40mg/kg；重金属总含量表现为 R1 > R2 > R3 ≈ R4，相比 R4 水源灌溉，R1、R2、R3 水源灌溉下，水稻籽粒重金属总含量分别增加了 1.16 倍、1.09 倍、1.12 倍，R3、R4 水源灌溉下的水稻籽粒重金属

总量接近。W1、W2、W3 水位调控下,籽粒 Cu 的平均含量为 0.83mg/kg、0.60mg/kg、0.68mg/kg,Zn 的平均含量分别为 25.7mg/kg、26.5mg/kg、27.1mg/kg,Pb 的平均含量分别为 0.16mg/kg、0.18mg/kg、0.17mg/kg,Cd 的平均含量分别为 0.061mg/kg、0.026mg/kg、0.024mg/kg,Cr 的平均含量为 0.70mg/kg、0.52mg/kg、0.63mg/kg;重金属总含量变化表现为 W3 > W2 ≈ W1,相比 W1 水源灌溉,W2、W3 水源灌溉下,水稻籽粒重金属总含量分别增加了 1.01 倍、1.04 倍。

综上,水稻各部分重金属含量表现为茎 > 籽粒 > 叶,重金属组成表现为 Zn > Cr > Pb > Cd,灌溉水源对水稻的茎、叶、籽粒中重金属含量的影响逐渐减弱,相对灌溉水源,水位调控对水稻植株各部分重金属含量的累积影响较小。再生水灌溉处理下籽粒重金属含量并未明显增加,符合《食品安全国家标准》(GB 2762—2017)中对稻谷中污染物的限量要求。

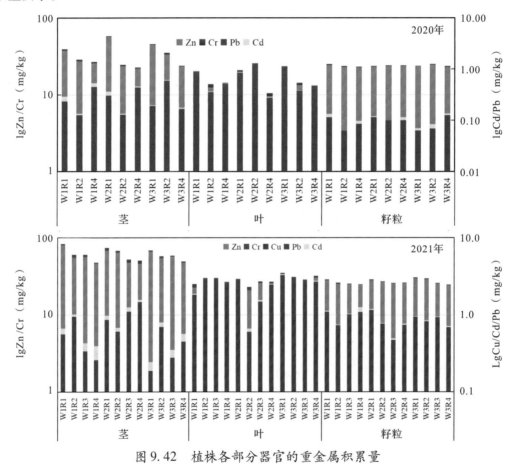

图 9.42　植株各部分器官的重金属积累量

(7)新污染物

前述分析可知,不同水位调控条件对稻田 PPCPs 含量的影响较小,因此,本研究仅对不同灌溉水源下水稻稻谷 PPCPs 含量变化进行分析,如图 9.43 所示。对于水稻籽粒,含量较高的新污染物主要包括 ATE、OFL、MAL、OXY、MET、MIN 6 种,对于不同灌溉水源,水稻籽粒 PPCPs 含量变化表现为 R2(6.33μg/kg) > R1(6.82μg/kg) > R3(5.00μg/kg) ≈ R4(4.79μg/kg),相对 R4 水源灌溉,R1、R2、R3 水源灌溉下 PPCPs 含量分别增加了 32.3%、42.4%、4.4%;对于水稻稻壳,含量较高的新污染物主要包括 ATE、OFL、ACE(籽粒未检出)、MAL、OXY、MET、MIN、TET(籽粒未检出)8 种,对于不同灌溉水源,水稻籽粒 PPCPs 含量变化表现为 R1(11.48μg/kg) > R2(11.30μg/kg) > R4(9.92μg/kg) ≈ R3(9.31μg/kg),相比 R3 水源灌溉,R1、R2、R3 水源灌溉下 PPCPs 含量分别增加了 23.3%、21.4%、6.4%。籽粒 PPCPs 的平均含量为 5.73μg/kg,稻壳 PPCPs 的平均含量为 10.50μg/kg,其是籽粒 PPCPs 的含量的 1.83 倍。

参考前面所述的土壤削减率的计算方法,结合籽粒和稻壳新污染物的含量,研究发现 R1、R2 水源灌溉下,土壤对 PPCPs 的削减率均达到了 92% 以上,其中,迁移到籽粒的污染物占比除土霉素(6.4%)外,相对较高迁移率的污染物为米诺环素(1.6%)以及马拉硫磷(1.8%),其余均小于 1%;在农田中不仅高效地削减了新污染物,同时较低的污染物迁移率也进一步保障了农业生产过程中的粮食安全。

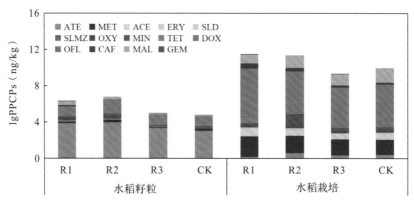

图 9.43　不同灌溉水源下水稻稻谷 PPCPs 含量的变化

9.2.4　再生水作为灌溉用水的环境生态影响评价

再生水作为灌溉用水的环境生态影响主要体现在土壤和地下水两方面;根据实地调研过程中获得的再生水受纳区土壤和地下水中的 pH、营养物质、全盐量、表面活性剂、重金属和 PPCPs 等种类与浓度,结合土壤环境、地下水质量标准和生态风险评价等过程来研究再生水作为灌溉用水对环境生态的影响。

对重金属污染物进行生态风险评价,其中参照较为经典的瑞典科学家 Hakanson 提出的潜在生态危害指数法,对土壤重金属潜在生态风险进行了评价。其计算公式为:

$$E_i = T_i \times (C_i / C_0), RI = \sum_{i=1}^{n} E_i \qquad （公式 9.10）$$

式中,RI 为总的重金属元素潜在生态风险指数;E_i 为重金属元素潜在生态危害系数;T_i

为重金属元素的毒性系数;C_i 为重金属含量,C_0 为重金属背景值;背景值以当地土壤背景值为参照,毒性系数参考文献值。

对不同水源灌溉以及不同水位调控过程中的 5 种金属(Cd、Pb、Cr、Cu、Zn)进行了潜在的生态风险评价(见表 9.25),除镉以外其余的重金属的潜在生态危害系数(E_i)均远低于 40,属于低生态风险水平(评价标准参照表 9.26),受镉影响,R1 水源灌溉过程会产生潜在的重金属综合生态风险(RI 为 162),其中,镉综合贡献率达到了 88.21%。参考风险评级标准可知,除 R1 外,其余水源灌溉下土壤平均重金属综合潜在生态风险程度均为轻度,R1 水源灌溉下 60 ~ 80cm 土层的土壤风险指数最高,R2 灌溉下 20 ~ 40cm 土层的土壤风险指数最高。

表 9.25 不同水源灌溉下稻田重金属潜在风险指数

水源	土层(cm)	Cd		Pb		Cr		Cu		Zn		RI
		P_i	E_i	P_i	E_i	P_i	E_i	P_i	E_i	P_i	E_i	
R1	0 ~ 20	3.8	116.0	1.3	6.5	1.2	2.4	0.9	4.4	0.7	0.7	130
	20 ~ 40	3.2	96.0	1.1	5.6	1.1	2.2	0.7	3.4	0.9	0.9	108
	40 ~ 60	3.9	117.0	1.0	5.0	1.1	2.2	0.9	4.3	0.7	0.7	129
	60 ~ 80	8.8	265.0	1.1	5.7	0.9	1.8	1.1	5.4	0.8	0.8	279
R2	0 ~ 20	3.1	93.8	1.5	7.5	1.2	2.4	1.0	4.8	1.0	1.0	110
	20 ~ 40	3.8	115.0	1.3	6.5	1.0	2.0	0.7	3.6	1.1	1.1	128
	40 ~ 60	1.9	56.5	1.2	5.8	1.0	2.0	0.7	3.3	0.7	0.7	68
	60 ~ 80	2.9	85.7	1.1	5.7	0.9	1.9	0.8	3.8	0.7	0.7	98
R3	0 ~ 20	1.8	52.5	1.1	5.6	1.1	2.2	0.9	4.2	0.8	0.8	65
	20 ~ 40	1.8	54.4	1.6	8.0	0.9	1.9	0.6	2.9	0.6	0.5	68
	40 ~ 60	1.9	55.4	1.1	5.6	0.9	1.8	0.7	3.2	0.7	0.7	67
	60 ~ 80	2.1	63.0	1.2	6.2	1.1	2.2	0.6	3.0	0.8	0.8	75
R4	0 ~ 20	1.9	57.3	1.1	5.3	1.1	2.2	0.7	3.6	0.9	0.9	69
	20 ~ 40	2.4	72.4	1.1	5.5	1.1	2.2	0.8	3.8	0.6	0.6	84
	40 ~ 60	2.1	62.0	0.9	4.5	1.0	2.0	0.6	3.1	0.6	0.6	72
	60 ~ 80	3.0	90.0	1.0	5.2	1.3	2.3	0.7	3.7	0.7	0.7	101

表 9.26 重金属生态风险评级标准

等级	单因子生态风险		总潜在生态风险	
	E_i	生态风险程度	RI	潜在生态风险
Ⅰ	<40	轻度	<110	低
Ⅱ	40 ~ 80	中度	110 ~ 220	中等
Ⅲ	80 ~ 160	较强	220 ~ 440	较强
Ⅳ	160 ~ 320	很强	440 ~ 880	非常强
Ⅴ	>320	极强	>880	极强

农村生活污水再生灌溉稻田 Cd 的生态风险系数最高,Cu 和 Pb 次之,Cr 和 Zn 风险系数中 Zn 的较低。将各水源灌溉相比,R3 灌溉下土壤重金属污染的潜在生态风险最

低,对土壤、地下水污染的风险最小。

　　选取水质以及重金属生态风险等 7 项指标作为灌溉土水环境健康综合评价(见表 9.27)。虽然再生水灌溉后的土壤和地下水的整体环境健康评价结果为比较好,由于评价指标有限,评价结果有一定的局限性。其中,COD、氨氮值是影响总评分的主要指标。可能是由于长期灌溉的污水、氮、磷、有机物、重金属等污染物的浓度较高,土壤不能将其有效吸收和去除,导致土壤和地下水对于重金属和氮、COD 等污染物的累计效应明显,超过地下水 Ⅴ 类标准。未来可以通过优化污水处理生化段工艺、生态塘去除有机物重金属等后再进行灌溉来改善土壤和地下水的环境健康。

表 9.27　再生水灌溉后土水环境健康评级

指标	评分标准					结果	评分	权重
	1	2	3	4	5			
$NO_3 - N$(mg/L)	>30	20~30	5~20	2~5	≤2	0.61	5	0.71
$NO_2 - N$(mg/L)	>4.8	1.0~4.8	0.1~1.0	0.01~0.1	≥0.01	0.01	5	0.71
COD(mg/L)	>10	3~10	2~3	1~2	≤1	25.17	1	0.14
氨氮(mg/L)	>1.5	0.5~1.5	0.1~0.5	0.02~0.1	≤0.02	1.10	2	0.29
pH	<5.5	5.5~6.5	6.5~7.0	7.0~7.3	7.3~7.8	6.58	3	0.43
	>9.0	8.5~9.0	8.0~8.5	7.7~8.0				
LAS 生态风险	>50	10~50	1~10	0.1~1	<0.1	0.64	4	0.57
重金属生态风险	>880	440~880	220~440	110~220	<110	162	4	0.57
总评分						3.43		

9.2.5　小　结

　　(1)再生水灌溉可以有效提高 0~20cm 和 20~40cm 土层的土壤 pH,高水位调控可以降低 60~80cm 土层 pH;R1 水源灌溉的稻田各土层 EC 值均得到显著增加,R2 水源灌溉下增加速率降低,R3、R4 水源灌溉仅增加稻田 0~20cm 土层 EC 值;再生水灌溉对土壤表层和深层 OM 含量的增加最为有利,高水位调控有利于表层 OM 含量的增加;再生水灌溉的稻田 WSS 含量的波动较大;R1 水源灌溉和高水位调控均有利于增加稻田表层土壤 TN 的含量。

　　(2)农村生活再生水灌溉稻田 Cd、Pb 的含量略有升高,Cr、Cu、Zn 的含量下降,不同水位和水源处理对土壤中 0~20cm 土层 Cd 的含量达到极显著影响;不同灌溉水源稻田新污染物(PPCPs)的增速差异较大,PPCPs 含量的增幅表现为 R1 > R2 > R3 ≈ R4;不同水位调控条件下稻田 PPCPs 的增速相近,随着稻田控制水位的增加,60~80cm 土层 PPCPs 的增速加快。

　　(3)地下水水质变化的表现为分蘖期 $NH_4^+ - N$ 含量显著高于 $NO_3^- - N$ 含量,进入拔节孕穗期后 $NH_4^+ - N$ 含量显著下降,$NO_3^- - N$ 含量上升,拔节孕穗后期 LAS 均未被检出。根据地下水环境质量标准(GB/T 14848 - 2017),该污水灌溉区域地下水中硝酸盐氮和阴离子表面活性剂均达到 Ⅰ 类标准,但 COD 的含量略高,因此,再生水灌溉对地下水有一定的影响。

（4）不同水位调控条件下的水稻产量接近，差异在0.7%～3.6%，不同灌溉水源下的水稻产量的差异显著，相比河道清水灌溉，再生水产量的增幅为8.7%～15.5%。中高水位（W2、W3）调控下各灌溉水源均有利于直链淀粉含量的增加，中低水位（W1、W2）调控下R2、R4水源灌溉有利于稻谷蛋白质含量的增加，随着水位的升高，蛋白质含量减少，直链淀粉含量增加；R1水源灌溉下稻谷硝酸盐和亚硝酸盐的含量最高，R2、R3、R4水源灌溉下稻谷中不含亚硝酸盐。

（5）灌溉水源对水稻的茎、叶、籽粒中重金属含量的影响逐渐减弱，水位调控对水稻植株各部分重金属含量的累积影响较小。再生水灌溉处理下籽粒重金属含量并未明显增加，符合食品安全国家标准（GB 2762—2017）中对稻谷中污染物的限量要求；水稻籽粒和稻壳PPCPs含量处于极低的水平，水稻稻壳PPCPs含量远高于籽粒含量，R1、R2水源灌溉对水稻籽粒和稻壳PPCPs含量均有累积效果，R3水源灌溉籽粒和稻壳PPCPs含量相近，不存在PPCPs累积。

（6）农村生活污水再生灌溉稻田Cd的生态风险系数最高，Cu和Pb次之，Cr和Zn风险系数中Zn的较低，参考风险评级标准可知，R1水源灌溉过程中会产生潜在的重金属综合生态风险，其余水源灌溉下土壤平均重金属综合潜在生态风险程度均为轻度；选取水质以及重金属生态风险等7项指标作为灌溉土水环境健康综合评价，结果显示，再生水灌溉土壤和地下水整体环境健康评价的结果为比较好，由于评价指标有限，评价结果有一定的局限性。

参考文献

［1］XIAO M H，LI Y Y，LU B，et al. Response of physiological indicators to environmental factors under water level egulation of paddy fields in Southern China. Water，2018，10（12）：1772.

［2］HUANG X R，XIONG W，LIU W，et al. Effect of reclaimed water effluent on bacterial community structure in the Typha angustifolia L. rhizosphere soil of urbanized riverside wetland，China. Journal of Environmental Sciences，2017：58－68.

［3］马丙菊，常雨晴，景文疆，等. 水稻水分高效利用的机理研究进展. 中国稻米，2019，25（3）：15－20.

［4］俞映倞，薛利红，杨林章. 太湖地区稻田不同氮肥管理模式下氨挥发特征研究. 农业环境科学学报，2013，32（8）：1682－1689.

［5］XIAO M H，LI Y Y，JIA Y，et al. Mechanism of water savings and pollution reduction in paddy fields of three typical areas in Southern China. International Journal of Agricultural and Biological Engineering，2022，15（1）：199－207.

［6］ZHUANG Y，ZHANG L，LI S，et al. Effects and potential of water-saving irrigation for rice production in China. Agricultural Water Management，2019，217：374－382.

［7］LI Y Y, XIAO M H. Evaluation of irrigation-drainage scheme under water level regulation based on TOPSIS in Southern China. Polish Journal of Environmental Studies, 2021, 30 (1):235 – 246.

［8］LIU Z X, TIAN J C, LI W C, et al. Migration of heavy metal elements in reclaimed irrigation water-soil-plant system and potential risk to human health. Asian Agricultural Research, 2021, 13(10): 317711.

［9］LYU S D, WU L S, WEN X F, et al. Effects of reclaimed wastewater irrigation on soil-crop systems in China: a review. Science of the Total Environment, 2021, 813:152531.

［10］栗岩峰, 李久生, 赵伟霞, 等. 再生水高效安全灌溉关键理论与技术研究进展. 农业机械学报, 2015, 46(6):102 – 110.

［11］赵全勇, 李冬杰, 孙红星, 等. 再生水灌溉对土壤质量影响研究综述. 节水灌溉, 2017 (1):53 – 58.

［12］赵忠明, 陈卫平, 焦文涛, 等. 再生水灌溉对土壤性质及重金属垂直分布的影响. 环境科学, 2012, 33(12):4094 – 4099.

［13］CHEN W P, XU J, LU S D, et al. Fates and transport of PPCPs in soil receiving reclaimed water irrigation. Chemosphere, 2013, 93:2621 – 2630.

［14］CHEN W P, LU S D, PENG C, et al. Accumulation of Cd in agricultural soil under long-term reclaimed water irrigation. Environmental Pollution, 2013, 178:294 – 299.

［15］刘雅文, 薛利红, 杨林章, 等. 生活污水尾水灌溉对麦秸还田水稻幼苗及土壤环境的影响. 应用生态学报, 2018, 29(8):2739 – 2745.

［16］刘增进, 柴红敏, 李宝萍. 不同再生水灌溉制度对冬小麦生长发育的影响. 灌溉排水学报, 2013, 32(5):71 – 74.

［17］马福生, 刘洪禄, 吴文勇, 等. 再生水灌溉对冬小麦根冠发育及产量的影响. 农业工程学报, 2008, 24(2):57 – 63.

［18］ALKHAMISI S A, AHMED M, ALWARDY M, et al. Effect of reclaimed water irrigation on yield attributes and chemical composition of wheat (Triticum aestivum), cowpea (Vigna sinensis), and maize (Zea mays) in rotation. Irrigation Science, 2017, 35(2): 87 – 98.

［19］CHEN W P, LU S D, PAN N, et al. Impact of reclaimed water irrigation on soil health in urban green areas. Chemosphere, 2015, 119:654 – 661.

［20］SHANG F Z, YANG P L, REN S M, et al. Effects of irrigation water and N fertilizer types on soil microbial biomass and enzymatic activities. Transactions of the Chinese Society of Agricultural Engineering(Transactions of the CSAE), 2020, 36(3):107 – 118.

［21］周媛, 李平, 齐学斌, 等. 不同施氮水平对再生水灌溉土壤释氮节律的影响. 环境科学学报, 2016b, 36(4):1369 – 1374.

［22］CHEN J, TANG C, YU J. Use of 18O, 2H and 15N to identify nitrate contamination of groundwater in a wastewater irrigated field near the city of Shijiazhuang, China. Journal of Hydrology,2006,326(1－4):367－378.

[23]CHEN P,NIE T Z,CHEN S H, et al. Recovery efficiency and loss of 15N-labelled urea in a rice-soil system under water saving irrigation in the Songnen plain of northeast china. Agricultural Water Management,2019,222:139－153.

[24]宋佳宇,单保庆. 塘－湿地系统中芦苇对再生水氮磷吸收能力研究. 环境科学与技术,2012,35(10):16－19.

[25]KLAY S, CHAREF A, AYED L, et al. Effect of irrigation with treated wastewater on geochemical properties(saltiness, C, N and heavy metals) of isohumic soils(Zaouit Sousse perimeter,Oriental Tunisia). Desalination,2010,253(1－3):180－187.

[26]严爱兰,郑知金,戚毅婷. 农村生活污水一级处理水灌溉对青菜生长品质影响. 排灌机械工程学报,2015,33(4):352－355.

[27]严兴,罗刚,陈琼贤,等. 污水处理厂再生水灌溉对蔬菜中重金属污染的试验研究及风险性评价. 环境工程,2015,33(S1):640－645.

[28]杨建国,黄冠华,黄权中,等. 污水灌溉条件下草坪草耗水规律与灌溉制度初步研究. 草地学报,2003,11(4):329－333.

[29]HASHEM M S, GUO W, QI X B, et al. Assessing the effect of irrigation with reclaimed water using different irrigation techniques on tomatoes quality parameters. Sustainability, 2022,14(5):1－19.

[30]POLLICE A,LOPEZ A,LAERA G, et al. Tertiary filtered municipal wastewater as alternative water source in agriculture:a field investigation in Southern Italy. Science of the Total Environment,2004,324(1－3):201.

第 10 章　基于藻类风险控制和影像识别的水量水质联合调控技术的研究

　　本章针对城市内河景观配水的藻类与水质污染控制,基于现场观测铜绿微囊藻、小球藻和伪鱼腥藻的实验室生长研究,深度学习神经网络技术,设计了面源污染与河道水质水生态耦合模型,提出了遵循区域截污减排、再生水水质提标和现场配水实时调度的"多目标、多场景"的再生水景观配水调控措施,构建了覆盖"源头—过程—效果"的全链条水量水质联合调控策略。

10.1　再生水景观环境配水藻类风险控制技术的研究

10.1.1　景观配水藻类风险控制的研究现状

10.1.1.1　藻类生长与氮的关系

　　氮是合成藻细胞内核酸、蛋白质和叶绿素的基本元素。Chaffin[1]认为氮是仅次于磷的、可限制浮游植物生长的营养物质。目前,不少研究者认为对富营养化的控制应主要集中在控制水体中可生物利用氮的负荷而不应是对总氮的限制。事实上,总的溶解性氮包括无机氮和有机氮,其中,可利用的氮主要有硝氮、氨氮和部分有机氮。李佳峻[2]研究表明铜绿微囊藻在生长过程中硝氮、氨氮共存时优先吸收利用氨氮,只有当水中氨氮被吸收利用降低至一定的浓度时,铜绿微囊藻才开始利用硝氮。郭晓瑜[3]也在再生水景观回用与藻类的控制研究中得到铜绿微囊藻在生长过程中优先利用氨氮,只有当水中无机氮源不足时,才开始利用硝氮。尽管有机氮不易被藻类吸收,但大多数流域保护计划中都设定了 TN 的排放标准,这是由于几乎所有形式的氮均有增加初级生产力的潜力和可能。

10.1.1.2　藻类生长与磷的关系

　　藻细胞合成的磷仅占藻细胞干重的 1%,但磷是细胞核酸的主要成分,在能量转化过程中起着重要作用。磷主要包括溶解性的无机磷($PO_4^{3-}-P$)和有机磷。藻类生长过程中直接利用的主要是磷酸盐。大量研究证实,磷是限制海洋、湖泊等水生生态系统浮游植物生长的关键因素,过量的磷输入是引起水体富营养化的主要原因之一。有研究表明,水华鱼腥藻是蓝藻中的典型的优势藻种,在低氮高磷的水体中成为优势藻种。周律[4]通过对再生水中进行的氮磷对铜绿微囊藻和小球藻生长的影响研究表明:当初始氮浓度为 15mg/L 时,铜绿微囊藻生长的最适磷浓度为 0.3~0.5mg/L,小球藻生长的最适磷浓度为 0.1~0.5mg/L。因此,为有效控制再生水景观回用引起的富营养化,应高度重视水体中磷的限制和去除。于德森[5]研究表明,藻类生长的最佳磷浓度的范围是 0.5~5.0mg/L,磷是藻类生长限制性因素;氮浓度较低时优势藻为蓝藻,较高时优势藻为绿藻,氮不是藻类生长的限制因素。

10.1.1.3　藻类生长与氮磷比值的关系

目前,许多研究者提出将 TN 和 TP 的比值(氮磷比)作为判断浮游植物 N 或 P 限制的标准。Stumn[6]提出了藻类的"经验分子式"为 $C_{106}H_{263}O_{110}N_{16}P$,使得藻细胞合成对基质中碳、氮、磷等基本元素的需求有一定的量化关系。据此,Redfield[7]在 1958 年提出以 N/P 摩尔比为 16 作为判断藻细胞生长受氮或磷抑制的临界值。然而,后来有一些学者得到了与 Redfield 的氮磷比值不一致的研究结论。Ma[8]的现场试验研究结果表明当 TN/TP 在 21.5~24.7 之间时,太湖浮游植物受磷的限制;Guildford 和 Hecky[9]认为在湖泊和海洋中,当 TN/TP<9 时藻类的生长受氮限制,TN/TP>22.6 时受磷的限制。何腾[10]的研究表明,将再生水和自来水按照不同的比例混合,分析了不同氮磷比的藻类的长势情况;氮磷比超过一定的比值时,磷营养盐将成为限制藻类生长的主要因素,当总磷小于 0.1mg/L 时,藻类生长受阻,富营养化速度减慢;在磷营养盐足够的情况下,氮营养盐浓度过高也会抑制藻类的生长。以下分别通过国内对藻华爆发的两个代表藻类——蓝藻与绿藻的相关研究成果进行简述。

关于蓝藻铜绿微囊藻与氮磷比的相关研究:丰茂武[11]等的研究表明铜绿微囊藻的生长并不依赖于单一的氮或磷等营养元素。当环境中磷充足(0.1~1mg/L)时,采用不同的氮磷比(N/P)分别进行试验时,藻类生长的最佳条件是 N/P=40:1。张晓萍[112]的研究表明,当环境中磷充足(0.5mg/L)时,微囊藻配置氮磷比(N/P)采用不同的比值进行试验时,铜绿微囊藻生长的最佳条件也是 N/P=40:1。郭晓瑜[3]通过再生水与河道水进行不同比例的配比,得到微囊藻在不同氮磷比情况下的生长情况;当磷营养盐足够的情况下,氮的营养元素在一定的范围内,促进藻类生长。氮磷比过高,会抑制藻类生长。

关于绿藻小球藻与氮磷比的相关研究:曹煜成[13]等通过对氮磷比与小球藻氮磷吸收效应的影响研究表明,当环境中的磷充足(0.5mg/L)时,N/P 低于 8 时小球藻的生长仍会受到一定程度的限制,而当其高于 16 时 N/P 不再产生影响。张晓萍[12]的研究表明,当环境中的磷充足(0.5mg/L)时,小球藻配置氮磷比(N/P)分别采用不同的比值进行试验时,小球藻则在 20:1 即氮浓度为 10mg/L 时平均比的增长率最大,生长条件最佳。郭晓瑜通过再生水与河道水进行不同比例的配比,得到小球藻在不同的氮磷比情况下的生长情况。龙怡静等的研究结果表明,小球藻在不同的氮磷比情况下的生长情况为(N/P=30:1)>(N/P=17.5:1)>(N/P=35:1)。

10.1.2　试验内容

采用义乌中心污水处理厂尾水和示范河道城西河河水,设计了有两种水源在不同的混合条件下的三种藻类培养试验。通过对藻生长曲线的观测,研究分析了单一水源、不同比例混合水源对藻生长的影响及不同比例混合水源中氮磷比对藻生长的影响,识别再生水河道补水对藻生长的限制条件,为最佳配水水量及配水方式的确定提供理论基础。

10.1.3 试验方案

10.1.3.1 原水取样

本试验中再生水来源于义乌市中心污水处理厂,在后加氯消毒池出水口采集水样20L,其水质达到《城市污水再生利用景观环境用水水质》(GB/T 18921—2002)的相应标准。为试验设计的需要,同步取示范河道城西河作为另一试验水源;采样深度为水面下0.2m,同样采取水样 20L。两种水样的采样时间均在 9:00—13:00 之间。

采集水样后立即将水样带回实验室进行处理与测定分析,再生水和地表水原水水质见表 10.1。从表可见,除总氮外,按其余指标,再生水水质明显优于河道水。

表 10.1 试验用原水水质情况

样品名称	氨氮 (mg/L)	硝氮 (mg/L)	BOD$_5$ (mg/L)	叶绿素 a (μg/L)	磷酸盐 (mg/L)	总氮 (mg/L)	总磷 (mg/L)
尾水	0.456	9.08	<0.5	0.35	0.084	9.77	0.13
河道水	2.98	2.02	6.2	18.12	0.617	5.11	0.30

通过浙江省污染源自动监控信息管理平台查询义乌市中心污水处理厂的标排口水质数据,得到 2021 年 1 月至 12 月的月平均排放水质数据。本次试验采用的再生水水质在日常实际排放区间内,其中,氨氮、总氮均比年平均值参数高出一部分,代表义乌市中心污水处理厂一年中水质较差的情况,可以模拟出较不利的试验场景,可以为实际应用提供参考。

通过对城西河开展每月 2 次的水质检测工作,得到 2021 年 4 月至 11 月的水质数据,见表 10.2。由表可知,城西河日常水质参数中,总氮浓度在 1.09～11.2mg/L 区间,平均值为 5.11mg/L;氨氮浓度在 0.10～9.43mg/L 区间,平均值为 2.13mg/L;总磷浓度在 0.25～1.14mg/L 区间,平均值为 0.48mg/L。本次试验采用的河道水水质在日常实际排放区间内,总氮、氨氮以及总磷均与平均值相差不大,代表城西河一年中水质的平均水平,可为实际应用提供参考。

表 10.2 城西河 2021 年 4 月至 11 月的水质参数

日期	氨氮(mg/L)	总磷(mg/L)	总氮(mg/L)	叶绿素 a(μg/L)
4 月 10 日	5.63	0.791	6.28	18
4 月 23 日	9.43	1.14	11.2	22
5 月 8 日	3.54	0.36	5.5	26

续表

日期	氨氮(mg/L)	总磷(mg/L)	总氮(mg/L)	叶绿素 a(μg/L)
5月26日	1.21	0.247	3.33	13
6月11日	0.092	0.256	2.16	14
6月24日	0.872	0.246	4.47	15
7月13日	1.38	0.409	5.31	21
7月21日	1.72	0.321	5.68	19
8月26日	0.097	0.351	1.09	21
9月10日	0.146	0.490	3.55	18
9月24日	2.78	0.658	4.99	17
10月9日	1.85	0.307	6.65	16
10月27日	0.098	0.554	5.89	19
11月11日	1.01	0.617	5.45	22
平均值	2.13	0.48	5.11	18.64

10.1.3.2 材　料

铜绿微囊藻(FACHB905)、小球藻(FACHB5)和鱼腥藻(FACHB412)来自中国科学院淡水藻种库(见图10.1)。藻种自采购后进行了1周的扩大培养。

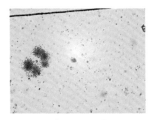 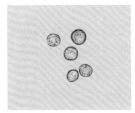 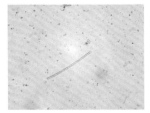

a.铜绿微囊藻　　　　　　　　b.小球藻　　　　　　　　　c.鱼腥藻

图10.1　纯藻显微图片

10.1.3.3 培养方法

实验在500mL锥形瓶中进行(培养基的体积不超过250mL),培养条件为温度30℃、光照2000LUX、光暗比12h:12h,白天摇动2~3次并随即调换实验组锥形瓶以减少光照不均而产生的影响。

10.1.3.4 氮磷培养条件

(1)河道水与再生水单一水源纯培养

为研究以河道水为背景的污水处理厂再生水对小球藻、铜绿微囊藻和鱼腥藻三种典型藻类生长规律的影响,实验前将河道水、再生水过滤灭菌,将其作为小球藻、铜绿微囊藻和鱼腥藻三种藻种的营养来源,研究三种典型藻种的生长曲线,设置藻液初始UV680为0.05。其中的关键点有藻液浓度调节过程中,离心获取藻细胞沉淀,去除培养基,避免培养基中营养对实验的影响。用灭菌河道水、再生水混匀藻细胞沉淀后添加到对应的培养体系中,生长周期为 14 天。

(2)河道水 + 再生水混合培养

设置再生水与河道水 5 种体积混合比(1∶0、1∶1、1∶2、2∶1、0∶1),配制再生水 + 河道水混合溶液,对小球藻、铜绿微囊藻、鱼腥藻三种典型藻种分别进行培养实验(表 10.3),研究不同混合比下三种藻类的生长曲线。设置藻液初始 UV680 为 0.05,生长周期为 14 天。

表 10.3　河道水 + 再生水不同配比的氮磷浓度

河道水∶再生水	硝氮(mg/L)	总氮(mg/L)	总磷(mg/L)	氮磷比
1∶0	2.48	5.11	0.30	17
2∶1	4.66	8.17	0.25	33
1∶1	5.75	9.71	0.22	45
1∶2	6.83	11.24	0.19	60
0∶1	9.01	14.30	0.13	112

10.1.3.5　检测与分析方法

(1)检测方法

每天定时从各实验组取 10mL 培养液,检测其 680nm 处的吸光度和用叶绿素 a 来表示藻液的生长情况;同步监测水体中不同成分营养盐的消耗情况(表 10.4)。

表 10.4　实验室分析指标及测定方法

检测参数	检测方法	所需体积(mL)
总磷 TP	钼酸铵分光光度法 GB/T 11893—1989	25
总氮 TN	碱性过硫酸钾消解紫外分光光度法 HJ 636—2012	50
氨氮	纳氏试剂分光光度法 HJ 535—2009	50
溶解性 NO_3^-	紫外分光光度法	50
溶解性 PO_4^-	钼酸铵分光光度法	50
叶绿素 a	丙酮提取分光光度法 SL 88—2012	10
UV680	分光光度法	10

(2)OD(吸光度)值与藻密度关联性的研究

利用将指数生长期的蛋白核小球藻相应的密度梯度,分别测定其 OD 值、细胞密度,对实验结果进行统计分析。作 OD 值与细胞密度的标准曲线。

在将所得到的系列藻液用分光光度计在 680nm 处测其吸光度,以细胞密度对吸光度(OD)绘制标准曲线(图 10.2),结果表明细胞密度值与吸光度之间有很好的线性关系,得到的线性回归方程分别为:

小球藻细胞密度值(10^5 个/mL):$Y = 35.056x + 0.5128$

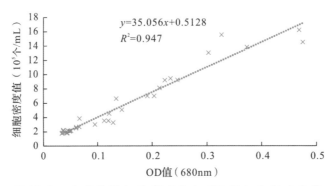

图 10.2　小球藻的细胞密度值与 OD 值拟和标准曲线

（3）藻类生物量、比增长率、相对生长常数、平均倍增时间的确定

生物量测定采用 XB–K–25 型血球计数板，在 Olympus 显微镜下以显微镜视野法进行计数。自接种次日起每天定时采样并计数，每个样品计数 2~3 次，取其平均值，并同时用分光光度计（图 10.3）在 680nm 测其吸光度，多次反复测试后，藻密度与 440nm 波长吸光度的相关性达 0.94。

自接种日起，每隔 2 天的同一时间取蛋白核小球藻藻液约 5mL，用分光光度计在 680nm 下测其吸光度，以不加藻种的相同培养液为空白组。再通过查阅标准曲线，即可得样品小球藻的细胞密度值。小球藻细胞密度值（10^5 个/mL）为 $Y = 35.056x + 0.5128$。

细胞的相对生长率按以下公式计算得出相对生长常数：

$$K = \lg(N_t/N_0)/T \tag{公式 10.1}$$

式中：N_t、N_0 分别表示第 T_t 天、第 T_0 天的细胞数。

平均倍增时间：

$$G(d) = 0.301/K \tag{公式 10.2}$$

比增长率：

$$\mu = \ln\frac{N_2/N_1}{T_2 - T_1} \tag{公式 10.3}$$

图 10.3　显微镜和紫外–可见分光光度计

10.1.4 研究结果与分析

10.1.4.1 单一水源对不同藻类生长的影响

不同水体水质特征的差异,使得其产生的水生态效应有所不同。通常情况下,藻类突发性增长的特性与水质特征有密不可分的联系。图 10.4 为再生水和地表水两种不同水源中铜绿微囊藻、小球藻和鱼腥藻的生长曲线。从图 10.4 可以看出,无论是再生水还是河道水水源,3 种藻的生长趋势较为一致,但在同一培养时间中,河道水中的铜绿微囊藻、小球藻和鱼腥藻细胞的密度均高于再生水中的对应值,即河道水更有利于 3 种藻类的生长。

图 10.4a 显示,在以河道水为水源水质的条件下:(1)铜绿微囊藻在 14 天的培养过程中一直处于正增长且第 5 天开始呈突发性增长;(2)小球藻和铜绿微囊藻的生长曲线在前 12 天均持续增长,而小球藻在第 13 天达到最大值后开始衰减,铜绿微囊藻仍呈持续增长的状态;(3)鱼腥藻在前 11 天持续增长,后期趋于稳定,最大的吸光度为 0.13,但远低于铜绿微囊藻和小球藻的吸光度。

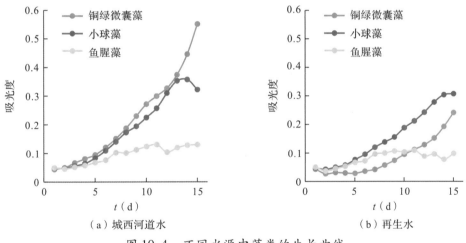

图 10.4 不同水源中藻类的生长曲线

图 10.4b 显示,在以再生水为水源水质的条件下:(1)铜绿微囊藻在第 2 天的吸光度明显降低,然后稳定到第 5 天后开始持续增长;(2)小球藻在 14 天的培养过程除在第 2 天有所降低,之后一直处于正增长,最大的吸光度达到 0.31;(3)鱼腥藻在再生水中的生长趋势与河道水基本类似,最大的吸光度为 0.1。

10.1.4.2 混合水体对藻密度的影响

由于不同配比混合水体中氮、磷的浓度及氮磷比的差异,藻类在其中的生长情况有所不同。图 10.5 为不同配比混合水体对铜绿微囊藻、小球藻的藻密度的影响。

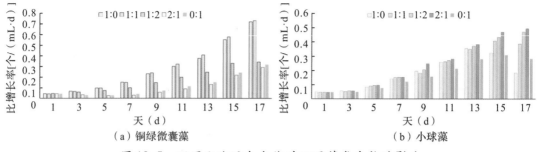

图 10.5　不同配比混合水体对不同藻类生长的影响

从图 10.5 可看出,在相同混合比的条件下,小球藻的吸光度总是小于铜绿微囊藻。图 10.5a 显示,铜绿微囊藻在城西河道水与再生水 1∶0 和 1∶1 配比时均快速增大并呈正增长;在 1∶2 的配比情况下,前 5 天没有明显变化,然后从第 7 天开始稳步缓慢增长;而在 0∶1 与 2∶1 的配比情况下,均先降低,然后在第 9 天开始稳步增长。图 10.5b 显示,小球藻在前 5 天的生长几乎不受再生水和地表水混合比例的影响,在第 7 天后吸光度均快速增大,然后在 13 天往后 1∶0 配比的吸光度开始下降,吸光度在 2∶1 配比的情况下达到最大。

通常情况下,藻类突发性增长的特性与氮磷比的特征有密不可分的联系,故通过混合水体中初始氮磷比对藻类生长的影响进行分析。铜绿微囊藻在配比 1∶1 时,氮磷比为 45∶1,而且在配比 1∶0、2∶1、1∶1 的情况下,总磷均大于 0.2mg/L,磷营养盐充足,符合丰茂武等关于铜绿微囊藻在不同氮磷比下的生长情况。小球藻的生长情况在磷营养盐充足的情况下,即配比为 2∶1、1∶1、1∶0 时,在 N/P 为 8.17mg/L∶0.25mg/L 时,小球藻的长势最好,也最接近郭晓瑜试验中 7.23mg/L∶0.33mg/L 与龙静怡试验中 9mg/L∶0.3mg/L 的氮磷比,符合郭晓瑜[103]、龙怡静[114]等的相关研究成果。

综上所述,铜绿微囊藻、小球藻的吸光度增长速率最快的是河道水与再生水的混合水体配比为 1∶1 和 2∶1,即再生水按以上比例补充到河道时最有利于这两种典型蓝绿藻的生长和增殖,也就意味着提高了这两种藻作为优势藻形成水华的可能性。因此,为控制铜绿微囊藻、小球藻等有害的蓝绿藻华,本研究建议将再生水向城西河补水时,补充的水量应使得河道水体的更换率超过 50%。

10.1.4.3　不同配比混合水体对藻类生长状态的影响

Reynolds[15]认为最大比增长率(μ_{max})是在一定条件下藻类潜在增长率的最高表现,获得 μ_{max} 的条件,就是藻类生长的最适条件。在比较培养效果时,K、$G(d)$ 和 μ_{max} 值均可作为最适培养条件的参数;同理,这些参数的最不利值所取得的条件就是藻类生长受限的最佳条件。图 10.6 为不同配比混合水体对铜绿微囊藻、小球藻生长状态的影响。表 10.5 为不同比例混合水体对不同藻类的 14 天平均比增长速率的变化。

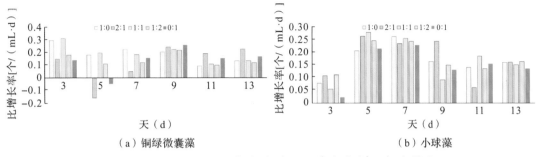

图 10.6　不同配比混合水体对不同藻类生长状态的影响

表 10.5　不同比例混合水体对不同藻类的 14 天平均比增长速率的变化

序号	混合比例		平均比增长率（d^{-1}）	
	河道水	再生水	铜绿微囊藻	小球藻
1	1	0	0.17	0.17
2	2	1	0.12	0.18
3	1	1	0.18	0.17
4	1	2	0.12	0.17
5	0	1	0.13	0.15

由图 10.6a 可见，铜绿微囊藻除了 2∶1 与 0∶1 配比情况下，其余组数基本上在测量第 2~4 天就出现了 μ_{max}，符合张晓萍在氮磷对再生水为水源景观水体中藻类的影响研究中发现的情况，并且在 1∶1 配比情况下 μ_{max} 最大，这表明 1∶1 配比的情况对铜绿微囊藻的生长具有一定的优越性，是其最佳的生长条件。可以看出，1∶2 配比的情况最不适合藻类生长，可以说在再生水配水的情况下，再生水配得越高越好，最好大于 1∶1 的配比。

由图 10.6b 可见，小球藻基本上在测量第 5~7 天就出现了 μ_{max}，符合张晓萍在氮磷对再生水为水源景观水体中藻类的影响研究中发现的情况，并且在 2∶1 配比情况下 μ_{max} 最大，这表明 2∶1 配比的情况对小球藻的生长具有一定的优越性，是其最佳的生长条件。可以看出，0∶1 配比的情况最不适合藻类生长，可以说在再生水配水的情况下，再生水配得越高越好，最好大于 1∶1 的配比。

铜绿微囊藻的最大比增长率在第 3 天左右出现，小球藻的最大比增长率在第 5~7 天左右出现，因此，当城西河长时间没有降雨时，以 3 天为 1 个周期进行配水，可以有效预防城西河藻类的爆发。同时，通过平均比增长率的分析，可以得到分别配水 1∶2 与 0∶1 的情况，最不适合铜绿微囊藻与小球藻的生长。

10.1.5　小　结

（1）再生水中铜绿微囊藻、小球藻和鱼腥藻的生长潜力均低于城西河道水中的值，且在两种单一水源中小球藻均表现出强的适应能力,在短期内(4天左右)快速增殖形成优势藻种;鱼腥藻由于其自身特性的差异对水体环境条件的改变特别敏感,在两种水体中的长势均较为平缓;铜绿微囊藻的生长周期较长且由其引起的水体富营养化的持续时间可能更长久。

(2)试验结果表明,在磷营养盐充足时,氮磷比45:1为铜绿微囊藻生长的最佳条件;当再生水磷浓度低于0.1mg/L时可以尽可能配水,以此避免河道富营养化的发生;当再生水磷浓度高于0.1mg/L,要结合河道水与再生水的实际氮磷条件决定是否进行配水。试验结果与相关的文献结果较为吻合。

(3)铜绿微囊藻与小球藻在河道水及再生水配比1:1和2:1的情况下的长势最好,增长速率最快。并且通过平均比增长率的分析,可以得到分别在配比1:2与0:1的情况下,最不适合铜绿微囊藻与小球藻的生长。为了控制铜绿微囊藻这样的有害蓝藻藻华,建议条件允许的情况下,应尽可能多地向河道配水。

(4)铜绿微囊藻的最大比增长率在第3天左右出现,小球藻的最大比增长率在第5~7天左右出现。为了有效抑制城西河道蓝绿藻华的发生,在长时间无降雨径流时,配水周期不宜超过3~6天。

10.2 基于影像数据的水位识别技术的研究

10.2.1 研究背景

在信息技术、数字技术不断发展并普及的背景下,视频、图像监控设备在资源环境领域得到广泛应用。在"物联网""云计算""智慧城市"等新技术的加持下,视频、图像监控设备在治水领域得到了广泛普及,目前很多视频监控采集的图像仍然以人工监视、识别为主,如何充分利用这些海量的图像信息,提高识别效率是智慧水利、数字孪生的重要内容。

目前,基于深度学习的计算机视觉技术得到了极大的发展,在目标检测、语义分割等视觉任务上取得了比传统算法更好的效果。在目标检测领域,有Faster RCNN和YOLO这样具有代表性的算法。在语义分割领域,具有代表性的工作则是DeepLab。在视觉目标追踪领域则是以Siamese tracker具有代表性。长期以来,计算机视觉都是采用CNN为主,近年来以transformer为基础的网络使用日益广泛,并且表现出很强的竞争力。

本专题旨在充分利用河岸已有的监控设备采集到的图像数据,应用深度学习技术对视频、图像数据进行分析、识别,实时跟踪河湖流量(或水量)、水质(漂浮物与水质突变))等情况变化,为再生水景观环境补水的合理调控提供基础依据。

10.2.2 研究内容

这里的研究内容包括以下三个方面。

（1）基于视频图像的河湖构筑物实时水尺水位识别方法研究，为流量或水量确定提供基本依据。

（2）基于视频图像的河湖漂浮物识别技术研究，为河湖日常保洁、河湖长优化巡河湖路径提供基本依据。

（3）基于视频图像的河湖水质色度指标突变识别方法研究，为河湖水量水质联合调控技术预报预警提供基础信息。

10.2.3　研究原理

研究基于视频图像的漂浮物识别、水尺水位实时测量和水质突变识别方法，通过计算机对普通摄像头采集的视频图像数据进行像素特征分析，对漂浮物、水尺水位、水质突变进行分析处理，以此实现评估尾水回用的环境与生态效应。根据漂浮物的情况、水尺水位变化及水质突变情况及时为决策者提供预警信息，并在义乌市城区示范应用。

与国内外相关厂家用带图像识别芯片的智能摄像头的检测方法不同，本项目用普通摄像头以纯软件的人工智能方法实现漂浮物、水尺水位及水质突变的实时测量识别。

水位监测站点一般都配备了标准水位尺和摄像机，通过摄像机对水位进行监控，工作人员在监控室内对水尺进行读数并记录水位。人工监测水位的缺点在于：①不能实时记录水位；②监控站点的增加会直接导致人工成本上升。通过计算机视觉的方法替代人工对水尺进行读数，具有硬件成本和维护成本低、非接触式、受环境影响小等优点。

由于河道、灌溉渠道、排水沟道等水位监控点都在野外，场地对架设监控摄像头的影响较大。在不同的监控点，水尺的拍摄距离、拍摄角度、图像质量等都存在较大的差异。在野外的水尺还容易受到光照、遮挡等因素的影响，增大了水尺识别的难度。水尺识别已经有很多的研究和应用，传统的图像处理方法如 Hough 变化和模板匹配等，不能准确定位到水尺的位置。目前的智能化水位监测方案以传感器监测为主，电容传感器、超声波传感器、光纤传感器、压力传感器等在野外布设存在局限性，其中，电容传感器的测量范围有限，且被测液体必须为导体；超声波传感器容易受环境因素影响而出现波动，降低测量精度；光纤传感器无法适用于脏的或者不透明的液体。

针对以上问题，本研究基于深度学习的水尺图像识别算法，仅需要利用现有的摄像头就可以，设计的算法由三部分组成：水尺分割、刻度识别和水位计算。该算法采用最新的语义分割网络 Deeplab V3＋，大大提高了水位检测的精度，达到水尺的最小刻度 1cm（采用其他的相关算法的精度是 3cm 左右），需要说明的是，本项目的软件技术都具有自主知识产权。

Deeplab V3＋可以分为 Encoder 和 Decoder 两部分，整体的网络结构如图 10.7 所示。

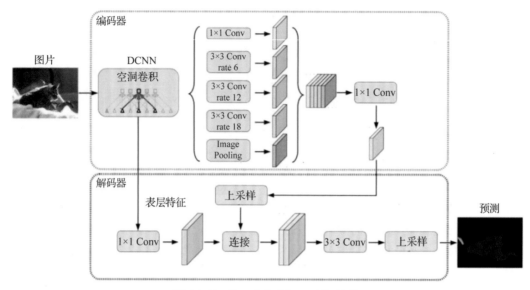

图 10.7　Deeplab V3 + 网络结构

Encoder 部分负责从原图像中提取语义特征(high-level feature)。Deeplab V3 + 使用了 Xception 网络作为基础网络提取卷积特征,然后通过空洞空间金字塔池化(Atrous Spatial Pyramid Pooling,ASPP)合并多尺度特征。Encoder 对图像进行下采样,从图像中提取深层的语义信息,得到尺寸小于原图的多维特征图。

Decoder 部分负责对原图像中每一个像素的类别信息进行预测。Deeplab V3 + 将 Encoder 提取的语义特征进行上采用,与原图像的表层特征(low-level feature)合并为混合特征。通过卷积层预测每一个特征单元的类别,最后上采样到原图的尺寸大小。

Deeplab 系列算法的核心在于使用了空洞卷积(Dilated/AtrousConvolution)替代池化层来增大感受野,避免了因为池化而导致的信息丢失。空洞卷积比一般的卷积多了一个参数扩张率(dilation rate),其指的是卷积核内每个值的间隔。当参数扩张率为 1 时,即为普通卷积。空洞卷积与普通卷积的对比如图 10.8 所示。

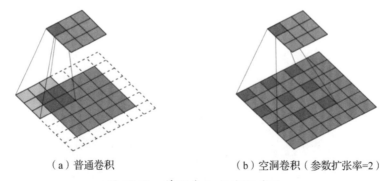

（a）普通卷积　　　　　　　　（b）空洞卷积（参数扩张率=2）

图 10.8　普通卷积与空洞卷积

从图中可以看出,同样是 3×3 的卷积核,普通的卷积的感受野为 3×3,参数扩张率为 2 的空洞卷积的感受野为 7×7。相比普通的卷积,空洞卷积没有增加多余的计算量,且感受野更大。在图像分类或者目标检测等任务中,池化导致的信息丢失对结果的影响不会很大。因此,通常会在网络构件中多次使用池化层下采样来减少计算量,增大感受野。而在语义分割任务中,模型输出是像素级的结果,池化导致的信息丢失都会降低预测的准确率。Deeplab 算法在特征提取的阶段,避免使用池化层,改用空洞卷积来增大感受野,提升了预测的准确率。

10.2.4　建模过程与技术开发

基于深度神经网络对水尺的视频图像进行建模。

将深度学习方法应用于水尺图像的识别,对每一个摄像头的拍摄结果进行单独分析,记录水位线所对应的水位。采用两种不同的算法识别水位,第一种用训练卷积神经网络(CNN)进行分类识别;将图片分为水面上下两部分,根据水位线的位置,计算出此时的水位;每两种基于聚类分区进行刻度识别,具体的说明如下。

(1)用训练卷积神经网络(CNN)进行分类识别。将图片分为水面上下两部分,根据水位线的位置计算出此时的水位,具体的算法流程如图 10.9 所示。

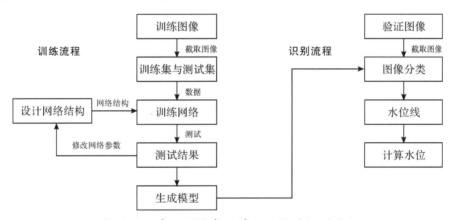

图 10.9　基于训练卷积神经网络的识别流程

(2)基于聚类分区进行刻度识别。利用从实时监控视频中获取的原始图像来截取原始图像中的水尺区域,以水尺末端作为水位线的位置,然后对水尺区域图像进行二值化处理,根据“E”的三条边,采用聚类方法将处理后的水尺区域图像划分成若干子区域,再通过对每个子区域的内容进行识别,得到水位线所在区域的上一个包含数字的区域的数值,最后根据子区域的高度和识别得到的数值计算水位并显示。该算法对水尺图像进行语义分割,并通过后处理提升了语义分割的性能。如图 10.10 所示,识别的精度达到 1cm,即在水尺的最小刻度以内。部分对比数据如表 10.6 所示。

（a）待识别图　　　　　　　　　　（b）提取出的水尺初图

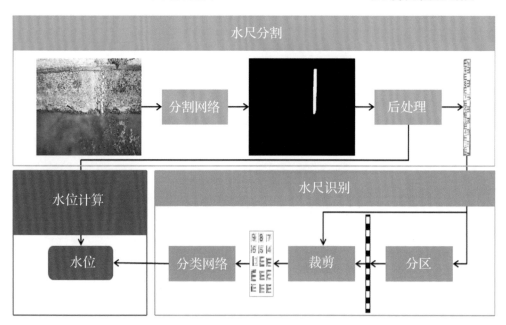

（c）算法流程图

图 10.10　基于聚类分区的刻度识别流程

　　从水尺实际识别的效果来看,该算法对于最难识别的几种情况,如水尺被杂草遮挡、摄像头旋转的角度大、水尺在图中的占比小等,都能将水尺与背景分割并准确计算出水位。部分测试图像的水尺分割和水位计算结果如表 10.6 所示。

表 10.6　视频识别水位与观测值对比表

采集图像(或视频)	分割结果	水位计算值	水位观测值
		22.8cm	22.0cm
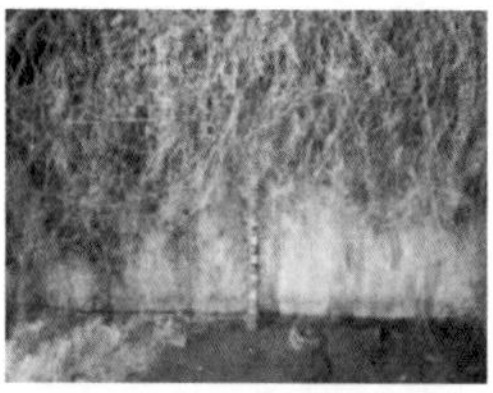		12.8cm	13.0cm
		40.4cm	41.0cm
		12.8cm	13.0cm

10.2.5　监测应用

在义乌城西河、城中河两个点位开展水位实时监测示范应用,实现了 24 小时全天候监测。其中,城西河示范点位于城西河国贸大道交会处附近(见图 10.11a),主要对水位进行识别;城中河示范点位于城中河秀禾路交会处附近(见图 10.11b),主要对水位和漂浮物进行识别。显示区域的监控画面如图 10.11c 所示。摄像头采集目标判断所需的视频和图像数据,之后将数据通过数据网络传输到后端的计算机上,通过软件来实现各种功能模块。

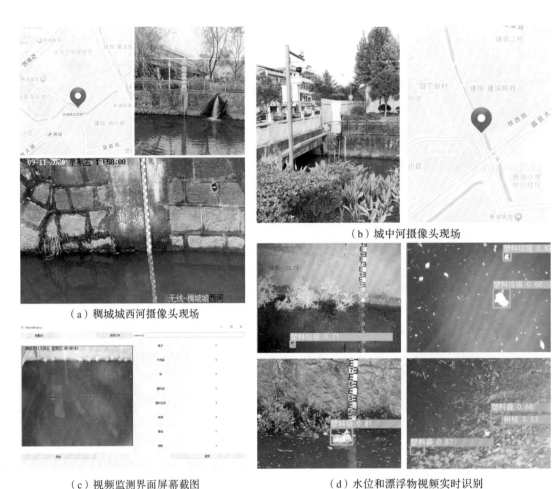

（a）稠城城西河摄像头现场　　　　　（b）城中河摄像头现场

（c）视频监测界面屏幕截图　　　　　（d）水位和漂浮物视频实时识别

图 10.11　城西河示范工程

10.2.6　小　结

通过研究,得出的结论为基于神经网络深度学习技术,建立了视频识别模型,实现了基于水尺图像的水位实时监测。该技术通过计算机对普通摄像头采集的视频图像数据进行像素特征分析,对漂浮物、水尺水位、水质突变进行分析处理。

10.3　城南河流域的简介

10.3.1　城南河流域工程概况

10.3.1.1　流域工程概况

城南河属于义乌江的支流之一,位于浙江省金华市义乌市,全长 2141 米,流经义乌中心城区的稠城街道、稠江街道和北苑街道。城南河流域由城南河及其支流城西河、城中河和城东河构成,因流域地处义乌中心城区(人口和经济要素高度密集),流域水生态环境现状与经济社会发展、美丽河湖建设要求存在一定的差距。

为改善义乌市域水生态环境,义乌市建成了覆盖城东河、城南河、洪溪、东青溪、六都溪、青口溪、鲇溪等 12 条内河的城市水系激活工程。截至 2020 年,铺设配水管道约 40 公里,新建 10 万吨/日、13 万吨/日配水提升泵站各 1 座,改造生态水厂 18 万吨/日、4.5 万吨/日各 1 座,总配水能力达到 43.5 万吨/日。与城南河流域有关的再生水利用工程为城西河配水工程。该工程利用中水提升泵站(即楼下村泵站)将义乌市中心污水处理厂的尾水通过 8kmDN800 管道配送至城西河上游,日配水 4.5 万吨。该工程于 2013 年 7 月投入运行。

内河水系激活工程正式实施配水后,城中河、城南河、城西河、城东河、洪溪、杨村溪等河道水体的感观明显好转,彻底消除黑臭现象,水质由劣 V 类向 V 类、Ⅳ 类逐渐提升。优质外部水源的大量补充,有效改善了原本缓流水体的理化环境和透明度,提升水体的自净能力。

10.3.1.2　工程运行管理

义乌市水系激活工程分别由义乌市第二自来水有限公司负责管理,该公司下设党政办、财务部、客户服务部、运营安全部、工程项目部,简称"四部一办",现有员工 127 人。

为了规范配水分公司的运行调度管理,义乌市出台了《内河配水运行管理办法》。根据该办法,义乌市城市内河配水控制运行方案如下。

(1)配水设施 24 小时连续运行。

(2)内河流域发生洪水以及气象部门预报暴雨天气或台风警报时停止配水,确保防洪安全。防汛期间应服从市防汛抗旱指挥部的统一调度,以避免因配水控制原因而造成洪涝灾害损失。

(3)相关镇、街道因河道改造、水生态修复施工等事宜需暂停或启动配水运行时,应先发函至水务集团,再由水务集团报市五水共治办和水务局,并由五水共治办以书面形式通知运营单位进行调度。

(4)遇雨天天气时,一般情况下,下雨后 1 小时停止运行,停雨后 12 小时启动运行。

(5)因汛情、水体突发性污染、上游水库发生险情或放水、水处理设备故障等导致水源水质变差,不宜继续配水时,应当通知相关部门,并暂停相关配水设施运行。

(6)运营单位根据调度单执行应急配水任务。

从上述运行管理办法可以发现,目前主要基于降雨和突发情况进行调度,调度方案还是比较简单的、定性的。

10.3.1.3　再生水水质(义乌市中心污水处理厂)提升工程

为提升其尾水水质,义乌市水务集团对中心污水处理厂进行了提标改造,其主要目标污染物为 NH_3-H、TN 和 TP。提标改造的主要措施包括:更换氧化沟部分老旧转刷为转碟,新增氧化沟的底曝设施、碳源投加装置;新增深度处理设施——气浮工艺;改造曝气生物滤池,将曝气管改为滤砖,并将罗茨风机更换为磁悬浮风机;新增溶解氧仪、硝态氮仪、氨氮仪、正磷酸盐仪表等自控仪表;更换脱水离心设备。

改造工程于 2021 年 6 月底完成,于 2021 年 7 月开始运行。改造前后的工艺对比见图 10.12(a)、(b)。

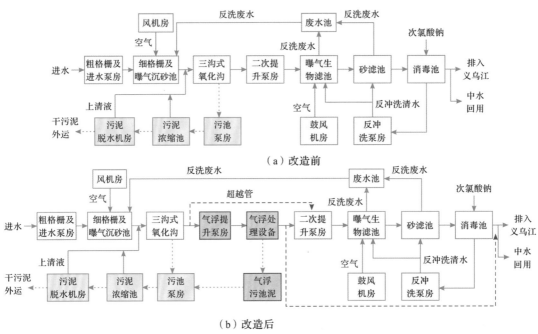

（a）改造前

（b）改造后

图 10.12　义乌市中心污水厂提标改造前后的处理工艺流程图

根据出厂水质的记录,改造前后同期出厂水质见表 10.7。从表可见,改造后出厂水质明显得到改善,尤其是 $NH_3^- - N$、TP 出厂浓度下降明显,6 个月的平均改善率分别高达 42.23%、38.97%,极大改善了城西河配水的水源条件。

表 10.7　义乌市中心污水处理厂改造前后出厂水质变化的情况对照

月份	COD_{cr}			NH_3^- - N			TP			TN		
	2020年	2021年	改善率(%)	2020年	2021年	改善率(%)	2020年	2021年	改善率(%)	2020年	2021年	改善率(%)
7 月	13.0	11.8	9.20	0.36	0.14	61.97	0.22	0.13	42.90	9.67	7.35	24.00
8 月	13.4	11.4	14.70	0.66	0.09	86.66	0.22	0.14	36.63	9.18	6.39	30.33
9 月	14.0	13.4	4.05	0.17	0.09	45.56	0.24	0.13	44.97	8.15	8.39	-2.90
10 月	13.5	13.8	-2.39	0.19	0.22	-10.40	0.22	0.16	29.99	9.94	9.18	7.66
11 月	14.8	13.6	8.11	0.35	0.24	31.96	0.22	0.12	46.35	10.23	10.49	-2.56
12 月	15.3	15.7	-2.75	0.36	0.46	-28.60	0.21	0.14	32.04	11.32	10.31	8.88
平均	14.0	13.3	4.99	0.35	0.20	41.23	0.22	0.14	38.97	9.70	8.70	10.90

10.3.2　计量监测设施与资料

10.3.2.1　**计量监测设施**

再生水水源为义乌市中心处理厂尾水,通过城西河配水泵站输水至城西河配水口,改善城西河水生态环境。布设计量监测设施有 3 个,分别为城西河配水泵站出口,以及城西河上基于超声波的水位监测点、基于图像识别的水位监测点。城西河计量监测点位布局以及工程照片见图 10.13、图 10.14。

水质监测项目:氨氮($NH_3^- - N$)、总磷(TP)。

监测时间和频次如下所示:

①工况 1:项目研究前,按原调度方案配水,2020 年 8 月,监测 8 次。

②工况 2:项目研究前,城西河改造未配水,2021 年 4 月—2022 年 3 月,每半月监测 1 次。

③工况 3:项目研究后,再生水水质得到提升,按优化调度方案配水,2021 年 3—4 月,每周监测 1 次。

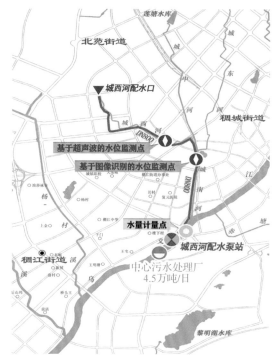

图 10.13　城西河水系激活计量监测(控)设施布局图

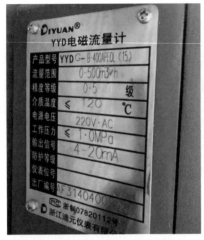 

（a）配水泵站计量设施的型号　　　　（b）配水泵站计量设施

（c）超声波水位监测点　　　　（d）图像识别的水位监测点

图 10.14　城西河水系激活计量监测（控）设施照片

10.3.2.2　计量监测资料

各工况计量监测数据成果分别见表 10.8、表 10.9 和表 10.10。

表 10.8　工况 1：城西河、城南河水质监测资料

配水工况	时间	城西河		城南河	
		总磷（mg/L）	氨氮（mg/L）	总磷（mg/L）	氨氮（mg/L）
工况 1	2020 年 8 月 3 日	0.291	0.156	0.241	0.485
	2020 年 8 月 4 日	0.378	4.070	0.615	11.200
	2020 年 8 月 5 日	0.188	0.670	0.218	0.786
	2020 年 8 月 6 日	0.247	0.426	0.245	0.578
	2020 年 8 月 17 日	0.339	0.512	0.296	0.419
	2020 年 8 月 19 日	0.281	0.436	0.258	0.167
	2020 年 8 月 21 日	0.282	0.098	0.232	0.083
	2020 年 8 月 23 日	0.297	0.135	0.255	0.109
	均值	0.288	0.813	0.295	1.728

表 10. 9　工况 2:城西河、城南河水质监测资料

配水工况	时间	城西河		城南河	
		总磷(mg/L)	氨氮(mg/L)	总磷(mg/L)	氨氮(mg/L)
工况 2	2021 年 4 月 10 日	0.791	5.63	0.276	2.380
	2021 年 4 月 23 日	1.140	9.430	0.142	1.010
	2021 年 5 月 8 日	0.360	3.540	0.273	1.930
	2021 年 5 月 26 日	0.247	1.210	0.240	1.380
	2021 年 6 月 11 日	0.256	0.092	0.137	0.062
	2021 年 6 月 24 日	0.246	0.872	0.216	0.781
	2021 年 7 月 13 日	0.409	1.380	0.258	0.678
	2021 年 7 月 21 日	0.718	2.510	0.319	0.630
	2021 年 8 月 14 日	0.321	1.720	0.311	1.630
	2021 年 8 月 26 日	0.351	0.097	0.253	0.114
	2021 年 9 月 10 日	0.490	0.146	0.326	0.329
	2021 年 9 月 24 日	0.658	2.780	0.202	0.818
	2021 年 10 月 9 日	0.307	1.850	0.111	0.084
	2021 年 10 月 27 日	0.554	0.098	0.252	0.104
	2021 年 11 月 11 日	0.617	1.010	0.336	0.812
	2021 年 12 月 8 日	0.890	4.710	0.434	2.620
	2021 年 12 月 22 日	0.622	3.950	0.180	0.766
	2022 年 1 月 10 日	0.514	3.940	0.220	2.080
	2022 年 1 月 21 日	0.483	2.410	0.344	1.740
	2022 年 2 月 14 日	0.208	0.908	0.164	0.926
	2022 年 2 月 25 日	0.302	1.300	0.126	0.912
	2022 年 3 月 9 日	0.358	1.490	0.088	0.520
	均值	0.493	2.322	0.237	1.014

表 10. 10　工况 3:城西河、城南河水质监测资料

配水工况	时间	城西河		城南河	
		总磷(mg/L)	氨氮(mg/L)	总磷(mg/L)	氨氮(mg/L)
工况 3	2022 年 3 月 24 日	0.214	0.647	0.118	0.597
	2022 年 3 月 28 日	0.150	0.468	0.120	0.385
	2022 年 4 月 6 日	0.182	0.559	0.111	0.459
	2022 年 4 月 20 日	0.258	0.812	0.096	0.621
	均值	0.201	0.622	0.111	0.516

10.4　再生水景观环境配水水质风险控制数值模拟技术的研究

10.4.1　面源污染与河道水质耦合模型

10.4.1.1　一维、二维水动力水质模型方程

河道内水体中物质的输移降解满足质量守恒条件,常规水质的指标可采用具有一

阶反应性的对流扩散方程来描述。含内源污染的垂向平均平面二维氮、磷营养物质输移(对流－扩散－反应)方程为:

$$\frac{\partial(h\bar{C})}{\partial t} + \frac{\partial(hU\bar{C})}{\partial x} + \frac{\partial(hV\bar{C})}{\partial y} = \frac{\partial}{\partial x}\left(Dx\frac{\partial(h\bar{C})}{\partial x}\right) + \frac{\partial}{\partial y}\left(Dy\frac{\partial(h\bar{C})}{\partial y}\right) - F_{ex} - Kh\bar{C} + S$$

(公式10.4)

将上述二维物质输移方程与二维浅水方程耦合,形成的方程组可以统一写成以下守恒形式:

$$\frac{\partial \mathbf{U}}{\partial t} + \nabla \cdot \mathbf{F}(\mathbf{U}) = S$$

(公式10.5)

式中,

$$\mathbf{U} = \begin{Bmatrix} h \\ hu \\ hv \\ h\varphi \end{Bmatrix}, \quad \mathbf{F}_x = \begin{Bmatrix} hu \\ hu^2 + \dfrac{gh^2}{2} \\ huv \\ hu\varphi \end{Bmatrix}, \quad \mathbf{F}_y = \begin{Bmatrix} hv \\ huv \\ hv^2 + \dfrac{gh^2}{2} \\ hv\varphi \end{Bmatrix}$$

$$S = \begin{Bmatrix} 0 \\ gh(S_{0x} - S_{fx}) + \nabla^2\dfrac{\varepsilon}{\rho}hv + c_w\dfrac{\rho_a}{\rho^2}\omega^2\sin\alpha + fvh \\ gh(S_{0y} - S_{fy}) + \nabla^2\dfrac{\varepsilon}{\rho}hv + c_w\dfrac{\rho_a}{\rho^2}\omega^2\cos\alpha + fuh \\ \dfrac{\partial}{\partial x}\left(D_{\varphi x}h\dfrac{\partial\varphi}{\partial x}\right) + \dfrac{\partial}{\partial y}\left(D_{\varphi y}h\dfrac{\partial\varphi}{\partial y}\right) - K_\varphi h\varphi - F_{ex} + S_\varphi \end{Bmatrix}$$

其中:h 为水深;u、v 分别为 x 和 y 向水深平均流速分量;F_x 为 x 向通量向量,F_y 为 y 向通量向量,S 为源项向量,$S_{0x} = -\dfrac{\partial z_b}{\partial x}$,为 x 向河底底坡;$S_{0y} = -\dfrac{\partial z_b}{\partial y}$,为 y 向河底底坡;$S_{fx} = \rho n^2 h^{-4/3}u\sqrt{u^2+v^2}$,为 x 向摩阻底坡;$S_{fy} = \rho n^2 h^{-4/3}v\sqrt{u^2+v^2}$,为 y 向摩阻底坡;c_w 为风阻力系数;ρ_a 为空气密度;ω 为风速;α 为风速与 y 轴的夹角。$D_{\varphi x}$、$D_{\varphi y}$ 分别为含氯度、y 方向扩散系数;K 为输运物质 φ 综合降解系数。

$F_{ex} = -\varphi D_z'\dfrac{\partial c^p}{\partial z}\Big|_{0^-}^{0^+} = -\varphi D_z'\dfrac{(c_{0^+}^p - c_{0^-}^p)}{\delta} = \varphi \cdot J \cdot D_p(C_p - C)$ 为源汇项。

(1)模型建立

本次的研究范围为上游城西河、城中河以及城东河的起点,下游至城南河与义乌江交汇口,模型网格采用四边形网格,共有网格数3933个,节点数4922个。模型的边界条件为上游城西河、城中河以及城东河流量边界,下游交汇口处为水位边界,以及侧向入河的点源排口等。模型网格如图10.15所示。

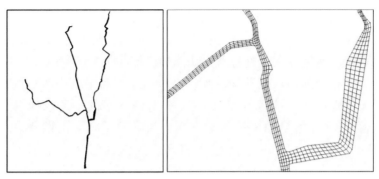

图 10.15　模型计算网格示意图

（2）模型验证

采用 2021 年 8 月 12 日实测水质水量对模型进行率定。上游城西河、城中河以及城东河的平均流量分别为 0、0.22m³/s 以及 0.43m³/s，下游为实测水位过程；边界处的水质采用实测水质；区间考虑点源污染物汇入。计算得到的监测点水质与实测对比如图 10.16 所示。验证结果表明各测点计算趋势与实测值基本一致，各测点实测值与计算值的误差基本在 30% 以内。参数率定后的各污染物降解系数为 0.05d⁻¹，氨氮为 0.1d⁻¹。

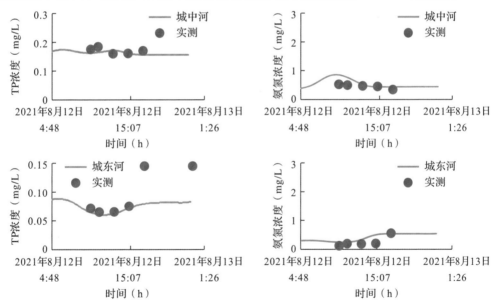

图 10.16　水质验证成果对比图

10.4.1.2　面源污染与二维水质耦合模型

（1）面源污染模型建立

采用 SWMM 模型来模拟城市面源污染。

a）SWMM 模型介绍

SWMM 为美国 EPA（Environmental Protection Agency，环境保护署）于 1971 年研发的动态的降雨—径流模拟模型，可以用于进行城市次降雨或者长期连续的水量水质模拟。SWMM 模型的模拟核心步骤为:子流域概化;地表产流汇流计算;管网汇流演算。子流域为 SWMM 模型中的水文响应单元,被划分为透水区域和不透水区域,不透水区域则分为具有蓄水功能的区域和不具有蓄水功能的区域。

地面产流为计算降雨扣除蒸发、植物截留、地面洼蓄和土壤入渗后的净雨过程。透水地表产流等于降雨量扣除洼蓄量和入渗损失;有洼蓄量的不透水地表产流等于降雨量减去地表洼蓄量;无洼蓄量的不透水地表产流为降雨量减去雨期蒸发量。下渗模型主要有 3 种:Horton 模型、Green-Ampt 模型和 SCS 径流曲线法。本书主要采用 Green-Ampt 模型,累积下渗量 F 小于表层饱和累积下渗量 F_s 时:

$$i \leqslant K_s, f = i \qquad (公式 10.6)$$

$$i > K_s, F_s = \frac{S_u \times IMD}{i/K_s - 1} \qquad (公式 10.7)$$

降雨强度小于饱和土壤导水率时,降雨全部入渗;降雨强度大于饱和土壤导水率时,累积下渗量与该时刻降雨强度和 IMD 值有关。

累积下渗量 F 大于表层饱和累积下渗量 F_s 时,有:

$$f = f_p \qquad (公式 10.8)$$

$$f_p = K_s \left(1 + \frac{S_u \times IMD}{F} \right) \qquad (公式 10.9)$$

$F \geqslant F_s$ 时,地表土壤已经达到饱和状态,土壤具有稳定的下渗率,同时入渗能力取决于累积入渗量。

其中,F 为累积下渗量,mm;F_s 为饱和累积下渗量,mm;i 为降雨雨强,mm/s;K_s 为饱和土壤入渗率;IMD 为最大入渗量,mm。

地面汇流为各子流域产流汇集到雨水口的入流过程。SWMM 中采用非线性水库模型来描述地表汇流过程,将每个子汇水区概化为一个水深很浅的非线性水库,降雨为输入,土壤下渗和地表径流为出流,由连续性方程和曼宁公式联立求解:

$$\frac{dV}{dt} = A \times \frac{dd}{dt} = A \times i' - Q_o \qquad (公式 10.10)$$

V 为子汇水区总水量,m³;d 为子汇水区地表水深,m;A 为子汇水区面积,m²;t 为降雨时间,s;i' 为净降雨强度,mm/s;Q_o 为径流流量,m³/s;W 为子汇水区特征宽度,m;n 为曼宁系数;S 为子汇水区坡度。

b)模型的建立

在构建 SWMM 模型的过程中,主要涉及子汇水区以及管网两部分。把研究范围的汇水区依据地形、建筑物分布、道路等要素划分为若干个汇水子流域。根据各子流域的特点分别计算其径流量,并利用流量演算方法求得各子流域的总出流量。降雨经产汇流过程后,产生净雨而汇入研究区域的地下管网中,再经过管渠传输后排入河道等受纳水体。其主要过程见图 10.17。

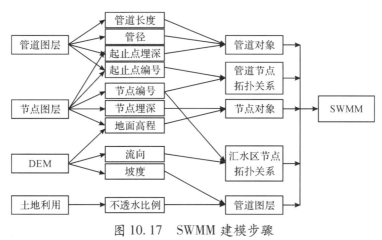

图 10.17　SWMM 建模步骤

子汇水区的划分一般以遥感影像图为背景,通过人工勾绘得到。本例中,结合 DEM 数据和研究区域的遥感影像图、管网节点位置等进行子汇水区的划分,并通过 arcgis 分析得到各子汇水区的坡度、土地利用类型以及不透水面积等参数,概化结果见图 10.18。

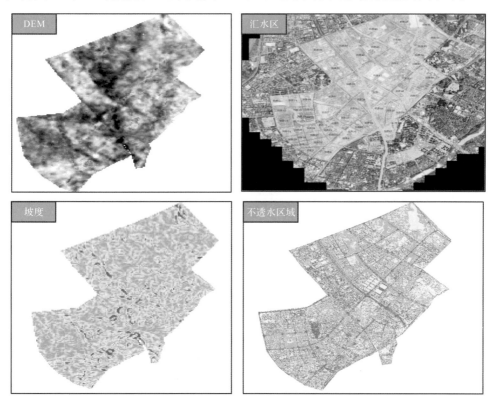

图 10.18　汇水区 DEM 及子汇水区的划分情况

将处理好的节点、管线、汇水区域要素数据文件以及降雨序列文件导入 SWMM,即可生成面源计算模型,如图 10.19 所示。

图 10.19　算例的 SWMM 模型

c) 水动力参数

在 SWMM 模型中,子汇水区参数众多,包括不透水率、坡度、面积、特征宽度、管长等确定性参数,主要由地理信息系统等技术计算得到;透水区和不透水区曼宁系数、洼蓄深度以及霍顿模型等不确定性参数,主要通过经验、模型手册或实验取值,如表 10.11 所示。

表 10.11　义乌城南河流域相关水动力参数

名称	参数值	名称	参数值
不透水区曼宁系数	0.013	不透水区无洼不透水面积	0.25
透水区曼宁系数	0.240	最大下渗率(mm/h)	72.39
不透水区洼蓄深(mm)	1.5	最小下渗率(mm/h)	3.61
透水区洼蓄深(mm)	2.5	渗透衰减系数(d^{-1})	8.46

d) 水质参数

SWMM 水质模拟主要通过 SWMM 模型中提供的累积方程(幂函数模型、指数函数模型、饱和浸润方程和外部时间序列等)对污染物进行模拟。在实际的模拟中往往通过一场降雨过程中的实测的节点(如出水口)或管网中的流量以及水质过程来对所选参数进行率定。

e) 降雨过程

采用义乌市降雨强度公式、芝加哥雨型求出不同频率的设计降雨强度过程线。义乌市降雨强度公式及芝加哥雨型强度公式如下:

降雨强度公式:

$$i = \frac{7.882 + 6.583 lg\,P}{(t + 5.129)}$$（公式 10.11）

式中:P 为设计降雨重现期(a);t 为降雨历时(min),$t = t_1 + t_2$;t_1 为地面集水时间

(min); t_2 为管渠内流行时间(min)。

Keifer 和 Chu(KC)根据强度—频率关系得到一种不均匀的设计雨型,也称之为芝加哥型。雨量过程线的形状对任何暴雨历时的降雨均适用,只是平均强度不同。根据历时与平均暴雨强度的经验关系,有:

$$i = \frac{a}{(b + t_d)^n} \qquad (公式 10.12)$$

其中,i 为历时的平均暴雨强度;a、b、c 为常数。

那么,历时 t^a 的总降雨强度为:

$$H = i \cdot t_d = \frac{a t_d}{(b + t_d)^n} \qquad (公式 10.13)$$

则 t 时刻的瞬时强度为:

$$i = \frac{dH}{dt} = \frac{a[(1-n)t + b]}{(t + b)^{n+1}} \qquad (公式 10.14)$$

这是与降雨平均强度相同的瞬时雨量过程线,其雨峰在暴雨开始阶段不符合实际,因而引入雨峰系数 r,本计算中取 0.4。

$$t = t_b + t_a = t \times r + t \times (1 - r) \qquad (公式 10.15)$$

$$t = \frac{t_b}{r} + \frac{t_a}{1 - r} \qquad (公式 10.16)$$

其中,t_b 为峰前降雨历时;t_a 为峰后降雨历时。代入公式可得:

$$i_b = \frac{a\left[\dfrac{(1-n)t_b}{r} + b\right]}{\left(\dfrac{t_b}{r} + b\right)^{n+1}} \qquad (公式 10.17)$$

$$i_a = \frac{a\left[\dfrac{(1-n)t_a}{1-r} + b\right]}{\left(\dfrac{t_a}{1-r} + b\right)^{n+1}} \qquad (公式 10.18)$$

至此就可以得到合成的雨量过程线。

(2)耦合模型建立

a)模型耦合

为更加准确地反映入河污染负荷的影响,在配水方案研究时,将 SWMM 与河道二维水量水质模型进行弱耦合:SWMM 模型为二维模型提供不同频率雨量下的各排口的流量和水质边界,再通过二维水量水质模型进行河道水质模拟。

耦合模型中 SWMM 为基于 Python 语言的 Pyswmm 模型,二维模型为前述建立的水动力水质模型,最后通过 Python 语言将两者耦合。

根据现场调查,城西河、城中河、城东河分别有 10 个、11 个以及 11 个雨水排口,排口分布如图 10.20、图 10.21 所示;这些排口为 SWMM 面源污染模型与二维水量水质的耦合点。

图 10.20　SWMM 与二维的水量水质模型耦合点

图 10.21　面源污染与二维水质模型示意图

b) 模型验证

● 入河污染物负荷监测

2022 年 3 月 6 日,课题组对义乌城西河及城东河的雨水排口流量及水质进行了监测,为面源污染模型提供验证资料;当日,义乌站的降雨量为 6.5mm。降雨在 15:45 开始,至

16:40 左右,雨水排口有污水排出,其流量过程线如图 10.22 所示。现场监测得到,降雨后约 40 分钟,城西河雨水口流量峰值约为 1L/s,在监测时间内水质浓度过程总体平稳,略有上升,其中,排口氨氮浓度均值约为 1.66mg/L,总磷浓度均值约为 0.282mg/L。

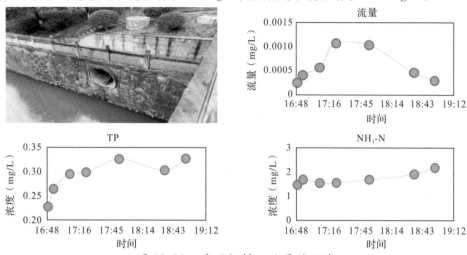

图 10.22　城西河排口流量过程线

● 面源污染模型验证

根据 SWMM 面源污染模型的计算结果,雨水排口的出水时间为 16:24,与实测值基本一致;峰值流量约为 1.1L/s,与实测值误差约为 10%。计算时段内氨氮的平均浓度为 1.58mg/L,实测平均为 1.66mg/L;总磷平均浓度为 0.246mg/L,实测平均为 0.282mg/L,误差均在 15% 以内。因此,次降雨量较小,对河道水质的影响较小,对耦合模型采用 2020 年 8 月 4—5 日的实测数据进行验证。图 10.23 为雨水排口实测流量水质的验证。

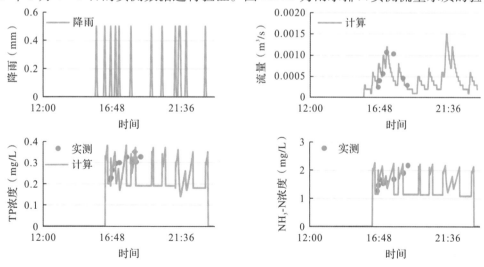

图 10.23　雨水排口实测流量水质的验证

本次率定后的面源污染模型的污染物累积参数及冲刷参数如表 10.12、表 10.13 所示。

表 10.12　水质模型污染物累积参数设置

	指标	TP	NH₃-N
交通道路	最大累积量(kg/ha)	1.85	2.42
	半饱和累时间(d)	10.00	10.00
居民区	最大累积量(kg/ha)	2.14	2.80
	半饱和累时间(d)	10.00	10.00
绿地	最大累积量(kg/ha)	3.06	3.16
	半饱和累时间(d)	10.00	10.00

表 10.13　水质模型污染物冲刷参数设置

	指标	TP	NH₃-N
交通道路	冲刷系数	0.01	0.02
	冲刷指数	0.20	0.50
	清扫去除率(%)	70	70
居民区	冲刷系数	0.01	0.02
	冲刷指数	0.20	0.50
	清扫去除率(%)	0	0
绿地	冲刷系数	0.005	0.010
	冲刷指数	0.200	0.500
	清扫去除率(%)	0	0

- 降雨期河道水质浓度监测

2020 年 8 月 4—5 日,义乌降雨期间对城西河的水质流量过程进行了监测,其中,8 月 4 日 10:40 开始降雨至 22:20 停止;12 小时共降雨约为 65.5mm,8 月 5 日无降雨,且城中河有配水。从水质监测结果来看,8 月 4 日降雨(图 10.24)当日的水质浓度明显高于 8 月 5 日的。表 10.14 为 2020 年 8 月 4—5 日河道水质情况。

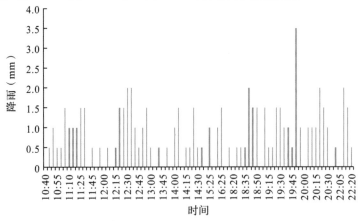

图 10.24　2020 年 8 月 4 日的降雨情况

表 10.14　2020 年 8 月 4—5 日河道水质情况

日期	城南河		城中河		城东河	
	氨氮	总磷	氨氮	总磷	氨氮	总磷
8 月 4 日	11.20	0.62	4.34	0.64	0.93	0.17
8 月 5 日	0.79	0.22	1.30	0.20	0.72	0.16

- 耦合模型验证

采用 2020 年 8 月 4 日降雨过程下的实测资料进行模型验证,流量验证结果见图 10.25,水质验证结果见图 10.26,测点计算流量与实测值的误差在 5% 以内,水质浓度的变化趋势与实测值基本一致,所建的耦合模型可用于河道配水方案的优化。

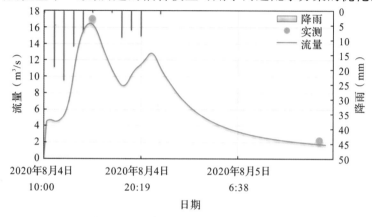

图 10.25　耦合模型流量验证结果

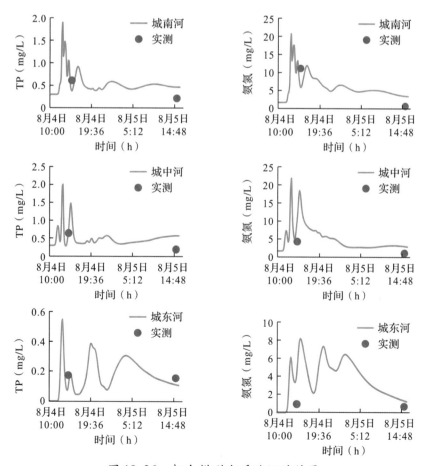

图 10.26　耦合模型水质验证的结果

10.4.2 研究区河道生态模型

10.4.2.1 模型建立

在二维水动力水质模型的基础上,构建二维富营养化模型。其中,富营养化模型主要采用 WASP5 中各水质指标之间的反应动力学关系,模拟氮、磷、叶绿素等主要水质指标的时空动态变化。将氨氮(NH_3-N)、硝酸氮(NO_3-N)、无机磷(PO_4)、浮游植物($PHYT$)、碳化需氧量($CBOD$)、溶解氧(DO)、有机氮(ON)和有机磷(OP)的浓度分别用 $C1$、$C2$、$C3$、$C4$、$C5$、$C6$、$C7$ 和 $C8$ 来表示;水质指标之间的相互作用过程可以分别用溶氧平衡、氮循环、磷循环及浮游植物生长动力学来描述。各水质指标间的作用原理如图 10.27 所示。

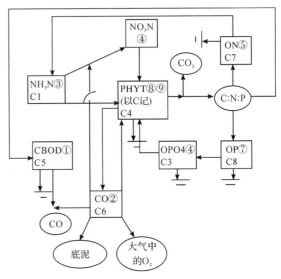

图 10.27　水质模型中各物质的循环图

（1）溶解氧的循环

1）碳化需氧量

$$\frac{\partial C_5}{\partial t} = a_{oc} k_{1D} C_4 - k_d \theta_d^{(T-20)}\left(\frac{C_6}{K_{BOD}+C_6}\right)C_5 - \frac{v_{s3}(1-f_{D5})}{H}C_5 - \frac{5}{4}\frac{32}{14}k_{2D}\theta_{2D}^{(T-20)}$$

$$\left(\frac{k_{NO_3}}{k_{NO_3}+C_6}\right)C_2 + \frac{v_{s3}(1-f_{D5})}{D}C_5 - \frac{v_{R3}(1-f_{D5j})}{D}C_{5j} + \frac{E_{DIF}}{D^2}(C_5 f_{D5} - C_{5j}f_{D5j}) \qquad (公式 10.19)$$

2）溶解氧

$$\frac{\partial C_6}{\partial t} = k_2(C_S - C_6) - k_d\theta_d^{(T-20)}\left(\frac{C_6}{K_{BOD}+C_6}\right)C_5 - \frac{64}{14}k_{12}\theta_{12}^{(T-20)}\left(\frac{C_6}{k_{NIT}+C_6}\right)C_1$$

$$-\frac{SOD}{H}\theta_S^{(T-20)} + G_{P1}\left[\frac{32}{12} + \frac{4814}{1412}(1-P_{NH_3})\right]C_4 - \frac{32}{12}k_{1R}\theta_{1R}C_4 \qquad (公式 10.20)$$

饱和溶解氧浓度的计算方法:

$$\ln C_S = -139.34 + (1.5757\times10^5)T_K^{-1} - (6.6423\times10^7)T_K^{-2} + (1.2438\times10^{10})T_K^{-3}$$

$$-(8.6219\times10^{11})T_K^{-4} - 0.5535\times(0.031929 - 19.428 T_K^{-1} + 3867.3 T_K^{-2}) \qquad (公式 10.21)$$

其中:a_{oc} 为氧碳比(O_2/C),32/12;k_{1D} 为浮游植物死亡率,d^{-1};k_d 为 20℃ 还原系数,d^{-1};θ_d 为温度系数;K_{BOD} 氧的半饱和系数,mg/L;k_{2D} 为 20℃ 是的反硝化系数,d^{-1};θ_{2D} 为温度系数;k_{NO_3} 为 NO_3 的氧半饱和系数,mg/L;T 为水体温度,℃;v_{s3} 为有机物沉降速率,m/d;v_{R3} 为有机物颗粒悬浮速率,m/d;f_{D5} 为溶解的 $CBOD$ 分数;E_{DIF} 为底泥中孔隙水的弥散系数,m^2/d;D 为底泥厚度,m;k_2 为 20℃时的复氧系数;C_S 为饱和溶解氧,mg/L;k_{NIT} 为氨的

半饱和系数, mg/L; θ_{12} 为温度系数; k_{12} 为 20℃ 时的硝化系数, d^{-1}; SOD 为沉积物需氧量, mg/L; H 为水深, m; θ_S 为温度系数。

（2）氮的循环

1）氨氮的循环方程

$$\frac{\partial C_1}{\partial t} = D_{P1} a_{NC} (1 - f_{ON}) C_4 + k_{71} \theta_{71}^{(T-20)} \left(\frac{C_4}{k_{mpc} + C_4} \right) C_7 - G_{P1} a_{NC} P_{NH_3} C_4$$
$$- k_{12} \theta_{12}^{(T-20)} \left(\frac{C_6}{k_{NIT} + C_6} \right) C_1 \qquad \text{（公式 10.22）}$$

2）硝态氮的循环方程

$$\frac{\partial C_2}{\partial t} = k_{12} \theta_{12}^{(T-20)} \left(\frac{C_6}{k_{NIT} + C_6} \right) C_1 - G_{P1} a_{NC} (1 - P_{NH_3}) C_4 - k_{2D} \theta_{2D}^{(T-20)} \left(\frac{k_{NO_3}}{k_{NO_3} + C_4} \right) C_2 \qquad \text{（公式 10.23）}$$

3）有机氮的循环方程

$$\frac{\partial C_7}{\partial t} = D_{P1} a_{NC} f_{ON} C_4 - k_{71} \theta_{71}^{(T-20)} \left(\frac{C_4}{k_{mpc} + C_4} \right) C_7 - \frac{v_{s3}(1 - f_{D7})}{H} C_7 \qquad \text{（公式 10.24）}$$

其中: k_{mpc} 为浮游植物的半饱和常数, mgc/L; k_{PZD} 为浮游植物厌氧分解率, d^{-1}; θ_{PZD} 为温度系数; k_{71} 为有机氮的矿化率, d^{-1}; k_{OND} 为有机氮的分解速率, d^{-1}; θ_{OND} 为有机氮分解速率的温度系数。

（3）磷的循环

1）无机磷循环（水体中）

$$\frac{\partial C_3}{\partial t} = D_{P1} a_{PC} (1 - f_{OP}) C_4 + k_{83} \theta_{83}^{(T-20)} \left(\frac{C_4}{k_{mpc} + C_4} \right) C_8 - G_{p1} a_{pc} C_4 \qquad \text{（公式 10.25）}$$

其中: f_{OP} 为浮游植物死亡、呼吸和循环转化为有机磷的份额; k_{83} 为 20℃ 时溶解态的有机磷的矿化率, d^{-1}; θ_{83} 为温度系数; f_{D8} 为有机磷的溶解率。

2）有机磷循环

$$\frac{\partial C_8}{\partial t} = D_{P1} a_{PC} f_{OP} C_4 + k_{83} \theta_{83}^{(T-20)} \left(\frac{C_4}{k_{mpc} + C_4} \right) C_8 - \frac{v_{S3}(1 - f_{D8})}{H} C_8 \qquad \text{（公式 10.26）}$$

（4）浮游植物动力学的原理

1）浮游植物的氮循环

$$\frac{\partial C_4 a_{nc}}{\partial t} = G_{p1} a_{nc} C_4 - D_{p1} a_{nc} C_4 - \frac{V_{s4}}{D} a_{nc} C_4 \qquad \text{（公式 10.27）}$$

$$D_{p1} = k_{1R} \theta_{1R}^{(T-20)} + k_{1D} + k_{1G} Z(t) \qquad \text{（公式 10.28）}$$

$$G_{p1} = k_{1C} X_{RTj} X_{RIj} X_{RNj} \qquad \text{（公式 10.29）}$$

2）浮游植物的磷循环

$$\frac{\partial C_4 a_{pc}}{\partial t} = G_{p1} a_{pc} C_4 - D_{p1} a_{pc} C_4 - \frac{V_{s4}}{D} a_{pc} C_4 \qquad \text{（公式 10.30）}$$

其中：a_{nc} 为氮碳比，mgN/mgC；a_{pc} 为磷碳比，mgP/mgC；G_{p1} 为浮游植物的生长率，d^{-1}；V_{s4} 为有机颗粒沉降速率，m/d；k_{1R} 为浮游植物的内源呼吸率，d^{-1}；θ_{1R} 为温度系数；k_{1D} 为浮游植物死亡率，d^{-1}；k_{1G} 为一个单位的浮游动物对浮游植物的消耗率，$l/(mgC \cdot d)$；$Z(t)$ 为消耗浮游植物的食草浮游动物的密度，mgc/l；k_{1C} 为日增长的最大值；X_{RTj} 为温度校正系数，下标 j 对应底泥；X_{RIj} 为光限制系数。

10.4.2.2 模型验证

以室内试验结果对模型进行验证，其中的主要水质指标的初始浓度见表 10.15。模拟设置温度为 30℃，风速为 0，光照为有光和无光间隔进行，每次 12 小时，光照强度为 2000lux；对叶绿素 a 的验证结果见图 10.28。由图可见，计算叶绿素 a 的浓度与试验趋势基本一致；其中，单独河道水及中水的叶绿素 a 浓度的误差基本在 10% 以内。

表 10.15　生态模型验证主要指标的初始值（单位：mg/L）

样品编号	样品名称	氨氮	硝氮	BOD$_5$	叶绿素 a	磷酸盐	有机氮	有机磷	溶解氧
DB211105002	中水	0.069	9.940	6.2	0.018	0.083	0.431	0.009	6
DB211105001	河道水	0.107	5.206	0.5	0.350	0.387	0.530	0.041	6

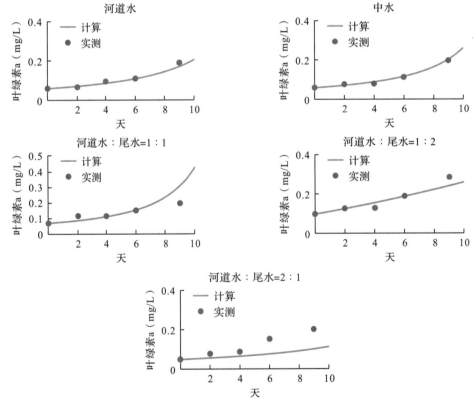

图 10.28　生态模型叶绿素 a 的验证过程

10.4.3　研究区污染源估算

10.4.3.1　点源污染

根据现场踏勘,城西河、城中河及城东河沿线的排口众多,见图10.29,部分排口存在晴天排水现象,导致河道配水后,自上游至下游的水质有逐渐变差的趋势,说明存在点源污染。

为估算研究区域点源污染负荷,分析了2021年8月监测未降雨时城东河、城中河和城南河的流量、水质的差异(期间,城西河断流),见图10.30。从监测数据可知,在城东、城中河道的流量较为稳定,分别为 $0.22 \text{m}^3/\text{s}$ 和 $0.43 \text{m}^3/\text{s}$,城南河的为 $1.22 \text{m}^3/\text{s}$。分析城南河流量较大的原因是区间点源污染。

图 10.29　河道点源现场照片

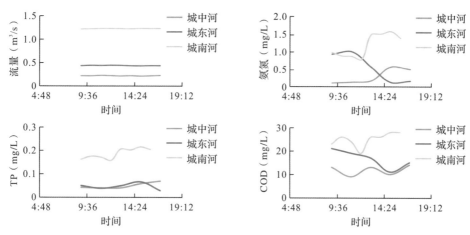

图 10.30　城中河、城东河及城南河的义乌流量及水质

利用完全混合模型估算(见公式10.31),对城西、城东、城中三条河道的总点源污染量进行估算,其中,城西河上游无配水,因此,认为城西河中的流量均为点源。经计算,三条河的点源污染总流量为0.57m³/s,COD浓度为31.95mg/L,氨氮浓度为1.75mg/L,总磷浓度为0.3mg/L。

$$C = \frac{C_P Q_P + C_h Q_h}{Q_P + Q_h} \qquad \text{(公式10.31)}$$

式中:C为污水与河水混合后的浓度(mg/L);C_p为河流上游某污染物的浓度(mg/L);Q_P为河流上游的流量(m³/s);Q_h为排放口处的污水量(m³/s)。

10.4.3.2 面源污染

面源污染随降雨进入河道,故需分析不同的降雨情况。统计义乌2018年的降雨情况,平均前期无降雨天数为3.44天,有降雨日的平均日降雨量为9.44mm,最大日降雨为76.5mm;考虑到24小时的降雨超过50mm时即为暴雨,故对平均降雨9.44~50mm时的城西河污染物负荷进行计算。

将降雨过程和相关参数输入SWMM模型,得到城西河不同降雨频率下入河污染物负荷,见表10.16、图10.31。总体来说,入河污染物负荷随着降雨量的增加而增加,当降雨量为9.44mm时,TP入河污染物负荷为3.79kg,浓度峰值为0.57mg/L,氨氮入河污染物负荷为61.99kg,浓度峰值为4.68mg/L;当降雨量为50.0mm时,TP入河污染物负荷为44.51kg,浓度峰值为0.89mg/L,氨氮入河污染物负荷为772.24kg,浓度峰值为12.68mg/L。

表10.16 不同降雨频率下的入河污染负荷

降雨量(mm)	污染物负荷		污染物浓度峰值	
	TP(kg)	氨氮(kg)	TP(mg/L)	氨氮(mg/L)
9.44	3.79	61.99	0.57	4.68
15.00	6.09	101.87	0.61	5.95
38.00	23.84	412.24	0.85	11.37
50.00	44.51	772.24	0.89	12.68

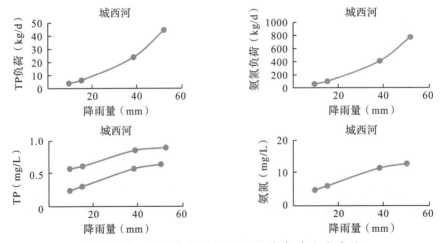

图10.31 不同降雨量下入河污染负荷浓度峰值

10.4.4　城西河景观配水方案优化

本节从景观配水的水质改善效果及风险评估角度,模拟研究中心污水处理厂的出水水质浓度、降雨条件、河道初始水质等因素对城西河配水效果的影响;以全年水质改善最大化为目标,提出调控优化方案。

10.4.4.1　计算工况

共进行了三组 51 种工况的计算分析。

(1)第一组:两种配水规模下,进行中心污水处理厂不同出水浓度下的河道水质响应模拟。

为反映不同出水水质对城西河配水的效果影响,采用中心污水处理厂 2021 年实际出水过程的最高月及最低月,进行了河道配水水质响应计算;其中,最低月的 TP 波动范围为 0.036~0.261mg/L,均值为 0.117mg/L;NH_3-N 的波动范围为 0.020~0.474mg/L,均值为 0.15mg/L;最高月的水质 TP 的波动范围为 0.118~0.365mg/L,均值为 0.229mg/L,NH_3-N 的波动范围为 0.038~2.134mg/L,均值为 0.626mg/L。引水规模考虑本项任务要求的 3.0t/d 和扩大引水规模 4.5t/d 两种情况。共设置 4 种工况,见表 10.17。

表 10.17　考虑出厂水量、水质影响的计算工况

工况	配水规模 (万吨/d)	出厂水质	工况	配水规模 (万吨/d)	出厂水质
1	3.0	2021 年实际浓度过程最低月	3	4.5	2021 年实际浓度过程最低月
2	3.0	2021 年实际浓度过程最高月	4	4.5	2021 年实际浓度过程最高月

(2)第二组:在不同降雨强度下,进行不同配水流量条件下的河道水质响应模拟,其中的配水浓度取 2021 年的实测平均值。

在降雨强度 50mm 的情况下,设置降雨过程和配水过程同步、配水延时 24 小时、配水延时 48 小时 3 种工况,以分析最佳的配水时机。在此基础上,再采用平均日降雨量 9.44mm 至强降雨 50mm 区间内插的四种降雨情况,组合不配水至配水 4.5t/d(即 0.52m³/s)区间的 7 种流量条件,共设置 28 组计算工况,见表 10.18。

表 10.18　考虑不同降雨强度、配水流量的计算工况

降雨强度(mm)	引水流量(m³/s)						
	0	0.1	0.2	0.3	0.35	0.40	0.52
9.44	√	√	√	√	√	√	√
15	√	√	√	√	√	√	√
38	√	√	√	√	√	√	√
50	√	√	√	√	√	√	√

注:工况编号按从左到右、从上到下进行。

(3)第三组:不同配水的流量下,进行河道富营养化对初始叶绿素 a 浓度、温度的响

应模拟。

在前述 7 种流量条件下,模拟计算不同初始叶绿素 a 浓度(按实测区间内插)和温度条件下的城西河叶绿素浓度的增长过程;共设置 16 种工况,见表 10.19。

表 10.19　富营养化风险评估的计算工况

无配水、温度30℃;考虑初始浓度的影响					
初始叶绿素 a 浓度(μg/L)	8	18	25	30	40	58
初始叶绿素 a 浓度58μg/L,温度30℃;考虑配水的影响					
配水流量(m³/s)	0.1	0.2	0.3	0.35	0.4	0.52
初始叶绿素 a 浓度58μg/L,无配水;考虑温度的影响					
温度(℃)	10	23	30	35		

注:工况编号按从左到右、从上到下进行。

10.4.4.2　计算结果

(1)水源水质的影响分析

根据工况 1~4 的模拟结果,由于区间点源污染的汇入,城西河水质浓度自上游往下游逐渐升高(见图 10.32),分析下游断面的模拟结果见图 10.33~图 10.36、表 10.20。

根据模拟结果,城西河水质浓度与配水水质浓度的变化趋势一致:配水水质越好,则城西河水质越好;配水水质越差,则城西河水质越差。此外,相同的配水水质条件下,城西河配水流量由 3 万方/天提高至 4.5 万方/天时,可有效降低河道水质的浓度,配水浓度越低,增加配水流量后城西河水质改善得越明显,根据 2021 年中心污水处理厂出水水质最好月及最差月的统计结果可知,出水水质最好月的 TP 平均浓度降低 7.58%,氨氮平均浓度降低约 16.88%。

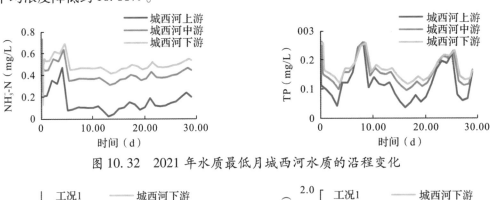

图 10.32　2021 年水质最低月城西河水质的沿程变化

图 10.33　引水规模为 3 万吨/天的城西河下游断面水质的过程

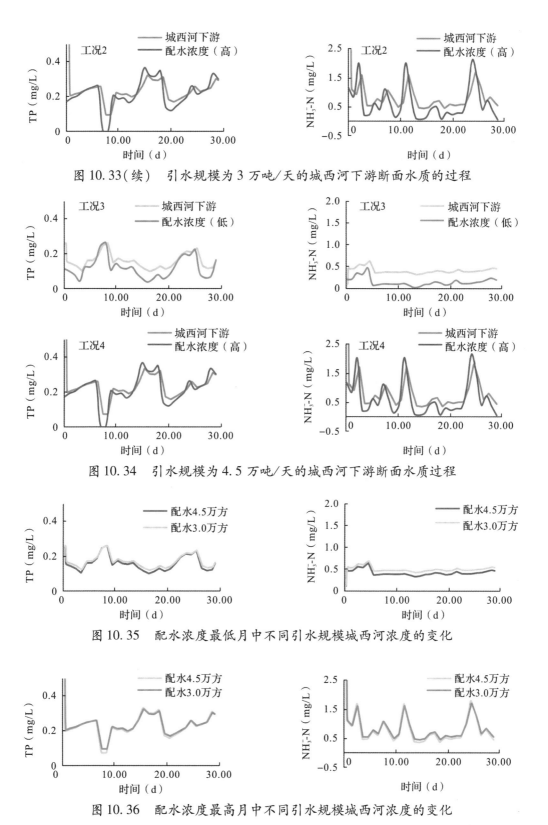

图 10.33(续)　引水规模为 3 万吨/天的城西河下游断面水质的过程

图 10.34　引水规模为 4.5 万吨/天的城西河下游断面水质过程

图 10.35　配水浓度最低月中不同引水规模城西河浓度的变化

图 10.36　配水浓度最高月中不同引水规模城西河浓度的变化

表 10.20　工况 1~4 下城西河配水后水质的平均浓度

名称	配水浓度	配水流量		浓度变化	变化比例
		3 万方/天	4.5 万方/天		
TP(mg/L)	2021 年实际浓度	0.169	0.156	-0.013	-7.58%
NH_3^--N(mg/L)	过程最低月	0.488	0.406	-0.082	-16.88%
TP(mg/L)	2021 年实际浓度	0.236	0.230	-0.005	-2.23%
NH_3^--N(mg/L)	过程最高月	0.864	0.812	-0.052	-6.06%

为更好表达配水水质对河道水质的影响,建立了配水水质浓度与城西河水质的相关关系,见图 10.37~图 10.38。从图可见,两者的相关性极强,相关系数接近 1。

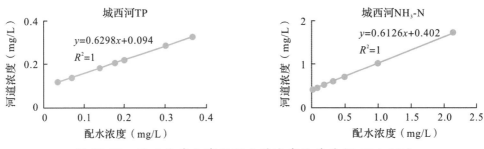

图 10.37　配水浓度与城西河水质浓度的关系(3 万吨/天)

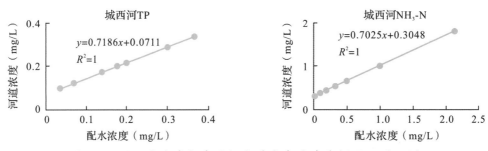

图 10.38　配水浓度与城西河水质浓度的关系(4.5 万吨/天)

(2)降雨期的配水优化模拟

根据区域径流模型,计算得 4 种日降雨量在芝加哥雨型的情况下,进入城西河的水量、洪峰流量见表 10.21,其中,水位位置为视频监控点位置。

表 10.21　不同降雨强度下的城西河径流量及峰值流量

降雨量(mm)	9	15	38	50
径流量(m^3)	885.16	1457.03	55653.72	87744.50
峰值流量(m^3/s)	0.10	0.18	6.58	18.00
无配水最高水位(m)	57.68	57.74	58.20	58.64
配水 3 万吨/天最高水位	57.78	57.79	58.22	58.65
配水 4.5 万吨/天最高水位	57.81	57.82	58.23	58.66

在无降雨条件下,配水 3 万吨/天($0.35\text{m}^3/\text{s}$)、4.5 万吨/天($0.52\text{m}^3/\text{s}$)的河道水位分别为 57.77m 及 57.8m。

在不配水的条件下,河道内水质随着降雨量的增大而增加,且不同降雨情况下的变化趋势基本一致:降雨初期的城西河水质浓度逐渐升高,降雨中后期的水质浓度达到最大值,降雨后的水质浓度逐渐回落,见图 10.39、表 10.22。

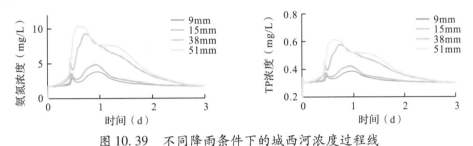

图 10.39　不同降雨条件下的城西河浓度过程线

表 10.22　不同降雨条件下的城西河浓度的峰值

降雨量(mm)	城西河浓度的峰值	
	TP(mg/L)	$NH_3^- - N$(mg/L)
9	0.39	3.82
15	0.42	4.85
38	0.58	9.27
50	0.61	10.34

不同降雨量的情况下城西河峰值浓度逐渐升高,降雨量与城西河浓度峰值存在对数关系,经计算,降雨量在 40mm 左右时,氨氮及总磷峰值浓度值的增加明显趋缓,见图 10.40。

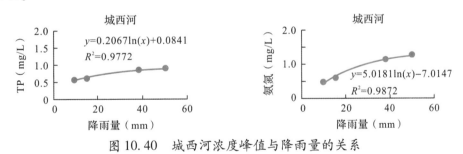

图 10.40　城西河浓度峰值与降雨量的关系

当日降雨量为 50mm 时,由于降雨形成的峰值流量远远超过配水的最大能力 4.5 万吨/天的 $0.52\text{m}^3/\text{s}$ 流量,因此,在降雨期同步实施配水对降低河道最高水质浓度几乎没有作用,但配水可以加快雨峰过后的水质浓度回落过程。当降雨强度为 50mm、配水流量为 $0.35\text{m}^3/\text{s}$ 时,不同配水启动时间的水质差异见图 10.41、表 10.23。由图表可见,降雨、配水同步与降雨开始后 24 小时启动配水相比,河道水质回落时间加快,但不明显;降雨开始后 24 小时启动配水与降雨结束后 48 小时再启动配水相比,河道水质回落时间可以提前 1 天左右。

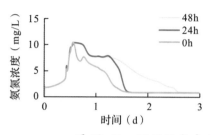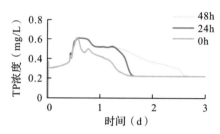

图 10.41　不同配水启动时间里城西河水质浓度的差异

表 10.23　50mm 降雨下不同配水启动时间里城西河水质峰值及恢复时间

工况	配水时间	TP 浓度峰值（mg/L）	$NH_3^- - N$ 浓度峰值(mg/L)	TP 恢复时间(d)	$NH_3^- - N$ 恢复时间(d)
5	与降雨同步	0.61	10.34	1.29	1.40
6	降雨开始后 24h	0.61	10.34	1.54	1.56
7	降雨开始后 48h	0.61	10.34	2.47	2.49

配水对降雨期水质的改善效果，一方面取决于降雨量的大小，另一方面取决于配水量的大小；为此计算了同步配水的情况下，不同配水流量下的降雨期的河道水质恢复时间，见表 10.24。从表可见，配水流量越大，降雨量越小，对河道水质恢复速度的改善越明显。

表 10.24　不同配水流量下的城西河水质恢复时间

工况	配水流量（m³/s）	TP 浓度峰值（mg/L）	$NH_3^- - N$ 浓度峰值（mg/L）	TP 恢复时间（d）	$NH_3^- - N$ 恢复时间(d)	备注
8	0	0.39	3.82	2.41	2.66	
9	0.10	0.38	3.67	1.08	1.30	
10	0.20	0.35	3.19	0.81	1.01	
11	0.30	0.34	2.70	0.68	0.81	24 小时降雨量 9.44mm
12	0.35	0.33	2.58	0.49	0.76	
13	0.40	0.33	2.48	0.47	0.49	
14	0.52	0.31	2.28	0.37	0.39	
15	0	0.42	4.85	2.62	2.88	
16	0.10	0.41	4.65	1.22	1.41	
17	0.20	0.38	4.12	0.84	1.10	
18	0.30	0.36	3.61	0.74	0.94	24 小时降雨量 15mm
19	0.35	0.35	3.47	0.71	0.89	
20	0.40	0.34	3.34	0.68	0.84	
21	0.52	0.32	3.08	0.63	0.73	

工况	配水流量 （m³/s）	TP 浓度峰值 （mg/L）	NH₃⁻-N 浓度峰值 （mg/L）	TP 恢复时间 （d）	NH₃⁻-N 恢复 时间（d）	备注
22	0	0.58	9.27	2.90	>3	
23	0.10	0.55	8.55	1.63	1.79	
24	0.20	0.51	7.79	1.41	1.55	24 小时降雨量
25	0.30	0.48	7.15	1.31	1.42	38mm
26	0.35	0.47	6.92	1.28	1.37	
27	0.40	0.46	6.69	1.24	1.33	
28	0.52	0.44	6.24	1.19	1.27	
29	0.00	0.62	10.49	>3	>3	
30	0.10	0.62	10.47	1.67	1.81	
31	0.20	0.61	10.41	1.42	1.57	24 小时降雨量
32	0.30	0.61	10.41	1.32	1.44	50mm
33	0.35	0.61	10.34	1.29	1.40	
34	0.40	0.61	10.31	1.26	1.35	
35	0.52	0.60	10.04	1.22	1.29	

　　建立配水流量与城西河水体恢复至降雨前水平天数的函数,如图 10.42 所示。不同降雨条件下,城西河水体恢复时间与配水流量呈幂关系;经计算,各降雨量条件下城西河在 24 小时恢复至初始水质浓度所需的流量分别为 0.21m³/s、0.28m³/s、0.52m³/s、0.55m³/s。

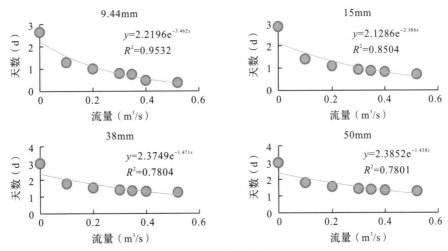

图 10.42　配水流量与水体恢复至降雨前水平所需天数的关系

（3）河道富营养化的模拟

此处的河道富营养化水平以叶绿素 a 浓度表征;模拟时长为 30d。

1）不配水条件下，初始叶绿素 a 浓度影响分析

根据生态模型的模拟结果，随着河道内初始叶绿素 a 浓度的增加，城西河的富营养化的风险增大。当叶绿素 a 的浓度为 8μg/L 时，模拟期结束时叶绿素 a 浓度为 9.3μg/L，增长率为 16%；当叶绿素 a 的浓度为 58.36μg/L 时，模拟期结束时叶绿素 a 浓度为 152.47μg/L，增长率为 152%。

2）不配水条件下，温度影响分析

取初始叶绿素 a 浓度 58.36μg/L，计算不同温度下的叶绿素 a 浓度的增长情况，见图 10.43。结果表明，当温度为 10℃时，模拟结束时叶绿素 a 浓度为 70.55μg/L，增长率为 21%；当温度为 35℃，模拟结束时叶绿素 a 浓度为 255.46μg/L，增长率为 337.7%。

分析初始叶绿素 a 浓度以及温度变化与富营养化的响应关系可知，叶绿素 a 的增长率与叶绿素 a 的初始浓度呈线性关系，而与温度呈幂指数关系，见图 10.44。理论上，当叶绿素 a 浓度达到 39μg/L、温度达到 25℃时增长率可达 100%，因此，我们认为不补水的情况下，叶绿素 a 浓度超过 39μg/L、温度超过 25℃时存在较大的富营养化风险。

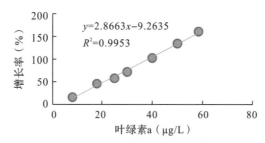

图 10.43　初始叶绿素 a 浓度与富营养化的响应关系

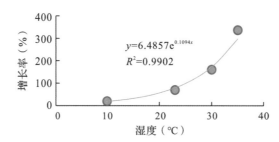

图 10.44　温度与富营养化的响应关系

3）配水条件下，叶绿素 a 的增长过程

计算成果表明（见图 10.45、图 10.46 和表 10.25），配水后城西河叶绿素 a 浓度可以较快降低至配水的叶绿素 a 浓度水平，其叶绿素 a 浓度降低至配水水平所需要的天数与配水流量呈对数关系；当配水流量从 0.1m³/s 增加至 0.52m³/s 时，叶绿素 a 浓度的改善时间从 1.08 天降至 0.21 天。

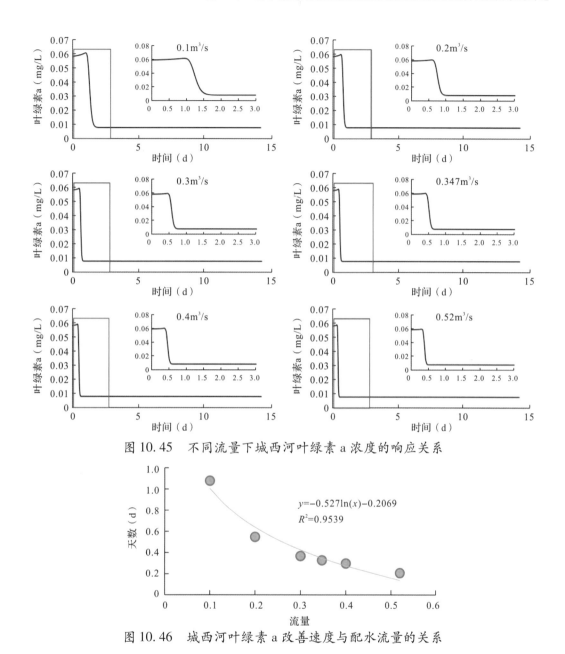

图 10.45　不同流量下城西河叶绿素 a 浓度的响应关系

图 10.46　城西河叶绿素 a 改善速度与配水流量的关系

表 10.25　不同配水流量下城西河叶绿素 a 浓度及响应时间

配水流量 （m³/s）	叶绿素 a 浓度 最大值（mg/L）	最大值对应 时间（d）	叶绿素 a 浓度 最小值（mg/L）	最小值对应 时间（d）	叶绿素 a 浓度差（mg/L）	叶绿素 a 改善 所需的时间（d）
0.10	0.061	0.96	0.008	2.04	0.053	1.08
0.20	0.060	0.58	0.008	1.13	0.052	0.55
0.30	0.059	0.42	0.008	0.79	0.051	0.37
0.35	0.059	0.38	0.008	0.71	0.051	0.33
0.40	0.059	0.33	0.008	0.63	0.051	0.30
0.52	0.059	0.29	0.008	0.50	0.051	0.21

10.4.4.3 城西河配水优化方案

（1）基于配水水质的优化调度

由前文分析可知，城西河水质与配水水质存在强相关性，为此，可根据出厂水质浓度的波动情况进行配水调度。

根据 2020 年实测资料统计，中心污水处理厂的全年出水浓度的波动较大，其中，TP 的波动范围为 0.102 ~ 0.401mg/L，均值为 0.244mg/L；$NH_3^- - N$ 的波动范围为 0.020 ~ 1.584mg/L，均值为 0.420mg/L。根据城西河 2020 年实测资料，在不配水情况下，城西河 TP、$NH_3^- - N$ 的浓度变幅分别为 0.10 ~ 1.14mg/L、0.09 ~ 9.43mg/L，均值为 0.41mg/L、2.11mg/L；而根据 4.4.1 可知，城西河平均点源污染浓度中，氨氮浓度为 1.75mg/L，总磷浓度为 0.3mg/L，较 2020 年实测资料偏低，分析城西河实测水质浓度均值较高的原因主要为城西河长期未配水、堰坝拦蓄以及蒸发等因素致城西河水质的进一步恶化，因此，在水质调节时仍以估算的点源污染负荷来计算。氨氮在 3 月、4 月以及 12 月，存在配水水质劣于河道水水质的情况，TP 则普遍存在劣于河道水水质的情况。基于此，可根据中心污水处理厂的出厂水质与河道水的相对优劣进行配水调度：即当出厂水质浓度高于河道水时，停止配水；当出厂水质浓度低于河道水时，实施配水。

为此，采用建立的模型对实施配水调度的 2020 年全年河道水质进行模拟，同时模拟配水水量从每天 3 万立方米提高到每天 4.5 万立方米的改善效果。结果表明：在每天配水 3 万立方米的情况下，按出厂水质浓度调节配水后，河道内 $NH_3^- - N$、TP 浓度分别降低 0.30% 以及 2.83%；不进行水质调节，提高配水水量后 $NH_3^- - N$、TP 浓度分别降低 8.99% 以及 0.40%；增加配水流量的同时调节配水浓度后 $NH_3^- - N$、TP 浓度可降低 9.45% 以及 4.05%。从上可见，水质调度对降低河道 TP 浓度较为有效，而增加配水量可有效降低河道内的 $NH_3^- - N$ 浓度。具体见图 10.47、表 10.26。

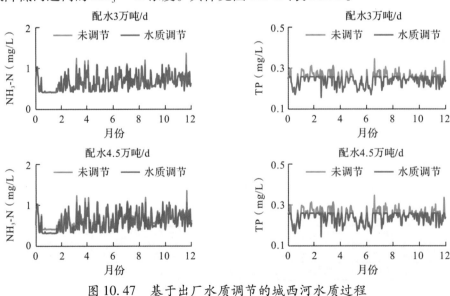

图 10.47　基于出厂水质调节的城西河水质过程

表 10.26　基于多种调度的城西河水质改善情况

工况	浓度		浓度变化		浓度变化率	
	氨氮（mg/L）	总磷（mg/L）	氨氮（mg/L）	总磷（mg/L）	氨氮（mg/L）	总磷（mg/L）
原配水 3.0 万吨/d	0.656	0.247	——	——	——	——
原配水 4.5 万吨/d	0.597	0.246	−0.059	−0.001	−8.99%	−0.40%
调节配水 3.0 万吨/d	0.654	0.240	−0.002	−0.007	−0.30%	−2.83%
调节配水 4.5 万吨/d	0.594	0.237	−0.062	−0.010	−9.45%	−4.05%

（2）提高中心污水处理厂的出水标准

基于上文的计算结果，在现有出厂水质、水量的基础上，通过优化配水仍无法实现城西河道 $NH_3^- - N$、TP 浓度改善率达到 10% 的目标，故提出改造中心污水处理厂的工艺，以进一步提高出厂水质的标准。

计算结果表明，当配水流量为 3 万立方米/d 时，如要实现城西河浓度降低 10%，则中心污水处理厂 $NH_3^- - N$、TP 出水浓度均值需分别降低 25.48% 和 16.39%；当配水流量为每天 4.5 万立方米时，如要实现城西河浓度提升 10%，中心污水处理厂 $NH_3^- - N$、TP 出水浓度均值需分别降低 2.14% 和 13.93%。考虑到中心污水处理厂的设计能力为每天 4.5 万立方米，因此，建议在设计能力的基础上进一步提高出水水质。

2021 年 7 月，中心污水处理厂已完成提升改造，其出厂 $NH_3^- - N$、TP 浓度均值较 2020 年分别降低 7.77% 以及 17%，超过目标要求。如配水流量增加至每天 4.5 万吨，在不进行配水水质调节时，经计算，$NH_3^- - N$、TP 浓度较 2020 年可分别降低 17.99% 以及 19.84%；如再实施配水调度，则 $NH_3^- - N$、TP 浓度较 2020 年可分别降低 19.82% 以及 20.65%。具体见图 10.48。

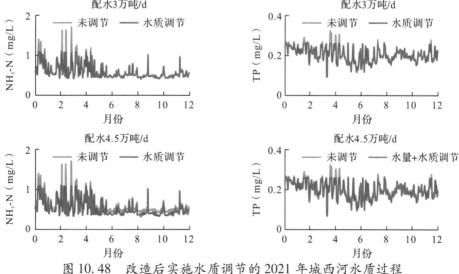

图 10.48　改造后实施水质调节的 2021 年城西河水质过程

（3）基于降雨预报的配水优化调度

根据前文的分析结果，当降雨量大于 40mm 时，城西河配水对改善降雨期河道水质浓度峰值的作用不明显,但配水可以缩短河道水质的恢复时间,且配水流量越大,水质恢复的速度也越快;因此,当预测未来日降雨量大于40mm时,即停止配水;当降雨停止,即可启动配水的调度原则。

(4)富营养化风险防控调度

根据前述的分析情况,叶绿素a的增长率与河道叶绿素a的初始浓度呈线性关系,而与温度呈幂关系。理论上,当叶绿素a浓度达到39μg/L、温度达到25℃时增长率可达100%。因此,我们认为不补水的情况下,叶绿素a浓度超过39μg/L、温度超过25℃时存在较大的蓝藻爆发风险。考虑河道的叶绿素a浓度尚不具备在线监测能力,为此建议当义乌市的气温超过25℃时,无降雨的情况下实施城西河持续配水。

10.5 水量水质联合调控策略

10.5.1 配水影响因子分析

配水影响因子主要包括降雨条件、水源条件。

(1)降雨条件。降雨条件,一方面带来面源污染的短历时输入,从而导致河道水质的短历时恶化;另一方面,雨水汇入引起河道水量增加、水位短历时上涨。根据数学模型的研究结果,城西河河道坡降2.86‰,向义乌江排水畅通,雨水在河道内的停留时间较短,因此,当河道内显产生径流过程、水位上涨幅度较高时,配水水量对河道水体的稀释作用下降,应停止引水。因此,降雨情况下的停引条件可以通过河道内的水位来控制。

城西河小时降雨和流量以及视频监控断面的水位流量关系曲线,见图10.49。

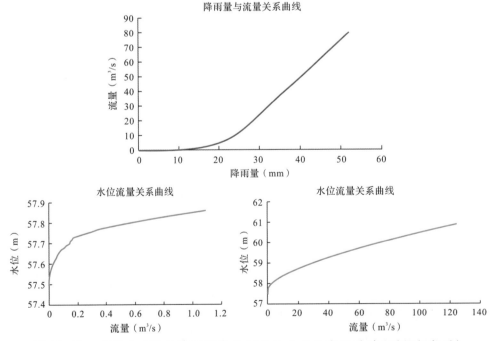

图10.49 不同小时降雨情况下城西河水位站水位变化的过程(视频断面)

（2）水源条件。根据收集的 2021 年中心污水处理厂的出水水质监测结果,出厂尾水水质季节间存在一定的波动,主要指标 $NH_3^- - N$、TP 浓度均存在超过河道水浓度的情况,当氨氮浓度为 1.086mg/L,总磷浓度为 0.26mg/L 时,停止配水,并将该浓度设为基准值。

10.5.2　综合调度策略

综合上述因素,本次从源头调控、水量增补、雨情调度、藻类控制提出"多目标、多场景"调控优化方案。

源头调控:基于中心污水处理厂的出厂水质存在波动的实际,以出厂水质优于河道水质为目的,通过水质在线监测,实施配水调度。

水量增补:以满足一定的景观水位和水体感官为目标,采用视频识别技术进行配水调控。

雨情调度:以"小雨增补、大雨停引"为原则,通过建立河道水位—降雨量的关系,建立基于水位的降雨配水调度。

藻类控制:基于藻类生长曲线,以控制藻类生长为目的,对水体停留时间进行配水调控。

10.5.3　调控方案制定

10.5.3.1　调控目标

总体目标:水量丰富、水体清澈、水质优良。

具体指标:将城西河景观水位(视频监控断面)控制在 57.77 ~ 58.23m。57.77m 是根据无降雨配水流量为 3 万吨/d 形成的水位,低于该值则可以一直配水;58.23m 为降雨量 38mm 时(理论计算约为 40mm,详见 10.4.4.3 + 配水 4.5 万吨/d 时形成的水位),主要的水质指标 $NH_3^- - N$、TP 达到Ⅳ类及以上。

10.5.3.2　过程调控

根据上述分析,提出城西河调控方案:

- 当河道水位低于 57.77m 时,启动城西河配水;至水位达到 57.77m 及以上时,如出厂水质劣于基准值,则当天停止引水;出水水质优于基准值后,再启动配水。

- 遭遇连续降雨或短历时强降雨时,城西河流量增加明显且水位超过 58.23m 时,停止配水。降雨停止后,且水位回落至 57.8m 以下时,再启动配水。

基于藻类生长的实验室机理研究和数学模型分析结果,充分利用视频摄像头的实时监控能力,通过对城西河水位的智能识别和水厂出水水质、河道水质的在线监测,实现对城西河配水的过程调控。具体操作见图 10.50。

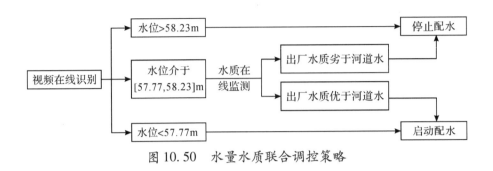

图 10.50　水量水质联合调控策略

10.5.4　调控模式

根据水源条件和再生水用水户的水量、水质要求,提出再生水利用的"多源互济、分质供水、实时监测、机制保障"调控模式。

(1)多源互济

义乌市再生水水源包括义乌江河道水和污水处理厂出厂尾水,前者的水量、水质受流域来水的影响显著,后者的水量稳定但水质受进厂水质的影响明显。为进一步提高再生水的水量、水质稳定性,有条件的可以实施河道水和污水处理厂尾水的互为备用,以提高再生水供水保障的程度。

(2)分质供水

义乌建设 4 个分质水厂:稠江工业水厂,生产高品质工业用水,向经开区和义亭工业区配水;义驾山生态水厂和高新区苏福工业水厂,供应工业、市政、绿化、河道生态用水等低品质水;规划新建双江工业水厂,可进一步置换优质的水资源,缓解城市缺水。和 3 个分质水厂相匹配,建设 3 个供水管网,全面实现三大区域分值供水。

(3)实时监测

为提高再生水供水的安全性,应在水源进口、处理水出口、供水管网出口等关键节点设置在线监测设施,实施对再生水供水的全过程监测监控,以实现对风险的预警功能。

(4)机制保障

为提高水资源的利用效率,切实推进再生水的利用,需要建立以政府为主导、市场协作的再生水利用保障机制。一是建立政府主导、部门协同的分质供水联动机制,把分质供水列为新建工业区、集聚区、住宅小区、公共建筑建设的前置条件,统一推进;二是建立健全价格合理、分担有序的水价机制,按照"成本测算、低价引导、合理补助"的原则,提升市民、企业使用中水的动力和积极性;三是建立健全目标明确、奖惩有序的信用机制,将分质供水区域内的用水主体纳入信用执行范围,对正常使用中水企业或个人给予信用加分,对具备使用中水条件而不使用的实行反向加分。

10.6　实施效果

城西河自 2013 年 7 月开始实施配水,期间通过污染控制、河道整治等工程实施,城西河的水质得到明显提升。本次通过再生水水质提升、调度方案优化,进一步提升了城西河河道水环境的状况。根据 2020 年以来的连续跟踪监测,与原配水调度方案相比(见表 10.27),本次再生水品质提升及配水方案得到优化后,城西河总磷和氨氮改善效果分别为 30.2% 和 23.5%,示范工程运行后城西河总磷和氨氮的改善效果均达到 10% 以上,达到任务书 10% 的目标。另外与不配水情况相比,示范工程运行后总磷和氨氮的改善效果分别为 59.2% 和 73.2%,进一步说明配水的必要性。

表 10.27　水质改善效果表

分类	配水情况及比较	城西河		城南河	
		总磷	氨氮	总磷	氨氮
水质均值(mg/L)	原调度方案配水	0.288	0.813	0.295	1.728
	未配水	0.493	2.322	0.237	1.014
	优化调度方案配水	0.201	0.622	0.111	0.516
效果比较	与原方案的对比效果	30.2%	23.5%	62.3%	70.2%
	与不配水的对比效果	59.2%	73.2%	53.0%	49.2%

10.7　结　论

(1)基于现场观测,梳理了义乌城市内河水质的变化历程与污染特征。结果表明,义乌是典型的丘陵城市,河道水环境的容量低,城市内河一度受污染严重,但五水共治以来城市河流水环境得到极大的提升,主要的水质指标浓度下降 70% 以上,取得了显著的成效;同时,由于城市化的加速推进和城市截污纳管未能 100% 覆盖,城区内河仍呈现区域性污染和面源污染特征,水质空间差异随降雨波动明显。

(2)基于铜绿微囊藻、小球藻和鱼腥藻的实验室生长研究,表明义乌中心污水处理厂的出厂水质优良,再生水中的铜绿微囊藻、小球藻和鱼腥藻的生长潜力均低于城西河道水;当再生水磷浓度低于 0.1mg/L 时可以尽可能配水,当再生水磷浓度高于 0.1mg/L,要结合河道水与再生水的实际氮磷条件决定是否进行配水;3 种藻类的最大比增长率在第 3~7 天,为了有效抑制城西河道蓝绿藻华的发生,在长时间无降雨径流时,停止的配水时间不宜超过 3 天。

(3)建立了面源污染与河道水质水生态耦合模型,测算得城南河水系点源污染总流量为 0.57m³/s,COD 浓度为 31.95mg/L,氨氮浓度为 1.75mg/L,总磷浓度为 0.3mg/L,面源污染随降雨的增大而增大;城西河水质随配水水质同步波动,如按出厂水质实施配水调度,则城西河 $NH_3^- - N$、TP 浓度可分别降低 9.45% 以及 4.05%;当配水流量为 4.5 万立方米/d 时,如要实现城西河 $NH_3^- - N$、TP 浓度各下降 10%,中心污水处理厂 NH_3^-

N、TP 出水浓度均值需分别降低 2.14% 和 13.93% 及以上；在降雨期，配水对降低河道水质浓度峰值的作用不明显，但可以有效缩短河道水质的恢复时间；不补水的情况下，叶绿素 a 浓度超过 39μg/L、温度超过 25℃时存在较大的蓝藻爆发风险。

（4）采用深度学习神经网络技术，建立了视频识别模型，完成了基于水色突变的水质识别、基于水尺图像的水位监测和基于实时视频的污染物分类等工作，对基于塞氏盘的透明度监测也已经开始建立专用的数据集。

（5）提出遵循区域截污减排、再生水水质提标和现场配水实时调度的"多策略、多场景"的再生水景观配水调控措施；综合考虑源头调控、水量增补、雨量调度、藻类控制，构建以水质、水位为调控目标的覆盖源头—过程—效果的全链条过程调控技术。

（6）根据 2020 年以来连续跟踪监测，与原配水调度方案相比，本次再生水品质提升及配水方案优化后，城西河总磷和氨氮的改善效果分别为 30.2% 和 23.5% 。

参考文献

［1］CHAFFIN J D. Nitrogen constrains the growth of late summer cyanobacterial blooms in lake erie. Advances in Microbiology,2013,3(6):16 – 26.

［2］李佳峻. 铜绿微囊藻的生长影响因素及控制应用基础研究. 西安:西安建筑科技大学,2020.

［3］郭晓瑜. 再生水景观回用与藻类的控制研究. 西安:西安建筑科技大学,2017.

［4］周律,刘晶晶,甘一萍,等. 再生水回用中氮磷对两种典型水华藻类生长影响研究. 给水排水,2009,45(6):39 – 42.

［5］于德淼. 景观用再生水水体富营养化特性及控制技术研究. 哈尔滨:哈尔滨工业大学,2010.

［6］STUMM W,MORGAN J J. Aquatic Chemistry. New York:John Willey & Sons, 1996.

［7］REDFIELD A C. The biological control of chemical factors in the environment. American scientist,1958,46(3): 230A.

［8］MA J,QIN B,WU P,et al. Controlling cyanobacterial blooms by managing nutrient ratio and limitation in a large hyper – eutrophic lake:Lake Taihu, China. Journal of Environmental Sciences,2015,27(80).

［9］GUILDFORD S J,HECKY R E. Total nitrogen, total phosphorus, and nutrient limitation in lakes and oceans: is there a common relationship? Limnology and Oceanography,2000, 45(6):1213 – 23.

［10］何腾. 再生水补充景观水体的水质变化研究. 西安:西安建筑科技大学,2016.

［11］丰茂武,吴云海,冯仕训,等. 不同氮磷比对藻类生长的影响. 生态环境,2008,17(5):1759 – 1763.

［12］张晓萍. 氮磷对再生水为水源景观水体中藻类的影响研究. 北京:北京工业大学,2009.

［13］曹煜成,李卓佳,胡晓娟,等. 磷浓度与氮磷比对蛋白核小球藻氮磷吸收效应的影响. 生态科学,2017,36(5):34 – 40.

［14］龙怡静. 以再生水为水源的景观水体藻类水华爆发条件与控制策略研究. 西安:西安理工大学,2020.

［15］REYNOLDS C S. The ecology of freshwater phytoplankton. London:Cambridge University Press,1984.

第 11 章　再生水纳入多水源
统一配置技术的研究

11.1　研究背景

　　将再生水纳入多水源统一配置后形成的复杂巨系统是由水资源子系统、社会经济子系统和生态环境子系统构成的[1-2]。其中,社会经济子系统作为主体角色,水资源子系统作为载体角色,而生态环境子系统则是耦合系统中的客体。

　　再生水纳入多水源统一配置后,与传统的取—用—耗—排的社会水循环系统相比,给水资源—社会经济—生态环境复杂巨系统带来了新的耦合机制[2,12,13]。其中,再生水厂和配套管网的建设需要当地社会经济子系统的支持,而将污水处理回用来保障用水户的用水需求,反作用于社会经济子系统,在缺水的情况下有利于保障其持续发展。此外,再生水的回用使得排污量明显减少,河流水环境情况显著提升,对生态环境子系统带来积极影响。再生水作为新的水源,因其由污水处理厂的尾水得到,水量保障充足,加之污水处理技术的提升,水质保障也逐渐加强,因此,可有效节约水资源,提高水资源子系统的承载能力,进一步保障经济社会子系统的可持续发展。

11.2　研究思路与技术方法

11.2.1　系统概化

　　再生水纳入多水源统一配置后形成的复杂巨系统,具有多水源、多用户、多目标的属性,其配置目标应兼顾社会经济发展、生态环境安全和水资源系统可持续发展的多个层面,形成了具有多维、动态、协同性的水资源—社会经济—生态环境耦合系统[3-9],见图 11.1 所示。其中:

　　(1)多维性体现在该耦合系统包括水资源子系统、社会经济子系统和生态环境子系统 3 个维度。

　　(2)动态性体现在该系统中水资源的随机性、用水量的动态性,该系统存在着系统内部和外部动态。内部动态性为社会经济、生态环境和水资源子系统之间存在着物质和能量的交换,各子系统间时刻发生着相互作用与反作用;外部动态性表现为社会经济增长、人口变动、水资源丰枯变化、生态环境变化等。

　　(3)协同性体现在水资源子系统作为该耦合整体系统的重要组成部分,因相互作用而产生序参量,从而使整个系统良性运转,序参量又发挥着调节各部分的功能,并不断提高系统自组织能力的作用,最终推动系统形成有序结构和最佳性能。

(4)各子系统之间相互影响、相互适应、彼此耦合、协同发展。

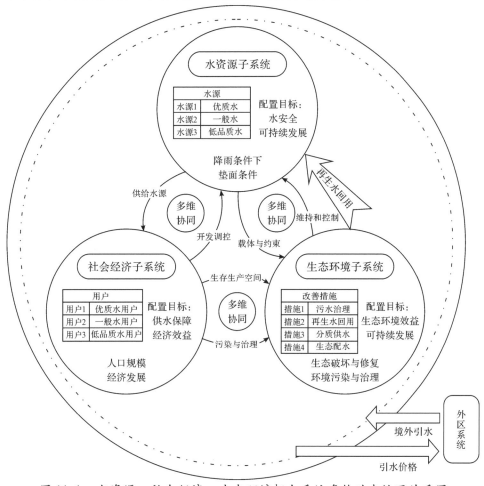

图 11.1　水资源—社会经济—生态环境耦合系统多维动态协同关系图

11.2.2　相关理论

基于对水资源—社会经济—生态环境系统内在耦合机制和多维动态协同关系的分析,将再生水利用作为重要水源纳入水资源系统进行统一配置,构建面向社会经济系统和生态环境系统协同发展的多维动态协同水资源配置模型原理。

协同学由德国物理学家哈肯创建,是在热力学第二定律的基础上逐步发展形成的新理论,研究对象为开放性非平衡复合系统,这个复合系统内部的各个系统在不同物质、能量和信息交换作用的影响下,对系统产生差异性和非平衡的影响。协同就是各个系统通过相互协调、相互支持、相互合作的集体行为,从而使复合系统在结构上有序演化,在功能上良性循环,并呈可持续发展的状态。"协同"从广义上理解,是指在复杂的大系统内部的各要素之间从相互适应到协作再到配合和促进的过程,彼此之间相互耦合、同步发展,从而形成良性循环的过程。

水资源—社会经济—生态环境耦合系统演化研究的最终目标是探索社会系统、生态系统和水资源系统的协同发展机理。水资源—社会经济—生态环境系统的协同发展是指在社会经济对水资源的开发利用上必须以水资源系统功能和结构正常与生态系统健康发展为前提,通过技术和管理手段提高社会经济系统的水资源的利用效率,节约水资源退还给生态系统,而良性发展的水资源系统和生态系统又能为社会经济的发展提供支撑,使得水资源—社会经济—生态环境系统进入良性循环的轨道。基于水资源的协同配置,是指在特定区域内,通过水资源子系统不同水源协同供水,社会、经济、生态三大子系统协同需水和水资源子系统与三大子系统协同供需水平衡,充分协调复合系统中社会、经济和生态三大子系统之间的关系,形成社会结构、人口经济合理发展,生态环境良好的有序组合[7-9],促进水资源子系统与社会、经济、生态的可持续发展。

11.2.3 研究对象分析

本技术的研究对象为义乌市。根据义乌市的特点,本研究对于多维动态协同水资源配置模型的研究基于两重协同关系。第一重协同关系是多水源之间的动态协同,简言之即优质水、一般水和低品质水之间的动态协同供水;第二重协同关系是社会经济和生态环境子系统之间的动态响应协同。通过对两重协同关系建立供需平衡和正反馈机制,构建纳入再生水推动水资源子系统、社会经济子系统和生态环境子系统可持续发展的水资源配置模型。其中:优质水、一般水和低品质水(含再生水)三种水源的动态协同关系主要表现为:通过分质供水系统,协调水源与用水户的供需关系,达到水量、水质协同。

其中:公共水厂的优质水源供给生活、重要工业等优质水用户。一般水源作为农业、工业自备水或生态环境用水的水源,其回归水与河道内用水,通过义乌江各支流汇入义乌江。义乌江水源和污水处理厂尾水作为低品质水的水源供给工业和城镇公共低品质用水、景观环境配水,以及通过深度处理技术进行再生后回用于生活用水。优质水和低品质水在用户使用后转化为污废水,通过排水管网集中收集后输送至污水处理厂进行统一处理,污水厂对污废水进行达标处理后,其出水包括两部分:一部分直接排放至义乌江,其又作为下游低品质水的水源实现水量协同;另一部分经管道输送到再生水厂进一步处理和加压后供给低品质水用户。通过优质水源、一般水源、低品质水源的社会水循环过程,有效减少了义乌江水源的取用水量、排放水量,在提升社会经济子系统用水保障能力的同时,增加身河道水景观环境的用水量,水环境质量将得到显著改善。

在建模过程中,基于第一重优质水、一般水和低品质水之间的动态协同供水关系,结合协同论,基于协同论中的水资源配置原理中三重性中的必然性和全面性原理,将生态环境保护与修复纳入水资源配置的目标体系。具体做法为将河湖生态环境控制断面水质不达标的惩罚效益纳入目标方程,形成兼顾社会经济发展和生态环境友好的具有全面性的水资源配置模型。基于协同论中的节制性原理,本研究构建的水资源配置模型充分考虑了可持续发展的原则,将配置后的预留水量和未来可持续发展效益纳入目标方程,使得水资源系统的配置模型不仅满足各子系统当前的用水需求,也充分考虑水资源系统未来对各子系统可持续发展的支持效益,体现了协同论中提出的节制性原理,形成具有未来性和前瞻性的可持续配置模型。

第二重协同关系即为社会经济和生态环境子系统的动态协同用水,具体表现在三者的效益权衡,以及如何竞争和平衡三者的配水关系以实现综合效益的最大化。例如,生活用水和部分重要工业用水都需要优质水源,这就使得水库等优质水源在配水过程中需要协同社会效益、经济效益和生态效益。同理,河道生态配水和部分从河道取水的工业用户对一般水源、低品质水源也存在竞争关系,需要协同生态效益、经济效益来合理配置多种水源。

在建模过程中,基于第二重协同关系,结合协同论中的系统综合效应律,充分发挥水资源子系统与社会经济、生态环境子系统的协同作用,使其综合效应大于三个子系统效益的总和。具体做法为,在建模过程中,综合考虑社会经济子系统用水户的缺水量、生态子系统用水户的缺水量,结合不同用水户单位缺水量的惩罚效益,以所有子系统的综合效益实现最大化为目标,充分发挥了三者的协同作用。

11.3　数学模型

11.3.1　多水源多维动态协同水资源配置模型

依据基于协同论的水资源配置原理,结合上述义乌市多水源、多用户、多目标水资源系统的两重协同关系[9,11],构建多维动态协同水资源配置模型。

(1)目标函数:多水源配置后将剩余供水能力的预期效益与惩罚效益进行求差,得到多水源不同配置情景下的预期综合效益,其中:惩罚效益包含用水保证率不达标,分为惩罚效益和河湖控制断面水质不达标的惩罚效益。即:

$$\max F_{Qq} = \sum_{i=1}^{NI}\left[Q_i^{\max} - Q_i\right] \times B_i - \sum_{i=1}^{NI}\sum_{j=1}^{NJ}\left[QE_{ij} \times C_{ij} + f_1(q_{ij})\right] \quad (公式11.1)$$

其中:F_{Qq} 为区域多水源配置的预期综合效益;$Q_i^{\max}$ 为第 i 类水源的最大供水能力;Q_i 为第 i 类水源的配置供水量;B_i 为第 i 类水源单方水净效益;QE_{ij} 为第 i 类水源配置给第 j 类用水户的缺水量;C_{ij} 为第 i 类水源配置给第 j 类用水户单位缺水量的惩罚效益;q_{ij} 为第 i 类水源配置给第 j 类用水户的水量;$f_1(q_{ij})$ 为第 i 类水源配置给第 j 类用水户的水量时,河湖生态环境控制断面惩罚效益。

(2)约束条件

① 用水户用水保证率的约束条件为:
$$\rho_j \geqslant \rho_j^* \quad (公式11.2)$$

② 河湖生态环境控制断面不劣于目标水质的约束条件,表示为:
$$Qr_m\left[f_2(q_{ij})\right] \leqslant Qr_m^* \quad (公式11.3)$$

③ 可用水量的约束条件表述为:
$$Q_i \leqslant Q_i^{\max} \quad (公式11.4)$$

275

其中:ρ_j 为第 j 类用水户的用水保证率;ρ_j^* 为第 j 类用水户的设计用水保证率;$Qr_m[f_2(q_{ij})]$ 为第 i 类水源配置给第 j 类用水户的水量时,第 m 个河湖生态环境控制断面的水质;Qr_m^* 为第 i 类水源配置给第 j 类用水户的水量时,第 m 个河湖生态环境控制断面的目标水质。

11.3.2 方案比选模型

采用熵权理想点法进行配置方案优选[14,15],计算步骤和模型如下:

(1)当系统中每种状态 x_i 出现的概率为 $p(x_i)$,则熵定义为

$$H(x) = -C\sum_{i=1}^{m} p(x_i)\ln p(x_i) \tag{公式11.5}$$

(2)数据归一化处理。假设有 n 个待评价的方案,每个方案用 m 个评价指标来描述,则有方案的指标特征值矩阵 $\boldsymbol{X} = (x_{ij})m\times n,(i=1,2,\cdots,m;j=1,2,\cdots,n)$。对特征值矩阵按照公式进行归一化得到相对优属度矩阵 $\boldsymbol{R} = (r_{ij})m\times n$。

$$r_{ij} = \frac{X_{ij} - \min(X_{ij})}{\max(X_{ij}) - \min(X_{ij})} \tag{公式11.6}$$

式中:$\max(X_{ij})$、$\min(X_{ij})$ 分别为同一指标下不同方案的指标值 X_{ij} 中的最大值和最小值。

(3)指标信息熵计算。按照信息论中信息熵的概念,就可以定义指标的熵为:

$$i = 1,2,\cdots,m;j = 1,2,\cdots,n \tag{公式11.7}$$

其中:

$$f_{ij} = -\frac{1+r_{ij}}{\sum_{j=1}^{n}(1+r_{ij})},(i=1,2,\cdots,m;j=1,2,\cdots,n) \tag{公式11.8}$$

(4)指标熵权计算。将第 i 个评价指标的熵权定义为

$$X_i = \frac{1-H_i}{\sum_{i=1}^{m}(1-H_i)} \tag{公式11.9}$$

(5)理想点提取。考虑指标熵权后的指标属性矩阵 $\boldsymbol{A}$ 为

$$\boldsymbol{A} = \begin{bmatrix} a_{11} & \cdots & a_{1n} \\ \cdots & \cdots & \cdots \\ a_{1m} & \cdots & a_{mn} \end{bmatrix} = \begin{bmatrix} x_1 r_{11} & \cdots \\ \cdots & \cdots \\ x_1 r_{1n} & \cdots \end{bmatrix} \tag{公式11.10}$$

理想点 $p^* = (p_1^*,p_2^*,\cdots,p_m^*)$,其中,$p_i^*$ 即为 $\boldsymbol{A}$ 中每行的最大值,即最优值。

(6)贴近度计算。被评价对象与理想点的贴近度为:

$$T_j = 1 - \frac{\sum_{i=1}^{m}a_{ij}\times p_i^*}{\sum_{i=1}^{m}(p_i^*)^2},(j=1,2,\cdots,n) \tag{公式11.11}$$

其中:$T_j \in [0,1]$,贴近度 T_j 值越小,说明评价方案越优。

根据计算出的 T_j 值,按照从小到大的顺序对各个方案排序,就能得到各方案的优劣顺序。

11.4　实例应用

11.4.1　义乌市多类水源属性和行业用水需求分析

根据《义乌市水资源节约保护与利用总体规划》的成果[16],义乌市水资源和需水量的规划成果如下。

(1)地表径流量 7.35 亿立方米,地下水资源量 1.28 亿立方米,则水资源总量为两者之和扣除灌溉回归水量 0.38 亿立方米,即义乌市水资源总量为 8.25 亿立方米。义乌江过境水量为 12.70 亿立方米,其中,北江、南江入境水量分别为 6.74 亿立方米、5.96 亿立方米。各水资源分区水资源量的成果见表 11.1。

(2)义乌市 2030 年各分区各行业用水户的需水量成果为 4.103 亿立方米,各需水分区 2030 年需水量见表 11.2。

(3)义乌市低品质水需求量分析成果见表 11.3。

表 11.1　义乌市各水资源分区不同频率水资源量的成果表

分区名称	均值(万立方米)	不同频率水资源量(万立方米)				
		95%	90%	75%	50%	20%
浦阳江区	18169	8129	9893	13212	17471	23682
武义江区	765	411	477	597	746	957
北江区	19375	8261	10305	13953	18623	25416
南江区	2104	908	1119	1515	2022	2760
金婺兰区	33064	15440	18481	24204	31592	42683
全市	73477	34033	40934	53942	70683	95161

表 11.2　义乌市 2030 年用水需求预测成果表

行业分类		需水量(万立方米)				
		主城区	义东区	义北区	义南区	义西区	全市
农村生活需求量		85	10	263	385	477	1220
城镇综合需求量		13886	1635	1760	2575	3189	23045
一般工业需求量		3405	481	827	540	953	6206
农业需求量	50%	2218	856	1247	1962	1647	7930
	75%	2873	1117	1569	2519	2141	10219
	85%	2972	1154	1610	2601	2223	10560
合计	50%	19593	2981	4097	5462	6265	38398
	75%	20249	3242	4419	6019	6760	40689
	85%	20347	3279	4460	6101	6842	41029

表 11.3　义乌市低品质水需求量分析成果表

行业分类		需水量(万立方米)					
		主城区	义东区	义北区	义南区	义西区	全市
城镇综合需求量	总量	13886	1635	1760	2575	3189	23045
	生活用水	7811	920	990	1448	1794	12963
	三产用水	6075	715	770	1127	1395	10082
工业需求量		3405	481	827	540	953	6206
低品质水	生活用水	1953	230	248	362	448	3241
	三产用水	1823	215	231	338	419	3026
	工业用水	1703	241	414	270	477	3105
	合计	5479	686	893	970	1344	9372

11.4.2　多水源配置原则、顺序与方案分析

（1）配置原则

义乌市水资源配置遵循高效性、公平性、节约与保护优先、优水优用的原则。

（2）配置优先顺序

当同一水源工程向不同用水户配水时,按优质水、一般水、农业水、环境水等优先次序进行配水,分别向各用水户供水。

当不同水源工程向同一用水户配水时,按河道、山塘和小型(二)水库、小型(一)水库、中型水库的次序分别向用户供水。

（3）多方案对比分析

通过义乌市多维动态协同水资源配置模型,对75%、90%等2种来水频率下分别进行优化求解,将多水源配置后剩余的供水能力的预期效益与惩罚效益进行求差,得到多水源不同配置情景下的预期综合效益最优的方案。

11.4.3　义乌市水资源总体配置的推荐方案

11.4.3.1　优质水用户水资源的配置方案

2030 年全市优质水用户的需水量为 3.75 亿立方米。其中,由境内中型水库和境外引水工程等优质水源工程供给 2.41 亿立方米,占 64.3% ;由中水或义乌江水供给 1.34 亿立方米,占 35.7% 。中型水库和境外引水等优质水资源中配置给农村生活用水户 0.05 亿立方米,配置给城镇生活用水户 1.82 亿立方米,配置给重要工业用水户 0.54 亿立方米。重要工业用水户由中水或义乌江水供给 1.23 亿立方米,市政景观用水则完全由中水或义乌江水解决。

11.4.3.2　一般水与农业水用户水资源的配置方案

（1）一般水用户的配置方案

义北区、义东区和义南区规划水平年一般水主要由本地河道水解决;主城区一般水

在本地河道水解决的基础上,尚有幸福水库和利民水库 2 个供水水源;义西区一般水在本地河道水解决的基础上,尚有深塘水库和姑塘水库 2 个供水水源。

（2）农业水用户的配置方案

各需水分区规划水平年农业水主要由本地小水库、山塘及河道水解决。八都、巧溪、岩口、长堰、柏峰、枫坑等 6 座中型水库不再承担农田灌溉任务,原水库灌区农业用水通过新建引提水工程、加强农田节水工程建设等措施解决。由规划工况水资源供需平衡分析结果可知,各分区农业水仍存在一定量的缺水情况,规划水平年主要通过进一步加强农田节水工程建设与经济补偿相结合的措施来满足农业用水需求。

一般水与农业水用户水资源配置方案见表 11.4。

表 11.4　一般水与农业水用户水资源配置方案的成果表

水平年	用户类型	一般水（万立方米）	农业水（万立方米）
2030 年	主城区	2192	2380
	义东区	186	277
	义北区	408	1388
	义南区	378	2209
	义西区	667	1617
	全市	3831	7871

参考文献

［1］纪静怡．纳入非常规水源利用的区域水资源配置研究．扬州:扬州大学,2021．

［2］朱世垚．榆林市非常规水资源与常规水资源协同配置模型研究．杨凌:西北农林科技大学,2020．

［3］彭安帮,牛凯杰,胡庆芳,等．永定河流域多水源配置与水库群优化调度．水科学进展,2023,34(3):418－430．

［4］张田媛,谭倩,王淑萍．北京市清水与再生水协同利用优化模型．环境科学,2019,40(7):3223－3232．

［5］郭玉雪,许月萍,刘晶,等．一种考虑再生水的多水源多用户分质供水优化配置方法．2022－05－17．

［6］粟晓玲．农业水资源优化配置研究进展．灌溉排水学报,2022,41(7):1－7,34．

［7］姚越,周长青．沿海缺水城市非常规与常规水源协同配置方法研究．供水技术,2021,15(4):5－10．

［8］何琦,杨侃,陈静,等．纳入再生水利用的区域水资源优化配置研究．水电能源科学,2023,41(5):48－51．

［9］李艳明,方红远,侯金甫,等．苏州市水资源—经济—环境—再生水系统耦合协调分析．水利水电技术(中英文),2023,54(4):108－119．

［10］李薇,姜珊,赵勇,等．京津冀水—能源—粮食耦合系统安全评价．水资源保护,

2023,39(5):39 – 48.

[11] 李俊,宋松柏,王小军,等. 考虑不同利益主体的区域常规与非常规水资源协同配置模型. 应用基础与工程科学学报,2022,30(1):50 – 63.

[12] 张宁,李海洋,张俊飚,等. 中国水环境协同治理的时空演化特征及影响因素研究——基于治水流程闭环与协同机制统筹的思考. 中国环境科学,2023(12):6763 – 6777.

[13] 陈莉,张安安. 黄河流域水资源与社会经济协同评价及影响因素分析. 水资源保护,2023,39(2):1 – 8.

[14] 王彦,孟令爽. 基于熵权理想点的水资源承载力风险评价. 人民长江,2019,50(4):142 – 146,207.

[15] 危文广,黎良辉,赖敬飞,等. 基于理想点法的江西省水资源承载力评价. 水资源与水工程学报,2018,29(6):25 – 30.

第 12 章 《区域再生水利用评估技术规程》的编制

12.1 编制背景

12.1.1 需求分析

水利作为国民经济的基础产业,是国家的经济建设与发展、实现四个现代化的重要基础保障[1-4]。党的十六大报告将水利放在国民经济基础设施建设的首位,由此可见,水问题已经成为我国重大的"瓶颈"问题和迫切需要解决的战略性问题[4,5-7]。

我国水资源的总量约为 28000 亿立方米,居世界第 6 位,但是我国人均水资源总量仅为 2400m³,仅为世界人均水平的 1/4,居世界第 121 位,我国是一个典型的贫水国家。随着我国经济社会的发展,对水资源的需求日益增加,引发了一系列的水资源问题。尤其是自改革开放以来,城市化进程逐步加快,城市化率已从 1978 年的 17.9% 提高到 2020 年的 53%。随着城市化进程的推进,城市缺水日益明显。目前,我国 661 个建制市中缺水城市占 2/3 以上,其中 100 多个城市严重缺水。由于水资源的有限性和开发难度的加大,以及近年来经济社会的快速发展对水资源需求的不断增加,水资源供需矛盾日益突出,水资源短缺已成为国民经济持续快速发展的重要制约因素[3,5,7-10]。

对于解决水资源短缺问题,传统的模式是首先大力开发地表水,江河天然流量不能满足需要就筑的水坝、修水库,造成多地区水资源的过度开发和利用[1-4]。进入 21 世纪以来,因无节制地开发地表水,我国特别是北方地区已经出现了很多河流季节性断流的现象。在地表水资源不足的情况下,人们往往转向地下水,因过量开采,引起地下水位普遍下降,地下水的水质退化,城市地面塌陷,沿海城市海水入侵及其他一系列的生态与环境问题[8,9]。由此,从我国水资源开发利用的实际情况看,水资源开发利用传统的"开源"模式已面临极大的困境。由于资源量总体不足,而且开发难度不断加大,有些地区已无源可开。截至 2021 年,全国水资源总的开发利用率约为 19.6%,接近世界平均值的 3 倍,开发难度越来越大[11-15]。北方地区的水资源开发利用率早就超过了世界公认的极限值 40%,南方丰水地区水资源的开发利用率控制较好,但常年受困于沿海平原河网水质,水质型缺水、工程型缺水的情况仍十分严重[12,14]。

科学合理地开发利用以再生水为主体的区域非传统水资源,从县级层面有序实施再生水高效利用,不仅是一个有效的"开源"措施,也是一个相当重要的"节流"措施,对缓解水资源短缺、改善及保护生态环境、减轻水旱灾害等具有重要的战略意义,同时具有重大的经济、社会与环境效益[14-18]。正确分析区域再生水的利用潜力,对于区域选择有效的再生水源及其利用方式,对实现区域水资源的高效利用具有重要的意义,也是区域非传统水资源开发利用、实现区域节水的关键所在[18-22]。

12.1.2 标准编制的必要性

早在 2006 年水利部发布的《水利部关于加强城市水利工作的若干意见》中就明确提出要逐步建立城市的水资源循环利用体系,大力发展污水再生回用系统。此后,《中共中央 国务院关于加快水利改革发展的决定》(2010 年)、《水污染防治行动计划》(2015 年)、《中共中央 国务院关于进一步加强城市规划建设管理工作的若干意见》(2016 年)、《国家节水行动方案》(2019 年)、《关于推进污水资源化利用的指导意见》(2021 年)等文件陆续对再生水回用提出了具体的考核指标要求,明确到"十四五"末期,全国缺水型城市要大力开展污水处理厂尾水的再生利用工作,其中,缺水型城市再生水的利用率要达到 16% ,严重缺水地区的再生水利用率要达到 20% 以上[16-20]。

标准规范是再生水行业健康发展的重要保障,再生水标准的制定、颁布和实施可为行业开展项目规划、设计、管理、评价等工作提供专业的指导意见和规范。目前,全国各地正大力开展再生水利用工程的规划与建设工作,但因我国现行的各项再生水标准仅对再生水的分级、再生水厂的处理技术、再生水利用的水质作出了规定,而缺乏一套科学合理、行之有效的再生水利用量的评估标准,导致区域再生水工程的规划与建设工作的推动和发展受到一定的限制[12,15,18]。随着我国对再生水利用工作的日益重视,以污水处理厂尾水再生水利用为主体的区域再生水利用的实践越来越多,但该领域的标准化工作却仍滞后于实践。污水再生利用领域仍然存在统筹协调不足、利用对象分类不明确、利用量评估方法不统一等突出问题[17-20]。

我国现行的再生水标准的制定更多的是遵循污水排放水质标准的思路,出台了多项再生水利用的分类水质标准,然而,对于再生水利用水量的评估标准仍处于缺失状态[11,19]。《国家节水行动方案》《关于推进污水资源化利用的指导意见》均对"十四五"时期的再生水利用率提出了要求。高效合理地评估确定以行政区域为单元的再生水利用量,是全国各地完成《国家节水行动方案》《关于推进污水资源化利用的指导意见》等文件规定的再生水利用目标的基础保障和重要前提[19-25]。

目前,缺失的区域再生水利用总量评估相关标准,对全国各地在"十四五"末期即将开展的再生水利用总量的统计和再生水利用率的计算工作产生严重的阻滞影响。综上所述,为满足再生水标准化工作的需求,有必要结合国内外再生水利用经验,制定突出行业特点、系统性强、可操作性强、针对性强的再生水利用总量评估标准,从而推动我国再生水行业的规范化发展[18-27]。

12.2 标准的主要内容

12.2.1 范 围

本文件规定了再生水利用量的计算、合理性分析、评估的方法和技术要求等内容。

本文件主要适用于流域和行政区域再生水利用量的计算与评估。

12.2.2 规范性引用文件

下列文件中的内容通过文中的规范性引用而构成本文件必不可少的条款。其中，对于标注日期的引用文件，仅该日期对应的版本适用于本文件；对于不标注日期的引用文件，其最新的版本（包括所有的修改单）适用于本文件。

GB 8978 污水综合排放标准

GB/T 18920 城市污水再生利用 城市杂用水水质

GB/T 18921 城市污水再生利用 景观环境用水水质

GB/T 19772 城市污水再生利用 地下水回灌水质

GB/T 19923 城市污水再生利用 工业用水水质

GB 20922 城市污水再生利用 农田灌溉用水水质

GB/T 21534 工业用水节水 术语

SL 365 水资源水量监测技术导则

SL 620 水利统计基础数据采集规范

12.2.3 术 语

GB/T 21534 界定的以及下列的术语和定义适用于本文件。

（1）再生水利用量（amount of reclaimed water utilization）

再生水利用量是指流域或行政区域内用于工业、景观环境、城市杂用、农业（含林业与牧业）、地下水回灌的再生水量。

（2）再生水利用率（reclaimed water use rate）

再生水利用率是指评估范围内再生水利用量占污水处理总量的比率。

（3）污水处理总量（amount of treated water）

污水处理总量是指评估范围内污水处理厂（设施）收集、处理的污水总量。

12.2.4 一般规定

12.2.4.1 再生水利用量的评估范围宜为流域或县级以上的行政区域。

12.2.4.2 纳入利用量评估的再生水应符合安全利用的要求。

12.2.4.3 再生水用于工业、景观环境、城市杂用和农业等用途的，其水质应符合GB/T 18920、GB/T 18921、GB/T 19772、GB/T 19923、GB 20922 等相关国家标准中的要求。

12.2.4.4 以下情况不应纳入再生水利用量的统计范围。

a) 污水经处理满足 GB 8978 排放标准要求,但不满足各类再生水利用对象水质标准要求的。

b) 再生水利用对象没有需求的。

c) 雨水、企业内部废污水处理的重复利用量及工业园区内企业之间的循环利用量。

12.2.4.5 再生水利用量评估时段的长度宜为完整日历年,进行再生水利用量评估的项目应至少有完整一年的运行周期。

12.2.4.6 再生水利用量评估应以评估范围内利用计量仪器和设施得到的计量水量数据,以及应用遥测、通信和计算机等技术得到的监测水量数据为基本资料,以污水处理厂的情况、再生水利用工程情况等其他资料为补充。

12.2.4.7 再生水利用量评估的资料应合理保存。

12.2.4.8 再生水利用量评估过程应包括资料收集与整理、再生水利用量计算、再生水利用量合理性分析和再生水利用评价等。再生水利用量的评估技术路线可参考图 12.1。

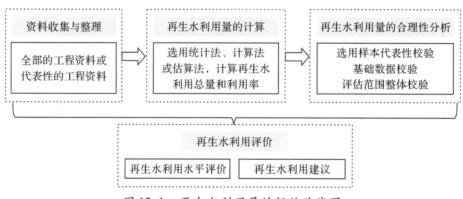

图 12.1　再生水利用量的评估路线图

12.2.5　资料收集与整理

12.2.5.1　资料收集内容

(1) 应收集评估范围内的现状类资料和再生水的相关资料。

(2) 现状类资料应包括下列内容。

a) 水资源水环境类:多年平均降水量与水资源量、水资源开发利用率、用水量与用水结构、水功能区和重要的河湖控制断面的水质达标率、重要的河湖生态环境用水情况等。

b) 社会经济类:行政区划、人口、GDP 与三次产业结构及其变化趋势等。

(3) 再生水的相关资料应包括下列内容。

a)工程资料:再生水利用工程的概况、数量、工程规模与空间布局,再生水利用工程的权属与管护主体、运维经费、再生水价及收缴情况;污水收集、处理与排放情况,污水处理厂尾水的水量、水质情况等。

b)计量监测资料:各类再生水利用对象的再生水计量仪器和设备的数量、分布、运行状况等,计量监测的水量数据。

c)其他资料:再生水利用的相关规划,评估年前 3 年(含评估年)再生水的利用情况,其他非常规水的利用量,可能影响再生水利用量的其他的相关资料。

12.2.5.2 资料要求

(1)资料收集应满足完整性、规范性和一致性的要求。

a)完整性:收集资料应包括 5.1 中评估范围内的各类资料,覆盖评估范围内全部的再生水利用对象类别;收集资料应覆盖完整的日历年,并充分考虑再生水利用的时程变化特征,确保地域和时间的完整性。

b)规范性:收集的资料应以相关部门发布的统计、公报、年报为准,其他的相关资料可作为参考;资料不足时,应开展补充收集工作,必要时宜开展补充计量、监测工作。

c)一致性:收集资料应充分考虑再生水利用的时程变化特征,并与评估范围再生水利用对象、利用量的时程特征相一致。

(2)资料整理应满足代表性和典型性、可靠性和有效性的要求。

a)代表性和典型性:评估范围内的再生水利用项目数量较少时,应全部调查;对于评估范围内再生水利用项目的数量较多、无法逐一调查的,可根据评估范围内的再生水利用对象的特点,选取具有代表性和典型性的部分再生水项目进行调查。各类利用对象调查的数量和比例可参考 SL 365。

b)可靠性和有效性:基础资料应完整、来源可靠,应优先选用再生水利用工程计量、监测资料,优先采用由相关部门依法发布的统计、公报、年报等资料;资料不足时,可选用其他的相关资料。收集到的不同部门的资料相互矛盾或数据相差较大时,应分析原因并进行合理选取。

12.2.5.3 资料补充

当收集的资料不能满足评估要求时,应开展补充收集工作,可开展补充计量、监测工作。

12.2.6 再生水利用量的计算

12.2.6.1 一般规定

(1)再生水利用分类

根据再生水利用对象,按照工业利用、景观环境利用、城市杂用、农业利用、地下水回灌利用分类进行再生水利用量的计算。景观环境利用包括河湖内观赏性和娱乐性景观环境用途,城市杂用包括用于冲厕、车辆冲洗、绿化、道路清扫、消防、建筑施工等非饮用水用途。

（2）再生水利用总量

评估范围内工业、景观环境、城市杂用、农业、地下水回灌利用的再生水汇总累加，得到评估范围的再生水利用总量。

（3）计算方法选用

各类再生水利用量的计算方法应优先选用统计法，也可以选用计算法和估算法。

12.2.6.2　再生水利用量的计算方法

（1）工业利用

1）当再生水利用工程首部计量监测水量完整时，应采用统计法。将全部的工程首部计量监测水量累加，得到评估范围的工业再生水利用量。

2）当再生水利用工程资料完整、计量监测水量不完整时，宜采用计算法。根据工程资料和现有的计量监测水量，将水量数据补充完整；再将全部的工程首部水量累加，得到工业再生水利用量。

3）对于评估范围内再生水利用工程较多、计量监测水量不完整的，可采用估算法。根据典型性、代表性工程及其现有计量监测水量，将其水量数据补充完整，再根据典型性、代表性工程再生水利用量，结合评估范围内全部的工程数量，估算工业再生水的利用量。

（2）景观环境利用

1）对于再生水利用工程头部计量监测水量完整的，应采用统计法。具体步骤如下：

a）确定河湖景观环境需水量：河湖景观环境需水量可采用附录 B 估算；对于开展过专题论证且论证报告经有关部门批准的河湖，优先采用专题论证成果。

b）确定河湖景观环境需要的补水量：将河湖景观环境需水量减去河湖来水量，即为河湖景观环境需要的补水量。

c）确定河湖景观环境再生水利用量：当河湖首部计量监测水量小于河湖景观环境需要的补水量时，其首部计量监测水量即为该河湖景观环境再生水利用量；当河湖首部计量监测水量大于河湖景观环境需要的补水量时，则其景观环境需要的补水量即为该河湖景观环境再生水利用量。

d）确定河湖景观环境再生水利用量：将全部河湖的景观环境再生水利用量累加，得到景观环境再生水利用量。

2）当再生水利用工程资料完整、计量监测水量不完整时，宜采用计算法。根据工程资料和现有计量监测水量，将水量数据补充完整；再按照 6.2.2.1 中 a）~d）的具体步骤计算景观环境再生水利用量。

3）对于评估范围内景观环境利用工程较多且计量监测水量不完整的，可采用估算法。即根据典型性、代表性工程及其现有计量监测水量，将其水量数据补充完整；再按照 6.2.2.1 中 a）~c）的具体步骤确定典型的河湖景观环境再生水利用量；再根据典型性、代表性工程利用量结合评估范围内全部工程的数量，估算景观环境再生水利用量。

（3）城市杂用

1）当再生水利用工程资料完整、计量监测水量不完整时，应采用统计法。将全部的工程首部水量累加，得到评估范围内城市再生水利用量。

2）当再生水利用工程资料完整、计量监测水量不完整时，宜采用计算法。根据工程资料和现有计量监测水量，将水量数据补充完整；再将全部的工程首部水量累加，得到评估范围城市杂用再生水利用量。

3）对于再生水利用工程较多、计量监测水量不完整的，可采用估算法。根据典型性、代表性工程及其现有计量监测水量，将其水量数据补充完整；再根据典型性、代表性工程利用量结合评估范围内全部的工程数量，估算其城市杂用再生水利用量。

（4）农业利用

1）当再生水利用工程资料完整、计量监测水量不完整时，应采用统计法。将全部工程首部水量累加，得到评估范围的农业再生水利用量。

2）当再生水利用工程资料完整、计量监测水量不完整时，宜采用计算法。根据工程资料和现有计量监测水量，将水量数据补充完整；再将全部工程首部水量累加，得到评估范围内的农业再生水利用量。

3）对于评估范围内农业利用工程较多、计量监测水量不完整的，可采用估算法。根据典型性、代表性工程及其现有计量监测水量，将其水量数据补充完整；再根据典型性、代表性工程利用量，结合评估范围内全部的工程数量，估算其农业再生水利用量。

（5）地下水回灌利用

1）地下水回灌工程计量监测水量完整时，应采用统计法。将全部的工程水量数据累加，得到评估范围内地下水回灌再生水利用量。

2）对于地下水回灌利用工程较多且其计量监测水量不完整的，宜采用估算法。根据典型性、代表性工程及其现有计量监测水量，将其水量数据补充完整；再根据典型性、代表性工程利用量，结合评估范围内全部的工程数量，估算其地下水回灌再生水利用量。

12.2.6.3 再生水利用总量与利用率

（1）再生水利用总量

将评估范围内各类再生水利用量累加得到评估范围内再生水利用总量，见公式 12.1：

$$W_T = W_{GY} + W_{JH} + W_{CS} + W_{NY} + W_{DX} \qquad （公式 12.1）$$

式中：

W_T——评估范围内再生水利用总量，单位为 m^3；

W_{GY}——评估范围内工业再生水利用量，单位为 m^3；

W_{JH}——评估范围内景观环境再生水利用量，单位为 m^3；

W_{CS}——评估范围内城市杂用再生水利用量，单位为 m^3；

W_{NY}——评估范围内农业再生水利用量，单位为 m^3；

W_{DX}——评估范围内地下水回灌再生水利用量,单位为 m^3。

(2)再生水利用率

评估范围内再生水利用总量与污水处理厂污水处理总量的比值,即为再生水利用率,见公式 12.2。

$$\alpha = \frac{W_T}{W_O} \times 100\% \qquad （公式 12.2）$$

式中:

α——再生水利用率;

W_T——评估范围内再生水利用总量,单位为 m^3;

W_O——评估范围内污水处理厂污水处理总量,单位为 m^3。

12.2.7 再生水利用量的合理性分析

12.2.7.1 一般规定

(1)对再生水利用量统计结果进行复核校验时,应对计算得到的再生水利用量进行合理性分析。

(2)合理性分析包括抽选工程样本的典型性代表性校验,基础数据的调查和获取校验,评估范围整体复核校验。

12.2.7.2 选用样本典型性代表性校验

(1)利用全部的调查成果来计算再生水利用量的,不需要典型性代表性校验;利用典型性、代表性的调查成果来估算再生水利用量的,则应对选用样本的典型性和代表性进行校验。

(2)根据评估范围的总体情况,结合再生水利用对象、再生水源、再生水利用工程等要素,分析选用样本是否能够代表评估范围内再生水利用的总体水平。

(3)校验选用样本应覆盖评估范围内全部的再生水利用类型,再生水源应代表评估范围内再生水源的主要特点,各类再生水利用工程的数量、工程规模、经济指标等应与评估范围总体水平相适应。

(4)校验选用样本的用水量和用水效率能够反映评估范围内再生水利用的平均水平。

12.2.7.3 基础数据校验

(1)基础数据校验宜采用抽样调查方法,根据评估范围内再生水利用的类型,每种类型宜随机选择不少于 3 个(当对象少于 3 个时全部选定)。

(2)校验内容包括计量、监测设施与相关国家标准的符合性、运行的稳定性及可靠性。

(3)数据校验包括数据的合理性、规律性,基础数据的审核方法可参考 SL 620。对于数据明显不合理的,应分析原因,合理处理。

12.2.7.4 评估范围整体复核校验

应对评估范围内再生水利用总量的合理性进行整体复核校验。宜根据再生水利用类型,采用以下方法对评估范围内再生水利用量进行校验。

a)根据评估范围的取用水量、污水产生量、污水处理量、污水排放量和再生水利用量之间的关系,校验再生水利用量结果的合理性。

b)根据评估范围内近 3 年再生水利用量及其变化趋势,分析再生水利用量结果的合理性。

c)根据相关部门依法发布的水资源统计、公报、年报等资料中其他的水源数据,进行水量平衡分析,校验再生水利用量结果的合理性。

d)根据评估范围内再生水服务范围的人口、工业产值(或增加值)、农业种植面积与种植结构,校验再生水利用量结果的合理性。

e)根据评估范围内来水条件等因素,校验再生水景观环境利用量结果的合理性。

f)可根据评估范围内再生水利用对象近 5 年再生水利用量的时间序列资料(如果有资料),结合再生水利用量的变化情况、经济社会数据,校验再生水利用量结果的合理性。

12.2.8 再生水利用评价

12.2.8.1 再生水现状利用水平的评价

(1)指标设置

再生水现状利用水平的评价指标体系应包括综合成效、前期工作、工程建设、工程管理四类评价指标,分类评价指标宜包括下列内容。

a)综合成效评价指标:再生水利用量、再生水利用率。

b)前期工作评价指标:规划基础。

c)工程建设评价指标:再生水水质达标率、工程配套完整率、计量监测设施配备率。

d)工程管理评价指标:运行管护主体、计量监测设施、健全水价制度。

(2)指标赋分

再生水现状利用水平评价指标应采用量化评分方式,总分为 100 分。

12.2.8.2 再生水利用的建议

(1)结合有关政策的要求、再生水现状利用水平的评价结果,参考其他地区的先进水平,分析评估范围的再生水利用潜力。

(2)结合再生水利用量、再生水利用率、再生水利用结构和评估范围内水安全保障状况等,提出评估范围内再生水利用的相关建议。

～◇～～◇～ 参考文献 ～◇～～◇～

[1]BERNARDO M T,REYNOLDS S,PACHECO C. Food security, food chains and bioenergy
challenges for a sustainable development environment. European Journal of Mechanics B/

fluids，2008，135(10)：35 - 44.

［2］BESPIά A，MENDOZAROCA J A，ALCAINAMIRANDA M I，et al. Combination of physico-chemical treatment and nanofiltration to reuse wastewater of a printing，dyeing and finishing textile industry. Desalination，2003，157(1)：73 - 80.

［3］中共中央　国务院关于支持浙江高质量发展建设共同富裕示范区的意见.［2023 - 12 - 08］. https://www. gov. cn/zhengce/2021 - 06/10/content_5616833. htm.

［4］中华人民共和国国民经济和社会发展第十四个五年规划和2035年远景目标纲要.［2023 - 12 - 08］. https：//www. gov. cn/xinwen/2021 - 03/13/content_5592681. htm.

［5］长江三角洲区域一体化发展水安全保障规划.［2023 - 12 - 08］. https://zjjcmspublic. oss - cn - hangzhou - zwynet - d01 - a. internet. cloud. zj. gov. cn/jcms_files/jcms1/web3028/site/attach/0/a5c10efebbcf443d8b02bef058b104d6. pdf.

［6］DINCER I，ROSEN M A. A worldwide perspective on energy，environment and sustainable development. International Journal of Energy Research，2015，22(15)：1305 - 1321.

［7］习近平主持召开深入推进长三角一体化发展座谈会强调:推动长三角一体化发展取得新的重大突破 在中国式现代化中更好发挥引领示范作用.［2023 - 12 - 08］. https://www. gov. cn/yaowen/liebiao/202311/content_6917835. htm.

［8］习近平主持召开深入推动黄河流域生态保护和高质量发展座谈会并发表重要讲话.［2023 - 12 - 08］. https://www. gov. cn/xinwen/2021 - 10/22/content_5644331. htm.

［9］安呈泰,杜红梅,王诚,等. 污水处理厂尾水再生回用于印染工艺用水的应用实践. 给水排水,2021,57(3)：85 - 91.

［10］高博文,葛谦益,金鹏康,等. 印染废水分质处理模式及其在改造工程中的应用. 工业水处理,2020,40(9)：119 - 123.

［11］陆小成. 我国城市绿色转型的低碳创新系统模式探究. 广东行政学院学报,2013(2)：97 - 100.

［12］MARCUCCI M,NOSENZO G,CAPANNELLI G,et al. Treatment and reuse of textile effluents based on new ultrafiltration and other membrane technologies. Desalination,2001,138(1)：75 - 82.

［13］MENG L,LI W,ZHANG S,et al. Effect of different extra carbon sources on nitrogen loss control and the change of bacterial populations in sewage sludge composting. Ecological Engineering，2016，94：238 - 243.

［14］孙毅,景普秋. 资源型区域绿色转型模式及其路径研究. 中国软科学,2012(12)：157 - 166.

［15］张云. 南通市印染废水再生处理回用的可行性浅析. 治淮,2015(1)：71 - 72.

［16］朱秀荣,王锐,金鑫,等. 印染企业废水分质处理及再生利用工程设计. 中国给水排水,2017,33(22)：58 - 62.

［17］浙江省水资源管理条例.［2023 - 12 - 08］. http://slt. zj. gov. cn/art/2021/8/18/art_

1229560891_2322451. html.

[18] 浙江省人民政府办公厅关于印发浙江省节水行动实施方案的通知 . [2023 – 12 – 08]. https：//www. zj. gov. cn/art/2020/6/12/art_1229019365_608441. html.

[19] 浙江省环境污染监督管理办法 . [2023 – 12 – 08]. http：//www. moj. gov. cn/pub/sfb-gw/flfggz/flfggzdfzwgz/201506/t20150624_140620. html.

[20] 污水综合排放标准 GB 8978—1996. [2023 – 12 – 08]. https：//openstd. samr. gov. cn/bzgk/gb/newGbInfo？hcno ＝1BF9CDBD6FDE2AD5053C69A36318972C.

[21] 城市污水再生利用城市杂用水水质 GB/T 18920—2020. [2023 – 12 – 08]. https：//openstd. samr. gov. cn/bzgk/gb/newGbInfo？hcno ＝9825347B5A474612C6C3FE86323428C0.

[22] 城市污水再生利用景观环境用水水质 GB/T 18921—2019. [2023 – 12 – 08]. https：//openstd. samr. gov. cn/bzgk/gb/newGbInfo？hcno ＝C2492B26298BB71ECCC7F25C7A90AB5C.

[23] 城市污水再生利用地下水回灌水质 GB/T 19772—2005. [2023 – 12 – 08]. https：//openstd. samr. gov. cn/bzgk/gb/newGbInfo？hcno ＝7E7BC2B29E0225373FB8D54681D59B52.

[24] 城市污水再生利用工业用水水质 GB/T 19923—2005. [2023 – 12 – 08]. https：//openstd. samr. gov. cn/bzgk/gb/newGbInfo？hcno ＝4D314150A7F13C2FCAE57CF4E62B1C71.

[25] 城市污水再生利用农田灌溉用水水质 GB 20922—2007. [2023 – 12 – 08]. https：//openstd. samr. gov. cn/bzgk/gb/newGbInfo？hcno ＝1BF3688669470A00C4419C38FD61409C.

[26] 工业用水节水术语 GB/T 21534—2008. [2023 – 12 – 08]. https：//openstd. samr. gov. cn/bzgk/gb/newGbInfo？hcno ＝9836DF326205C62827E232F0EA53751D.

[27] 水利统计基础数据采集规范 SL 620—2013. [2023 – 12 – 08]. https：//std. samr. gov. cn/hb/search/stdHBDetailed？id ＝8B1827F1ADA5BB19E05397BE0A0AB44A.

第**4**篇

再生水水价核定方法的研究

第13章　再生水水价核定方法的研究

13.1　现状水价形成机制及其局限性

通过全国城市水价网、《中国价格统计年鉴》与《全国节约用水管理年报》等网络资源，以及实地调查等方式，收集了国内36个城市和部分国家水价政策与价格的执行情况，分析各地区水价、再生水水价的形成机制与数据成果[1]，总体情况如下。

（1）核定与核准机制上，我国城镇供水价格制定遵循覆盖成本、合理收益、节约用水、公平负担的原则，由行业主管部门按照供水工程或设施，以供水成本＋利润进行核算，将其提交给价格主管部门后通过征求意见、有关各方代表听证、向社会公示等规定程序，由价格主管部门核准并发布实施。核定与核准水价以单类供水工程组成的供用水系统为对象组织实施。再生水水价没有核定与核准制度，国家规定由供需双方协商确定。这种由单类供水工程组成的供用水系统为对象，没有考虑其他因素的影响，可能导致优质低价、低质高价的现象发生。

（2）水价成果上，水利部对26项水利工程所做的调查中，有21项工程需要财政补偿，补偿面占81%，补偿总额为5.36亿元，平均每项工程每年需补偿2500多万元，约占工程水费收入的1/3。这说明现行国家水价政策执行不到位，存在补偿成本不达标的问题。

（3）水价构成上，现行的水价政策主要考虑供水环节的成本，没有考虑由供、用、耗、排构成的社会水循环全过程的成本，不利于节水和污水再生回用。实际上，节水和污水再生回用具有显著的外部性，具体表现为：①从用水户的角度，节水和污水再生利用工程的建设及其运行维护，需要一定的资金投入，该节水投入与其节约水费相对比，有可能表现为入不敷出，导致用水户节水动力不足。②从保障水安全的角度，用水户的节水和污水再生利用行为，可以有效减少用水量，从而减少水源工程的建设数量与规模、水厂和供水管网的规模，进而减少供水工程投资和运行维护成本；同时，用水量减小，减少了废污水的排放量，减小了排水管网和污水处理厂的规模，减少了排水工程投资和运行维护的成本。③从保护水生态环境的角度，每节水或利用1m³污水，可以减少0.7～0.9m³废污水，从而起到保护水生态环境的效应；人类每节水或利用1m³污水，自然生态系统就多1m³洁净水。对于水生态环境相对较差的河湖水功能区，需要付出比节水或污水再生利用工程投入更多倍的代价去实施生态修复。因此，有必要把社会水循环全过程成本纳入水价形成的过程中，从而有效推动节水和污水再生回用。为分析社会水循环全过程成本,课题组根据浙江省"十二五"至"十三五"时期节水型社会、节水型城市、节水型载体建设成果,以及建设实施各类工程,将节水全过程划分为供水端、用水端和排水端三个环节,按照用水端用水量为1m³,分析供水端和排水端的响应水量,成果见表13.1。将节水全过程的成本分为水源工程成本、供水工程成本、用水户节水成本、污水处理工程成本、尾水排放修复成本,成果见表13.2。

表 13.1 节水全过程各环节水量关系表[2]

分类	供水端供水量(m³)	用水端用水量(m³)	排水端排水量(m³)
公共用水	1.1~1.2	1	0.7~0.9
农业用水	1.8~2.0	1	0.8~1.0

表 13.2 节水全过程各环节成本统计表[2]

分类	水源工程成本	供水工程成本	用水户节水成本	污水处理工程成本	尾水排放修复成本
数值(元/m³)	8	3~6	3~6	4~8	3~5
备注	指水库等水源工程	指水厂与管网工程	指用水户节水改造工程	指污水处理厂与管网	尾水一级A排放,修复到Ⅳ类

(4)成本形成时间上,我国供水水库和供水管网工程,是经过长期历史过程累积下来的。其中:水库工程建设于20世纪50—60年代,供水管网工程伴随着城镇化进程逐步建设完成。截至目前,已经形成功能完善、配套完整的系统化供用水系统。建设时间早、供水规模大、库区水源保护较好等,导致工程分摊成本、运行成本均较低,核定与核准水价较低,社会公众接受度也较高。而再生水利用是最新的国家发展战略,因分质供水需要,水厂和管网需要新建,其政策处理难、建设成本高,因水质较差,运行成本也较高,社会公众的接受度不高,进而导致价格失衡。

(5)再生水利用成效上,它既是解决水安全保障的重要举措,同时又产生减少污水排放、保护生态环境的作用;而其他水源每增加1m³水,会产生0.7~0.9m³废污水,给生态环境造成更大的压力,需要政府花更大的投入去治理。表现为:开发利用不同类型的水源,其社会经济属性和生态环境属性明显不同,其成效差异也较大。

(6)从分质供水、水价形成机制上,按照我国现行的水价政策,包括城镇供水价格管理办法、农村供水工程水费收缴有关规定,均是以单类工程系统为基础进行核定,再通过规定程序确定水价。其中,再生水水价由供需双方协商确定。当前,国家政策上要求多水源统一配置而在水价形成机制上不统一,是导致污水再生利用动力不足的主要原因,而以单类工程系统为对象进行水价核定是导致现状水价失衡的直接原因。

从国内外分质供水、不同水源执行水价分析来看,同一城市中,优质优价、低质低价是总体趋势。收集了国内外50个城市和地区的现行水价数据,根据现行水价数据的分析,不同水源水价的比价关系成果[1]见表13.3。

从表13.3可以看出:尽管因水资源禀赋条件的差异,不同水源比价关系的差别较大,但是总体上分析,河道水与优质水、再生水与优质水之间建立合理的比价系数有利于再生水的科学配置与高效利用。

表 13.3　各城市多水源的比价系数计算成果表

序号	城市	水库水	河道水	再生水
1	北京市	1.00		0.10
2	天津市	1.00		0.36
3	青岛市	1.00		0.33
4	杭州市	1.00		0.62
5	宁波市	1.00	0.60	0.50
6	深圳市	1.00		0.30
7	义乌市	1.00	0.65	0.65
8	兰溪市	1.00	0.91	
9	绍兴市	1.00	0.58	
10	绍兴柯桥区	1.00	0.60	
11	桐乡市	1.00	0.87	
12	嵊州市	1.00	0.92	
13	美国丹佛市	1.00		
14	新加坡	1.00		0.63
15	以色列	1.00		0.13
16	日本福冈市	1.00	0.53	0.85
17	日本神户市	1.00	0.56	0.89

基于上述现状来分析,本项目从以下两个方面开展研究工作。

- 再生水水价核定方法研究。基于再生水对二元水循环,尤其是对社会水循环过程及其外部性的影响,研究再生水水价核定方法。
- 多水源分质供水水价形成机制研究。将再生水纳入多水源统一配置后,针对现状水价政策在多水源分质供水水价形成机制上的缺失问题,基于多水源开发利用中的多重属性,研究多水源水价统一形成机制,推动多水源合理配置与高效利用、优质优价。

13.2　单一再生水核定水价方法的研究

13.2.1　单水源水价形成的理论与机制

13.2.1.1　相关理论

（1）需求弹性理论

需求弹性理论是指产品需求量的变化对价格变化的敏感程度,可用于反映水价对用水量的变化。其影响因素主要有:产品对居民生活的重要程度;产品替代性;产品用途;产品的普及程度;产品单价的大小。若水需求价格的弹性越高,那么水价上涨,需水量会减少,促使用水户提高用水效率或寻找替代水源;若水价下降,需水量会增加,使得更多的用水户转向该类水源[3][4]。对于居民而言,水属于生活必需品,所以其需求价格的弹性较小,水价不会过多地影响居民的用水量,供水应保障居民生活用水,所以居民的用水价格不宜被定得过高。

（2）消费者行为理论

消费者行为理论提出，用水户购水选择受到不同类因素的影响，这决定了他们对不同类型水的需求量。相关研究表明[5,6]，显著影响用水户购水选择的因素有：产品因素，主要包括该类型水的水质、使用便利性、价格等；自身因素，主要包括用水户自身的收入水平、学历、职业、性别等；环境因素，主要包括对环境保护、节约用水、水生态环境等。尽管影响因素众多，消费者的选择上可分为以下三种类型：价格敏感型、品质敏感型、追求性价比型。用水量较大的高污染、高耗水的工业用水属于价格敏感型，他们趋于选择价格更低的供水水源；生活用水和部分非居民用水（与食品安全有关）属于品质敏感型，其因关心安全问题而更加关注供水品质；各类非居民生产用水都属于追求性价比型，他们既关注品质，也关注价格。所以，要针对不同用水的需求，制定出相对合理的水价。

（3）居民可承受的水价

居民生活用水可承受的水价通常采用水费支出占居民人均可支配收入比例或水费支出占家庭人均消费性支出的比例来确定。柳长顺等[7-9]建议使用水费支出占人均可支配收入的比例作为衡量居民水价承受能力的控制指标，因为计算所需的数据可靠且易得，便于比较，将其作为控制指标较好。国内外许多机构或部门对居民可承受的水价进行了研究与分析。世界银行、亚洲及太平洋经济社会委员会和经济合作与发展组织的报告建议，城市居民用水支出占家庭可支配收入的2%～3%时，居民会产生节水意识；达到5%时，居民会有强烈的节水意识；并建议居民生活水费支出占可支配收入的比例应不大于3%作为居民可承受水价的上限。联合国开发计划署提出将家庭用水费用占收入比例的最大可取3%，并采取相应政策确保所有居民的用水权利。我国建设部调查研究表明，当居民生活水费占可支配收入的1%时，这时水价在居民的可承受范围内，对居民用水量的影响不大；当居民生活水费占可支配收入的2%时，居民会有意识地注意并适度减少生活用水量；当居民生活水费占可支配收入的2.5%时，居民会因为较高的水费而注重节约用水。《水利建设项目经济评价规范》（SL72—2013）指出，城市居民的全年水费支出占其年可支配收入的比例在1.5%～3.0%以内，属于用水户的可承受范围。

13.2.1.2 水价制定方法

（1）平均成本法

平均成本法是一种常见的垄断行业产品的定价方法，该方法将供水企业和单位的供水成本（包括建设、运行维护等成本）分摊到单位供水量上，从而得出供水价格。平均成本法水价由供水成本、利润和税金组成，其计算模型如下：

$$P = \frac{\sum\limits_{i=1}^{n} E_i}{\sum\limits_{i=1}^{n} Q_i} \times (1+r) \times (1+t) \qquad (公式13.1)$$

式中:P 是供水价格(元/m³);$\sum\limits_{i=1}^{n} E_i$ 是近年来的供水成本(万元);$\sum\limits_{i=1}^{n} Q_i$ 是近年来的供水量(万立方米);r 是供水利润率;t 是供水各类税金的总税率。

平均成本法计算所需的数据取近年来的供水成本和供水量,利润率按相关政策规定确定,所需的计算数据少,计算方法较为简便,但是其价格的确定具有一定的滞后性,而且并未考虑水资源和环境的成本,其水价不能完全覆盖供水成本,未考虑水资源及环境保护等外部成本。

(2)边际机会成本法

边际机会成本(marginal opportunity cost,MOC)是从经济学角度来度量水资源使用时,应由社会承担的全部成本,包括边际生产成本(marginal production cost,MPC)、边际使用者成本(marginal user cost,MUC)和边际外部成本(marginal external cost,MEC)三种成本。边际生产成本是指为了开发和运营水资源时,所应投入的成本;边际使用者成本是指水资源用于某种用途时,所放弃的可能获取的最大收益,也包括代际补偿成本;边际外部成本是指水资源开发和利用的过程中,弥补对外部环境造成的损失的全部成本。可用如下模型表示:

$$MOC = MPC + MUC + MEC \qquad (公式 13.2)$$

用边际机会成本法确定的水资源价格,不仅能够覆盖供水生产过程的成本和利润,而且还弥补了环境污染和代际的补偿成本,是一种较为全面的定价方法[10]。使用该方法计算水价时,边际生产成本可以依据供水过程中所付出的成本而确定,但是边际使用者成本和边际外部成本计算所需的数据难以获取,而且机会成本难以确定,增加了一定的计算难度。目前,只有少数国家应用此方法。

(3)完全成本法

完全成本法是用于计算水资源从取水、输水、净水、配水、用水、污水处理、排水的整个过程中的全部成本的计算方法,而且还将水资源的稀缺性和水环境保护等因素加入成本中。完全成本水价是用水户使用水资源所应付出的全部成本,是目前应用最广泛的方法[11-18]。其成本由五部分构成,即资源成本、工程成本、环境成本、供水利润和税金,计算模型为:

$$F = R + P + E + I + T \qquad (公式 13.3)$$

式中:F 为全成本水价(元/m³);R 是资源成本(元/m³);P 是工程成本(元/m³);E 是环境成本(元/m³);I 是供水利润(元/m³);T 是供水税金(元/m³)。

资源成本是指未经过水利工程或水力机械等调节处理过的天然水的成本,主要反映了水资源的稀缺程度和前期的开发费用,包括天然水资源费、水资源前期费用、水资源涵养与保护费用、水资源宏观管理费用等;工程成本是水资源从取水到产品水,再进入市场整个过程中付出的全部成本,包括正常供水过程中发生的固定资产折旧、大修费、运行费以及其他按规定应计入的成本;环境成本是指由于水资源的开发利用,水生态环境受到损害,为使水生态环境达到某种水质标准而付出的成本,包括污水处理和保护水环境所花的费用。

采用完全成本法确定水资源的价格,因为完全成本法不仅考虑了供水过程中的全部成本,而且兼顾考虑了水资源的稀缺性和水环境保护应付出的成本,是一种较为完整的定价方法。使用该方法有利于保障供水企业和相关单位收回全部的供水成本,获取合理的利润,能够促进水资源的开发、利用、保护,促进供水行业可持续发展。但是全成本水价相较于现状水价高,在实际应用时应考虑用户的承受能力,保障低收入家庭的用水需求;而且计算资源成本和环境成本的部分数据难以收集,增加了计算难度。

13.2.1.3 水价确定政策

按照我国水价的相关法律、政策等规定,水价应按照补偿成本、合理收益、优质优价、公平负担、节约用水的原则制定,具体如下。

(1)补偿成本。供水成本是核定水价的基础;成本是水价的组成部分,是维持供水企业简单再生产的根本要求。只有成本补偿得适度、足额,才能确保供水企业良性运行。成本概念是补偿成本原则的理论基础,成本补偿概念随着成本概念内涵和外延的变化而相应改变。

(2)合理利润。水价要靠供水企业投资回收,要建立形成"以水养水"良性运行的价格机制和基础产业投融资政策,促进供水行业良性发展。

(3)优水优价。为保证供水企业提供优质、安全、可靠的水产品,对于供水企业提质改造后达到优质优价指标的,实行优质优价政策,将价格调整到补偿成本并能合理盈利的水平。

(4)公平负担。供水关系国计民生,具有很强的基础性和垄断性,实行政府指导价或政府定价。应根据国家的经济政策和用水户的承受能力,按照公平与效率优先的原则,对各类用水户分别核定水价。

(5)节约用水。节水工作不仅涉及全社会各部门各领域,而且具有外部性。水价制定应落实节水优先、保护优先的方针,促进全社会各领域各部门节约用水。

13.2.1.4 水价要素的构成

国内外水价构成要素的分析表明[11-22],水价由水资源费、供水工程成本、污水处理费、利润、税金等五部分构成。

根据我国《水法》第三条,水资源的所有权归国家所有,水资源费是使用水资源应缴纳的费用,其费用应反映水资源的稀缺性以及水资源开发利用的资金投入。对于文本所研究的水源,水库水和河道水的水价应包括水资源费,而污水不再属于自然资源,再生水本质上是对于污水的利用,具有正外部性,因此不再计算其水资源费。

供水成本是指通过具体的或抽象的物化劳动把资源水变成产品水,进入市场所付出的成本,包括正常供水过程中发生的固定资产折旧、大修费、运行费以及其他按规定应计入的成本。

污水处理费是城市污水处理厂集中处理城市污水,向用水户所收取的费用,确保污水处理设施能够正常运行。该费用包括污水处理厂的各项工程成本和运行维护成本等,是我国保护水生态环境、解决水资源短缺的重要手段。

供水利润是供水企业及相关供水单位应获取的合理收益,以便利用这部分利润再做投资,适当发展和壮大规模,促进水资源的开发、利用和保护,使供水行业得到可持续发展。

供水税金是指依照国家税收法规及水价的相关政策规定,可计入水价并由供水企业缴纳的税款。

13.2.1.5　本研究选用的方法

(1)完全成本法水价模型

完全成本法水价模型应包括资源成本、工程成本、环境成本、供水利润和供水税金,若研究区域有 n 类水源,则第 i 类水源的全成本水价模型如下:

$$F_i = R_i + P_i + E_i + I_i + T_i \qquad (公式 13.4)$$

式中:F_i 是第 i 类水源的全成本水价,其单位是元/m³;R_i 是第 i 类水源的资源成本,其单位是元/m³;P_i 是第 i 类水源的工程成本,其单位是元/m³;E_i 是第 i 类水源的环境成本,其单位是元/m³;I_i 是供水利润,按照国家的有关规定执行,其单位是元/m³;T_i 是供水税金,依据国家现行的相关税法规定核定,其单位是元/m³;$i = 1,2,3,\cdots,n$。

资源成本是水资源使用者为获得水资源使用权而支付给水资源所有者的货币额度,其实质是水资源地租的资本化。在实际操作上,资源成本是指未经过水利工程或水力机械等调节处理过的天然水的成本,主要反映了水资源的稀缺程度、前期费用和管理费用,包括天然水资源费、水资源前期费用、水资源涵养与保护费用、水资源宏观管理费用等。归纳总结国内外相关领域的研究成果,水资源成本核算方法总体上分为两种:一是直接取为水资源费,各地水资源费体现了其水资源稀缺性、水资源保护和管理费用,而且能够在一定的程度上反映水源的前期费用和管理费用;二是基于水价最大的承受指数的核定方法,即取居民可支配收入的特定比例数(因水资源禀赋条件、社会经济发展水平等因素影响,而存在较大的差异)作为全成本,扣除工程成本和环境成本后的剩余成本为资源成本。

工程成本是水资源从取水到产品水,再进入市场的整个过程中所付出的具体或抽象的物化劳动产生的全部成本,包括正常供水过程中发生的固定资产折旧费用、大修理费、运行管理费以及其他按规定应计入的成本。固定资产折旧是指将固定资产的取得成本扣除净残值后,合理地按收益项目和使用期限进行分配。大修理费是为保证固定资产在使用年限中正常运行的补偿费用,是产品成本的组成部分。运行管理费包括供水生产过程、水产品经营过程以及各级管理部门的工资及工资附加费、燃料和动力费、维修养护费、管理费等。

环境成本是指水资源的开发利用,造成水生态环境受到损害,为使污水经过处理达到相应的水质标准后排放而付出的成本,包括污水排水成本和污水处理成本。城镇污水通过排水系统进入污水处理厂,处理并达到排放标准后,才能排放进入外环境水体。污水排水成本,包括排水管道的建设、维护费用。污水处理成本包括污水处理设施的固定资产折旧费用、大修理费、运行费以及其他按规定应计入的成本。依据《污水处理费征收使用管理办法》中的第十二条,污水处理费应依照覆盖成本并获得合理利润的原则来制定。环境成本如下式所示:

$$E_i = \frac{E_{ti}}{Q_{ti}}$$ （公式 13.5）

式中:E_i是第i类水源环境成本,其单位是元/m³;E_{ti}是污水处理设施处理第i类水源产生的城镇污水的各项成本之和,其单位是万元;Q_{ti}是第i类水源产生的污水量,其单位是万立方米。

供水利润:供水企业及相关单位应能够获取合理的利润,以便利用这部分利润再做投资,适当发展和壮大规模,促进水资源开发、利用和保护,使供水行业得到可持续发展。利润率r可根据最新发布的《城镇供水价格管理办法》的有关规定确定。供水利润按供水成本乘以利润率r来确定利润I。如下式所示:

$$I_i = (R_i + P_i + E_i) \times r$$ （公式 13.6）

式中:I_i是第i类水源的供水利润,其单位是元/m³;r是供水利润率,根据《城镇供水价格管理办法》确定;其余参数同上。

供水税金:根据《城镇供水价格管理办法》中的第十条规定,供水税金包括所得税、城市维护建设税、教育费附加,根据国家现行税法的相关规定确定。

（2）居民可承受能力水价模型

本研究按照水价支出占居民可支配收入的比例进行计算（需要说明的是该水价为全过程成本水价），水价上限的计算公式如下:

$$W_c = \frac{W_d \times W_p}{Q}$$ （公式 13.7）

式中:W_c是居民生活用水可承受水价的上限（元/m³）;W_d是年人均可支配收入（元）;W_p是水费承受系数,即居民生活水费占可支配收入的百分比;Q是年人均综合用水量（m³），可取该区域年总用水量与总人口数的比值计算得出。

13.2.2　再生水利用属性分析

为提升再生水利用相对于一般公共水厂的竞争优势,有必要从社会水循环的视角分析公共水厂和再生水利用的多重属性,这里从水资源、社会经济和生态环境三个方面开展分析。

从河湖取水的公共水厂供水,通过水源保护工程、水源工程、水厂工程、供水管网工程、用户用水工程、污水收集工程、污水处理工程、尾水排放工程等环节,完成社会水循环全过程。该过程在满足社会经济用水的同时,因水厂从水源工程取水而减少了河湖径流量与径流过程,对河湖生态环境产生不利的影响;同时,该过程达标排放的废污水对生态环境也会产生不利的影响。

从污水处理厂尾水取水的再生水供水,通过水厂工程、供水管网工程、用户用水工程、污水收集工程、污水处理工程等环节（见图 13.1），完成社会水循环的全过程，可以实现全过程闭合循环。该过程在满足社会经济用水的同时，因水厂以污水处理厂尾水为水源，相当于增加了河湖径流量与径流过程，同时也减轻了达标排放的废污水对生态环境的不利影响。

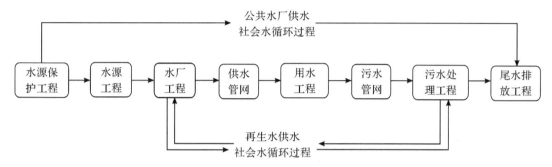

图 13.1　再生水利用与公共水厂供水社会水循环过程的对比

通过上述分析可以看出，再生水供水与一般公共水厂供水具有节约河湖水资源和保护生态环境的属性，该属性即再生水利用的外部性。也就是说再生水利用从本质上具有保障社会经济发展、服务生态环境安全和提升水安全保障能力的多种属性[23-30]，能够在节约水资源、保障社会经济发展、改善生态环境等多维目标上实现有序协同，见图 13.2。对再生水利用属性认识不足、解析不够，导致应该由各级政府承担的外部性成本转移给用水户，是导致再生水利用动力不足的原因之一，没有有效发挥市场机制在再生水利用中的作用。

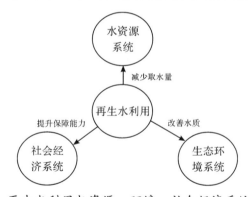

图 13.2　再生水利用与资源—环境—社会经济系统的关系图

13.2.3　再生水定价的总体思路

我国现行水价制度规定，水价制定遵循覆盖成本、合理利润的原则，在成本监审的基础上，按照"准许成本加合理收益"的方法核定水价，相关政策也规定创新资源环境价格机制，实现生态环境成本内部化。鉴于再生水利用的多重属性和正外部性，其准许成本还应包括外部性内部化成本，再生水利用的准许成本不仅仅包括供水环节的成本，而应该考虑由供、用、耗、排构成的社会水循环全过程成本。

再生水利用在保障社会经济用水的同时，因减少废污水排放量而产生保护水生态环境、改善水质作用,而该属性具有公共产品的属性,政府作为公共产品的提供者、生态环境保护者,应该合理分摊再生水利用外部性内部化的相应成本;再生水利用对象也应该按照分类水价制度进行合理分摊,因此,再生水定价问题就演变成再生水利用外部性内部化的水价核定及其在政府和不同用水户中的合理分摊问题。

基于上述分析,本文提出再生水定价思路分为两个环节:首先,按照覆盖成本、合理利润的原则,科学核定覆盖再生水社会水循环全过程成本水价,其成本包括资源成本、工程成本和环境成本,其中:工程成本采用考虑其外部性内部化的社会水循环全过程成本;其次,根据本地区现状执行水价和治水外部性成本,选择适合的方法将再生水全过程成本水价在政府和不同用水户之间进行合理分摊。

再生水利用的多重属性需要利益相关方相互协同、多目标相互协同,其水价核定与分摊是一个典型的合作博弈问题。Shapley 值法是解决合作博弈中利益分配和成本分摊问题的一种有效方法[31,32]。基于 Shapley 值进行联盟成员的利益分配/成本分摊体现了各盟员对联盟总目标的贡献程度,比仅按资源投入价值、资源配置效率及将两者相结合的分配/分摊方式都更具有合理性和公平性,也体现了各盟员相互博弈的过程。本文采用 Shapley 值法解决再生水水价核定与分摊问题。

13.2.4 相关的数学模型

(1)再生水全成本水价模型

按照全成本水价理论,水价由资源成本、工程成本、环境成本、供水利润和供水税金五部分构成。从再生水属性出发,它属于废污水,其资源成本为 0;从再生水社会水循环全过程分析,其工程成本既包括再生水厂、供水管网等供水环节的成本,也包括废污水收集、处理达到排放标准的排水环节成本(即前文的环境成本),但不包括达标排放废污水进入河湖的水生态环境修复成本,即前文所述的外部性内部化成本。因此,再生水全成本水价模型可表达为:

$$F = P_1 \times (1 + \alpha) \times (1 + \beta) + P_2 \times (1 + \alpha) \times (1 + \beta) \quad （公式 13.8）$$

式中:F 为再生水全成本水价(元/m³);P_1 为再生水利用工程准许成本(元/m³);P_2 为再生水外部性内部化成本(元/m³);α 为综合利润率(%);β 为综合税率(%)。

(2)Shapley 值法分摊模型

设 $N = \{1,2,\cdots,n\}$ 是所有参与个体的合集,对于 N 的任一子集 $S(S \subseteq N)$ 都对应一个实值函数 $C(S)$,满足:

$$C(\varphi) = 0 \quad （公式 13.9）$$

$$C(N) \leqslant \sum_{i=1}^{n} C(i) \quad （公式 13.10）$$

则称 $[N,C]$ 为 n 个个体的合作对策,C 是定义在 N 上的特征函数。公式 13.9 表明当集合为空时,即没有任何一个个体参与时,成本为 0;公式 13.10 体现了联合的集体理性,即开展联合后的总成本要小于单独运行的成本之和,否则,各个个体之间就没有必要进行联合。

对于每个参与个体应当在联合的总费用中分摊各自的份额,这里用 $x = \{x_1, \cdots, x_n\}$ 来表示,其中,x_i 表示第 i 个个体承担联合分摊的费用。则此向量应满足以下两个条件:

1) 个体理性原则。主要是指:个体参与合作联盟所分摊的成本不能高于个体单独行动时承担的成本,数学表示为:

$$x_i \leqslant C(i), i \in N \tag{公式 13.11}$$

2) 集体理性原则。主要是指:所有参与个体均能从合作中获得收益,且所有个体分摊成本之和为合作总成本,数学表示为:

$$\sum_{i=1}^{n} x_i = C(N) \tag{公式 13.12}$$

向量 x_i 为单个个体在联合中分摊的成本,所有 x_i 的集合构成了分摊集合。显然,分摊集合中的元素不是唯一的。而在求解联合的成本分摊时,就是要找出一个合理的分摊结果,按照 Shapley 值法,根据各个个体给联合带来的增值来分摊成本,可以得出第 i 个个体应承担共建分摊费用为:

$$x_i = \frac{(|s|-1)!(n-|s|)!}{n!} \sum [C(s) - C(s/i)] \tag{公式 13.13}$$

其中,$|s|$ 表示联合 S 中的个体个数,$C(s) - C(s/i)$ 为个体加入联合 S 后所引起的成本的增加,即第 i 个体对联合的边际成本。再将这种边际成本以一定的概率 $\frac{(|s|-1)!(n-|s|)!}{n!}$ 分给个体 i,即可得到第 i 个个体应承担的成本。

13.2.5　实例应用

义乌市位于我国南方丰水地区,该地区面临水资源供需失衡、水功能区和行政交接断面不能稳定达标等多重压力,为解决该地区的这些问题,地方政府将再生水纳入多水源统一配置,实施分质供水工程,建设了配套完整的再生水利用工程体系。该工程体系设计的再生水利用量为 2320 万立方米,其中:生活用水 533.6 万立方米,工业用水 1786.4 万立方米。这里采用前面所述的全成本水价和 Shapley 值法进行再生水水价核定方法的研究。

(1) 全成本水价核定

再生水厂于 2017 年末投入运行,供水能力为 3 万立方米/d,工程投资费用为 8300 万元,年运行费用为 90 万元。再生水厂是以污水厂尾水为水源。经再生水厂采用双膜水处理工艺处理污水厂达标尾水,生产的高品质再生水是作为生活杂用水和企业印染、电镀等生产用水。再生水利用后产生的废污水经现有污水管网收集、输送至污水处理厂处理后再生回用或达标排放(尾水排放标准为一级 A)。

再生水厂的全过程成本由供水成本和排水成本组成。按照再生水厂的设计方案,该再生水利用工程的再生水厂、配套供水管网和加压泵站等供水环节的工程成本为 4.65 元/m^3;其污水收集、处理等排水环节利用原有管网系统,按照该地区给排水"十三五"规划,其排水环节的工程成本为 4.17 元/m^3。综合考虑权益和债务资本的收益率,综合利润率取为 5%;所得税、城市维护建设税、教育费附加等综合税率取为 2%,则再生水利用全过程成本水价 F_1 为:

$$F_1 = P_1 \times (1+\alpha) \times (1+\beta) = (4.65+4.17) \times (1+5\%) \times (1+2\%) = 9.45 \ \text{元/m}^3。$$

再生水利用外部性内部化成本,这里指污水处理厂将一级 A 尾水排放入河湖后,其水体修复到某种水质标准而付出水环境的防治费,按照再生水利用工程所在地区及附近周边地区水生态修复工程的生产实践案例,污水处理厂尾水排放标准一级 A 或一级 B 排放条件下,水体修复至地表水Ⅳ类水体的成本为 3~5 元/m³,本文取为 4.00 元/m³。利润率取为 5%,所得税、城市维护建设税、教育费附加等综合税率取为 2%,则再生水利用外部性内部化成本 F_2 为:

$$F_2 = P_2 \times (1+\alpha) \times (1+\beta) = 4.0 \times (1+5\%) \times (1+2\%) = 4.28 \ \text{元/m}^3。$$

综上,本再生水利用社会水循环全成本水价为:

$$F = F_1 + F_2 = 9.45 + 4.28 = 13.73 \ \text{元/m}^3$$

(2)再生水全成本水价分摊计算

基于再生水利用属性的特点,这里采用本地区近期新建公共水厂供水社会水循环全过程执行水价或成本作为分摊的基本依据。调查收集再生水利用项目所在地区的公共水厂供水的生活与工业现状执行水价(见表 13.4),根据本地区社会水循环全过程相关部门"十三五""十四五"的规划成果,分析新建公共水厂的供水环节(含水源工程、净水厂、供水管网的建设与运行费用),排水环节(含污水收集管网、污水处理厂的建设与运行费用)以及尾水生态达标排放生态修复环节(含生态修复工程的建设与运行费用)的综合成本的平均值(18.50 元/m³)作为计算依据,扣除现状水价、水源工程建设政策处理费用后,政府分摊成本为 14.27 元/m³,采用 Shapley 值法分别计算各个个体应分摊的水价相应过程性参数,见表 13.4~表 13.7。

表 13.4 公共水厂社会水循环全过程现状水价(成本)的组成

分类	生活水价	工业水价	政府分摊成本
水价(元/m³)	3.15	5.30	14.27
备注	生活第一档水价	工业第一档水价	数据来源本地区相关部门"十三五""十四五"的规划成果

表 13.5 政府分摊水价计算过程表

参与个体	(1)	(1,2)	(1,3)	(1,2,3)
$C(s)$	33106	32820	32146	31859
$C(s/i)$	0	1681	9468	11149
$C(s) - C(s/i)$	33106	31139	22678	20711
$\|s\|$	1	2	2	3
$\dfrac{(\|s\|-1)!\ (n-\|s\|)!}{n!}$	0.33	0.17	0.17	0.33
$\dfrac{(\|s\|-1)!\ (n-\|s\|)!}{n!}[C(s)-C(s/i)]$	11035	5190	3780	6904

注:(1)是指政府;(1,2)是指政府与生活用水户;(1,3)是指政府与工业用水户;(1,2,3)是指政府、生活用水户与工业用水户。

表 13.6　生活用水户分摊水价计算过程表

参与个体	(2)	(1,2)	(2,3)	(1,2,3)
$C(s)$	1681	32820	11149	31859
$C(s/i)$	0	33106	9468	32146
$C(s) - C(s/i)$	1681	-287	1681	-287
$\mid s \mid$	1	2	2	3
$\dfrac{(\mid s \mid -1)! \ (n-\mid s \mid)!}{n!}$	0.33	0.17	0.17	0.33
$\dfrac{(\mid s \mid -1)! \ (n-\mid s \mid)!}{n!}[C(s)-C(s/i)]$	560	-48	280	-96

注:(2)是指生活用水户;(1,2)是指政府与生活用水户;(2,3)是指生活用水户与工业用水户;(1,2, 3)是指政府、生活用水户与工业用水户。

表 13.7　工业用水户分摊水价计算过程表

参与个体	(3)	(1,3)	(2,3)	(1,2,3)
$C(s)$	9468	32146	11149	31859
$C(s/i)$	0	33106	1681	32820
$C(s) - C(s/i)$	9468	-960	9468	-960
$\mid s \mid$	1	2	2	3
$\dfrac{(\mid s \mid -1)! \ (n-\mid s \mid)!}{n!}$	0.33	0.17	0.17	0.33
$\dfrac{(\mid s \mid -1)! \ (n-\mid s \mid)!}{n!}$	3156	-160	1578	-320

注:(3)是指工业用水户;(1,3)是指政府与生活用水户;(2,3)是指生活用水户与工业用水户;(1,2, 3)是指政府、生活用水户与工业用水户。

根据 Shapley 值法和表 13.4～表 13.7,计算各个个体的分摊水价成果,得:

政府分摊水价:$x_1 = (11035 + 5190 + 3780 + 6904)/2320 = 11.60$ 元/t

生活用水户分摊水价:$x_2 = (560 - 48 + 280 - 96)/533.6 = 1.30$ 元/t

工业用水户分摊水价:$x_3 = (3156 - 160 + 1578 - 320)/1786.4 = 2.38$ 元/t

因此,本地区再生水核定水价成果为:生活用水为 1.30 元/m³,工业用水为 2.38 元/m³,政府分摊水价为 11.60 元/m³。

(3)结果讨论

1)从水资源保障能力、水环境改善情况分析,本地区通过再生水利用,不仅增加了 2320 万吨的供水能力,提升了区域水安全保障能力,服务了经济社会高质量发展,而且减少了相应数量的废污水排放,可以有效改善水功能区的水质,促进行政交接断面的水质稳定达标,具有节水减排的双重作用。

2)对于社会水循环过程全成本水价分析,再生水利用全成本水价为 13.73 元/t;建设水源工程 + 公共水厂供水,其全成本水价为 18.50 元/t(在不考虑水源工程建设政策处理费用的情况下），说明推动再生水利用工程可以有效降低全社会供水与治水成本，本案例减少 25.8%。

3）从用水户的受益情况分析，在满足水质安全的情况下，与现状执行水价相比，生活用水的水价减少 1.85 元/t，减少了 58.7%；工业用水水价减少 2.92 元/t，减少了 55.1%；与建设水源工程 + 公共水厂供水相比，政府分摊水价减少 2.67 元/t，减少了 18.7%。这充分调动了各类用水户的再生水利用动力。

（4）结论

1）基于再生水利用的多重属性，针对再生水利用外部性的定价方法问题，采用以再生水社会水循环全过程为对象，按照补偿成本、合理利润的原则核定其全过程成本水价，再根据区域现状执行水价，采用 Shapley 值法将全成本水价在政府和不同用水户之间进行合理分摊的定价方法，能够有效协调再生水利用中多主体成本分摊和多目标协同问题，这是一种有效方法。

2）采用上述方法来确定的政府和不同用水户的分摊水价明显小于其现状的执行水价，可以有效提升各个参与主体对再生水利用的积极性和主动性。

3）Shapley 值法作为一种合作博弈模型已经在成本或利益分配问题中得到了广泛应用，该方法在水价分摊中与执行现状水价关系密切，现状执行水价越高，分摊占比越大。

13.3 多水源统一核定水价方法的研究

13.3.1 研究背景

当前水价制定以单类型供用水系统为对象，以成本核算为基础，在再生水尚无定价方法的现状下，将再生水纳入多水源统一配置后，目前的定价机制亟待改进与完善。一是要从全过程成本的角度，考虑各类供水水源工程，包括再生水的外部性成本；二是要协同政府、供水企业和用水户利益方，使得各种水源的定价能够协商联动；三是在不同水源和用水户之间达到供需选择均衡，同时提升各方的节水和污水再生利用动力，能够推进分质供水、多水源各尽其用。

13.3.2 水价均衡概念及内涵

水价均衡是指为推进分质供水和再生水利用，实现优质优价、低质低价，发挥水价机制在多水源配置中的调节作用，针对多水源多用户复杂水资源系统，基于相关的政策，通过科学方法形成的具有合理比价关系的价格体系。其中：

（1）优质是指某种水产品或服务的质量优于其他同类水产品或服务。表现在两个维度上：一是使用价值上的"优质"，优质水产品比一般水产品花费了更多的时间、更高的社会劳动、更多的材料、更高的科技含量，或者因稀缺性具有更高的价值等；二是主观效用方面，优质水产品能够比同类其他水的一般产品更好地满足消费者的需求，带来更高的效用(即用水户使用时感知到的满足程度)。

(2)优价是指某水产品与其他同类产品的价差能合理地反映用水户对它们质量的差别支付意愿。这部分价差是由市场形成的,既能补偿水产品生产者对稀缺性优质水产品的高成本投入,又能体现用水户对水产品高使用价值和效用的感知,还能够调节和反映供求关系。

(3)多水源配置是指发挥水价在推动节水和再生水利用上的调控作用,要基于一定的水资源配置方案。在不同的多水源配置方案中,相应的成本和价格体系也会明显不同。这是因为多水源的数量及其稀缺性,既影响配置方案,也影响相应的价格体系。

(4)合理比价关系是指以推进城乡生活节水和再生水利用,实现优质优价、低质低价,发挥水价机制在多水源配置中的调节作用,能够推动多水源各尽其用的水价比例关系。该比价关系的合理性体现在:要推动多水源配置方案的落实,用水户有支付意愿,各类用水户的正常用水需求得到满足。

13.3.3　多水源均衡水价理论

纳入再生水统一配置后,形成由水资源—社会经济—生态环境子系统构成的、具有多维协同性的复杂水资源系统,见图 13.3 所示。该系统统筹水资源可持续发展、社会经济发展、生态环境安全 3 个维度的多个目标。与一般水资源系统相比,该系统具有以下特征:

(1)系统性和协同性。在水资源、社会经济、生态环境 3 个维度目标实现上系统治理、协同发力,表现为通过多水源系统统一配置与调度运行,实现水安全保障和水生态环境安全的多重目标,因此,在水价形成机制上也要加强系统性和协同性。

(2)外部性和公共性。纳入再生水利用后,多水源供水系统与一般供水系统的主要区别是再生水利用本身的公共产品属性及其产生的正外部性。

(3)水价均衡理论体系的框架。为解决再生水纳入多水源配置的水价形成机制的问题,基于前述水价均衡概念与内涵,基于相关经济学理论和水资源学理论,针对政府、企业、用水户三类利益相关方,构建多属性多水源水价均衡理论框架,见图 13.4。

在该理论体系框架中:

1)利益相关方包括地方政府、供水企业(一个或多个)、用水户(多类多个)。它们各自的目标分别为:

- 地方政府:通过多水源合理配置来保障水安全,因再生水利用的公共产品属性和正外部性而合理分摊公共产品的责任。

- 供水企业(多个)——按照政府部门明确的水资源配置目标来保障供水能力,基于劳动价值论、地租论、全成本理论等,确定供给侧分类水价,实现优质优价、低质低价。

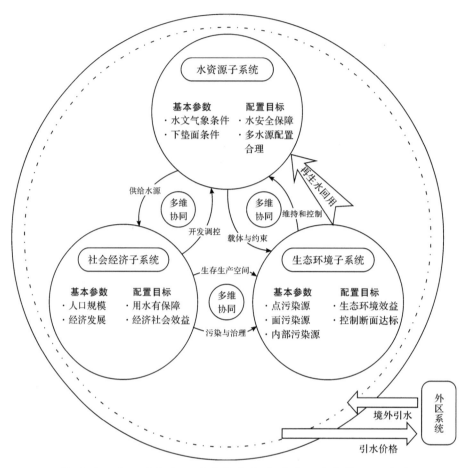

图 13.3 纳入再生水配置的复杂水资源系统的多维协同关系

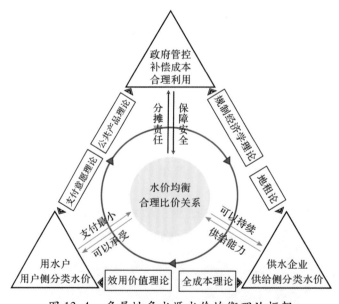

图 13.4 多属性多水源水价均衡理论框架

- 用水户(多类多个)——基于效用价值理论、支付意愿理论等,合理确定用户侧分类水价,满足用水需求,支付最小。

2)为克服现状单水源供水水价核定与核准的局限性,统筹考虑多水源统一配置后水价制定的系统性和协同性,将区域多种水源供水工程作为一个整体,基于特定的水资源配置目标和方案,遵循补偿成本、合理利润的原则,确定区域综合水价;再以此为依据,根据多水源稀缺性和公众支付意愿,合理确定供比价关系的策略。

3)在分析多水源比价关系策略时,基于劳动价值论、地租论、公众支付意愿等原理确定多水源多用户的合理比价关系,实现优质优价、低质低价。同时,对于再生水利用的外部性和公共性,其成本也应该在政府和用水户之间进行合理分摊。

13.3.4　基于博弈技术的多水源均衡水价求解方法

按照前述多属性多水源水价均衡理论,再生水纳入多水源配置的水价形成机制的利益相关方包括:地方政府、供水企业(多个)、用水户(多类多个),主体众多且目标各异;多水源的水量、水质对多类用水户的支付意愿有显著的影响,用水户支付意愿的现有工具和方法难以准确量化,因此,本研究采用合作博弈技术对多属性多水源水价均衡问题进行求解。

13.3.4.1　多属性多水源水价均衡合作博弈的模型

(1)参与人

A.地方政府。

B.供水企业:不同水源的供水企业,有多个主体。

C.用水户:不同类型的用水户,可以简化为:居民用水、非居民用水和特种用水,政府作为全过程成本水价公共产品的承担主体,也纳入用水户管理。

(2)水价策略

针对 M 类水源 N 类用水户的水价策略为 x_{ij},即

$$x_{ij} = \begin{bmatrix} x_{11} & x_{12} & \cdots \\ x_{21} & x_{22} & \cdots \\ \cdots & \cdots & \cdots \\ x_{M1} & x_{M2} & \cdots \end{bmatrix}, i = 1,\cdots,M, j = 1,\cdots,N \qquad (公式 13.14)$$

其中: x_{iN} 为政府分摊水价;居民生活水价受可支配收入约束。

(3)支付函数

A.地方政府:作为全过程成本水价公共产品的承担主体,其分摊水价应不大于未纳入再生水、实施均衡水价时的承担水价 x_{iN}^0。即:

$$x_{iN} \leq x_{iN}^0 \qquad (公式 13.15)$$

B.供水企业:水价策略能够实现各供水企业遵循补偿成本、合理利润原则确定的全过程水价(包括供水成本、排水成本和外环境修复成本三部分)。即:

$$\sum_{i=1}^{M} \sum_{j=1}^{N} X_{ij} \times W_{ij} \geqslant \sum_{i=1}^{M} X_i^0 \qquad \text{(公式 13.16)}$$

式中：W_{ij} 为第 i 类水源 j 类用水户的用水量；X_i^0 为第 i 类水源的全过程成本水价。

C. 用水户：水价策略下的各类用水户支付总额度 F 最小，计算模型为：

$$F = \min \sum_{i=1}^{M} \sum_{j=1}^{N} x_{ij} \times W_{ij} \qquad \text{(公式 13.17)}$$

（4）效用函数

A. 地方政府：实现再生水纳入多水源统一配置的预定目标，即各类水源用水量近似等于配置方案的配置水量 W_i^0。判别模型为：

$$\sum_{j=1}^{N} W_{ij} \approx W_i^0 \qquad \text{(公式 13.18)}$$

B. 供水企业：对于给出的水价策略，供水企业的供水水量有保障，供水水质满足需求。即：第 i 类水源供水企业的供水能力 W_i^* 不小于其相应的配制水量，第 i 类水源供水企业的供水水质 λ_i^* 满足用水户水质目标 λ_i^0 的要求。判别模型为：

$$W_i^* \geqslant W_i^0, \lambda_i^* \geqslant \lambda_i^0 \qquad \text{(公式 13.19)}$$

C. 用水户：配置水量和水质满足各类用水户的需求。模型同供水企业。

（5）水价策略调整方案

每一轮博弈后，水价策略调整方案见表 13.8。

表 13.8　均衡水价方案调整策略

利益相关方	支付函数判别条件	效用函数判别条件	调整策略
地方政府	政府分摊水价不高于未纳入再生水前的水平	多水源配置合理，保障水安全	提高或降低水价，调整比价关系
供水企业	保本微利	供水能力充分利用	
用水户	除优质水外，其他水源支付水价不高于未纳入再生水前的水平。用水户支付总额最小	水量、水质满足需要	

（6）最优水价策略

所有参与人经过多轮博弈，效用函数满足、支付函数最佳的水价组合策略即为本研究的均衡水价策略 X_{ij}^*。

13.4.1.2　模型求解的方法

对于上述模型，采用软件编程，进行求解。

第一，给出一类供水企业的水价策略，假定现状同一水源的不同类型用水分类比价关系不变，可获得全过程成本水价策略。

第二，分析计算各类用水户的用水选择方案。根据判别标准，确定各类用水户的用水选择方案，计算其用水量。

第三，根据水价策略和用水量方案，分别计算政府、供水企业、用水户效用函数、支付函数。其中，政府关注两项指标：一是用水户对用水水源的选择是否与配置目标基本一致;二是分摊水价是否比不利用再生水时的多。企业关注两项指标:一是能力是否充分发挥;二是水价是否实现保本微利。用水户的目标也有两个:一是是否有合适的水可用;二是是否支付最小。

经过多轮博弈,可以获得经多轮博弈而达到均衡状态的比价关系。模型求解流程框图见 13.5。

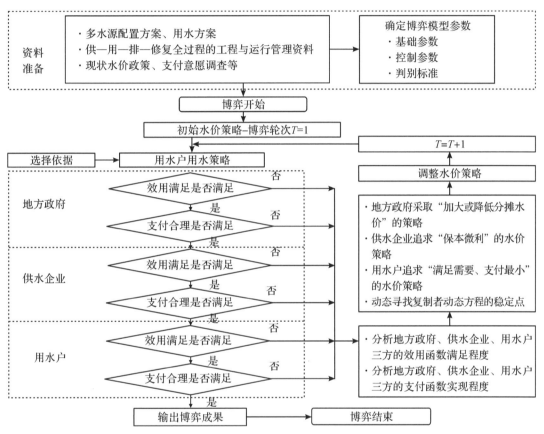

图 13.5 多水源均衡水价体系合作博弈模型的求解流程图

应用该方法,对义乌水库水、河道水、再生水多水源进行了均衡水价计算。

13.3.5 实例应用

13.3.5.1 义乌市单水源全成本水价核算

(1)义乌市现状水价

义乌市供水水源包括水库水、河道水和再生水三种,各类水源实行分类水价,依据用水类型分为居民用水、非居民用水和特种用水三类,非居民用水根据不同的需求还会进一步细分。根据网络搜索和实地调研,义乌市现行水价见表 13.9。

表 13.9　义乌市现行水价政策

水源分类	用水分类	义乌市水价（单位：元/m³）	
水库水	居民用水	第一阶梯 0～192m³	3.15
		第二阶梯 192～300m³	4.25
		第三阶梯 300m³ 以上	7.55
	非居民用水	一般工业企业	5.30
		高污染工业企业	6.10
		非工业企业	5.30
	特种用水		7.50
河道水	居民用水		2.65
	非居民用水	日用水量 1000m³ 以下	4.30
		日用水量 1000m³（含）以上	3.80
再生水	居民用水		2.65
	非居民用水	日用水量 1000m³ 以下	4.30
		日用水量 1000m³（含）以上	3.80

（2）基于完全成本法的义乌市水价核算

1）完全成本法核算基准和相关参数的取值

①计算基准年：水价计算基准年取 2020 年。

②社会折现率：水价成本核算应考虑资金的时间价值，即社会折现率。本研究中，社会折现率取 8%，该数值来自《建设项目经济评价方法与参数》。水价计算基准年的固定资产值应根据社会折现率重新估算，所以，计算基准年的固定资产重估值可按下式计算：

$$K_e = K \times (1 + s)^b \qquad (公式 13.20)$$

式中：K_e 是计算基准年的固定资产重估值，其单位是万元；K 是固定资产原值，其单位是万元；s 是社会折现率；b 是自固定资产建成年份起到计算基准年的总年份数，其单位是年。

③供水量：各类水源及供水工程的供水量按照设计供水规模分析计算其单位供水成本。

④水库工程：由于义乌市水库的建设年代较为久远，且经过多轮除险加固等原因，难以获得系统、完整的工程投资资料，本研究采用替代成本法进行水库工程成本估算，本研究分别采用收集到的八都水库成本核算成果和《浙江省水利发展"十三五"规划》中新建供水水库工程投资成果作为义乌市水库工程投资估算的依据。

⑤固定资产折旧费：由于水库、水厂及相应管网等供水工程的详细数据难以获取，为方便计算，本研究认为建设投资全部形成固定资产。固定资产折旧费的计算采用直线折旧法，那么水价计算基准年的固定资产折旧费可按下式计算：

$$d = \frac{K_e \times (1 - r)}{y} \qquad (公式 13.21)$$

式中：d 是水价计算基准年的固定资产折旧费，其单位是万元；r 是固定资产折旧年限末的残值率；y 是固定资产折旧年限，其单位是年。

根据《水利建设项目经济评价规范(SL72—2013)》的规定,水库折旧年限取 50 年,管网折旧年限取 40 年;根据《市政公用设施建设项目经济评价办法与参数》的有关规定,水厂折旧年限取 20 年;固定资产残值率取 3%。

⑥大修费:水库及其管网的大修费可根据《水利建设项目经济评价规范(SL72—2013)》的有关规定,取近期新建设工程的固定资产原值或固定资产重估值的 1%;水厂的大修费可根据《市政公用设施建设项目经济评价办法与参数》的有关规定,取近期新建设水厂的固定资产原值或固定资产重估值的 2.0%~2.5%,本研究取 2%。

⑦运行费:输水管网工程运行费可根据《水利建设项目经济评价规范(SL72—2013)》的有关规定,取近期新建设工程的固定资产原值或固定资产重估值的 2.0%~3.5%,本研究取 2%;泵站工程运行费可取固定资产原值或固定资产重估值的 2.5%~3.0%,本研究取 2.5%。

⑧其他费用:可根据《水利建设项目经济评价规范(SL72—2013)》和《市政公用设施建设项目经济评价办法与参数》的有关规定,取大修费和运行费之和的 10%。

2)水价研究基础资料

本研究将义乌市分质供水系统依据水源的不同而分为三类,分别是水库水、河道水和再生水。各水源的水价研究的基础资料如下。

①水库水的基础资料。

义乌市的水库水由两类水源组成,一是义乌市内水库的蓄水,二是义乌市域外水库的引水。由于义乌市是隶属金华市下的县级市,从同样隶属金华市下的东阳市和浦江县的水库引水,为了便于统计与计算,本研究将义乌市域外水库的引水也算入水库水的范畴内。

义乌市的水库工程众多,本研究选取了 6 座主要的中型水库,分别是八都水库、巧溪水库、柏峰水库、枫坑水库、岩口水库、长堰水库。这 6 座中型水库是义乌市的主要优质水的水源工程。其兴利库容、供水能力和现状执行的原水水价见表 13.10,因各水库建设年代较为久远,难以获得系统、完整的工程投资资料。

义乌市域外水库引水工程包括义乌—东阳引水工程和义乌—浦江引水工程。义乌—东阳引水工程是义乌市从东阳市横锦水库引水,自 2004 年起,每年引水 5000 万立方米,2019 年起在原 5000 万立方米的基础上再增加 3000 万立方米,目前,横锦水库每年可提供 8000 万立方米的水库水作为原水供给义乌市。义乌—浦江引水工程是义乌市从浦江县通济桥水厂引水,通济桥水厂将通济桥水库的水库水作为原水,将经过水厂处理后的成品水通过输水管道输送到义乌市,可供直接使用。自 2019 年起,每年引水 1000 万立方米。义乌市域外两饮水工程的引水量、水权价格、工程投资和购水价格见表 13.11。其中,工程投资为从水源到水厂的管网工程投资,购水价格为义乌市购买原水或成品水的价格,不包括管网的建设投资和运行维护费用。

表 13.10 义乌市水库工程基本情况表

序号	水源工程	兴利库容(万立方米)	供水能力(万立方米)	原水水价(元/m³)
1	八都水库	2862	2519	0.325
2	巧溪水库	2856	1935	0.325
3	柏峰水库	1995	1241	0.325
4	枫坑水库	1446	1278	0.325
5	岩口水库	2641	2519	0.28
6	长堰水库	899	694	0.28

表 13.11 义乌市域外引水工程引水量及水价情况表

序号	水源工程	引水量(万立方米)	购买水权价格(亿元)	引水管网工程投资(亿元)	水价(元/m³)
1	义乌—东阳引水工程	5000	2(2004年)	2.50(2004年工程投资费用)	0.085(原水水价)
		3000	15(2019年)		0
2	义乌—浦江引水工程	1000	0	0.86(2019年工程投资费用)	2.48(成品水价,含0.2元/m³水资源费)

水库原水通过义乌8座主要的自来水厂过滤、净化、消毒等工艺处理后,进入义乌市优质水供水管网。各水厂的供水能力和供水成本见表13.12。水厂供水成本由水资源费、原水水价、制水成本、输配成本、期间费用、主营业务税金和附加等部分构成,其中:水资源费为0.20元/m³。

表 13.12 义乌市自来水厂情况表

序号	自来水厂	日供水能力(万立方米)	供水成本(元/m³)
1	义驾山水厂	15	2.30
2	城北水厂	15	2.30
3	佛堂水厂	6	1.92
4	赤岸水厂	5	1.92
5	廿三里水厂	2	2.04
6	苏溪水厂	5	2.04
7	大陈水厂	1	2.04
8	上溪水厂	5	2.04

②河道水的基础资料

义乌市河道水通过相关的抽水泵站抽取市内河道水输送至工业水厂,通过工业水厂沉淀、曝气、过滤等工艺处理后,用于不同行业的用水需求。根据《义乌市分质供水专项规划》的建设投资估算,义乌市工业水厂设计供水能力和工程投资(均为2020年工程投资估算值)见表13.13,其中,配套管网工程互联互通,统一核算。截至目前,苏福水厂、义驾山生态水厂均已部分建成并投入生产工作,两水厂后续逐步扩建以扩大生产规模,而双江工业水厂仍在建设中。

表 13.13　义乌市工业水厂及其配套管网工程情况表

序号	工程名称	设计供水能力(万立方米/d)	工程投资费用(万元)
1	苏福水厂	10	22000
2	双江工业水厂	20	38000
3	义驾山生态水厂	5	5000
4	中途加压泵站	—	2000
5	配套管网工程	—	83000

通过实地调研,目前已建成的苏福水厂和义驾山工业水厂的设计供水能力、工程成本核算成果见表 13.14。

表 13.14　苏福和义驾山工业水厂设计供水能力工程成本核算成果表

序号	供水工程	设计供水能力(万立方米)	工程投资费用(万元)	年运行费用(万元)
1	苏福水厂	10	13959(2020 年)	901.8
2	义驾山工业水厂	5	2495(2020 年)	351

③再生水的基础资料

义乌市再生水以中心污水厂的达标尾水作为原水,通过输水管道将原水输送至再生水厂进行深度处理从而产出高品质的再生水。稠江工业水厂于 2017 年 12 月投入运行,后续会根据用水需求逐步扩建以扩大生产规模。由于稠江工业水厂采用较为先进的双膜水处理工艺,出水的水质优良,品质较高,可用于居民生活杂用、企业印染、电镀等用水,其设计供水能力、工程成本核算成果见表 13.15。

表 13.15　稠江工业水厂设计供水能力、工程投资费用、运行费用表

序号	再生水厂	设计供水能力(万立方米)	工程投资费用(万元)	年运行费用(万元)
1	稠江工业水厂	3	8300(2017 年)	90

3)资源成本核算

这里将资源成本取为水资源费。根据《浙江省物价局　浙江省财政厅　浙江省水利厅关于调整我省水资源费分类和征收标准的通知》(浙价资〔2014〕207 号),浙江省地表水的水资源费为 0.2 元/m³。所以,义乌市水库水和河道水的资源成本均取 0.2 元/m³;由于再生水是对污水处理厂的达标尾水的再生利用,不再计算其资源成本。

4)工程成本核算

①水库水的工程成本

先计算水库水的工程成本。义乌市内各水库工程相关数据难以收集,本研究采取两种方法来对其工程投资进行估算:一是以调研得到的八都水库及其管网的工程建设投资为基础,对其他水库及管网工程按供水能力估算得到相应的工程建设投资;二是以《浙江省水利发展"十三五"规划》中新建水库及其管网的工程投资为基准,依据义乌市各水库供水能力估算其工程投资。本研究将这两种计算方法分别称为方法 1 和方法 2。

根据调研与资料收集,在考虑资金的时间价值的情况下,计算基准年(2020年)的水库水进入水厂前的工程成本见表13.16。

表13.16 折算到2020年(基准年)水库水进入水厂前的工程成本组成计算表

序号	工程类型	固定资产重估值(万元)	每年水权费(万元)	固定资产折旧(万元)	大修费(万元)	运行费(万元)	其他费用(万元)	水厂之前工程成本(元/m³)	备注
1	义乌市各水库工程	443100	—	8596	88.62	5975	606.35	1.50	方法1
		500200	—	9704	100.04	5093	519.30	1.51	方法2
2	义乌—东阳引水工程	85648	4610	2077	21.41	1713	173.44	1.13	
3	义乌—浦江引水工程	9288	—	225.23	2.32	67.4	6.97	0.30	

由上表可以看出,采用方法1和方法2得出的水库水进入水厂之前的工程成本相差较小,而且调研得到的八都水库及其引水管网的相关数据更能体现真实成本,以下为采用方法1的研究成果。

义乌市各水库和义乌—东阳引水工程的原水进入义乌市自来水厂生产,其工程成本根据表4.3取均值(2.16元/m³)再减去水资源费(0.2元/m³)和原水价格(0.31元/m³,取各水库原水价格均值),计算得出1.65元/m³。义乌—浦江引水工程的工程成本取表4.2中的购水价格(2.48元/m³)再减去水资源费(0.2元/m³)计算得出。将不同供水工程成本和供水能力通过加权平均来确定水库水的综合工程成本,见表13.17。

表13.17 水库水综合工程成本计算表

序号	供水工程	供水能力(万立方米)	水厂之前工程成本(元/m³)	水厂及管网工程成本(元/m³)	供水工程成本(元/m³)	水库水综合工程成本(元/m³)
1	义乌市各水库工程	10186	1.50		3.15	
2	义乌—东阳引水工程	8000	1.13	1.65	2.78	2.97
3	义乌—浦江引水工程	1000	0.30	2.28	2.58	

②河道水的工程成本

义乌市的河道水是通过提水工程提取的义乌江水,其被输送至苏福水厂和义驾山生态水厂,两座工业水厂已部分建成并投入运行,两供水工程均包括配套管网工程和加压泵站等工程设施。根据调研,义乌市两座已运行的工业水厂工程成本见表13.18,河道水的综合工程成本依据设计供水能力和工程成本加权平均计算得出。

表13.18 义乌市工业水厂工程成本表

序号	工业水厂	设计供水能力(万立方米/d)	工程成本(元/m³)	综合工程成本(元/m³)
1	苏福工业水厂	10	3.34	3.69
2	义驾山工业水厂	5	4.39	

③再生水的工程成本

义乌市的再生水将中心污水厂的达标尾水作为原水,被输送至稠江工业水厂生产高品质的再生水。稠江工业水厂于 2017 年 12 月投入运行,该工程包括配套管网工程和加压泵站等工程设施。通过实地调研,稠江工业水厂的设计供水能力为 3 万立方米/d,工程成本为 4.65 元/m³。

5)环境成本核算

按照完全成本法水价模型,因义乌市缺少完整有效的数据,本处成本核算采用调查统计法。其中,污水收集、处理环节成本采用义乌市的数据成果,每吨水 4.16 元/t;尾水排放修复成本采用浙江省调查统计的平均值,每吨水为 4.0 元/t。

6)供水利润核算

供水利润可按资源成本、工程成本和环境成本之和乘以利润率来确定。根据《城镇供水价格管理办法》,利润率 r 即准许收益率的计算方法是:准许收益率 = 权益资本收益率×(1−资产负债率)+债务资本收益率×资产负债率。

权益资本收益率取前一年国家 10 年期国债平均收益率加不超过 4 个百分点来确定,债务资本收益率取前一年贷款市场报价利率来确定;资产负债率取前 3 年企业实际资产负债率的平均值来确定。通过查询资料与计算,权益资本收益率可取 3.16% 至 7.16% 之间,债务资本收益率可取 3.85%,但是供水企业的资产负债率数据难以收集,参考相关的研究,本研究供水企业的资产负债率取 50%。

经过计算,供水利润率可取 3.51% 至 5.51% 之间,为方便计算,本研究供水利润率取 5%。根据上述三项成本及利润率计算各水源的供水利润,见表 13.19。

表 13.19　各水源的供水利润计算表

序号	水源类型	资源成本 (元/m³)	工程成本 (元/m³)	环境成本 (元/m³)	供水 利润率	供水利润 (元/m³)	备注
1	水库水	0.2	2.97	8.16	5%	0.57	资源成本方案1
2	河道水	0.2	3.69	8.16	5%	0.60	
3	再生水	—	4.65	4.16	5%	0.44	
4	水库水	1.72	2.97	8.16	5%	0.64	资源成本方案2
5	河道水	1.72	3.69	8.16	5%	0.68	
6	再生水	—	4.65	4.16	5%	0.44	

7)税金核算

供水税金包括所得税、城市维护建设税、教育费附加。所得税的应纳税额应按照企业的应纳税所得额乘以税率,其税率为 25%;城市维护建设税的应纳税额按照纳税人依法实际缴纳的增值税为计税依据,乘以适用税率来计算,义乌市属县级市,其税率为 5%;教育费附加以各单位和个人实际缴纳的增值税的税额为计征依据,教育费附加率为应缴纳增值税的 3%,地方教育附加为应交增值税的 2%。根据上述三项成本及利润计算各水源的税金,见表 13.20,其中,附加税是城市维护建设税、教育费附加和地方教育附加三项相加。

表 13.20　各水源的税金计算表

序号	水源类型	所得税(元/m³)	附加税(元/m³)	税金(元/m³)	备注
1	水库水	0.15	0.10	0.25	资源成本方案1
2	河道水	0.15	0.13	0.28	
3	再生水	0.18	0.15	0.33	
4	水库水	0.17	0.12	0.29	资源成本方案2
5	河道水	0.18	0.12	0.30	
6	再生水	0.12	0.08	0.20	

8)完全成本水价核算

将上述计算各水源的资源成本、工程成本、环境成本、供水利润和税金统一整理,可得到各水源的全成本水价,见表 13.21。

表 13.21　各水源全成本水价结果

分类	水库水	全成本(元/m³)	供水利润(元/m³)	税金(元/m³)	全成本水价(元/m³)	备注
1	河道水	11.33	0.57	0.25	12.15	资源成本方案1
2	再生水	12.05	0.60	0.28	12.93	
3	水库水	8.81	0.44	0.20	9.45	
4	河道水	12.85	0.64	0.29	13.78	资源成本方案2
5	再生水	13.57	0.68	0.30	14.55	
6	水库水	8.81	0.44	0.20	9.45	

13.3.5.2　义乌市均衡水价体系计算

(1)基础情况

义乌市位于中国东南部地区,因人口和经济要素高度密集,面临着水供需失衡和水生态环境问题。为解决这些问题,该市已经建设完成由水库优质水、河道一般水和污水处理厂尾水为水源的三个层次的分质供水体系,由于建设时间、供水规模、水源水质等影响因素导致供水价格失衡,急需建立完善的均衡水价体系。该市的多水源配置方案、现状执行供水水价和社会水循环全过程成本水价构成,分别见表 13.22、表 13.23 和表 13.24 所示。

表 13.22　义乌市多水源配置方案表

序号	供水端		用户端		
	水源类型	供水量(万立方米)	用水分类	用水量(万立方米)	备注
1	水库优质水	8796	居民用水	6528	再生水不超过534万立方米
2	河道一般水	8582	非居民用水	12512	
3	再生水	2320	特种用水	658	
	合计	19698		19698	

表 13.23　义乌市现状执行水价表

分类	居民生活用水			非居民生活用水			特种行业
	第一档	第二档	第三档	第一档	第二档	第三档	
水价(元/m³)	3.15	4.25	7.55	5.3	7.95	10.6	7.5

表 13.24　义乌市社会水循环全过程成本水价构成表

序号	水源	水价组成与取值(元/m³)			备注
		资源水价	供水环节工程水价	排水与外环境修复环节工程水价	
1	水库水	0.20	3.18	8.75	再生水资源水价和
2	河道水	0.20	3.96	8.76	外环境修复成本相
3	再生水	—	5.06	4.52	应水价为0

（2）公众支付意愿判别标准

利用互联网通过各专业网站和政府网站等查询国内外 50 个城市和地区的水价资料,用于代表不同水源的社会公众支付意愿。结果表明:河道水价平均比水库水价优惠 30%,再生水价平均比水库水价优惠 50%。也就是说在多水源分质供水且满足要求的情况下,公众支付意愿判别标准如下。

当河道水水价是水库水价的 70% 时,用水户可以选择两类水源中的任何一种;当河道水价高于水库水价的 70% 时,用水户优先选择水库水;河道水价低于水库水价的 70% 时,用水户优先选择河道水。

当再生水水价是水库水价的 50% 时,用水户可以选择两类水源中的任何一种;当再生水水价高于水库水价的 50% 时,用水户优先选择水库水;当再生水水价低于水库水价的 50% 时,用水户优先选择再生水。

当河道水水价是再生水水价的 1.4 倍时,用水户可以选择两类水源中的任何一种;当河道水水价高于再生水水价的 1.4 倍时,用水户优先选择再生水;当河道水水价低于再生水水价的 1.4 倍时,用水户优先选择河道水。

（3）模型效用与支付目标

博弈目标包括效用目标和支付目标两个方面。

第一,为地方政府层面,通过比较博弈水价策略与不同水源水质的社会支付意愿,计算政府效用函数。

效用函数 1:义乌市多水源配置方案配置水量的实现程度。

即在用水总量为 19698 万立方米的情况下,水库水、河道水和再生水用水量分别达到 8796 万立方米、8582 万立方米、2320 万立方米。

效用函数 2:政府分摊水价是否超过合理分摊的标准。关于合理标准,这里取现状全过程成本水价,即:在未纳入再生水的情况下,政府分摊水价占全过程成本水价的比例为 $C_{政府} = \dfrac{8.75 - 0.95}{0.2 + 3.18 + 8.75} = 64.3\%$。

第二,为供水企业层面,通过比较博弈水价策略与不同水源水质的社会支付意愿,计算供水企业的效用函数。

目标1：供水水量有保障，供水水质满足需求（在成本中已经体现）。即水库水、河道水和再生水供水能力不低于8796万立方米、8582万立方米、2320万立方米。

目标2：供水企业收益计算公式为（注意：政府作为公共用水户分摊公共产品部分水价）：

$$\sum_{i=1}^{M}\sum_{j=1}^{N}X_{ij}\times W_{ij}\Big/\sum_{i=1}^{M}\sum_{j=1}^{N}W_{ij}=\sum_{i=1}^{3}\sum_{j=1}^{4}X_{ij}\times W_{ij}\Big/\sum_{i=1}^{3}\sum_{j=1}^{4}W_{ij} \quad （公式13.22）$$

第三，为用水户层面，通过比较博弈水价策略与不同水源水质的社会支付意愿，计算用水户的效用函数。

目标1：各类用水户的不同水源用水量满足配置要求。即水库水、河道水和再生水供水能力不低于8796万立方米、8582万立方米、2320万立方米。

目标2：在各类用水户支付总额度F最小的情况下，计算模型为：

$$F=\min\sum_{i=1}^{M}\sum_{j=1}^{N}x_{ij}\times W_{ij} \quad （公式13.23）$$

（4）求解过程

每一轮的博弈过程为：

第一，给出一组供水端水价策略，假定同一水源不同类型用水分类比价关系不变（现状——生活用水：非生活用水：特种用水＝1：1.64：2.64），可获得全过程成本水价策略。

第二，分析计算各类用水户的用水选择方案。根据前述公众意愿判别标准，确定各类用水户的用水选择方案，计算其用水量。

第三，根据水价策略和用水量方案，分别计算政府、供水企业、用水户的效用函数、支付函数。其中：

政府关注两项指标：一是用水户用水水源的选择是否与配置目标基本一致？二是分摊水价是否超过现状比例？

企业关注两项指标：一是能力是否充分发挥？二是水价是否实现保本微利？

用水户目标也有两个：一是是否有合适水可选用？二是支付是否最小（其中：政府作为用水户在政府关注指标部分的内容里）？

第四，输出上述计算的每一轮结果。

经过多轮博弈，可以获得经过多轮博弈后达到均衡状态的比价关系。根据各博弈轮次水价策略（见表13.25）、用水户选择策略，以及相应的多水源配置水量、剩余水量、供水企业收益和用水户支付总额分别见表13.26和表13.27。绘制不同博弈轮次政府、供水企业、用水户的效应函数和支付函数曲线，见图13.6～图13.8。

表 13.25　不同博弈轮次水价策略

博弈轮次	供给侧水价		用户侧水价 (元/m³)			
	(水源端) (元/m³)		居民用水	非居民用水	特种用水	政府分摊
第一轮	水库水	12	1.48	2.42	3.90	4.2
	河道水	12	1.48	2.42	3.90	4.2
	再生水	12	1.48	2.42	3.90	4.2
第二轮	水库水	16	1.88	3.08	4.96	6.08
	河道水	12	1.41	2.31	2.96	4.56
	再生水	12	1.41	2.31	3.72	4.56
第三轮	水库水	16	1.97	3.23	5.20	5.6
	河道水	12	1.48	2.42	3.20	4.2
	再生水	8	0.98	1.62	2.60	2.8
……	……	……	……	……	……	……
第 $n-1$ 轮	水库水	22	2.58	4.24	6.82	8.36
	河道水	16	1.88	3.08	3.82	6.08
	再生水	12	1.41	2.31	3.72	4.56
第 n 轮	水库水	29.4	3.74	6.14	9.88	9.64
	河道水	20.6	2.62	4.30	5.47	6.75
	再生水	14.7	1.87	3.06	4.93	4.81

表 13.26　不同博弈轮次水量配置成果及供水企业收益成果表

博弈轮次	项目分类	水库水	河道水	再生水	合计
第一轮	配置水量 (万立方米)	8796	0	0	8796
	剩余水量 (万立方米)	0	8582	2320	10902
	供水企业收益 (万元)	52082	0	0	52082
第二轮	配置水量 (万立方米)	8796	8582	0	17378
	剩余水量 (万立方米)	0	0	2320	2320
	供水企业收益 (万元)	72733	58966	0	131699
第三轮	配置水量 (万立方米)	8796	0	2320	11116
	剩余水量 (万立方米)	0	8582	0	8582
	供水企业收益 (万元)	70115	0	9907	80022
……	……	……	……	……	……
第 $n-1$ 轮	配置水量 (万立方米)	8796	8582	2320	19698
	剩余水量 (万立方米)	0	0	0	0
	供水企业收益 (万元)	100007	78622	16868	195497
第 n 轮	配置水量 (万立方米)	8796	8582	2320	19698
	剩余水量 (万立方米)	0	0	0	0
	供水企业收益 (万元)	127080	94924	17647	239651

表 13.27　不同博弈轮次各类用水户支付水价总额计算成果

博弈轮次	用水户侧支付总额(万元)				
	居民用水	非居民用水	特种用水	政府分摊	合计
第一轮	9644	5495	0	36943	52082
第二轮	12265	26820	0	92614	131699
第三轮	12332	11936	0	55754	80022
……	……	……	……	……	……
第 $n-1$ 轮	16864	39892	2448	136292	195497
第 n 轮	23457	55564	6509	154121	239651

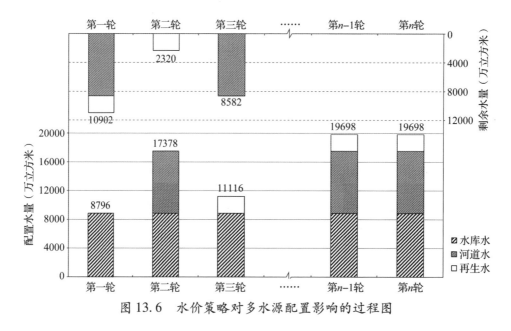

图 13.6　水价策略对多水源配置影响的过程图

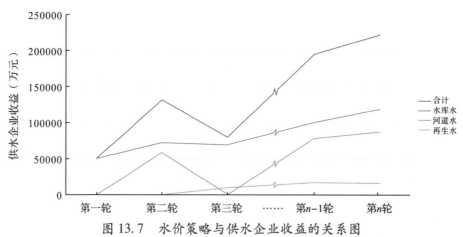

图 13.7　水价策略与供水企业收益的关系图

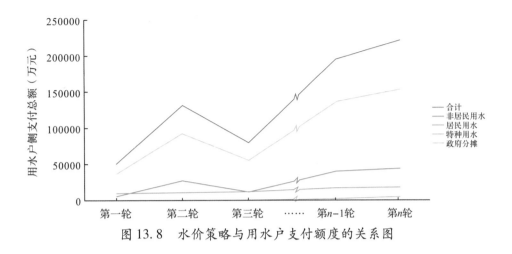

图 13.8 水价策略与用水户支付额度的关系图

（5）计算结果与讨论

按照上述方法，经多轮博弈，获得义乌市均衡水价体系成果，见表 13.28。

表 13.28 义乌市基于全过程成本的均衡水价成果表

水源类型	用水户分类水价（元/m³）			
	居民用水	非居民用水	特种用水	政府分摊水价
水库水	3.74	6.14	9.89	9.66
河道水	2.62	4.30	5.48	6.76
再生水	1.87	3.07	4.93	4.82

注：再生水政府分摊比例为 64.3%。

从表 13.29 中表明：

1）将区域多种水源供—用—耗—排水系统作为一个整体，在全过程成本水价核定的基础上，形成了多属性多水源合理比价关系，即均衡水价体系（见图 13.9），能够有效推动多水源合理配置与高效利用，可以有效发挥市场机制的作用。

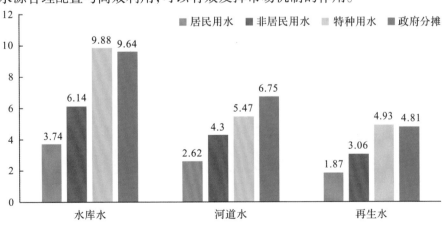

图 13.9 义乌市均衡水价体系图

2）基于均衡水价理论与方法，在统筹公平与效率的基础上，实现了水源端和用户端的合理水价关系（见图 13.10、图 13.11）。

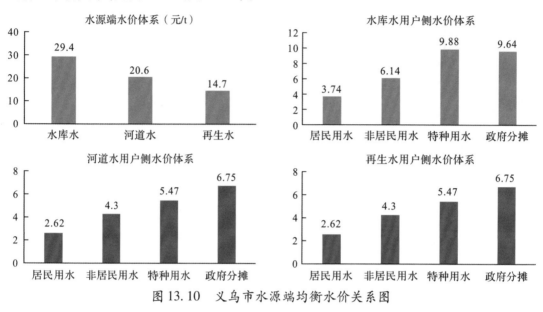

图 13.10　义乌市水源端均衡水价关系图

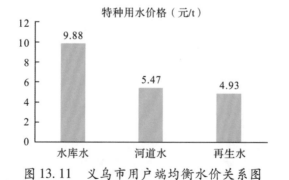

图 13.11　义乌市用户端均衡水价关系图

3）纳入再生水的均衡水价体系可以减少社会水循环全过程水价支付总额，减少值为 2.83%，见表 13.29。

表 13. 29　义乌市社会水循环全过程水价支付总额计算成果表

分类	规划配置方案				其他方案		
	总量	水库水	河道水	再生水	总量	水库水	河道水
数量(万立方米)	19698	8796	8582	2320	19698	9956	9742
支付总额(万元)	239651				246633		
备注					再生水由水库水和河道水置换		

4)义乌市基于全过程成本的多水源合理水价关系成果表明:按照现状政策(政府分摊比例为 64.3%)、均衡水价情况下,水价更加合理。变现为:

● 水库水优质优价可以承受。其中:居民生活水价比现状第一档水价高 0.59 元/t、比第二档(4.25 元/t)低 0.51 元/t;非居民用水水价比现状第一档水价高 0.84 元/t、比第二档水价低 1.81 元/t;特种行业 9.88 元/t 的水价比现状水价 7.5 元/t 高出 2.38 元。这些水价均在其可承受范围内。

● 河道水和再生水的水价明显低于现状各类用水户的执行水价,有经济比较的优势,有利于调动各类用水户的使用积极性。

13. 3. 6　结　论

均衡水价理论研究和实践应用表明:

(1)本文的均衡水价理论为解决再生水纳入多水源统一配置、实施分质供水的情况下水价失衡问题提供了理论基础,均衡水价理论能够解决再生水利用外部性问题,可充分发挥市场机制对再生水利用的推动作用,可以实现多水源优质优价、低质低价,各尽其用。

(2)合作博弈技术对于均衡水价问题的求解是一种有效的方法。该方法可以有效协调均衡水价形成过程中的政府、供水企业、用水户等利益相关方的义务、权利和目标,多主体的成本和水价分摊问题,实现了复杂水资源系统多水源、多用户、多目标的有效协同。

(3)从义乌市应用成果分析,在不增加政府负担(即分摊比例不变)的情况下,均衡水价体系的优质优价与其现状执行水价体系相比,各类用水户是可以承受的;对于河道水和再生水,因其价格优势,各类用水户的用水积极性得到明显提高,可实现水安全保障和水生态环境保护的双赢。

13.4　小　结

项目围绕健全完善南方城乡生活节水和污水再生利用政策体系、提升节水动力的目标,从水价形成机制、生活用水定额制定方法、节水激励组合模式、节水载体创建标准、再生水利用工程运维机制等方面开展了研究与应用,获得了以下的成果和结论。

完善了水价政策和制定方法,首次提出了多水源分质供水情况下的水价均衡理论和合理水价关系制定方法。

（1）通过全国城市水价网、《中国价格统计年鉴》与《全国节约用水管理年报》等资源，以及实地调查等方式，收集了国内 36 个城市和部分国家水价政策与价格执行的情况，收集了浙江省设区市及试点地区金华市各县市区的水价文件，在核定与核准机制、水价构成、成本形成时间、利用成效、多水源分质供水水价形成机制等分析基础上，提出了本研究致力于分析与解决的主要问题。

（2）在多种水源现行水价制度、现状供水成本、节水及污水再生利用外部性等调研分析的基础上，基于现有政策、理论方法，并以义乌和永康为例开展了单水源水价分析，分析结果表明：现状城乡生活执行水价低于全成本水价，也低于基于占可支配收入比例计算的可接受水价的上限值，进而分析了多水源多用户供水水价失衡的原因。研究表明：单一水源水价核定与核准制度、水价构成及其工程建设时间上的差异以及不同水源的利用成效、现行水价政策执行不到位（政府将其作为民生工程）等，是导致多水源分质供水水价失衡的主要原因。

（3）针对再生水利用的外部性及其水价形成机制问题，以再生水全成本水价为基础，以生活、工业和政府为水价承担对象，研究了基于 Shapley 值法的再生水全成本水价分摊方法。研究表明：针对再生水利用外部性内部化的水价形成机制问题，基于边际成本的 Shapley 值模型是一种有效的方法，有助于提高水价制定中各方成本分摊的合理性，可以有效协调再生水利用中多主体水价分摊和多目标协同问题。

（4）针对再生水纳入多水源统一配置后的多水源分质供水水价失衡问题，本研究基于经济和水资源等理论，首次提出了多属性多水源水价均衡理论，提出了均衡水价概念，分析了其内涵，明确合理的比价关系、水价体系是其目标、成果的展现形式。鉴于多属性多水源均衡水价的复杂性，本研究首次构建了由多水源全成本水价核算、区域综合水价核算以及多方合作博弈模型构成的水价均衡理论框架及其求解方法。

（5）在多属性多水源水价博弈模型中，政府、供水企业及用水户作为博弈参与人，以供水方的供给能力、需水方的支付意愿以及政府合理分摊成本为博弈准则，以不同水源供给不同用户的水价以及政府分摊水价策略为决策变量，构建了基于多属性多水源水价均衡理论的水价多方博弈技术。实际应用表明：合作博弈技术是求解多属性多水源均衡水价问题的一种有效的方法。该方法可以有效协调均衡水价形成过程中的政府、供水企业、用水户等利益相关方的义务、权利和目标，多主体的成本和水价分摊问题，实现了复杂水资源系统的多水源、多用户、多目标的有效协同。

~·~·~·~·~ 参考文献 ~·~·~·~·~

［1］文健聪. 双侧分类水价研究——以义乌市为例. 南京：河海大学，2021.

［2］TAíS M C，FRANCISCO A. A data-driven model to evaluate the medium-term effect of contingent pricing policies on residential water demand. Environmental Challenges，2021，3：100033.

［3］OZ S，EDOARDO B，CARA B，et al. Evaluating a novel tiered scarcity adjusted water budget and pricing structure using a holistic systems modelling approach. Journal of Environmental Management,2018, 215 :79 – 90.

[4]张巍,韩军,周绍杰. 中国城镇居民用水需求研究. 中国人口·资源与环境,2019,29(3):99 – 109.

[5]赵卫华. 居民家庭用水量影响因素的实证分析——基于北京市居民用水行为的调查数据考察. 干旱区资源与环境,2015,29(4):137 – 142.

[6]柳长顺,陈献,刘昌明,等. 华北地区城镇居民水费支出占收入与消费的比例研究. 水利经济,2005(2):27 – 32,66.

[7]张杰,贾绍凤. 纽约市与北京市自来水定价比较研究. 水利经济,2012,30(4):19 – 22.

[8]严婷婷,贾绍凤,申玉铭. 北京城市低保家庭水价承受能力及用水状况研究. 首都师范大学学报(自然科学版),2009,30(4):69 – 72.

[9]孙静,申碧峰,赵金香. 基于边际成本的跨流域调水水量交易价格研究——以南水北调中线一期工程为例. 人民长江,2022,53(7):113 – 118.

[10]马朝猛,倪红珍,陈根发. 绿色发展理念下县域城乡供水价格形成、分担及补偿机制的研究——基于供水全成本约束定价方法理论与实践应用. 价格理论与实践,2022(8):45 – 50,95.

[11]刘晓君,闫俐臻. 基于内外部全成本视角的居民用水阶梯价格研究——以西安市居民用水实施阶梯水价改革为例. 价格理论与实践,2016(12):60 – 63.

[12]郭清斌,马中,周芳. 可持续发展要求下的城市水价定价方法及应用. 中国人口·资源与环境,2013,23(S2):340 – 343.

[13]高兴佑,高文进. 基于完全成本和边际机会成本的城市水价研究. 人民黄河,2011,33(7):90 – 92,146.

[14]王谢勇,谭欣欣,陈易. 构建水价完全成本定价模型的研究. 水电能源科学,2011,29(5):109 – 112.

[15]陈君君,马生鹏. 水价机制及用户承受能力分析——基于全成本覆盖的方法. 价格理论与实践,2009(4):64 – 65.

[16]倪红珍,王浩,汪党献,等. 基于水资源绿色核算的北京市水价. 水利学报,2006(2):210 – 217.

[17]吕雁琴,李旭东. 面向可持续发展的水价制度研究. 生产力研究,2005(10):94 – 96,263.

[18]VASILIS K, STAVROULA T, KONSTANTINOS G, et al. Determining a socially fair drinking water pricing policy:the case of Kozani, Greece. Procedia Engineering,2016, 162:486 – 493.

[19]LONG C,QUENTIN G. Dynamic water pricing and the risk adjusted user cost (RAUC). Water Resources and Economics ,2021,35 :100181.

[20]MAHDIEH G,CHRYSANTHI-ELISABETH N, ALIREZA M ,et al. Economic impact as-

sessment indicators of circular economy in a decentralised circular water system-case of eco-touristic facility. Science of the Total Environment,2022,822:153602.

[21]MARIA F,ANDERS D,JEANETTE A M,et al. From wastewater treatment to water resource recovery:environmental and economic impacts of full-scale implementation. Water Research,2021,204:117554.

[22]王丰,王红瑞,来文立,等. 再生水利用激励机制研究. 水资源保护,2022,38(2):112-118,146.

[23]杨树莲,段治平. 再生水与城市自来水比价关系研究——以青岛市为例. 技术经济与管理研究,2018(7):23-27.

[24]罗福周,吴晓萍. 基于模糊物元模型的城市再生水外部价值评价. 生态经济,2018,34(2):119-123.

[25]ZHUO C,GUANGXUE W,YINHU W,et al. Water eco-nexus cycle system(WaterEcoNet) as a key solution for water shortage and water environment problems in urban areas. Water Cycle,2020,1:71-77.

[26]JOHN C R,DECLAN P. Water reuse and recycling in Australia-history,current situation and future perspectives. Water Cycle,2020,1:19-40.

[27]HARUKA T,HIROAKI T. Water reuse and recycling in Japan-history,current situation, and future perspectives. Water Cycle,2020,1:1-12.

[28]MAíRA A M L,ANA S P S,ANABELA R,et al. Water reuse in Brazilian rice farming:application of semiquantitative microbiological risk assessment. Water Cycle,2022,3:56-64.

[29]RENFREW D,VASILAKI V,MCLEOD A,et al. Where is the greatest potential for resource recovery in wastewater treatment plants? Water Research,2022,220:118673.

[30]杨玉龙,矫英鹤,严干贵,等. 基于改进 Shapley 值分配的电采暖负荷群交易机制. 电力建设,2023,44(4):37-44.

[31]郑晨昕,江岳文. 基于改进 Shapley 值的风电波动成本分摊策略. 电网技术,2021,45(11):4387-4394.

第 5 篇

应用实践

第 14 章 用户端节水管控标准应用的实践

本研究将节水型社会建设标准、节水型载体建设标准、基于水资源双控指标工业综合用水定额制定方法、基于节水诊断的用水定额制定方法、再生水纳入多水源统一配置技术等应用在不同类型用户端的节水管控,促进提升了用户端的用水效率,显著增强了全社会的节水意识。

14.1 节水型社会建设标准的应用

14.1.1 推广应用情况

2004 年,浙江省启动节水型社会试点建设,岱山县被确定为浙江省首个省级节水型社会建设试点县。2009 年,岱山县通过省级节水型社会建设试点验收,温岭市、开化县被确定为第二批全省节水型社会建设试点。2012 年,浙江省政府印发《关于实行最严格水资源管理制度全面推进节水型社会建设的意见》,提出全面推进节水型社会建设。2013 年,浙江省政府办公厅印发《关于启动第一批县(市、区)节水型社会建设工作的通知》,在全省启动了 27 个县(市、区)开展第一批节水型社会建设。为更好地规范和指导第一批县(市、区)做好节水型社会建设工作方案的编制工作,浙江省水利厅会同省级有关部门组织编制了《浙江省县(市、区)节水型社会建设工作方案编制大纲(试行)》。2016 年,浙江省政府办公厅公布命名第一批通过节水型社会验收的县(市、区)名单,同时启动第二批节水型社会建设。浙江省水利厅会同省级有关部门,结合国家和浙江省近年来对水资源管理的总体要求和节水型社会建设工作实践,对《浙江省县(市、区)节水型社会建设工作方案编制大纲(试行)》进行修订。2017 年,浙江省水利厅和浙江省发改委联合印发《浙江省实行水资源消耗总量和强度双控行动加快推进节水型社会建设实施方案》,明确要求建立节水型社会长效管理机制,已完成达标建设的县(市、区)应巩固成绩,提升节水型社会的建设水平。同年 12 月,根据水利部的《关于开展县域节水型社会达标建设工作的通知》要求,浙江省水利厅和浙江省节水办印发《浙江省县域节水型社会达标建设工作实施方案(2018—2022 年)》,要求到 2022 年,全省 95% 以上县(市、区)达到省级节水型社会建设的标准要求[1-6]。相关文件见图 14.1。

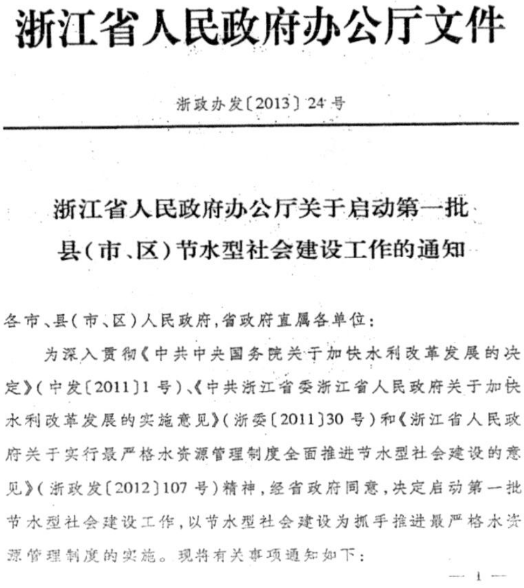

浙江省人民政府办公厅文件

浙政办发〔2013〕24 号

浙江省人民政府办公厅关于启动第一批
县（市、区）节水型社会建设工作的通知

各市、县（市、区）人民政府，省政府直属各单位：

为深入贯彻《中共中央国务院关于加快水利改革发展的决定》（中发〔2011〕1 号）、《中共浙江省委浙江省人民政府关于加快水利改革发展的实施意见》（浙委〔2011〕30 号）和《浙江省人民政府关于实行最严格水资源管理制度全面推进节水型社会建设的意见》（浙政发〔2012〕107 号）精神，经省政府同意，决定启动第一批节水型社会建设工作，以节水型社会建设为抓手推进最严格水资源管理制度的实施。现将有关事项通知如下：

— 1 —

A 启动第一批部署文件

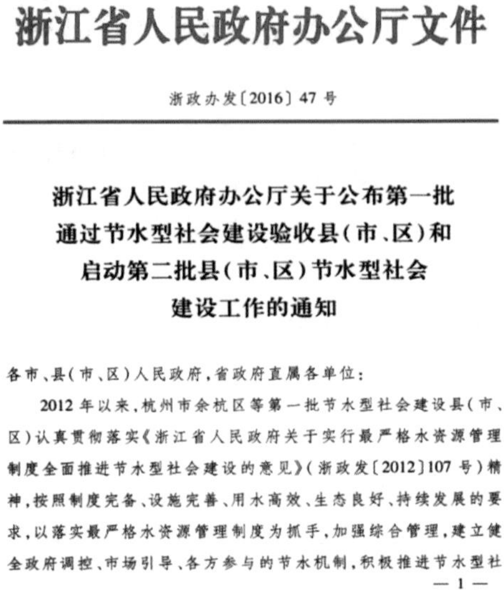

浙江省人民政府办公厅文件

浙政办发〔2016〕47 号

浙江省人民政府办公厅关于公布第一批
通过节水型社会建设验收县（市、区）和
启动第二批县（市、区）节水型社会
建设工作的通知

各市、县（市、区）人民政府，省政府直属各单位：

2012 年以来，杭州市余杭区等第一批节水型社会建设县（市、区）认真贯彻落实《浙江省人民政府关于实行最严格水资源管理制度全面推进节水型社会建设的意见》（浙政发〔2012〕107 号）精神，按照制度完备、设施完善、用水高效、生态良好、持续发展的要求，以落实最严格水资源管理制度为抓手，加强综合管理，建立健全政府调控、市场引导、各方参与的节水机制，积极推进节水型社

— 1 —

B 命名第一批、启动第二批部署文件

**浙江省水利厅
浙江省节约用水办公室** 文件

浙水保〔2017〕45 号

浙江省水利厅 浙江省节约用水办公室关于印发
《浙江省县域节水型社会达标建设工作实施方案
（2018-2022 年）》的通知

各市、县（市、区）水利（水电、水务）局：

为深入贯彻节水优先方针，落实最严格水资源管理制度，全面推进节水型社会建设，根据水利部《关于开展县域节水型社会达标建设工作的通知》（水资源〔2017〕184 号），经商省发改、经信、建设等有关部门，我厅组织编制了《浙江省县域节水型社

C 启动第一批配套文件

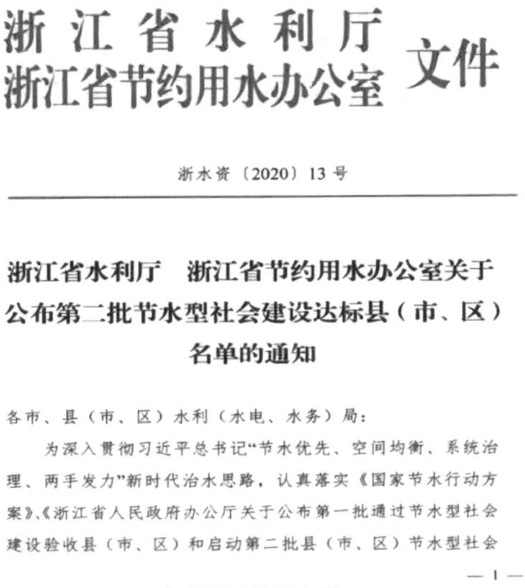

**浙江省水利厅
浙江省节约用水办公室** 文件

浙水资〔2020〕13 号

浙江省水利厅 浙江省节约用水办公室关于
公布第二批节水型社会建设达标县（市、区）
名单的通知

各市、县（市、区）水利（水电、水务）局：

为深入贯彻习近平总书记"节水优先、空间均衡、系统治理、两手发力"新时代治水思路，认真落实《国家节水行动方案》《浙江省人民政府办公厅关于公布第一批通过节水型社会建设验收县（市、区）和启动第二批县（市、区）节水型社会

— 1 —

D 启动第二批署文件

图 14.1　浙江省节水型社会创建的推广文件

14.1.2　应用对象与应用范围

截至 2022 年底，全省有创建任务的县（市、区）均完成了省级节水型社会建设，具体情况见表 14.1、图 14.2。

表 14.1 浙江省级节水型社会建设情况统计表

地市	第一批	第二批	第三到第五批	合计
杭州	余杭区	桐庐县、淳安县	萧山区、建德市、富阳区、临安区	7
宁波	余姚市、慈溪市、象山县	北仑区、奉化区	镇海区、鄞州区、宁海县、海曙区、江北区	10
温州	乐清市、洞头区	永嘉县、平阳县	鹿城区、龙湾区、瓯海区、瑞安市、文成县、泰顺县、苍南县、龙港市	12
湖州	长兴县	德清县、安吉县	吴兴区、南浔区	5
嘉兴	南湖区、秀洲区、海盐县、海宁市、桐乡市	嘉善县、平湖市		7
绍兴	柯桥区	诸暨市、上虞区	嵊州市、新昌县、越城区	6
金华	义乌市、永康市	兰溪市、浦江县	婺城区、金东区、东阳市、武义县、磐安县	9
衢州	江山市、开化县	龙游县、常山县	柯城区、衢江区	6
台州	椒江区、黄岩区、路桥区、温岭市、玉环市、三门县	临海市、仙居县	天台县	9
舟山	定海区、普陀区、嵊泗县、岱山县			4
丽水	云和县	龙泉市、庆元县	莲都区、青田县、缙云县、遂昌县、松阳县、景宁县	9
合计	28	20	36	84

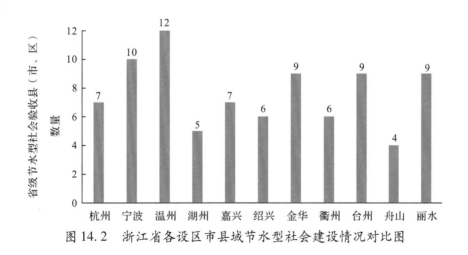

图 14.2 浙江省各设区市县域节水型社会建设情况对比图

14.1.3 应用成效评价

浙江省以节水型社会为平台,严格对标建设标准,高质量推进各领域的节水工作,取得显著的成效。全省节水体制得到逐步健全,节水政策体系得到不断完善,节水载体建设持续推进,节水管理能力不断加强,节水宣传教育得到广泛开展,用水总量得到有效控制,用水效率得到明显提升,全社会节水意识得到显著增强。

(1)总量强度双控制指标得到有效落实

2022年,全省用水总量控制在167.8亿立方米,其中,非常规水源利用量为4.9亿立方米。万元GDP值用水量、万元工业增加值用水量分别为21.6m³和12.3m³,较2010年分别下降了69.9%、74.3%。农田灌溉水有效利用系数从0.560提升至0.609,增长了8.8%。城市供水管网漏损率控制在5.4%,位居全国前列。

(2)节水管理体制机制得到逐步健全

为强化对浙江省节水工作的组织领导和统筹协调,省级层面成立了水资源管理和水土保持工作委员会、委员会联络员会议,全面部署节水型工作,分解任务,落实责任。各县(市、区)政府均成立由分管领导任组长,各有关部门为成员单位的节水工作领导小组,实行常态化运行,及时研究和协调解决建设工作中的重大问题,基本形成"政府抓总、水利牵头、部门协同、社会参与、横向到边、纵向到底"的各领域、全链条节水管理工作机制,为节水型社会和节水型城市建设提供了有力的组织保障。

(3)节水管理政策体系得到逐步完善

先后印发了《浙江省节水行动实施方案》《浙江省农业水价综合改革总体实施方案》;出台了《浙江省水资源条例》;出台了《关于建立健全促进绿色发展财政奖补机制的若干意见》,落实了新一轮绿色发展财政奖补机制;完善节水标准体系,修订颁布《浙江省用(取)水定额(2019年)》,涵盖农业、工业、城市生活及服务业等59个行业、932项产品、2875个定额值,定额覆盖面、合理性、实用性、先进性得到进一步的提升。印发了《浙江省节水型企业水资源费减征管理办法》《关于开展"节水贷"融资服务工作的通知》,激发用水户节水内生动力,引导金融机构加大对节水型社会建设的支持。全年累计签约贷款合同金额达237.89亿元,发放贷款178.78亿元,受益企业和项目达487个,为企业节约融资成本达1.27亿元。各县(市、区)也相继出台节水激励政策,对节水载体创建、节水项目建设、节水技术推广等实行补贴和奖励。

(4)节水基础设施建设得到稳步推进

全力推动高效节水灌溉"四个百万工程"建设,全省高效节水灌溉面积超过350万亩,农田灌溉水的有效利用系数达到0.609;大力推进高耗水行业节水型企业创建,创建率超过94%;持续推进公共供水管网降损,新建供水管网5653km,改造供水管网5838km,城市公共供水管网漏损率降至10%以内;全省新(扩)建工业水厂12个,供水能力近200万吨/日;实施城市再生水利用项目11个、工业再生水利用试点项目11个,全省城市再生水利用率达到21%;建成海水淡化项目31个,海水淡化总能力达57万吨/日,规模位居全国前列。

(5)节水载体示范引领效应初显

强化示范引领,节水载体创建的成效突出。截至2022年底,累计建成省级节水型企业2766家,省级公共机构节水型单位426家,省级节水型灌区259个,省级节水型小区 2534 个,省级节水宣传教育基地 41 座;累计遴选节水标杆园区 4 个,节水标杆单位 962 个,其中,企业 341 个,酒店 117 个,校园 149 个,小区 355 个;杭州老板电器股份有限公司等 4 家企业 6 个型号的用水产品获评国家用水产品水效领跑者;中国石油化工股份有限公司镇海炼化分公司等 5 家企业 6 个行业入围水效领跑者企业;赋石水库灌区和上塘河灌区 2 个灌区入选国家水效领跑者;浙江水利水电学院等 6 家公共机构入选国家"水效领跑者公共机构";浙江杭州青山湖科技城入选国家水效领跑者园区。

(6)节水改革创新取得持续性的突破

宁波市率先提出"分质供水、优水优用",逐步建成姚江大工业、杭州湾新区航丰等工业水厂,供水能力达到 70 万吨/日;绍兴市率先建立智慧水务体系,实现精准高效控漏,市区公共供水管网漏损率连续多年控制在 5% 以下;金华市围绕"生活节水减排",为创新突破重点,深入探索南方丰水地区节水型社会建设和水资源循环利用的新模式;长兴县在全县推动"合同节水管理"试点,有效发挥市场机制来推进节水。

14.2　节水型载体建设标准的应用

14.2.1　推广应用情况

(1)节水型灌区

2014 年,浙江省水利厅与浙江省节约用水办公室印发《关于开展节水型灌区创建活动的通知》,启动省级节水型灌区的创建工作。2015 年,浙江省水利厅印发《关于抓紧做好节水型灌区创建工作的通知》,要求到 2015 年,已列入第一批节水型社会建设的县(市、区)应至少建成 2 个节水型灌区。到 2020 年,全省大中型灌区基本建成节水型灌区,各类灌区的节水型灌区覆盖面达到 50% 以上。2021 年,浙江省水利厅办公室印发《关于开展节水型灌区创建的通知》,根据《水利部办公厅关于深入开展节水型灌区创建工作的通知》的要求,对省级节水型灌区评价标准进行修订,并要求实施大中型灌区续建配套和现代化改造的灌区要率先创建节水型灌区,力争到 2025 年底前,创建 15 个具有浙江特色的节水型灌区;到 2030 年底前,力争 30% 的大中型灌区达到节水型灌区标准[7-8]。

图 14.3 为浙江省节水型灌区的创建文件。

浙江省水利厅
浙江省节约用水办公室 文件

浙水保〔2014〕15号

浙江省水利厅　浙江省节约用水办公室关于开展
节水型灌区创建活动的通知

各市、县（市、区）水利（水电、水务）局：

为贯彻省委、省政府"五水共治"的战略部署，进一步落实"抓
节水"的工作任务，根据2011年中央一号文件、国务院《关于实
行最严格水资源管理制度的意见》（国发〔2012〕3号）及《中共
浙江省委　浙江省人民政府关于加快水利改革发展的实施意见》
（浙委〔2011〕30号）和《浙江省人民政府关于实行最严格水资

A 节水型灌区部署文件

浙江省水利厅
浙江省节约用水办公室 文件

浙水保〔2016〕1号

浙江省水利厅　浙江省节约用水办公室关于公布
浙江省节水型灌区（园区、灌片）名单的通知

各市水利局，有关县（市、区）水利（水务、水电）局：

根据省水利厅、省节水办联合印发的《关于开展节水型灌区创
建活动的通知》（浙水保〔2014〕15号）和《关于下达2015年度
节水型灌区建设计划的通知》（浙水办保〔2015〕5号）要求，经
灌区自愿申报，市、县（市、区）水行政主管部门初审并推荐和
专家评审以及网上公示后，确认64个灌区（园区、灌片）达到浙

B 节水型灌区命名文件

图 14.3　浙江省节水型灌区的创建文件

（2）节水型企业

2014年，根据工信部、水利部和全国节水办印发的《关于深入推进节水型企业
建设工作的通知》，浙江省经信厅、省水利厅和省节约用水办公室联合印发《关于开
展节水型企业建设工作的通知》，启动省级节水型企业建设工作。2017年，浙江省
经信厅会同省建设厅、水利厅和省节约用水办公室对节水型企业建设标准进行修
订，并要求到2020年，节水型企业达到1000家以上，2030年达到2000家以上。其
中：年取水量30万方以上的工业企业节水型企业覆盖率在2020年达到50%，2030
年实现全覆盖。2021年，根据《浙江省节水型企业水资源费减征管理办法》的要求，
浙江省经信厅会同省建设厅和省水利厅对2019年底前获得省级节水型企业称号的
企业进行复评[7-8]。

图14.4为浙江省节水型企业创建文件。

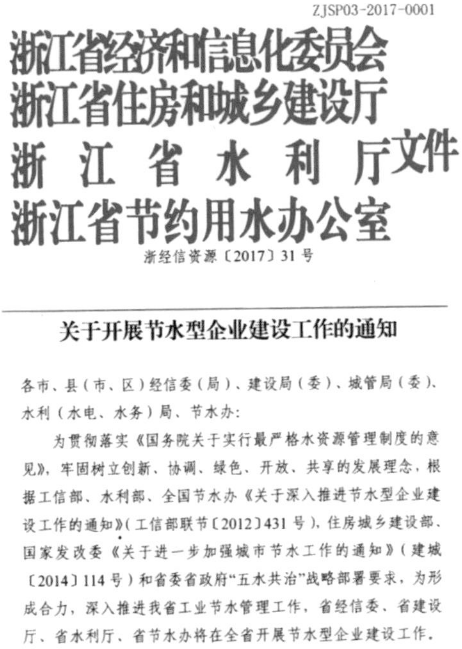

ZJSP03-2017-0001

浙江省经济和信息化委员会
浙江省住房和城乡建设厅
浙 江 省 水 利 厅文件
浙江省节约用水办公室

浙经信资源〔2017〕31号

关于开展节水型企业建设工作的通知

各市、县(市、区)经信委(局)、建设局(委)、城管局(委)、
水利(水电、水务)局、节水办:

为贯彻落实《国务院关于实行最严格水资源管理制度的意
见》,牢固树立创新、协调、绿色、开放、共享的发展理念,根
据工信部、水利部、全国节水办《关于深入推进节水型企业建
设工作的通知》(工信部联节〔2012〕431号),住房城乡建设部、
国家发改委《关于进一步加强城市节水工作的通知》(建城
〔2014〕114号)和省委省政府"五水共治"战略部署要求,为形
成合力,深入推进我省工业节水管理工作,省经信委、省建设
厅、省水利厅、省节水办将在全省开展节水型企业建设工作。

A节水型企业部署文件

浙江省经济和信息化委员会
浙 江 省 水 利 厅文件
浙江省节约用水办公室

浙经信资源〔2016〕68号

关于公布2015年度浙江省
节水型企业名单的通知

各市经信委、水利局:

根据省经信委、省水利厅、省节水办《关于开展节水型企业
建设工作的通知》(浙经信资源〔2014〕146号)要求,经企业自
愿申报、地市推荐和专家评审,现将符合《浙江省节水型企业建
设评价标准》要求的75家"浙江省节水型企业"名单予以公布(名
单见附件)。

请各地经信、水行政主管部门加强对节水型企业的工作指
导,进一步加强节水管理,积极推进节水规划,落实节水目标责

B节水型企业命名文件

图14.4 浙江省节水型企业创建文件

（3）节水型单位（公共机构）

2014年,根据水利部、国家机关事务管理局和全国节约用水办公室印发的《关于开展公共机构节水型单位建设工作》的要求,浙江省机关事务管理局、省水利厅和省节约用水办公室联合印发《关于开展节水型单位创建活动的通知》,启动省级公共机构节水型单位创建活动,要求到2015年,50%以上的省级机关建成节水型单位;到2020年,全部省级机关建成节水型单位,50%以上的省级事业单位建成节水型单位。2021年,为进一步巩固提升公共机构节水型单位的建设成果,强化公共机构节水示范的引领作用,浙江省机关事务管理局、省水利厅和省节约用水办公室联合印发《关于开展公共机构节水型单位复核工作的通知》,要求对命名满5年的公共机构进行复核[7-9]。

图14.5为浙江省节水型单位（公共机构）的创建文件。

（4）节水型小区

为配合节水型城市的创建工作,进一步加强对浙江省节水型居民小区创建工作的指导,切实提高居民小区的用水效率、增强水资源节约与保护意识,2011年,浙江省建设厅组织编制了《浙江省节水型居民小区考核办法（试行）》和《浙江省节水型居民小区考核标准（试行）》,并印发实施[7-8]。

图14.6为浙江省节水型小区的创建文件。

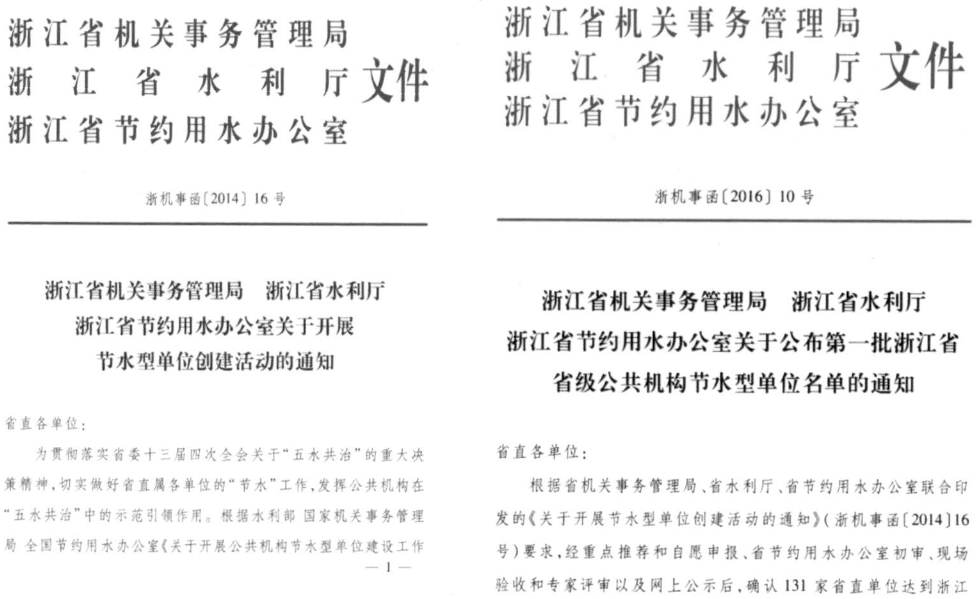

浙江省机关事务管理局
浙江省水利厅**文件**
浙江省节约用水办公室

浙机事函〔2014〕16 号

浙江省机关事务管理局 浙江省水利厅
浙江省节约用水办公室关于开展
节水型单位创建活动的通知

省直各单位：

为贯彻落实省委十三届四次全会关于"五水共治"的重大决策精神，切实做好省直属各单位的"节水"工作，发挥公共机构在"五水共治"中的示范引领作用。根据水利部 国家机关事务管理局 全国节约用水办公室《关于开展公共机构节水型单位建设工作

— 1 —

A 节水型单位部署文件

浙江省机关事务管理局 浙江省水利厅**文件**
浙江省节约用水办公室

浙机事函〔2016〕10 号

浙江省机关事务管理局 浙江省水利厅
浙江省节约用水办公室关于公布第一批浙江省
省级公共机构节水型单位名单的通知

省直各单位：

根据省机关事务管理局、省水利厅、省节约用水办公室联合印发的《关于开展节水型单位创建活动的通知》(浙机事函〔2014〕16号)要求，经重点推荐和自愿申报、省节约用水办公室初审、现场验收和专家评审以及网上公示后，确认131 家省直单位达到浙江

B 节水型单位命名文件

图 14.5　浙江省节水型单位(公共机构)的创建文件

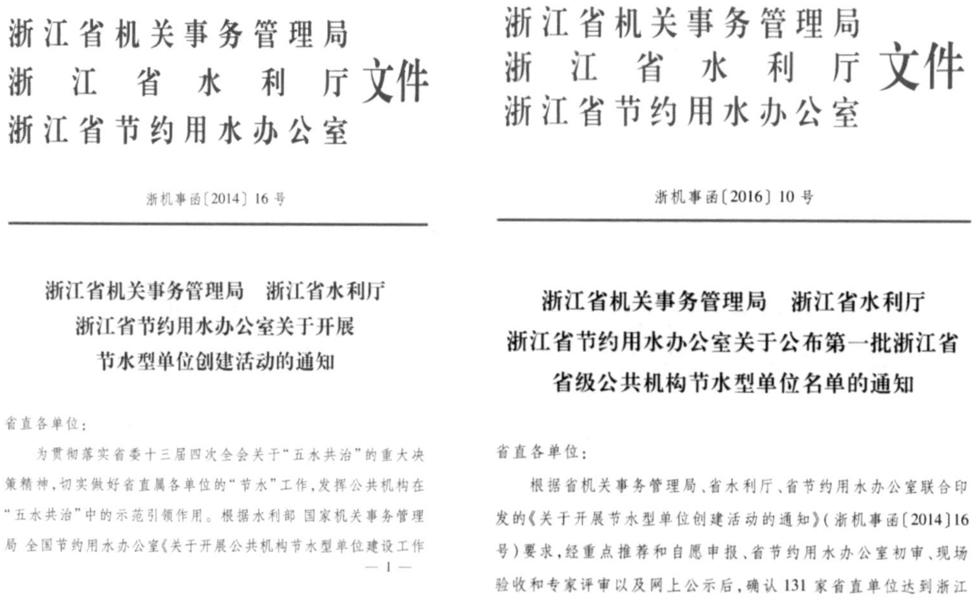

浙江省机关事务管理局
浙江省水利厅**文件**
浙江省节约用水办公室

浙机事函〔2014〕16 号

浙江省机关事务管理局 浙江省水利厅
浙江省节约用水办公室关于开展
节水型单位创建活动的通知

省直各单位：

为贯彻落实省委十三届四次全会关于"五水共治"的重大决策精神，切实做好省直属各单位的"节水"工作，发挥公共机构在"五水共治"中的示范引领作用。根据水利部 国家机关事务管理局 全国节约用水办公室《关于开展公共机构节水型单位建设工作

— 1 —

A 节水型单位部署文件

浙江省机关事务管理局 浙江省水利厅**文件**
浙江省节约用水办公室

浙机事函〔2016〕10 号

浙江省机关事务管理局 浙江省水利厅
浙江省节约用水办公室关于公布第一批浙江省
省级公共机构节水型单位名单的通知

省直各单位：

根据省机关事务管理局、省水利厅、省节约用水办公室联合印发的《关于开展节水型单位创建活动的通知》(浙机事函〔2014〕16号)要求，经重点推荐和自愿申报、省节约用水办公室初审、现场验收和专家评审以及网上公示后，确认131 家省直单位达到浙江

B 节水型单位命名文件

图 14.6　浙江省节水型小区的创建文件

14.2.2　应用对象与应用范围

(1)节水型灌区

截至 2022 年底,全省累计创建节水型灌区 259 个,其中,嘉兴的数量最多,为 44 个,

占总数的 17.0%。温州、衢州和台州数量次之,均为 28 个,占比均为 10.8%。历年及各设区市的建设情况分别见图 14.7、图 14.8。

图 14.7 浙江省历年节水型灌区的建设情况

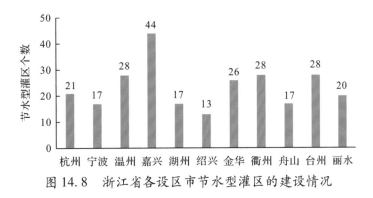

图 14.8 浙江省各设区市节水型灌区的建设情况

（2）节水型企业

截至 2022 年底,全省累计创建省级节水型企业 2037 家,其中,绍兴的数量最多,为 349 家,占总数的 17.1%。温州和杭州的数量次之,分别为 274 家和 246 家,占比分别为 13.5% 和 12.1%。历年及各设区市的建设情况分别见图 14.9、图 14.10。

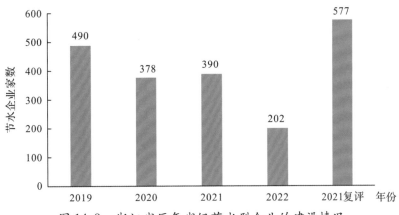

图 14.9 浙江省历年省级节水型企业的建设情况

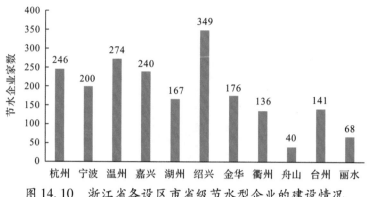

图 14.10　浙江省各设区市省级节水型企业的建设情况

（3）节水型单位（公共机构）

截至 2022 年底，全省累计创建省级节水型单位 2534 家，其中，机关 114 家，事业单位 312 家，机关单位公共机构节水型单位的建成率为 100%。历年及各设区市的建设情况见图 14.11。

图 14.11　浙江省历年省级公共机构节水型单位的建设情况

（4）节水型小区

截至 2022 年底，全省累计创建省级节水型居民小区 2534 个，其中，杭州的数量最多，为 617 家，占总数的 24.3%。宁波和绍兴的数量次之，分别为 446 家和 310 家，占比分别为 17.6% 和 12.2%。历年及各设区市的建设情况分别见图 14.12、图 14.13。

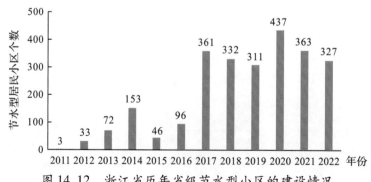

图 14.12　浙江省历年省级节水型小区的建设情况

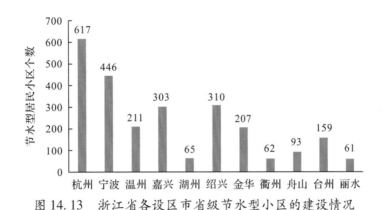

图 14.13　浙江省各设区市省级节水型小区的建设情况

14.2.3　对应用成效的评价

节水载体创建是节水工作的有利抓手。近年来,浙江省大力推进农业灌区、工业企业、公共机构、居民小区等领域节水载体的创建工作,以载体创建为契机健全节水管理体制、完善节水管理政策、强化管网漏损控制、推广普及节水装备器具、完善计量监控体系建设、强化节水宣传教育,节水载体创建的成效显著,示范引领的作用逐步凸显。同时,对节水载体实行动态管理,引导用水户持续提升节水管理水平和水资源的利用效率。

（1）节水管理得到逐步规范

各领域节水载体均按照评价标准的要求,建立健全节水管理体制机制,明确节水管理人员和职责,明确节水管理主要领导的职责、管理部门、人员和岗位职责。加强目标责任管理和考核。制定并实施节水规划和年度节水计划。建立日常巡查和检修制度,防止跑冒滴漏。定期开展水平衡测试工作,全面了解管网状况,各部位（单元）用水现状,分析水量平衡关系和合理用水程度,采取相应的措施,挖掘用水潜力。定期组织开展节水宣传和教育活动,不断提高职工的节水意识。

（2）节水基础得到不断夯实

用水计量监控体系得到逐步完善,全省大型灌区和重点中型灌区渠首实现取水在线监测全覆盖,全部规上工业企业均纳入计量管理,自备取水万方以上用水户实现在线监测全覆盖,用水户三级计量体系基本建立。大力推进节水技术改造,积极研发或采用节水新技术、新工艺、新设备,加快淘汰落后的用水工艺、设备和器具,节水载体、节水器具的普及率为 100%。积极推进非常规水利用,各领域非常规水替代率均取得较大的突破。

（3）用水效率得到显著提升

通过节水载体创建,各领域用水效率得到显著提升。2022 年,全省万元工业增加值用水量为 12.3m³,较 2010 年下降了 74.3%。农田灌溉水的有效利用系数从 2010 年的 0.560 提升至 2022 年的 0.609,增长了 8.8%。人均综合用水量从 2010 年的 365.6m³ 下降至 2022 年的 255.1m³,下降了 30.2%。

14.3　基于水资源双控指标的工业综合用水定额制定方法的应用

14.3.1　推广应用的情况

2019 年为深化"最多跑一次"的改革,落实水资源消耗总量和强度双控目标,推动经济高质量发展,按照《浙江省保障"最多跑一次"改革规定》与《省发展改革委等 9 部门关于印发〈全面推行区域评估的实施意见〉的通知》(浙发改投资〔2019〕253 号)和《浙江省水利厅关于推行区域水影响评价改革的通知》(浙水法〔2019〕1 号)的要求,将本研究提出的"基于水资源双控指标的工业综合用水定额制定方法"纳入《浙江省水利厅关于全面推进"区域水资源论证 + 水耗标准"改革的指导意见》(浙水资〔2019〕8 号)中,在该文件中,其水耗标准为工业综合用水定额[10-11]。

通过该文件,本方法在浙江全省得到推广应用。2020 年,该方法在全国最严格水资源管理制度考核中获得水利部的高度认可,并在全国推广。相关文件见图 14.14。

14.3.2　应用对象与范围

《浙江省水利厅关于推行区域水影响评价改革的通知》(浙水法〔2019〕1 号)要求:2019 年底前,省级以上特定区域水影响评价完成率不低于 80%,省级以下特定区域水影响评价完成率不低于 30%;到 2022 年底,特定区域水影响评价完成率原则上达到 100%。相应涉水准入标准和负面清单同步确立。对于符合区域准入标准的投资项目,不再另行开展项目涉水评价,直接采用项目业主承诺备案制,实现当天办结;对于属负面清单内需继续履行行政许可的项目办结时间,2019 年底前统一压缩至 9 个工作日以内,2022 年前,全面实行"一件事"办理,实现项目涉及的水行政许可事项一个阶段只批一次。

《浙江省水利厅关于全面推进"区域水资源论证 + 水耗标准"改革的指导意见》(浙水资〔2019〕8 号)要求,全面推进"区域水资源论证 + 水耗标准"改革,到 2022 年省级以上平台(含高新技术产业开发区、工业园区、开发区、产业集聚区、特色小镇等)区域水资源论证完成率原则上达到 100%。

截至 2022 年底,目前全省省级以上 116 个平台、省级以下 70 个平台均已开展了区域水资源论证工作,各类对象明确了相应的水耗标准(行业综合用水定额),详细情况见表 14.2。

浙江省发展和改革委员会厅
浙江省财政厅
浙江省自然资源厅
浙江省生态环境厅
浙江省水利厅
浙江省能源物震象局
浙江省文物局
浙江省地震局
浙江省气象局　文件

浙发改投资〔2019〕253 号

省发展改革委等 9 部门关于印发《全面推行
区域评估的实施意见》的通知

各市、县（市、区）人民政府：

经省政府同意，现将《全面推行区域评估的实施意见》印发

—1—

给你们，请认真贯彻落实。

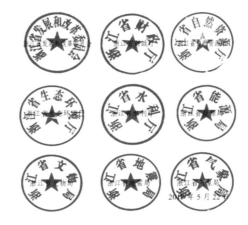

2019 年 5 月 22 日

A 关于推行区域评估的文件

浙江省水利厅文件

浙水法〔2019〕1 号

浙江省水利厅关于推行区域水影响
评价改革的通知

各市、县（市、区）水利（水电、水务）局，厅直属各单位：

为深入贯彻落实"最多跑一次"改革精神，围绕打造营商环境最优省目标，深化水行政审批制度改革，将特定区域内多个单体建设项目涉及的水土保持方案、防洪影响评价报告及水资源论证报告以区域为单元按照"1+X"原则（其中 1 是指"水土保持方案报告书"）组合成区域水影响评价报告开展编制、审批（审查）工作，提高办事效率，加快项目落实。现就推行区域水影响评价（以下简称"区域水评"）改革工作通知要求如下：

—1—

B 区域推行水影响评价改革的文件

浙江省水利厅文件

浙水资〔2019〕8 号

浙江省水利厅关于全面推进"区域水资源论证+
水耗标准"改革的指导意见

各市、县（市、区）水利局：

为进一步深化"最多跑一次"改革，落实水资源消耗总量和强度双控目标，推动经济高质量发展，按照《浙江省保障"最多跑一次"改革规定》《省发改委等 9 部门关于印发〈全面推进区域评估的实施意见〉的通知》（浙发改投资〔2019〕253 号）和《浙江省水利厅关于推行区域水影响评价改革的通知》（浙水法〔2019〕1 号）要求，现就全面推进"区域水资源论证+水耗标准"改革，制定指导意见如下：

—1—

C 关于推行区域水资源论证+水耗标准改革的文件

图 14.14　工业综合用水定额制定方法研究的推广文件

表 14.2　浙江省区域水资源论证的平台数量统计表

地市名称	省级以上平台（个）	省级以下平台（个）	地市名称	省级以上平台（个）	省级以下平台（个）
杭州市	12	6	金华市	11	—
宁波市	14	6	衢州市	8	6
温州市	7	2	舟山市	6	4
嘉兴市	17	16	台州市	9	1
湖州市	15	16	丽水市	3	1
绍兴市	14	12	合计	116	70

14.3.3　应用成效

（1）行业综合用水定额成果

选择海宁、永康等地工业综合用水定额制定成果进行说明。其中：海宁市针对海宁经济开发区、海宁经编产业园区、海宁高新技术产业园区、许村镇、尖山新区（黄湾镇）等5个工业园区的工业产业结构，制定了纺织业、纺织服装、鞋、帽制造业等9个行业综合用水定额；永康市根据全市工业行业结构的特点，制定了电器厨具、电动工具、杯业、门业、金属材料、休闲器具、非五金行业、金属材料等8个行业综合用水定额，详细内容见表14.3。

表 14.3　行业综合用水定额

序号	海宁市		永康市	
	主导行业	综合用水定额[1]（m³/万元）	主导行业	综合用水定额[2]（m³/万元）
1	纺织业	14.5	杯业	0.19
2	纺织服装、鞋、帽制造业	11.5	车业	0.18
3	皮革、毛皮、羽毛及其制品和制鞋业	9.0	电动工具业	0.24
4	橡胶和塑料制品业	3.8	电器厨具业	0.27
5	电气机械和器材制造业	4.5	非五金行业	0.11
6	通用设备制造业	7.0	金属材料	0.71
7	专用设备制造业	7.0	门业	0.30
8	计算机、通信和其他电子设备制造业	25.0	休闲器具	0.15
9	其他行业	12.0		

注：1 表示综合用水定额为单位增加值用水量；2 表示综合用水定额为单位产值用水量。

（2）成果作用

1）制定的基于水资源双控指标的工业综合用水定额，明确区域自备取水工业企业取用水的控制要求，为区域项目取水许可审批制度改革创造条件，进一步提升审批效能，有效提升新增工业企业准入的管理效率，优化政务环境，实现"最多跑一次"的水利改革目标。

2）构建宏观层次（用水总量和用水效率指标）—中观层次（行业及取用水户）—微观层次（用水定额）相结合的多层次指标体系来优化补充现有的定额体系，形成定额管理与水耗标准相结合的取用水管控体系，为现有的定额体系未覆盖领域的管理提供依据，服务水行政主管部门的水资源管理，提升水行政主管部门实际操作中的可用性，实践出了一条精细化落实用水双控的具体路径，并可形成规范科学的综合用水定额制定方法。通过综合用水定额的制定，能够促进提升区域水资源的利用水平，促使区域万元工业增加值用水量达到目标。

3）制定的基于水资源双控指标的工业综合用水定额重点是针对新增用水企业，综合用水定额的制定往往比现有80%以上企业的用水效率要高，考虑到现有用水企业基本能够达到产品用水定额的通用值标准,相比较产品用水定额,预计可以减少 20% 以上的新增取用水量。

14.4　基于节水诊断的用水定额制定方法的应用

（1）生活用水定额制定

以义乌市和永康市为应用区,生活用水定额制定对象为城镇、医院、学校和机关事业单位,以水平衡测试、居民家庭用水测试、居民家庭用水调查成果为基础数据,制定各类用水户的基础用水定额[12]。

本次采用随机抽样理论抽取 8 家学校和 8 家医院、22 家机关事业单位、5 个城市居民小区（约含家庭 10000 户）和 120 个居民家庭,开展相关的调查、测试工作。根据测试,获得每个用水户的水量、用水结构、用水器具的数量、漏失水量等数据。其中,非居民用水户中,约 24% 的用水户水量的漏失率为 0,约 63% 的用水户水量的漏失率大于 5%;各类型用水户采用的水龙头和淋浴器的水耗基本为 2~3 级;坐便器、蹲便器和小便器的水效基本为 3 级。

计算得到 3 类用水户的用水定额,成果分别见表 14.4、表 14.5、图 14.15、图 14.16。同时,为便于比较,按照现有用水定额的制定方法,也计算了相应的成果。

表 14.4　医院、学校及机关基础用水定额计算成果表

类别	定额单位	本专题方法定额值						现有统计分析法		浙江省用（取）水定额（2019 年）	
		1 级水效		2 级水效		3 级水效					
		通用	先进	通用	先进	通用	先进	通用	先进	通用	先进
学校	m³/(人·a)	14	9.3	16.3	11.6	19.7	14.1	26	15	26	15
医院	m³/(床·a)	172	130	203	150	236	178	262	186	300	219
机关单位	m³/(人·a)	18	9.5	20.5	11.5	23	14	30.5	15	38	22.5

注:表中学校以中等教育类别与浙江省用（取）水定额（2019 年）比较;机关单位以有食堂的机关办公类别与浙江省用（取）水定额（2019 年）比。

表 14.5　居民生活用水定额计算成果对照表

分类	本专题方法			现有分析方法	浙江省用（取）水定额（2019 年）
	1 级水效	2 级水效	3 级水效		
数值[L/(人·d)]	105	125	148	130	120~180

（2）成果分析

根据本研究提出的方法来制定的定额成果,与根据现有《用水定额编制技术导则》规定方法（统计分析法）制定的成果,以及执行的用水定额标准《浙江省用（取）水定额（2019 年）》进行比较,从数值上看,本次研究制定的医院、学校及机关事业单位用水定额均明显严于现有的规定方法和《浙江省用（取）水定额（2019 年）》的执行标准,其主要原因为医院、学校及机关事业单位采用水平衡测试结果,剔除不合理用水,定额数值更接近用水户真实的用水情况。同时,医院、学校及机关事业单位,在现有普遍使用的用水器

具水效的基础上,按照国家规定的标准水效进行换算,得到了 1 级、2 级、3 级标准水效下的不同方案的用水定额。其中,3 级水效对应的定额为限定值,1 级和 2 级水效对应的是节水评价值;2 级水效可用于当前节水载体创建和评估标准,但随着节水工作的深入开展,可逐步提高至 1 级水效对应的定额。

现有居民用水定额制定方法的成果介于本次研究方法采用的 2~3 级水效标准对应的成果之间,说明本次研究提出的定额制定方法,具有可操作性,随着人们节水意识的逐步提高和高水效节水器具的推广,可逐步采用 1 级、2 级水效标准对应的用水定额进行管理。

本次基础用水定额制定方法剔除了用水户内部管网漏损等不合理用水,并引入了节水器具标准水效转换系数。该方法得到的用水定额更为精准和严格,与现有的用水定额制定方法相比较,先进值和通用值的平均差距均缩小了 10% 以上,其中,学校最为明显,缩小了 28% ,实现了以诊断为基础来确定精准生活用水定额和以定额为基础抑制不合理用水的目的。尽管与现有的用水定额相比,略显严格,但该方法符合当前节水型社会、节水型城市的大力推进,节水行动深入实施的形势和要求。

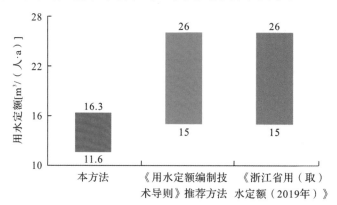

图 14.15 针对各方法,学校用水定额计算成果的比较(2 级水效)

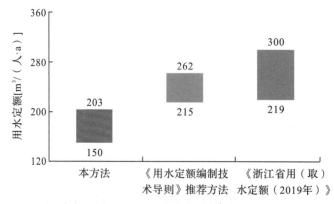

图 14.16 针对各方法,医院用水定额计算成果的比较(2 级水效)

14.5　再生水纳入多水源统一配置技术的应用

14.5.1　推广应用

再生水纳入多水源统一配置技术成功地被应用在嘉兴、台州、舟山等地的水资源节约保护与利用总体规划中,为各地区再生水工程建设、利用量、利用率提升等提供了有效的指引,明确了未来一段时间再生水利用的发展方向[13-17]。

14.5.2　应用对象与应用范围

(1)海宁市:预期再生水利用工程三处,工程建设规模为 9.5 万吨/d,利用对象以一般工业和生态环境用水为主,预期年利用总量可达 3194 万立方米。具体的再生水工程及配置方案见表 14.6。

表 14.6　海宁市再生水水源配置方案

工程名称	规模 (万吨/d)	2025 年		2035 年	
		利用对象	水量(万立方米)	利用对象	水量(万立方米)
尖山再生水利用工程	2.0	尖山新区工业及环境	694	尖山新区工业与环境	730
丁桥再生水利用工程	2.5	经编园区工业	639	经编园区工业	639
		中心城区环境	274	中心城区环境	274
盐仓再生水利用工程	5.0	—	—	农发区块工业	42
				辛江区块工业	308
				许巷园区工业	574
				永福园区工业	731
				长安镇环境	147
				许村镇环境	23

(2)海盐县:利用城乡污水处理厂尾水建设再生水利用工程,规模为 5.0 万吨/d,利用对象以工业用水为主,预期年利用总量为 1825 万立方米。具体的再生水工程及配置方案见表 14.7。

表 14.7　海盐县再生水水源配置方案

工程名称	规模 (万吨/d)	2025 年		2035 年	
		利用对象	水量(万立方米)	利用对象	水量(万立方米)
城乡污水处理厂再生水利用工程	5.0	工业用水 (海盐经济开发区)	600	工业用水 (海盐经济开发区)	1825

(3)平湖市:考虑独山港经济开发区工业集聚的优势,充分利用邻近污水处理厂的处理规模,建设设计规模为 6.0 万吨/d 的再生水利用工程,利用对象以工业用水为主,预期未来的年利用总量可达 1716 万立方米。具体的再生水工程及配置方案见表 14.8。

表 14.8　平湖市再生水水源配置方案

工程名称	工程规模 (万吨/d)	2025 年		2035 年	
		利用对象	水量(万立方米)	利用对象	水量(万立方米)
平湖东片污水处理厂再生水工程	6.0	工业用水(独山港经济开发区)	917	工业用水(独山港经济开发区)	1716

(4)桐乡市:以桐乡市城市污水处理厂为基础,以周边纺织、印染等工业企业为对象,建设设计规模为 6.0 万吨/d 的再生水利用工程,预期未来的年利用总量可达 2190万立方米。具体的再生水工程及配置方案见表 14.9。

表 14.9　桐乡市再生水水源配置方案

工程名称	工程规模 (万吨/d)	2025 年		2035 年	
		利用对象	水量(万立方米)	利用对象	水量(万立方米)
桐乡市城市污水处理厂再生水工程	6.0	工业用水	2190	工业用水	2190

(5)舟山市:再生水纳入多水源统一配置后,舟山市可形成"多级联网、多源优配"的水资源配置网,以城市绿化、道路浇洒、景观补水及工业冷却水等为利用对象,建设 3 处再生水利用工程,总规模可达到 23.0 万吨/d,预期未来的年利用总量可达 8249 万立方米。其中,定海区的建设规模为 8.0 万吨/d,以周边船舶制造等工业企业及生态环境补水为主要的用水对象,预期年利用总量达 2774 万立方米。具体的再生水工程及配置方案详见表 14.10。

表 14.10　舟山市再生水水源配置方案

工程名称		工程规模 (万吨/d)	2025 年		2035 年	
			利用对象	水量(万立方米)	利用对象	水量(万立方米)
定海区	定海再生水工程	6.0	工业及绿化、景观补水	2190	工业及绿化、景观补水	2190
	西北再生水工程	2.0	工业及绿化、景观补水	438	工业及绿化、景观补水	584
舟山市	舟山市污水处理厂	15.0	—	—	绿化、景观补水及工业	5475

14.5.3　应用成效的评价

(1)强化区域用水保障支撑

本次研发的再生水纳入多水源统一配置技术在海宁市、海盐县、平湖市、桐乡市、舟山市及其定海区等地区得到应用,为当地谋划新增了稳定可靠的非常规水源,预计总计可增加 49.6 万吨/d 的水源供水能力,相当于新建兴利库容超过 1.5 亿立方米的大型(二)水库 1 座,有效保障了各地区重要河湖的生态环境和一般工业用水,强力支撑各地区重要河湖的生态环境与工业用水保证率达标,见表 14.11。

表 14.11　区域用水保障情况分析

地区名称	海宁市	海盐县	平湖市	桐乡市	舟山市
生态环境用水(%)	>90	>90	>90	>90	90
一般工业用水(%)	>90	>90	>90	>90	90

(2)推进生态环境"减负"

通过再生水纳入多水源统一配置技术在海宁市、海盐县、平湖市、桐乡市、舟山市及其定海区等地区得到应用,预计年再生水利用量将达到 17174 万立方米,根据各地区污水处理厂尾水水质均达到一级 A 标准的现况,综合《城镇污水处理厂污染物排放标准》(GB 18918—2002)中的污染物浓度限值的要求,预期可减少 COD_{cr}、BOD_5、总磷、总氮等污染物年排放量分别可达到 8610 吨、1722 吨、2583 吨、86 吨,详细内容见表 14.12。

表 14.12　各地再生水利用减排情况

减排指标	海宁市	海盐县	平湖市	桐乡市	舟山市	合计
化学需氧量(COD_{cr})(t)	1597	913	858	1095	4147	8610
生化需氧量(BOD_5)(t)	319	183	172	219	829	1722
总氮(t)	479	274	257	329	1244	2583
总磷(t)	16	9	9	11	41	86

(3)提高水资源集约高效的利用水平

该技术在海宁市、海盐县、平湖市、桐乡市、舟山市及其定海区等地区得到应用,以各地区污水处理厂为中心,新建或改扩建再生水利用工程及管道,将污水厂尾水水质处理后开展循环利用,有效提升各地区的水资源集约高效的利用水平。其中,以舟山市为例,预期再生水利用率可由 20.3% 提升至 25.0% 以上(图 14.13)。

表 14.13　各地预期再生水利用率

再生水利用率(%)	海宁市	海盐县	平湖市	桐乡市	舟山市
现状	5.0	15.1	—	20.0	20.3
预期	>25.0	>20.0	>25.0	>25.0	>25.0

参考文献

[1]苏龙强. 绍兴市柯桥区国家县域节水型社会建设达标评估. 杭州:浙江省水利河口研究院(浙江省海洋规划设计研究院),2019.

[2]苏龙强. 浙江省节水型社会建设技术服务. 杭州:浙江省水利河口研究院(浙江省海洋规划设计研究院),2020.

[3]戚核帅. 临海市国家县域节水型社会建设达标评估. 杭州:浙江省水利河口研究院(浙江省海洋规划设计研究院),2019.

［4］李其峰．平湖市国家县域节水型社会建设达标评估．杭州：浙江省水利河口研究院（浙江省海洋规划设计研究院），2019．

［5］李其峰．永康市国家县域节水型社会建设达标评估．杭州：浙江省水利河口研究院（浙江省海洋规划设计研究院），2019．

［6］陈彩明．瑞安市国家县域节水型社会建设达标评估．杭州：浙江省水利河口研究院（浙江省海洋规划设计研究院），2020．

［7］苏龙强．浙江省节水行动方案编制及技术服务．杭州：浙江省水利河口研究院（浙江省海洋规划设计研究院），2020．

［8］苏飞．浙江省实施国家节水行动方案．杭州：浙江省水利河口研究院（浙江省海洋规划设计研究院），2021．

［9］高尚．嘉善县水利局节水机关创建工作实施方案．杭州：浙江省水利河口研究院（浙江省海洋规划设计研究院），2020．

［10］李其峰．海宁市区域水资源论证报告．杭州：浙江省水利河口研究院（浙江省海洋规划设计研究院），2020．

［11］李进兴．永康市用水定额和水耗标准相结合的工业取用水管控机制．杭州：浙江省水利河口研究院（浙江省海洋规划设计研究院），2021．

［12］姚水萍．基于用水户特征的生活用水定额标准制定方法．杭州：浙江省水利河口研究院（浙江省海洋规划设计研究院），2022．

［13］李进兴．海宁市水资源节约保护和利用总体规划．杭州：浙江省水利河口研究院（浙江省海洋规划设计研究院），2022．

［14］陈彩明．海盐县水资源节约保护和利用总体规划．杭州：浙江省水利河口研究院（浙江省海洋规划设计研究院），2022．

［15］王贺龙．平湖市水资源节约保护和利用总体规划．杭州：浙江省水利河口研究院（浙江省海洋规划设计研究院），2022．

［16］姬雨雨．桐乡市水资源节约保护和利用总体规划．杭州：浙江省水利河口研究院（浙江省海洋规划设计研究院），2022．

［17］戚核帅．舟山市定海区水资源节约保护和利用总体规划．杭州：浙江省水利河口研究院（浙江省海洋规划设计研究院），2022．

第15章 生活污水再生应用的实践

15.1 城镇污水再生利用的实践

15.1.1 催化臭氧氧化耦合纤维生物膜以深度处理生活污水设备

15.1.1.1 应用对象

应用对象为浙江省义乌水务建设集团有限公司江东污水厂。

15.1.1.2 主要技术环节的说明

主要技术环节包括催化臭氧氧化、硝化与反硝化、纤维过滤三部分,由催化氧化塔、纤维生物膜反应器组成。

(1)催化臭氧氧化环节在催化氧化塔内完成,催化氧化塔内装填有固体催化剂,臭氧在催化剂表面发生链式反应而产生自由基,自由基将生化尾水中难降解有机物(COD_N)转化为容易降解的有机物,提高生化尾水的B/C,为后续纤维过滤生物膜反应器的反硝化提供碳源。

(2)硝化反硝化环节在纤维过滤生物膜反应器内进行,催化氧化出水从反应器上部进入,纤维生物膜组件分为硝化区和反硝化区,通过对纤维组件的调节,可以优化纤维生物膜的硝化和反硝化分区,充分利用催化臭氧氧化环节提供的容易生化降解的有机物为碳源,实现反硝化脱氮。

(3)在纤维过滤环节,污水中的悬浮物被反应器内的纤维组件拦截去除,当纤维组件由于拦截的悬浮物增多而过滤阻力增大;当过滤阻力降压达到额定值时,自动开启反冲洗操作,去除形成滤饼的颗粒物(SS)。

15.1.1.3 设备评价

(1)技术指标:COD 去除 5~15mg/L,总氮去除 >3mg/L,水流速度 20~30m/h,最大的操作压力 0.6MPa,截污容量 10~15kg/m³,设置压差 0.1~0.2MPa,反冲周期 8~24h,反冲时间 20~60min。

(2)经济指标:运行直接成本 0.1~0.2 元/m³ 污水。

(3)特点:本技术和设备适用于城镇生活污水处理厂、集中式工业废水处理厂和企业废水处理厂的深度处理。

15.1.1.4 示范应用

第三方机构检测表明,去除 COD 17～24mg/L, TN 3.1～5.7mg/L。

图 15.1 为催化臭氧氧化耦合纤维过滤生物膜技术示范设备。

图 15.1 催化臭氧氧化耦合纤维过滤生物膜技术示范设备

15.1.2 催化臭氧氧化处理膜浓水设备

15.1.2.1 应用对象

应用对象为浙江省义乌市稠江工业水厂。

15.1.2.2 主要技术环节的说明

对于城镇污水处理厂尾水,采用膜分离后产生的膜浓水是超标的,可以采用本设备进行深度处理。深度处理后的达标出水既可以直接排放,也可以再接蒸发结晶脱盐设备,进一步分离回收结晶盐的资源,实现零排放。

催化氧化工艺由氧化塔、臭氧制备设备组成。氧化塔为催化臭氧氧化主体设备,氧化塔内装有颗粒催化剂,臭氧在催化剂表面通过链式反应产生自由基,自由基在催化剂表面或者液相中与有机污染物反应,使之迅速降解乃至矿化,表现为 COD 降低。

15.1.2.3 设备评价

(1)技术经济指标:COD 去除率可根据实际工程的需求来调整,推荐 COD 去除率 10%～75%。在膜浓水处理直接成本方面,以去除 50mg/L 的 COD 计算,直接成本为 1.5～3.0 元/m³。

(2)设备性能指标:该设备臭氧利用率 >99.5%,处理时间为 30～240min,单套设备的最大处理量为 5000t/d。

(3)设备特点:本设备具有通用性、普适性的特点,适应各种盐浓度、各种有机物浓度条件下的膜浓水处理。采用塔式结构,本设备具有占地少、施工周期短、可模块化组装、常温常压下运行、不投加化学品、不产生污泥和其他二次污染、维护简单等特点。

15.1.2.4 示范应用

应用表明：在水力停留时间（HRT）为 45～90min，投加比为 1.79～3.33 的条件下，催化臭氧氧化处理对膜浓水 COD 的去除率基本均能稳定达到 50% 以上。将该催化臭氧氧化工艺和芬顿工艺进行对照比较，从处理废水成本分析，催化臭氧氧化工艺的为 0.92 元/m^3，芬顿工艺的为 3.01 元/m^3。在安全、运营和管理方面，催化臭氧氧化工艺显著优于芬顿工艺，见表 15.1。

表 15.1 两种工艺的安全、运营、管理对照比较表

工艺	药剂	危化品	腐蚀品	污泥	危废	出水色度	主体结构	占地	操作
催化臭氧氧化	无	无	无	无	无	无	钢构/钢砼	小	简单
芬顿	双氧水，硫酸亚铁，酸，碱，絮凝剂	有	有	多	有	可能有	钢砼	大	复杂

目前，该技术已成功被推广应用于煤制气企业废水零排放工程的膜浓水、印染企业的膜浓水处理，主要目标是大幅度去除有机物（COD），处理之后的膜浓水符合后续分盐、蒸发的技术要求。

图 15.2 为催化臭氧氧化技术的应用现场。

（a）设备现场照片　　　　　　　　　（b）设备主体

图 15.2 催化臭氧氧化技术的应用现场

15.1.3 义乌市城西河的示范应用

以城西河为义乌市城市内河，属于城南河流域。城南河流域由城南河及其支流城西河、城中河、城东河组成，流域范围涉及义乌市北苑街道、稠江街道以及稠城街道，集水区的面积约为 23.69km^2。该区域为义乌市中心城区，因人口和经济密集、集雨面积来水量有限（尤其是枯水年和枯水季节），河道景观环境配水不足，面临较大的环境压力，主要的超标指标为氨氮（NH_3-N）和总磷（TP），因此，研究工作的重

点围绕这两项指标来展开。为改善城南河流域的景观与环境现状,义乌市建设了城西河配水工程。该工程通过楼下村泵站提水站,将中心污水处理厂尾水配送至城西河上游,这些尾水通过城西河汇入城南河,改善城南河和城西河水生态环境,配水规模为4.5万吨/d。

城西河、城南河有2个断面。监测项目为氨氮($NH_3^- - N$)、总磷(TP)。监测时间和频次分别为①示范工程运行前:按原调度方案配水,2020年8月,监测8次;②示范工程运行前:城西河改造、未配水,2021年4月—2022年3月,每半月监测1次;③示范工程运行后:再生水品质得到提升,按优化调度方案配水,2021年3—4月,每周监测1次。

城西河自2013年7月开始实施配水,期间通过污染控制、河道整治等工程实施,城西河的水质得到明显提升。本次通过再生水的品质提升、调度方案优化,进一步提升了城西河河道水环境的状况。根据2020年以来连续跟踪监测,与原配水调度方案相比,本次再生水品质提升及配水方案得到优化后,城西河总磷和氨氮的改善效果分别为30.2%和23.5%,示范工程运行后城西河总磷和氨氮的改善效果均达到10%以上,达到任务书10%的目标。另外与不配水的情况相比,示范工程运行后总磷和氨氮的改善效果分别为59.2%和73.2%,进一步说明配水的必要性[7]。表15.2为义乌市城南河流域水质改善效果表。

表15.2　义乌市城南河流域水质改善效果表

项目	配水情况及比较	城西河		城南河	
		总磷	氨氮	总磷	氨氮
水质均值(单位:mg/L)	原调度方案配水	0.288	0.813	0.295	1.728
	未配水	0.493	2.322	0.237	1.014
	优化调度方案配水	0.201	0.622	0.111	0.516
效果比较	与原方案对比效果	30.2%	23.5%	62.3%	70.2%
	与不配水对比效果	59.2%	73.2%	53.0%	49.2%

15.1.4　台州市温黄平原的示范应用

15.1.4.1　区域概况

台州市温黄平原属于典型的滨海平原河网,其再生水引配水工程由台州市椒江污水处理厂、路桥城区污水处理厂和路桥滨海污水处理厂及管网工程组成。

鉴于台州滨海平原河网缺乏天然水源性补水的特性,椒江污水厂和路桥城区污水厂的再生尾水将主要作为生态补水用于青龙清、南官河等骨干河道,路桥滨海污水厂"准Ⅳ类"提标完成后计划生态补水至十条河,持续性生态补水后对补水流域的河道水质将大有裨益。

15.1.4.2　模型构建

根据前期收集的资料,课题组初步建立了台州滨海河网水动力/水质耦合模型,并充分考虑再生水的引配水布局,模型共计概化河道(河段)84 条(个)、河道断面 823 个、引配水口 6 处。

模型原理及基本方程:鉴于本次水动力/水质耦合概化模型覆盖台州滨海河网地区,涉及河道众多、河网纵横交错,模型以河网主干河道及其重要支流为骨架,以满足蓄量平衡为条件,建立台州滨海河网水动力/水质耦合概化模型。其中:水流模型采用非定常水动力学模型的控制方程为一维非恒定流动模型,水质模型以对流扩散模型为基础,该模型考虑污染物的对流扩散与线性降解的作用(具体的数学模型略)。

15.1.4.3　应用效果

2022 年 10—11 月,项目组对台州滨海河网开展了水文/水质联合监测。本次监测中,实际监测断面 15 个,监测时间 2 天,监测频次 1~2 小时/次。由于实际监测第一天遇到了风雨天气,实际监测频次略有变化。本次总共监测获得水文数据 136 个,水质数据 742 个。选择与台州滨海河网再生水引配水密切相关的青龙浦、岩头闸、十条河断面进行成果分析。

从现场监测的成果,并结合本次现场监测的全部数据可见,台州河网在 2022 年 11 月的水质状况总体为Ⅳ类,部分断面的 COD 和 NH_3-N 指标劣于Ⅳ类水标准。

再生水引配水对河网水量和水质有明显的改善效果,在距离再生水引配水口临近的青龙浦 1 号断面、十条河断面和岩头闸断面,其水质状况均能稳定满足Ⅲ~Ⅳ类水指标,可以达到台州滨海河网水功能区Ⅳ类水的目标水质,骨干河道青龙浦 2022 年全年 85% 以上时间段内河道不断流。此外,由于 2022 年浙江省的严重干旱,台州市滨海河网的水动力条件较往年有明显下降,3 个污水处理厂再生水源的引配水也因而成为重要的区域河道水源,在干旱严重的 2022 年在一定的程度上维持了台州滨海河网部分主要河道的流动性。

15.2　农村污水再生利用的实践

15.2.1　永康市万人规模的应用工程

15.2.1.1　工程概况

在舟山镇集镇区(舟三村)建成 1 处以集污水处理设施、输水工程、缓存单元、田间灌溉工程、撬装化设备、灌溉试验研究为一体的农村生活污水安全利用示范工程,占地面积为425 亩,实现了集镇区农村生活污水处理基本"全回用、全覆盖、智能化",再生水流向如图15.3 所示,平面布置如图 15.4 所示,现场航拍如图 15.5 所示。示范区通过提升舟山镇现有的 1 处污水处理设施,经输水工程将处理后的农村生活污水接入缓存单元(生态塘),在灌溉需水期,在智能控制平台的自动控制下,通过田间灌溉工程进行高效节水灌溉。田间各支管均配备了电磁阀,通过泵站控制系统、田间控制系统和用水计量系统的联动,实现精准灌溉。万人规模示范工程不仅可以向示范区输水灌溉,还可以结合农村生活再生水灌溉高效利用与安全调控技术的试验要求,向试验区进行输水灌溉。在灌溉间歇期,通过生态塘、撬装化设备、生态沟渠进一步净化后,达到《城市污水再生利用景观环境用水水质标准》(GB/T 18921—2019)的要求,将其补充到河道生态环境中。

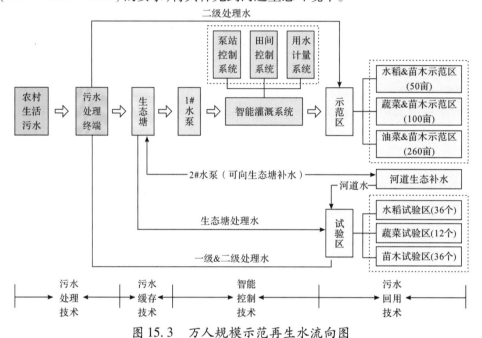

图 15.3　万人规模示范再生水流向图

图 15.4　万人规模示范工程平面布置图

图 15.5　万人规模示范工程现场航拍图

15.2.1.2　应用成效

基于农村生活污水的连续性和农业灌溉用水的间歇性之间的矛盾,示范工程通过配备生态塘,增加农村生活污水的缓存时间,最长可达 15d,一定的程度上调节了农村生活污水的水量和水质。调节后的农村生活污水经第三方检测,在灌溉需水期,水质指标达到《农田灌溉水质标准》(GB 5084—2021)的要求,用于农田灌溉。在灌溉非需水期,经水质净化后达到主要的水质指标《城市污水再生利用景观环境用水水质标准》(GB/T 18921—2019)的要求后用于生态环境补水。田间灌溉采用农村生活再生水灌溉高效利用与安全调控技术,其灌排调控的核心是发挥作物的耐淹特性,最大限度地消耗农村生活再生水,避免污水外排,减少新鲜水的取用量,提高再生水的利用率;其施肥模式与常规施肥不同,可以适当降低施肥量,发挥再生水氮素的有效性,提高再生水氮素的利用效率。通过泵站控制系统、田间控制系统和用水计量系统的联动控制,实现了农村生活污水的高效回用。通过对示范区监测,水稻和经济作物生长期可分别消纳农村生活污水 240～470m³/亩、10～30m³/亩,节肥达 1.3%～28.1%,年减少农村生活污水排放约为 20 万吨,年可削减污染物排放 COD 约为 43 吨,氨氮约为 2.9 吨,总氮约为 5.8 吨,总磷约为 0.73 吨,实现了最大限度地消耗农村生活污水,避免污水外排,减少新鲜水的取用量且提高生活污水的利用率,为南方丰水地区农村生活污水再生高效安全利用提供了重要示范[1517]。

15.2.2　永康市千人规模的应用工程

15.2.2.1　工程概况

在永康市舟山镇联村区(新楼村—大路任村)建成了 1 处以集污水处理设施、输水工程、缓存单元、田间灌溉工程为一体的农村生活污水安全利用示范工程,占地面积 228

亩,实现了联村区农村生活污水处理基本"全回用、全覆盖、智能化",再生水流向如图15.6所示,示范工程总体平面布置如图15.7所示,现场航拍如图15.8所示。示范区通过新建1处污水处理设施,经输水工程将处理后的农村生活污水接入缓存单元(生态塘),在灌溉需水期通过田间灌溉工程进行高效节水灌溉。田间各支管均配备了电磁阀,通过泵站控制系统、田间控制系统和用水计量系统的联动,实现精准灌溉。在灌溉间歇期,通过生态塘进一步净化后,达到《城市污水再生利用景观环境用水水质标准》(GB/T 18921—2019)的要求,将其补充到河道生态环境中。

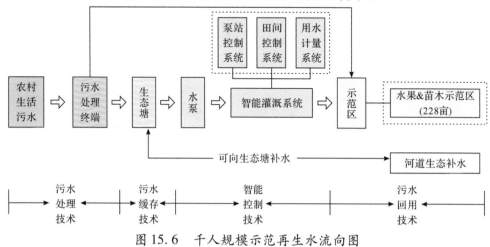

图 15.6　千人规模示范再生水流向图

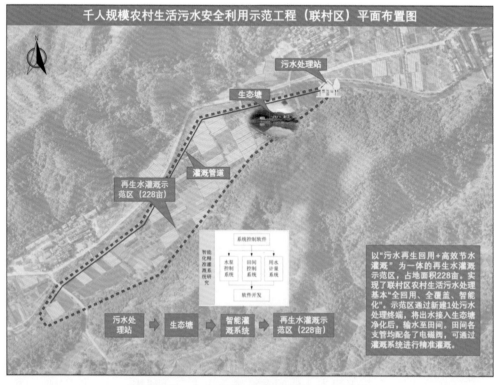

图 15.7　千人规模示范工程平面布置图

图 15.8　千人规模示范工程现场航拍图

15.2.2.2　实施效果

千人规模示范工程年可利用污水、节约淡水资源 5.47 万吨,预计年可削减污染物排放 COD 约为 16 吨,氨氮约为 1 吨,总氮约为 2 吨,总磷约为 0.27 吨[17]。

15.2.3　永康市的推广应用

15.2.3.1　第一批推广应用的项目

（1）区域概况

选择永康市重要的水源地——杨溪水库和太平水库库区内的 10 个自然村,开展农村生活污水资源化利用工作。应用对象的空间分布及其基本情况见表 15.3,资源化利用方案见表 15.4、表 15.5。

表 15.3　第一批推广应用项目基本情况

序号	所属库区	所属乡镇	建设地点(村名)	服务户数(户)	污水量(m³/d)	处理工艺
1	杨溪水库	方岩镇	后山头	425	120	A2/O – MBBR + 人工湿地
2			下邵	105	30	
3			岩后	195	60	
4			灵岩寺前	74	20	
5			可投胡	137	40	
6			井头	170	20	
7			大园	360	90	
8			古竹畈	319	60	
9	太平水库	唐先镇	太平新村	493	100	A2/O + 人工湿地
10		龙山镇	太平村	448	150	PKA

表 15.4　第一批推广应用项目资源化利用方案

序号	村Z名	工程规模(t/d)	具体方案
1	后山头村	120	污水处理终端位于双舟线与金马公路交会点的公路旁边,选取农田灌溉作为再生利用途径
2	下邵村	30	污水处理终端位于双舟线旁,选取农田灌溉作为再生利用途径
3	岩后村	60	岩后村的生活污水终端位于公路一侧,选取农田灌溉作为再生利用途径
4	灵岩寺前村	20	污水处理终端设施背靠一片橘林,因此选择林业灌溉作为再生利用途径
5	可投胡村	40	污水处理终端位于杨溪水库旁,与灵岩寺前村共用一个尾水储存塘,选择农田灌溉作为再生利用途径
6	井头村	20	污水处理终端位于井头村的西南边,旁边有大片农田,选择农田灌溉作为再生利用途径
7	大园村	90	污水处理终端位于世方线旁,附近有大面积的农田,选择农田灌溉作为再生利用途径
8	古竹畈村	60	污水处理终端建于杨溪水库库区边及双舟线旁,不具备再生回用条件,建议提标后外排
9	太平新村	100	污水处理终端南侧有农田,可进行再生水回用灌溉,选择农田与绿化灌溉结合的方式作为再生利用途径
10	太平村	150	污水处理终端附近有大面积的稻田,因此采用农田灌溉作为再生利用途径

表 15.5　库区内生活污水资源化利用途径及可回灌面积计算成果表

序号	所属库区	建设地点(村名)	污水规模(m³/d)	再生水利用途径	浇灌面积(亩)
1	杨溪水库	后山头	120	果林	146.00
2		下邵	30	果林	36.50
3		岩后	60	田地	37.44
4		灵岩寺前	20	果林	24.33
5		可投胡	40	果林	48.67
6		井头	20	田地	12.48
7		大园	90	田地	56.15
8	太平水库	太平新村	100	田地/绿化	49.91/9.96
9		太平村	150	田地	93.59

（2）应用成效

永康市杨溪水库和太平水库库区内有 10 个试点村落,年产生污水总量为 690 万吨,产生的污水若不经处理而直接排入周边环境,将对 2 个饮用水源地产生重大的威胁并导致严重的水环境影响;而经过 3 年的运行,将收集来的生活污水经过处理后回用于农村生活与建设,在改善了农村居住环境的同时,将会形成显著的减排效应。预计 3 年后,项目实施区域将会形成 COD_{Cr} 减排量 235.53 吨,BOD_5 减排量 143.55 吨,氨氮减排量 16.86 吨,总磷减排量 1.64 吨。另外,再生水的利用也起到了节水效益,年节水量为 23 万吨。届时随着居住环境的不断改善,10 个试点村落的整体水环境改善效果将进一步显现[18]。

通过农村生活污水治理建设,将大幅度提升全县的城乡品位。将农村生活污水治理与村庄建设、创建生态品牌及挖掘人文景观相结合,建成了一批环境优美、具有文化内涵和区域特点的绿色家园。永康当地的资源优势、环境生态优势可以促进永康市旅游业的开发,农村生活污水治理项目的建设实施将加快推进永康新农村建设的步伐,连同村庄绿化、基础设施建设等其他的工程,进一步完善永康市生态旅游服务功能,使其成为绿色 GDP 增长的重要依托。本项目的建设,将带来农业产业结构调整的高效益。一方面,由传统农业种植向特色农牧产品的转化带来了高利润;另一方面,由第一产业向第三产业转化,从事旅游服务业带来了收入;此外,亦有环境改善带来了形象效益和旅游经济收入增加了。农村生活污水治理及资源化利用为实现农村的可持续发展、农民收入的高速率增长带来了内生动力,为人民提供了增收致富的发展环境。

　　农村生活污水资源化利用项目的开展,将农村生活污水资源化利用与美丽乡村建设相结合,将显著改善农村生产生活的条件、提高农民生活的质量、促进农民生活方式的转变和文明素质的提高,积极推动农村全面建成小康社会的建设。农村生活污水处理设施建设的不断推进,生活污水纳管进池,人、畜粪便沼气化治理,减少了与污水有关的病原体(如血吸虫卵、钩虫卵等)的自然传播现象,部分消除了传染病等病原体的滋生环境,从源头上切断了其繁殖传播的途径,改变了农户家庭的卫生状况,美化了农村社区环境,保护了水源,有效地促进了农民的健康安全。农村生活污水资源化利用的广泛推进,将切实提高农民的节水意识与环保意识。通过各种农村生活污水治理政策宣传,提升农民的生态环保知识和节约资源与能源的理念,将生态文明建设从被动行为转为农民的自觉行为。

15.2.3.2　第二批推广应用的项目

　　(1)区域概况

　　选择永康市重要的水源地——杨溪水库、太平水库、三渡溪水库和上黄水库库区内的 8 个自然村,开展农村生活污水资源化再生和高效利用工作。应用对象的空间分布及其基本情况见表 15.6。

表 15.6　永康市第二批推广应用项目资源化利用方案

序号	村名	工程规模(t/d)	具体方案
1	台门村	50	污水处理终端位于双舟线公路旁,西侧为双舟线和一条流入杨溪水库水渠,东侧为居民区与一片小山丘,选择将尾水用作生态环境补水,引上小山丘进行天然净化
2	岩前村	185	污水处理终端位于公路一侧,公路两侧绿化带灌溉为其利用方式,同时保留原排放方式,作为生态环境补水排入华溪
3	金畈村	40	污水处理终端位于金畈村的东侧,四周被农田、藕塘和果林包围,因此选择提高出水水质,将农田灌溉作为生活污水再生利用途径
4	清塘村	40	生活污水处理终端位于公路和华溪的交叉点处,选择农田灌溉作为利用途径,保留原排放方式,提高出水水质和出水水质稳定性,作为生态补水
5	桐溪村	75	污水处理终端处理能力分别为 55t/d 和 20t/d,前者选择绿化带和农田灌溉作为利用途径;后者以农田灌溉作为利用途径

续表

序号	村名	工程规模(t/d)	具体方案
6	峡源村	40	污水处理终端位于320乡道一侧,选择提高出水水质,将水引上东侧山丘进行天然净化
7	柘坑口村	27	污水处理终端位于柘坑口村的东南侧,选择提高出水水质,将水引上东侧山丘进行天然净化
8	大塘头村	19	污水处理终端位于大塘头村东侧,选择提高出水水质后回用于农田灌溉

（2）应用成效

对于永康市杨溪水库、太平水库、三渡溪水库和上黄水库库区内8个村落9个终端设备点,年产生污水总量为17.37万吨,产生的污水若不经处理而直接排入周边环境,将对水库产生重大的威胁并导致严重的水环境影响;而经过终端改造及资源化利用后,将收集来的生活污水经过处理后回用于农村生活与建设,在改善了农村居住环境的同时,将会形成显著的减排效应。预计1年后,项目实施区域将会形成COD_{Cr}减排量17.50吨,氨氮减排量3.86吨,总磷减排量0.79吨。另外,再生水的利用也起到了节水效益,年节水量4.89万吨。届时随着居住环境的不断改善,9个试点村落的整体水环境的改善效果将进一步显现[19]。

通过农村生活污水治理建设,将大幅度提升全县的城乡品位。将农村生活污水治理与村庄建设、创建生态品牌及挖掘人文景观相结合,建成了一批环境优美、具有文化内涵和区域特点的绿色家园。

农村生活污水资源化利用项目的开展,将农村生活污水资源化利用与美丽乡村建设相结合,将显著改善农村的生产生活条件、提高农民的生活质量、促进农民生活方式的转变和文明素质的提高,积极推动农村全面建成小康社会的建设。

参考文献

[1]贾海涛,夏静,詹征,等.MBR-臭氧催化氧化在江苏某工业污水处理厂提标改造工程中的应用.给水排水,2023,59(9):63-68.

[2]张伟.低浓度难降解化工废水深度处理技术研究.扬州:扬州大学,2021.

[3]蒋柱武,杨龙斌,李妍,等.新型生物膜—微絮凝滤池与高密度沉淀—纤维转盘过滤深度处理污水厂尾水效能对比.环境工程学报,2021,15(9):2963-2972.

[4]王坚.膜法处理在印染园区中水回用和零排放中的应用.长沙:中南大学,2022.

[5]马骏,李丹,张雪英,等.臭氧催化氧化联合曝气生物滤池工艺对炼化二级出水中污染物的去除效果.南京工业大学学报(自然科学版),2023,45(3):323-332.

[6]李建如.芬顿氧化工艺在印染园区废水深度处理中的应用.广东化工,2023,50(20):106-108.

[7]林锦,彭岳津.义乌市十万人示范区项目考核指标专题研究报告.南京:南京水利

科学研究院,2022.

[8]张婷,徐彬鑫,康爱卿,等．流域水文、水动力、水质模型联合应用研究进展．水利水电科技进展,2021,41(3):11－19.

[9]周庆连,刘贵明,李成功,等．江苏范埠闸设计流量及水位计算浅析．陕西水利,2021(10):43－44,52.

[10]王晶．对流—扩散—反应问题的间断有限元方法和模型降阶技术．桂林:广西师范大学,2023.

[11]城市污水再生利用景观环境用水水质 GB/T 18921—2019. [2023－12－08]. https://openstd. samr. gov. cn/bzgk/gb/newGbInfo? hcno＝C2Z492B26298BB71ECCC7F25C7A90AB5C.

[12]城市污水再生利用农田灌溉用水水质 GB 20922—2007. [2023－12－08]. https://openstd. samr. gov. cn/bzgk/gb/newGbInfo? hcno＝1BF3688669470A00C4419C38FD61409C.

[13]裴亮,蒋树芳,刘士平,等．再生水灌溉水处理工艺及灌溉技术要求研究．水利水电技术,2012,43(1):93－97.

[14]栗岩峰,李久生,赵伟霞,等．再生水高效安全灌溉关键理论与技术研究进展．农业机械学报,2015,46(6):102－110.

[15]莫宇．再生水灌溉对氮素利用效率及土壤酶活性的影响研究．北京:中国农业科学院,2021.

[16]周媛．再生水灌溉土壤氮素释放与调控机理研究．北京:中国农业科学院,2017.

[17]林锦,彭岳津．永康市万人和千人示范区项目考核指标专题研究报告．南京:南京水利科学研究院,2022.

[18]王士武,桂子涵,傅雷．永康市重要饮用水源地一级保护区农村生活污水再生利用工程可行性研究报告．杭州:浙江省水利河口研究院(浙江省海洋规划设计研究院),2022.

[19]王士武,桂子涵. 2023 年永康市重要饮用水源地保护区农村生活污水资源化利用工程可行性研究报告．杭州:浙江省水利河口研究院(浙江省海洋规划设计研究院),2023.

第16章 应用成效

16.1 社会效益分析

16.1.1 节水量计算

根据浙江省水资源公报,2010—2020 年,全省用水总量及分行业用水量的变化情况见表 16.1。全省用水总量从 199.0 亿立方米下降到 163.9 亿立方米,再生水利用量达 8.0 亿立方米,利用率为 20.3%。

浙江省在保障经济社会持续增长的情况下,10 年间全省用水量稳步下降,用水量下降了 17.6%。分行业分析,工业节水是贡献最大的,用水量下降了 40.1%;其次是农业,用水量下降了 23.4%;工业和农业的节水量基本相当。

表 16.1 全省 2010—2020 年各行业用水变化情况表

用水类型	2010 年	2020 年	节水量	用水量下降率
用水总量(亿立方米)	199.0	163.9	35.1	17.6%
农业用水(亿立方米)	96.4	73.9	22.5	23.4%
工业用水(亿立方米)	59.7	35.7	24.0	40.1%
生活用水(亿立方米)	37.6	47.4	-9.7	-25.9%
生态环境用水(亿立方米)	4.2	7.0	-2.8	-67.5%

从行政区域分析,贡献最大的是杭州市,10 年间的用水总量从 39.5 亿立方米下降到 29.8 亿立方米,节水为 9.7 亿立方米,占全省总量的 27.8%;其次为湖州市和金华市,分别占全省总节水量的 14.1% 和 11.8%;详细内容见表 16.2。

从万元 GDP 和万元工业增加值用水量指标分析,10 年间全省及各设区市用水效率均大幅提升。全省万元 GDP 和万元工业增加值用水量降幅分别为 64.6% 和 67.0%;万元 GDP 用水量降幅最大的是杭州市,其次是湖州市和丽水市,降幅分别为 72.1%、70.8% 和 66.6%;万元工业增加值用水量降幅最大的也是杭州市,其次是台州市和湖州市,降幅分别为 80.5%、74.2% 和 70.0%;详细内容见表 16.3。

表 16.2　全省 2010—2020 年各设区市节水量及节水贡献率情况

地区	2010 年用水量(亿立方米)	2020 用水量(亿立方米)	节水量(亿立方米)	用水量下降率
杭州市	39.50	29.76	9.74	24.6%
宁波市	19.71	21.01	−1.29	−6.5%
温州市	19.68	16.43	3.25	16.5%
嘉兴市	19.87	17.99	1.87	7.4%
湖州市	17.36	12.44	4.92	28.3%
绍兴市	21.16	17.35	3.81	18.0%
金华市	19.44	15.32	4.12	21.2%
衢州市	13.58	10.72	2.86	21.1%
舟山市	1.29	2.15	−0.86	−66.4%
台州市	17.75	14.14	3.61	20.4%
丽水市	8.56	6.63	1.92	22.5%
全省	197.91	163.94	33.96	17.2%

表 16.3　全省 2010—2020 年各设区市用水效率变化情况

地区	万元 GDP 用水量(m³)			万元工业增加值用水量(m³)		
	2010 年	2020 年	降幅	2010 年	2020 年	降幅
杭州市	66.4	18.5	72.1%	63.9	12.4	80.5%
宁波市	38.2	16.9	55.7%	19.5	11.7	40.0%
温州市	67.3	23.9	64.5%	42.8	13.1	69.4%
嘉兴市	86.4	32.7	62.1%	38.9	17.5	55.0%
湖州市	133.3	38.9	70.8%	48.4	14.5	70.0%
绍兴市	75.7	28.9	61.8%	49.4	19.2	61.1%
金华市	92.1	32.6	64.6%	43.2	22.9	47.0%
衢州市	179.8	65.4	63.6%	134.2	49.4	63.2%
舟山市	20.0	14.2	29.1%	21.0	20.7	1.5%
台州市	73.2	26.9	63.2%	50.3	13.0	74.2%
丽水市	129.0	43.1	66.6%	45.3	19.9	56.1%
全省	71.7	25.4	64.6%	47.8	15.8	67.0%

16.1.2　区域水资源保障能力的提升分析

假定 2020 年全省及各设区市水利工程的供水能力不变,对比 2010 年和 2020 年各地区万元 GDP 用水量与人均综合用水量指标,分析该供水能力对人口和 GDP 支撑能力的成果,见表 16.4。从表中可以看出:

(1)2020 年全省水资源支撑保障 GDP 能力提升了近 2 倍,可以由 22862.5 万亿元增加至 64543.3 万亿元;保障人口能力提升 44.0% ,由 4484.5 万人增加至 6456.9 万人。

(2)从行政区域分析,对 GDP 支撑能力提升最大的是杭州市,提升了 259% ,其次是湖州市和丽水市,分别提升 243% 和 199% ;对人口支撑能力提升最大的也是杭州市,提升了 82% ,其次是金华市和湖州市,分别提升 67% 和 62% 。

表 16.4　全省 2010—2020 年各设区市水资源保障能力提升的情况

地区	保障 GDP 增长(万亿)			保障人口(万人)		
	2010 年	2020 年	提升率	2010 年	2020 年	提升率
杭州市	4483	16089	259%	656	1193	82%
宁波市	5501	12429	126%	810	940	16%
温州市	2442	6875	182%	762	958	26%
嘉兴市	2084	5503	164%	408	540	32%
湖州市	933	3198	243%	207	337	62%
绍兴市	2292	6004	162%	403	527	31%
金华市	1663	4700	183%	423	705	67%
衢州市	596	1639	175%	168	228	36%
舟山市	1072	1513	41%	187	116	−38%
台州市	1933	5256	172%	475	662	39%
丽水市	514	1539	199%	164	251	53%
全省	23513	64745	175%	4663	6457	38%

16.2　生态效益分析

16.2.1　减排量计算

根据浙江省水资源公报数据成果,以 2010 年为基准年,分析计算全省及各设区市在 2020 年、2010 年,比较 COD_{cr}、氨氮、总磷、总氮四项指标,根据节水和污水再生利用的减排量,计算公式和计算结果如下。

①节水相应的减排量的计算公式为:

$$Q_1^j = r^j \times (W_{11}^0 - W_{12}^0) \times \lambda \qquad (公式 16.1)$$

式中:Q_1^j 为节水产生的第 j 类污染物减排量(t/a);r^j 为第 j 类污染物排放浓度(mg/L),其中:城镇污水按 GB 18918—2002 的一级 A 排放标准分析,$COD_{cr} = 50$mg/L,氨氮 $= 5(8)$mg/L,TN $= 15$mg/L,TP $= 0.5$mg/L;农村污水处理设施执行 DB33/975—2015 二级排放标准,$COD_{cr} = 100$mg/L,氨氮 $= 25$mg/L,TP $= 3.0$mg/L;W_{11}^0、W_{12}^0 分别为全省 2010 年和 2020 年的用水量,两者之差为节水量;λ 为生活用水产污系数,这里取 0.8。

② 污水再生利用减排量的计算公式为:

$$Q_2^j = \sum_{j=1}^{NJ} \sum_{k=1}^{NK} r_k^j \times (W_{21}^k - W_{22}^k) \qquad (公式 16.2)$$

式中:Q_2^j 为污水再生回用产生的第 j 类污染物减排量(t/a);r^j 为第 j 类第 k 种生活污水利用方式的污染物排放浓度(mg/L);W_{21}^k、W_{22}^k 分别为 2010 年、2020 年第 k 种污水的用水量。

计算 2010 年到 2020 年,全省和各设区市通过节水与污水再生利用的减排量,成果分别见表 16.5、表 16.6。从表中可以看出:

(1)通过节水,全省减少 COD_{cr}、氨氮、总磷、总氮的排放量分别为 140105 吨、22417 吨、42032 吨和 1401 吨。

（2）通过污水再生利用，全省减少 COD_{cr}、氨氮、总磷、总氮的排放量分别为 38507 吨、6161 吨、11552 吨和 385 吨。

表 16.5　2010—2020 年全省及各设区市节水减排量

地区	节水量（亿立方米）	减排量（吨）			
		COD_{cr}	氨氮	TN	TP
杭州市	9.74	38946	6231	11684	389
宁波市	−1.29	−5163	−826	−1549	−52
温州市	3.25	13005	2081	3902	130
嘉兴市	1.87	7485	1198	2246	75
湖州市	4.92	19678	3148	5903	197
绍兴市	3.81	15239	2438	4572	152
金华市	4.12	16481	2637	4944	165
衢州市	2.86	11457	1833	3437	115
舟山市	−0.86	−3429	−549	−1029	−34
台州市	3.61	14456	2313	4337	145
丽水市	1.92	7695	1231	2309	77
全省	33.95	135850	21735	40756	1359

表 16.6　2010—2020 年全省及各设区市污水再生利用减排量

地区	再生水利用量（亿立方米）	减排量（吨）			
		COD_{cr}	氨氮	TN	TP
杭州市	1.45	7270	1163	2181	73
宁波市	1.38	6916	1107	2075	69
温州市	0.86	4319	691	1296	43
嘉兴市	0.65	3248	520	974	32
湖州市	0.34	1723	276	517	16
绍兴市	0.89	4441	711	1332	44
金华市	0.68	3388	542	1016	34
衢州市	0.24	1192	191	358	12
舟山市	0.10	520	83	156	5
台州市	1.21	6039	966	1812	60
丽水市	0.21	1048	168	314	10
全省	8.01	40104	6418	12031	398

16.2.2　生态用水的改善量

根据上述节水量的计算分析，近 10 年全省用水量稳步下降，2020 年比 2010 年节水 35.1 亿立方米。在水资源量基本不变的前提下，因少用 35.1 亿立方米水资源而给河湖增加相应数量的水资源，该部分水量可显著改善河湖生态环境的质量。2010—2020 年，全省各类水功能区、各级行政交接断面水生态环境质量得到明显的改善。

16.2.3 景观环境用水的满足程度

幸福河湖(或美丽河湖)建设的难点之一,是其景观生态用水问题。尽管地处南方丰水地区,多年平均降水天数为148.7天(具体数据见表16.7),其中,浙江省的为150天。

表16.7 南方丰水地区部分省(市、区)降水天数统计表

区域	浙江	福建	上海	江苏	湖北	四川	云南	贵州	广东	广西	海南	重庆
降水天数	150	162	130	117	148	148	166	176	157	135	150	147

南方地区80%以上的山区河流(按数量计算)为季节性河流。在无雨日,这些河流基本断流,与河边居民亲水需求、幸福河湖(或美丽河湖)建设要求相比存在差距。通过生活污水再生回用,变废为宝,变废弃物为资源,因其水量与水质的稳定性、可靠性,为景观生态用水提供了可靠的保障,重要的河湖景观生态用水保证率可以稳定达到90%。

16.3 经济效益分析

以表13.1、表13.2调查数据成果作为测算依据(见表16.8),基于节水外部性,按照社会水循环全过程的理念,采用替代工程法计算节水量、污水再生利用量的经济效益,成果分别见表16.9、表16.10。

表16.8 节水全过程各环节成本统计表

分类	水源工程成本	供水工程成本	用水户节水成本	污水处理工程成本	尾水排放修复成本
采用数值(元/m³)	8	5	5	5	4
备注	指水库等水源工程建设与运行成本	指水厂与管网工程建设和运行成本	指用水户节水改造工程建设与运行成本	指污水处理厂与管网建设和运行成本	尾水一级A排放,修复到Ⅳ类(含建设与运行成本)

表16.9 浙江省节水经济效益测算成果表

节水类型	节水量(亿立方米)	节水环节成本(亿元)	替代工程成本(亿元)		经济效益(亿元)
			供水环节	排水环节	
农业	22.5	112.8	293.2	182.7	363.1
非农业	12.5	62.4	162.2	89.9	189.7
合计	35.0	175.2	455.4	272.6	552.8

表16.10 浙江省污水再生利用经济效益测算成果表

分类	污水再生利用量(亿立方米)	水源工程成本(元/m³)	经济效益(亿元)	备注
数值	8.0	8.0	64.0	再生水利用工程因不需要建设水源工程而具有经济性

从表 16.9、表 16.10 可以看出：

(1)从社会水循环全过程分析,按照 2010—2020 年节水量的农业和非农业占比,全省节水 35.0 亿立方米的节水成本为 175.2 亿元;采用替代工程法,新建同等能力的供—用—耗—排水工程,其供水环节成本为 455.4 亿元,其排水环节成本为 272.5 亿元。其综合经济效益为 552.8 亿元。

(2)从社会水循环全过程分析,污水再生利用因不需要建设水源工程而具有经济性。全省再生水利用量 8 亿立方米的经济效益为 64.0 亿元。

因此,从社会水循环全过程分析,节水和污水再生利用的经济效益显著。

16.4　综合效益分析

(1)水资源管理考核成绩领跑全国

按照最严格水资源管理制度的部署和要求,浙江省政府建立了水资源管理和水土保持工作委员会及其办公室常态化运行机制,建立了分工明确、各负其责、齐抓共管的考核机制,构建了覆盖省、设区市和县(市、区)的三级考核体系、用水总量和用水效率控制指标体系,形成了"一级抓一级、层层抓落实"的总体格局;构建了基本覆盖全社会各行业的省、市两级用水定额标准体系,实现了年取水 5 万吨以上的取水户在线监控全覆盖,高水平、高质量完成了国家和地方党委政府部署的各项任务,连续多年在全国考评中取得"优秀"等级,其中:"十三五"期末排名为全国第一,获国务院通报表扬。

(2)全社会节水意识得到显著提升

通过节水型社会、节水型城市、节水型载体创建,组织开展"县委书记谈节水"、节水宣传"五进"活动、"节水中国你我同行"联合行动、实施国家节水行动"十百千"水利"三服务"、"光瓶行动"、"节水行动十佳实践案例"评选、"公民节约用水行为规范"主题宣传等活动,持续推进节水宣传教育基地建设,为实施节水行动营造良好的氛围,全省机关单位、学校、企业和社会公众的节水意识得到显著提升。

(3)全省营商环境得到持续改善

通过区域水资源论证制度、《浙江省节水型企业水资源费减征管理办法》以及《关于明确水土保持补偿费和水资源费收费标准的通知》《关于落实水资源费减征政策的通知》等政策,截至 2022 年底累计减免水资源费约 6.4 亿元,营造了良好的营商环境,减轻企业的负担,激发企业发展的活力。

~ ~ ~ ~ ~ ~ 参考文献 ~ ~ ~ ~ ~ ~

[1]浙江省水利厅. 浙江省 2010 年水资源公报. [2023 - 12 - 08]. http://slt. zj. gov. cn/art/2011/3/30/art_1229243017_1987970. html.

[2]浙江省水利厅. 浙江省 2020 年水资源公报. [2023 - 12 - 08]. http://slt. zj. gov. cn/art/2021/8/30/art_1229243017_4719972. html.

第 17 章 结论与展望

17.1 结 论

本项目围绕浙江省资源节约型、环境友好型社会和生态文明建设的需求,将国家决策部署和地方生产实际紧密结合,将水资源管理(含水资源双控行动)与节水以及污水再生利用紧密结合,坚持问题导向,经过 10 余年的科学研究和生产实践,在节水减排的关键技术与配套政策方面,取得了一系列的创新性成果,并在全省、全国得到推广应用,成效显著。

17.1.1 用户端节水管控标准方面

(1)节水型社会建设标准

针对节水和用水控制指标在行政区域、城镇建成区的有效落实问题,将最严格水资源管理制度、水资源刚性约束制度、水资源双控行动方案、国家节水行动方案等政策要求与节水型社会建设相结合,采用层次分析法,研究制定了符合浙江省特色与特点的节水型社会建设标准,提出了其指标体系的目标值和评分标准,并在全省推广应用,推动节水、污水再生利用工作任务在行政区域、城镇建成区内的进一步落实。

(2)节水型载体建设标准研究

针对节水和用水控制指标在用水单位、居民小区、企业、灌区内的有效落实的问题,在节水型社会建设标准、节水型城市建设标准的基础上,将国家节水行动方案、节水型社会和节水型城市建设标准与节水型载体建设相结合,采用压力—状态—响应模型和层次分析法的研究制定符合浙江省特色与特点的节水型载体建设标准,提出其指标体系的目标值和评分标准,推动节水、污水再生利用工作任务在各类用水载体内的进一步落实。

(3)基于水资源双控指标的工业综合用水定额制定方法

按照《水法》对用水实行总量控制和定额管理相结合的水资源管理制度要求,基于我国通过最严格水资源管理制度、水资源刚性约束制度、水资源双控行动等工作,已经建立覆盖省、设区市、县(市、区)三级的节水和用水管控指标的管理现状,针对区域节水和用水控制指标落实缺少有效抓手、工业用水定额体系不满足生产实际需要的问题,采用大系统分解协调方法,研究提出了基于水资源双控指标的工业综合用水定额制定方法,实践表明:该技术方法具有三个方面的实践价值,具体如下。

第一,从区域层面有效打通了总量控制和定额管理之间的内在联系,实现了《水法》规定的总量控制、定额管理两项水资源基本管理制度的有效协同。第二,针对现状工业用水定额体系在生产实际上的局限性,为推动用水定额体系与取用水户管理紧密结合,提出了满足取用水户管理需要的工业综合用水定额。该方法的研究成果丰富了用水定额体系,助力形成由宏观(区域)—中观(取用水户)—微观(产品)等多层次构成的用水定额体系。第三,该技术的研究成果能够推动水资源双控行动方案、水资源刚性约束制度等在当前增长较快的工业取用水管控上的有效落实,成为有效抓手之一,服务节水和用水管控指标管理从"被动"核算向"主动"服务转变,并且可以服务于行政"放管服"改革、"最多跑一次"改革等。

(4)基于节水诊断的生活用水定额制定方法

针对现状,基于调查统计法制定生活用水定额,可能导致用水定额取值区间较大、缺乏有效的管理依据的问题,本研究将节水诊断技术、用水器具水效等级纳入生活用水定额的制定中,研究提出基于节水诊断的生活用水定额制定方法。实践表明:采用该方法确定的生活用水定额成果与通过现有的《用水定额编制技术导则》规定方法(统计分析法)制定的成果,以及执行的用水定额标准《浙江省用(取)水定额(2019年)》进行比较,因剔除不合理用水,定额数值更接近用水户的真实用水情况,成果更加科学合理,有利于促进水资源集约节约利用和刚性约束制度的进一步落实。

17.1.2 生活污水多用途再生利用关键技术方面

(1)非负载型陶瓷催化剂催化臭氧氧化技术

针对污水处理厂尾水和再生水的稳定达标问题,以开发催化臭氧氧化处理水与污水的非负载型催化剂为研究目标,尤其是非负载型陶瓷催化剂,深入研究了金属掺杂、氟刻蚀蜂窝陶瓷工艺参数,以 4-Meq 的降解效率、COD 去除效率为评价指标,揭示蜂窝陶瓷、改性蜂窝陶瓷催化臭氧氧化的能力,以及催化反应机理和污染物的降解途径。该研究在非负载型蜂窝陶瓷催化剂催化机理方面取得新的认识,为催化臭氧氧化技术提供了全新的催化剂,杜绝了催化剂易粉化、重金属污染和其他金属污染的弊端,为水与污水深度处理提供基础的研究成果。

(2)生活污水深度处理设备研制

城镇生活污水处理厂生化段出水经常出现氨氮(NH_3^--N)和总氮(TN)超标现象(尤其 TN 超标),进而导致后续反硝化工艺进一步处理时,污水中碳源(以 COD 或 TOC 计)不足以支持反硝化脱氮的问题,采用催化臭氧氧化耦合纤维过滤生物膜技术,开发相应的设备,该技术与设备可深度处理降解废水中的 COD、氨氮和总氮,尤其适合处理 COD 30~60mg/L、TN 超标的污水或废水。针对双膜法制取再生水后的膜浓水处理问题,研究了催化臭氧氧化处理膜浓水技术,研制其配套设备。在水力停留时间(HRT)为 45~90min,投加比为 1.79~3.33 的条件下,非均相催化臭氧氧化技术可显著去除膜浓水 COD,出水 pH、COD、BOD 均满足《城市污水再生利用工业用水水质》(GB/T 19923—

2005)的要求,效果稳定。该设备可以去除膜浓水中的 COD/TOC,在常温、常压下运行,无须使用化学药剂,不产生二次污染。

（3）再生水灌溉高效利用与安全调控技术

针对再生水灌溉安全性和节水减排效应,研究了稻田再生水灌溉对氮素高效利用的影响、稻田与旱作物安全高效的再生水灌溉调控技术、稻田生物环境的变化规律以及再生水灌溉稻田田间安全高效的调控机制,揭示了农村生活再生水灌溉对环境介质的影响机制,评价了农村生活再生水灌溉的生态风险和健康风险;建立了再生水氮的相对替代当量与施氮量的回归关系,评估了再生水氮素对作物生长的有效性,阐明了再生水灌溉调控对作物生长特性的影响;形成了集水源甄别、灌溉回用、蓄存与输送、智能灌溉为一体的可复制、可推广的技术方案,创新提出了农村生活再生水高效安全智能灌排调控技术,该技术模式下经济作物、水稻新鲜水取用量（多年平均）分别减少 25m³/亩、300m³/亩,经济作物未出现减产,水稻增产 8.7%,稻田氮肥的施用量降低 28.5%。

（4）再生水景观环境配水藻类风险控制技术的研究

针对再生水景观环境配水的安全性问题,分析了藻类生长与氮、磷、氮磷比值的关系,研究了单一水源、不同比例混合水源对藻类生长的影响及不同比例混合水源中氮磷比对藻类生长的影响,识别了再生水河道补水对藻类生长的限制条件,为最佳的配水水量及配水方式的确定提供基础依据。成果表明:再生水中铜绿微囊藻、小球藻和鱼腥藻的生长潜力均低于配水对象在水体中的现状值,且在单一水源中小球藻表现出强适应能力,在短期内（4d 左右）快速增殖形成优势藻种;鱼腥藻对水体环境条件较敏感,在两种水体中的长势均较为平缓;铜绿微囊藻的生长周期较长且其引起水体富营养化的持续时间可能更长。在磷营养盐充足时,氮磷比 45:1 为铜绿微囊藻生长的最佳条件;当再生水磷的浓度低于 0.1mg/L 时尽可能配水,以此避免河道富营养化发生;当再生水磷的浓度高于 0.1mg/L,要结合河道水与再生水的实际氮磷条件决定是否进行配水。铜绿微囊藻与小球藻在河道水与再生水配比 1:1 与 2:1 的情况下长势最好,增长速率最快。在配比 1:2 与 0:1 的情况下,最不适合铜绿微囊藻与小球藻的生长。因此,建议条件允许的情况下应尽可能多地向河道配水。铜绿微囊藻的最大比增长率在第 3 天左右出现,小球藻的最大比增长率在第 5~7 天左右出现。为了有效抑制城西河道蓝绿藻华的发生,在长时间无降雨径流时,配水周期不宜超过 3~6 天。

（5）基于影像识别的水量、水质联合调控技术研究

利用视频图像数据,分别采用 Deeplab V3+算法、FMA+YOLOv5 算法、朴素贝叶斯和支持向量机算法,研究了河道构筑物物水位识别技术、漂浮物识别技术和水质突变识别技术,形成了基于水尺图像的水位监测、基于水色突变的水质识别和基于实时视频的污染物分类,为河道水量与水质联合调控技术、河湖长疑似问题巡河、河湖保洁单位日常管理提供基本依据。

以河道水量、水质分析为基础,结合再生水的水质情况,开展景观环境配水风险控制数值模拟研究,研究制定了河道联合调控规则,形成河道水量的水质联合调控技术,

科学指导再生水用于景观环境配水工作。提出了遵循区域截污减排、再生水水质提标和现场配水实时调度的"多策略、多场景"的再生水景观配水的调控措施;综合考虑源头调控、水量增补、雨量调度、藻类控制,构建以水质、水位为调控目标的覆盖源头—过程—效果的全链条过程调控技术。实际应用表明,城西河总磷和氨氮的改善效果分别为30.2% 和 23.5%。

(6)再生水纳入多水源统一配置技术方法的研究

针对再生水纳入多水源统一配置的技术问题,基于再生水利用的多重属性,采用系统论和协同论方法,研究了再生水纳入多水源统一配置后,给水资源—社会经济—生态环境复杂巨系统带来的新耦合机制。以义乌市为例,多水源、多用户、多目标水资源系统的两重协同关系,构建了多维动态协同水资源配置模型,其目标函数为:多水源配置后剩余供水能力的预期效益与惩罚效益的差最大,惩罚效益包含用水保证率不达标惩罚效益和河湖控制断面水质不达标惩罚效益;并采用熵权理想点法,优选了义乌市多水源统一配置方案,提升了区域水资源的保证能力和水平。

(7)《区域再生水利用评估技术规程》的编制

以现有的法律法规、技术标准和政策性文件为依据,研究编制《再生水利用评估技术规程》,为再生水利用量和水平以及相关的规划提供基本依据。该技术规程由 8 章组成,其中:第 1 章规定了标准的适用范围,明确标准化对象及标准化用途;第 2 章规定了标准中明确引用的规范性引用文件,这些文件与本标准一起构成了具体的技术条文;第 3 章规定了本标准使用不可分割的与再生水利用以及再生水利用量计算和校验相关的术语;第 4 章规定了再生水水质需满足的国家标准、再生水分类、纳入评估的再生水范围、评估年限、基本路线等总体要求;第 5 章规定了开展再生水利用评估工作所需要的基础资料收集和整理内容;第 6 章规定了再生水利用量的计算方法,为本标准的核心内容;第 7 章规定了再生水利用量复核校验的内容与方法;第 8 章规定了再生水利用综合评价内容,包括再生水现状的利用水平、利用潜力以及利用建议等。

17.1.3　再生水水价核定与分摊方面

(1)单一再生水水价核定方法的研究

基于再生水利用的多重属性,针对再生水利用外部性的定价方法问题,采用以再生水社会水循环全过程为对象,按照补偿成本、合理利润的原则核定其全过程成本水价,再根据区域现状执行水价,采用 Shapley 值法,将全成本水价在政府和不同用水户之间进行合理分摊的定价方法,能够有效协调再生水利用中多主体成本分摊和多目标协同的问题,是一种有效的方法。实例应用表明:采用上述方法确定的政府和不同用水户的分摊水价明显小于其现状的执行水价,可以有效提升各个参与主体对再生水利用的积极性和主动性。

(2)多水源统一核定水价方法的研究

考虑再生水纳入多水源统一配置、统一调度的情况下,提出了多属性、多水源水价均衡理论、再生水纳入多水源统一配置与调度后的统一定价机制,提出了采用合作博弈技术求解均衡水价体系的方法,有效发挥了市场机制,推动了再生水的合理利用。

实例应用表明:1)本文的均衡水价理论为解决再生水纳入多水源统一配置、实施分质供水的情况下水价失衡问题提供了理论基础,均衡水价理论能够解决再生水利用外部性问题,可充分发挥市场机制对再生水利用的推动作用,可以实现多水源优质优价、低质低价,各尽其用。2)合作博弈技术对于均衡水价问题的求解是一种有效的方法。该方法可以有效协调均衡水价形成过程中的政府、供水企业、用水户等利益相关方的义务、权利和目标,多主体的成本和水价分摊问题,实现了复杂水资源系统多水源、多用户、多目标的有效协同。3)从义乌市的应用成果分析,在不增加政府负担(即分摊比例不变)的情况下,均衡水价体系的优质优价与其现状的执行水价体系相比,各类用水户是可以承受的;河道水和再生水因价格优势,各类用水户的用水积极性得到明显提高,可实现水安全保障和水生态环境保护的双赢。

17.1.4 应用成效方面

(1)推广应用

分析总结上述技术在全省的推广应用的情况,见表17.1。

表 17.1 本项目的研究成果的推广应用情况统计表

分类	序号	关键技术名称	应用对象	覆盖人口(万人)	覆盖经济规模(亿元)
节水关键技术	1	基于水资源双控指标的工业综合用水定额制定方法	全省186个省级工业平台及省级以下平台	1321	29218
	2	基于节水诊断的生活用水定额制定方法	金华市各县、市、区	284	1523
	3	节水型社会建设标准	杭州市萧山区等82个县(市、区)	5772	60293
	4	节水型载体建设标准	5500个省级节水型灌区、节水型企业、节水型小区和公共机构节水型单位	630	1185
生活污水再生利用关键技术	5	非负载型陶瓷催化剂催化臭氧氧化技术	义乌市稠江工业水厂和江东水厂	49.5	347
	6	生活污水深度处理设备研制			
	7	再生水景观环境配水藻类风险控制技术研究	义乌市城南河流域	46.5	384
	8	基于影像识别的水量、水质联合调控技术研究			
	9	再生水灌溉高效利用与安全调控技术	永康市舟山镇、石柱镇、唐先镇等	5	89
提升生活污水再生利用动力技术	10	再生水纳入多水源统一配置技术方法	海宁市、海盐县、桐乡市、平湖市、舟山市及其定海区、临海市	558	6673
	11	单一再生水水价核定方法	义乌市	90	121
	12	多水源统一核定水价方法			

（2）应用成效

根据应用成效计算的结果，取本项目技术支撑分摊系数为 0.3，则计算项目取得的应用成效，见表 17.2。

表 17.2　本项目的研究成果的推广应用成效统计表

序号	分类	成效指标		总体成效	项目贡献	备注
1	社会效益	节水量（亿立方米）		35.0	10.5	
2		提升水资源保障能力		显著提升	显著提升	因地区和行业差异，这里作定性表述
3	生态效益	减排量 （万吨）	COD$_{cr}$	17.86	5.358	
4			氨氮	2.86	0.858	
5			总磷	5.36	1.608	
6			总氮	0.18	0.054	
7		生态用水改善量（亿立方米）		35.0	10.5	
8		景观环境用水保证率		90%	90%	这里指重要的河湖
9	经济效益（亿元）			616.8	185.04	
10	其他效益			建成浙江省节水样板		

17.2　展　望

（1）总量控制和定额管理相结合的管理制度是《水法》规定的关于取用水管理的根本制度。现阶段，通过最严格水资源管理制度、水资源刚性约束制度、水资源双控行动方案，我国已经建立覆盖省、设区市与县（市、区）三级的节水和用水控制指标。如何基于这些指标，健全完善多层次、多行业的取用水定额体系，满足经济社会发展的不同的空间尺度、时间尺度的需要，为推动指标化管理从"被动核算"到"主动管控"还需要进一步的探索与实践。

（2）按照广义的节水概念，污水再生利用属于节水的一部分。从节水属性和外部性分析，节水不仅仅表现为各类用水户通过先进适用的工程技术措施和合理有效的管理措施来减少用水量的行为，从本质上，它是新发展理念上的水资源节约、水生态保护的重要载体，涉及社会水循环的全过程、全社会的各类用水户、国民经济多部门，在多部门相互协同、多技术相互融合上，还需要进一步探索与实践。对于节水外部性，在中国特色社会主义市场经济条件下，在外部性内部化和补偿机制上值得深入思考。

（3）在中国式现代化推进的过程中，健全完善由多层次感知体系、预测预报技术体系、科学决策体系、智慧智能管控体系构成的智慧节水管理技术，实现"四提高""三减少（轻）""一改善"还值得深入探索与实践，即通过该技术提高水资源优化配置水平、提高工程运行管理水平、提高用水利用效率与效益、提高单位劳动力效率、减少管理用工和费用、减少管理成本、减轻面源污染、改善生态环境。

附录　缩略词

缩略词	全称
AMS	淀粉酶活性
BET 分析	比表面积分析【BET(brunauer-emmett-teller)方法)】
BOD	生化需氧量, biological oxygen demand
CAT	过氧化氢酶活性
CK	对照处理
COD	化学需氧量, chemical oxygen demand
DMA	地上部分干物质
DO	溶解氧, dissolved oxygen
EC	电导率
FNLE	肥料氮损失率
FNRE	肥料氮残留率
FNUE	肥料氮利用效率
HRT	水力停留时间, hydraulic retention time
INV	蔗糖酶活性
LAS	阴离子表面活性剂
OM	有机质
ORP	氧化还原电位, oxidation-reduction potential
OUT	微生物物种
Pore Size	孔径
RI	重金属元素潜在生态风险指数
RWNLE	再生水氮损失率
RWNRE	再生水氮残留率
RWNUE	再生水氮利用效率
SNF	土壤中肥料氮
TN	总氮, total nitrogen
TOC	总有机碳, total organic carbon
TP	总磷
TPD 图谱	程序升温脱附图谱, temperature programmed desorption pattern
UR	尿酶活性
WSS	水溶性盐分
XPS 分析	X 射线光电子能谱分析, X-rayphotoelectron spectroscopy analysis
XRD 图谱	X 射线衍射图谱, X-raydiffraction pattern